JN140689

ノイズ解決の早道六法

【原題】 EMC Made Simple
–Printed Circuit Board and System Design–

基板/ケースからコネクタ/ケーブルまで 正しく理解してシンプルに対策する

Mark I.Montrose 著
櫻井秋久/福本幸弘/原田高志/藤尾昇平/
大森寛康/池田浩昭/伊神眞一/大谷秀樹 訳

CQ出版社

To my Japanese friends and fellow engineers

Throughout my professional career I worked toward providing benefits and technology for everyone. We live is a digital world where almost everything electrical contains digital components communicating with each other using a transmission line as a propagating media (radiated field or conducted currents). The field of electromagnetics and its relationship to compatibility is considered by many to be a difficult area of academic studies, yet it is the most important aspect and foundation of electrical engineering. Everyone needs to understand how electromagnetic field propagation occurs in a simplified manner, including those writing software as well as mechanical designers.

This book, EMC Made Simple-Printed Circuit Board and System Design, is a cumulation of knowledge learned over nearly four decades of applied engineering design, testing, troubleshooting and certification. It took me years to fully understand the field of electromagnetics at the applied level since this subject did not exist when I attended one of the top universities in the United States for electrical engineering. I had to figure things out the hard way as essentially nobody knew what to do back in the 1980s. A visualization approach was developed, not mathematical, which turned out to be the key to success. Practitioners need to get a job done quickly and most, if not all of my clients now as a consultant, have never used simulation or computational analysis nor will they ever. This observation is worldwide thus, the need for engineers to learn a subject generally not taught in universities is the focus of this book; applied versus theoretical electromagnetic engineering.

To my Japanese friends and engineers, the contents of this book is to help "you" become a successful designer and EMC engineer. The pressure to get products to market quickly means limited time for detailed computational analysis using equations that describe field theory with little relationship, if any, to applied applications and designs. Using the concepts presented in this book, a fresh approach with a unique manner of presentation helps open our eyes to viewing things differently. Change is difficult for engineers after years of academic education with a focus on theory and math. Try something that is unconventional and different. See the results. This is especially true with the physics of electromagnetic and its relations to compatibility. Everything should be "Made Simple", the topic of this book. Once we simplify and understand what Maxwell tells us in a visual manner, design engineering can become fun again with compliance easily achieved.

This book, translated from English, increases the knowledge of Japanese engineers as we all work together or deploy technology for the benefit of humanity, which also happens to be the tagline of the IEEE.

Enjoy reading and remember to understand and apply what is presented. Think differently and use the concepts presented in a creative manner.

Mark I. Montrose
Montrose Compliance Services, Inc.
Santa Clara, California (the heart of Silicon Valley)
USA

まえがき

本書はMark Montrose氏の「EMC Made Simple, Printed Circuit Board and System Design」を邦訳したものです．Montrose氏はコンサルタントとして数十年にわたり実践的なEMC設計対策に携わり，世界中のさまざまな企業において実績をあげてきました．また，熱心な教育・啓蒙活動などが評価され，IEEE会員資格最高峰のIEEEフェローを受賞しています．実践的かつ直感的であることを原則にこれまでに多くのEMC関連書籍を出版しています．有名な「20Hルール」は彼によって広められ，しばらくPCB開発におけるEMC対策の基本ルールの1つとして多くの現場で採用されてきました．本書の翻訳も担当した櫻井と伊神による「20Hルールは必ずしも正しくない」というIEEE International Symposiumでの挑戦的な発表をMontrose氏は最前席で聴講してくれました（最終的には納得してもらいました）．その発表が縁で彼と知り合いとなり，2014年米国ノースカロライナRaleighで開催されたIEEE International EMC Symposium においてMontrose氏が原著を手に「自分の長年の経験を活かした，EMC設計技術をわかり易く解説した本ができた．日本語で出版できないだろうか」と相談を受けました．帰国後に原書をお見せしたCQ出版社の寺前氏に，EMC設計に必要な項目がよくカバーされているので「是非日本の読者に向け出版しましょう」と快諾を頂いたことから本書が出版されることとなりました．

本書はPCB（Printed Circuit Board，プリント配線基板）のEMC設計の学習者に必要な技術分野をMontrose氏の独自性を含ませ丁寧に網羅し，さらに筐体シールド，ケーブル・ノイズのフィルタリング手法について，これまでにない詳しさで解説しています．EMC技術を解説したC.Paul教授の名著「Introduction to EMC（邦訳：EMC概論）」とは，実践的という意味で一味違うものとなっています．

本書の日本語化には長年業界，学会のEMC分野で活躍して来られた，元NEC中央研究所でEMC設計技術の開発研究に従事されていた原田高志氏（現トーキン），パナソニックの開発部門でEMC設計技術の開発に従事されていた福本幸弘氏（現九州工業大学），日本航空電子工業でPCBを対象としたEMCシミュレーションの応用技術開発に従事する池田浩昭氏，住友電気工業で光デバイスのEMC設計技術の研究に従事する大森寛康氏，日本アイ・ビー・エムで情報機器のEMC設計技術開発に従事してきた伊神真一氏，藤尾昇平氏，回路実装学会・EMCモデリング研究会において草分け的なEMCシミュレーション応用技術開発を行った大谷秀樹氏にお願いしました．

Montrose氏の文章は特徴的な表現が多く，ときに日本語化が難しいものもありましたが，翻訳者の創意工夫により，原著のもつ「Made Simple（やさしさ）」を翻訳の中に表現しています．

すべての章において翻訳された文章を複数の翻訳者が繰り返し読むことにより，よりわかりやすい日本語表現にし，またMontrose氏との確認作業を通して原著にある間違いなども修正しています．そういう意味で，英語版よりも素晴らしいものとなっています．

本書は実践的なEMC設計・対策技術を学ぶ技術者，研究者，学生に最適なものであり，参考書，解説書として広く活用されることを期待しています．

翻訳者代表：櫻井 秋久（日本アイ・ビー・エム）

目次

第6章 やさしく学ぶシールド，ガスケット，フィルタ 181

第1章

やさしく学ぶ EMCとマックスウェル方程式

本章のタイトルを見て，多くの技術者や大学生は疑問に感じるかもしれません．はっきり言って，矛盾する表現だと思うでしょう．いったいどうやったら，あのマックスウェル方程式が簡単にわかるというのか？昔よりは工夫されているとはいえ，工学部において通常行われている電磁気学の授業では，マックスウェル方程式について数学的な理論を教えることに焦点が当てられています．たとえば，電磁波の存在を示す場合，図解的な方法ではなく微分方程式や積分方程式を解くことに授業のほとんどの時間が費やされています．一方で，マックスウェル方程式が実際の設計にどう応用されているのか，またこれらの数式が実際の設計にどう役立つのかはあまり重要視されていません．

本当に大切なことは，この数式で説明される理論が電気工学の分野でどのように役立つかということです．実際，マックスウェル方程式だけを使って製品を設計することはほとんど不可能ですし，現実のハードウェアに含まれる寄生成分はマックスウェル方程式を解く際に考慮されていません．それにも関わらず大学の授業で数学的な扱いを重視するのは，研究や教育にとってはそのほうが都合がよいからです．一方，現場の技術者にはモノを組み上げること，コンセプトを設計すること，クリエイティブなツールを用いることのすべてが求められています．そんな技術者にとって数学的な方程式を厳密に解くことは，ある程度無視してもよいことなのです．大切なのは，この方程式が示す原理を理解することなのです．

このように書くと，本書では製品設計においてマックスウェル方程式の意味を軽視しているように思われるかもしれません．しかし，それはまったく逆であり，マックスウェル方程式の数学的な意味を理解することこそが，設計を成功に導く鍵になるということを主張したいのです．複雑な数式を解く必要が出てきたとしても今日の我々には洗練されたソフトウェアやシミュレーション・ツールがあるのですから気にすることはありません．

昨今は，半導体の設計技術や製造技術の進展にともなって，最先端の高速化技術に大きな注目が集まっています．将来のプロセッサは，現在のナノスケールよりもっと微細化された技術で作られるようになるでしょうし，フェムト秒（10^{-15}秒）のオーダの速度で動作することにもなるでしょう．このような最先端技術を用いて，より高い機能を実現することになるのは，より高速なアプリケーションとコンテンツ配信のニーズがあるからです．単一機能のデバイスは過去のものとなり，多機能な製品が増えつつあります．このような製品には，1つのチップに複数の用途の機能を持つシステム・オブ・システム（SoS）が搭載されることになります．

SoSの代表的な例として，携帯電話などの無線通信機器があります．私達が持っている携帯電話は，単に電話をするためだけのものではありません．携帯電話の中には，テキスト・メッセージ（メールやSNS），映像や音楽のストリーミング，複数のフラッシュライト付き高解像度カメラ，Wi-Fi，Bluetooth，GPS，複数のプロトコル（たとえば，CDMAやGSMなど）に対応した通信機能，加速度センサ，高画質ディスプレイ，FMラジオ等多くの機能が含まれています．つまり，消費者が受け入れるものは何でも取り込んだ多機能製品になってきているのです．言い換えると，将来のデバイスは小型軽量パッケージの中にオールインワンに詰め込んだSoSになるということです．

一方で，製品設計の複雑度が上がる中，1人の人間がシステム開発のすべての仕事に関わることが不可能になってきています．その結果，技術者は自然とディジタル設計者とアナログ設計者に分かれるようになってきました．ディジタルとアナログの両方の領域に携わり，またその境界を跨いで活躍する技術者は残念ながらほとんどいません．しかし，本章でも詳しく触れますが，少なくともフーリエ変換については，ディジタル技術者やアナログ技術者という分け隔てがなく活用されています．実際，我々は電気電子技術者であり，ディジタルでもアナログでもフーリエ変換をよく理解し習熟した者でなければなりません．そして，これを習熟することによりマックスウェル方程式とオームの法則を同時に使いこなせるようになるのです．後述しますが，ディジタル技術者かアナログ技術者か，そして互いをどう捉えるかは，自分達の仕事をどのように見て，だれと一緒に仕事をするのを楽しく感じるかによって決まります．

「やさしく学ぶEMCとマックスウェル方程式」の考え方のキー・ポイントは，電磁気学理論を理解し，オームの法則でこれを考えることなのです．当然，マックスウェル方程式よりオームの法則のほうが解くことも考えることもはるかに簡単です．たとえば，ディジタル回路は回路部品が適切な電圧で動作することを前提にしていますが，そのためにはシグナル・インテグリティに関連するさまざまな条件の下で適切な駆動電流が供給されている必要があります．本書の後半で示しますが，伝送線路における電圧や電流というのは単に計測上の単位であって，本来は電界と磁界の両方を含む電磁波が信号を伝播しているのです．したがって，電磁波が3次元空間をどのように伝播するかを可視化できれば，周波数ドメインから時間ドメインに変換することを簡単に理解できるようになります．

それでは次節において，製品が所望の動作環境できちんと動作することを確認するための電磁界のさまざまな性質とその関係を見ていきましょう．

1.1 時間ドメインと周波数ドメイン

簡単なほうで考える

技術者は，一般に時間ドメインか周波数ドメインのどちらかで設計対象を見る傾向がありますが，これはその人がどういう教育を受けたかや仕事に就いたときの職場の習慣によって決まってくるようです．

ディジタル回路を設計している技術者は，当然ディジタル部品やディジタル技術に注目しています．たとえば，ディジタル回路の心臓部の部品としてプロセッサやFPGAがあります．設計対象のシステムが高速回路でなかったとしても，プロセッサやFPGAによるディジタル処理はどこかで必要とされます．一方，アナログ設計者は，周辺機器やセンサとともに電源回路や通信ネットワーク回路を扱っています．アンテナやマイクロ波の技術者もこのカテゴリに入ります．しかし，対象とする回路がアナログとディジタルにオーバーラップしていた場合，アナログ回路とディジタル回路の双方の設計に精通している人は多くはありません．

技術の進化とともに，自分が経験して修得した技術と異なる新たな設計技術について深く精通することは難しくなってきています．例を挙げれば，最先端のプリント基板を構成する材質についてと，最先端の伝送線路理論の両方を勉強するにはとても時間がかかります．しかし，もし電磁気学におけるマックスウェルのアプローチを理解できれば，我々は伝送線路における信号伝播で何が起こっているのかうまく可視化することができます．そして問題発生箇所を可視化できれば，むやみにトライ&エラーによる対策をしなくても，問題の根本原因をすぐに特定できるようになるでしょう．

一般的には，周波数ドメインより時間ドメインで考えるほうが簡単です．伝送線路を伝播する電磁波の問題ならば，電界[V/m]や磁界[A/m]より電圧[V]や電流[A]で可視化するほうがずっと簡単です．それはマックスウェル方程式で得られる電磁界の計算をするより，オームの法則を取り扱ったほうが簡単だからです．

1.2 電磁気学の歴史

マックスウェル方程式を作った科学者達(注：ヘビィサイドはマックスウェル後)

電気工学を理解するうえで，この分野で重要な研究をした歴史上の人物の仕事を理解することはとても大切なことです．電気工学の分野を開発した人々と，自分達が作ろうとしている製品設計との関係を理解することで，電磁気学の理論はとてもわかりやすく面白いものになります．多くの人は歴史を忘れがちなので，ここでもう一度おさらいしてみましょう．

時間ドメインで考えると，すべての回路はオームの法則，キルヒホッフの法則，そしてアンペールの法則を基本として動作しており，周波数ドメインではマックスウェル方程式が基本となります．したがって，同じ伝送線路における信号伝播のようすを解析する場合でも，時間ドメインと周波数ドメインの2つの異なる視点で見ることができます．

プリント基板上でディジタル部品が信号（つまり電磁界）をドライバから負荷に向けて送る場合，動作異常や意図しないノイズ輻射による電磁妨害（EMI）の問題を引き起こすことがあります．ここで動作異常というのは，たとえばクロストークなどによるものであり，シグナル・インテグリティ（SI）問題と呼ばれているものです．

それではここから先駆者達の略歴を紹介しながら，どのように回路が動作するのかを見ていきましょう．EMCを理解するために少し遠回りですが，マックスウェル以前の古い歴史から辿っていくことにします．なぜならマックスウェル方程式は，マックスウェルが生きていた時代よりも前の時代の先駆者たちによって研究された静電場や電磁場の理論に基づいているからです．

● アレッサンドロ・ボルタ（Alessandro Volta：1745-1827）

1800年に，ボルタはボルタのパイル（**図1.1**）を開発しました．これは，絶え間なく電気を送り出すことができる電池の先駆けとなったものです．彼の電気分野での功績を称えて，電圧の単位としてボルト（Volt）が用いられるようになりました．

ボルタによって作られた電池は，2つの電極に亜鉛と銅を用いた初めての電気化学セルです．電解液には，硫酸または塩と水を混ぜたアルカリ塩水が用いられました．亜鉛と銅を電気化学的に接続すると亜鉛は銅よりも高電位になります．そして，水素ガスの泡を生成しながら，亜鉛電極のプラスに帯電している水素イオン（陽子）が銅電極の電子を引きつけます．その結果，亜鉛の棒はマイナスの電極に，銅の棒はプラスの電極になります．

図1.1 ボルタのパイル（直列接続したボルタ電池）

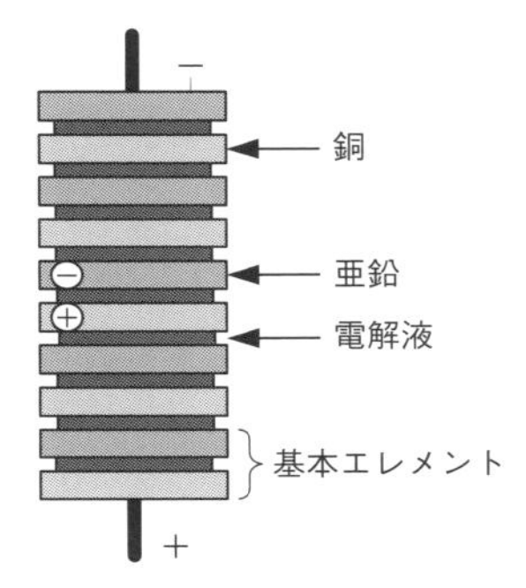

● アンドレ・マリー・アンペール（André-Marie Ampère：1775-1836）

アンペールはフランスの数学者であり物理学者で，電気力学の父，現在では広く電磁気学の父と呼ばれています．彼は，電気と磁気の関係を明らかにしました．アンペールは自分で発明した装置を使って単に電流を感知するだけでなく，電流を測定した最初の科学者の一人です．彼は，磁界と電流の関係を数値で表すことによって，のちにアンペールの法則として広く知られるようになった公式を作り出しました．アンペールは，2本の平行な導線に電流を流すとその方向によって，同じ方向なら反発し，反対方向なら引き合うことを実験で示しました．電流の1アンペアは，ある点を単位時間に通過する電荷量が電子の持つ電荷の6.241×10^{18}倍と定義されています．また，1クーロンとは，1秒間に1アンペアの電流により流れる電荷と定義されています．

● ゲオルク・オーム（Georg Ohm：1789-1854）

ゲオルク・オームは，1827年に長さの異なるいくつかの電線を含む簡単な電気回路を用いて，印加した電圧と電流を測定した結果を論文として発表しました．彼は，導体の2点間を流れる電流が，その2点間の電位差に比例することを発見しました．この関係について，比例定数を用いて式(1.1)のように示したものがオームの法則と呼ばれるものです．

$$I = V/R \quad \text{または} \quad V = IR \qquad (1.1)$$

ここで，

V：導体間の電位差［単位はV（ボルト）］

I：導体を流れる電流［単位はA（アンペア）］

R：導体の抵抗［単位はΩ（オーム）］

オームの法則によれば，この式の抵抗値は電流とは関係なく一定であることがわかります．ゲオルク・オームは，実験結果を説明するのに式(1.1)より少し複雑な式を示しました．式(1.1)はオームの法則の近代的な形式であり，抵抗値は電線や導線の材料物性によって決まっています．

物理学の世界では，オームの法則はオームが最初に公式化した法則を一般化したものを指しますが，電磁界伝播においては式(1.2)のように表します．このオームの法則の再定義は，グスタフ・キルヒホッフによってなされました．

$$J = \sigma E \quad \cdots\cdots (1.2)$$

ここで，

J：抵抗のある物質のある点での電流密度

σ：導電率(物質パラメータ)

E：その点での電界強度

● グスタフ・キルヒホッフ(Gustav Kirchhoff：1824-1887)

ドイツの物理学者グスタフ・キルヒホッフは，分光学や加熱した物体による黒体輻射の発生など，電気回路の基本的なメカニズムの発見に大いに貢献しました．1862年に「黒体」輻射という用語を作り出し，回路理論と熱輻射の両方において2つの独立した概念を定義しました．これらの2つの概念は，それぞれ回路理論と熱輻射に関係する「キルヒホッフの法則」として知られています．1857年に，キルヒホッフは電気信号が抵抗のない導線を光の速度で伝達することを計算しました．さらにキルヒホッフは，電気回路における電荷とエネルギーの保存を扱う2つの回路法則を発見しました．

キルヒホッフの回路法則(KCL)と呼ばれる電荷の保存に関するこの理論は，ある電気回路のノード(接続点)では，そのノードに流入する電流の和は，そのノードから流出する電流の和に等しい，あるいは1点で結合する導体のネットワーク内の電流の代数和はゼロであるとしています(**図1.2**)．

また，この法則によれば，空間内のどの点を取っても電磁エネルギーは常にゼロです．ある点に流入する電磁エネルギーはその点から流出する電磁エネルギーと等しいとしています．この法則は，ある点における電流の和はゼロであると記述され，アンペールの法則と等価なものとなります．

すべての電流は閉ループ回路内を流れます．もし，電流の一部が自分で別の伝送路を見つけると元の場所に戻れなくなり，主要な電流経路から離れた点においては電流の不均衡が起こります．エネルギー保存の法則によると，直流電流に対してはこの状態は起こらないことになります．

それでは，エネルギー保存に関するキルヒホッフの電流の法則をもう一度確認してみましょう．「ある点における電磁エネルギーの総和はゼロである」ということから，電流(電力，信号など)を送り出すノードは，回路中のどこかで「リターン電流」と呼ばれる逆位相の電流も同時に伝播します．

ソース電流もリターン電流も種々の媒体(空気，導体など)のインピーダンスを通して伝播します．これを閉ループ回路と定義します．そして，任意の時刻の任意の点において，ソース電流とリターン電流はバランスがとれて磁束線が互いにキャンセルされる必要があります．

キルヒホッフの電圧法則(KVL)と呼ばれるエネルギー保存に関係するこの法則は，どの閉回路においても，これを一周する電位差(電圧)の和はゼロであり，簡単にいえば，閉ループ回路における起電力(EMF)の和はその閉ループ内の電位降下の和に等しいということになります(**図1.3**)．つまり，導体の抵抗の積の代数和とその閉ループ内の電流はそのループ内にある起電力の合計に等しいということです．電源電位が決まっているとき，閉ループ回路内の電荷はエネルギーを得ることも失うこともなく，もとの電位に戻ったことになります．

図1.2　キルヒホッフの電流の法則(電流保存の法則)
中心の交点に流れ込む電流の総和は流れ出る電流の総和に等しい．

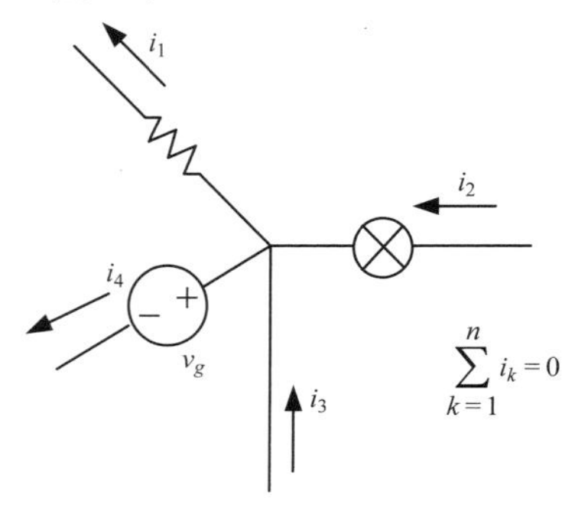

図1.3　キルヒホッフの電圧の法則(電圧保存の法則)
閉回路の電圧の総和はゼロとなる．

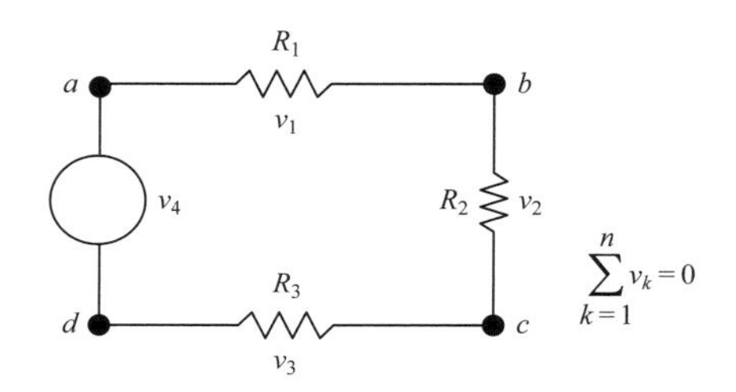

● ハインリッヒ・レンツ（Heinrich Lenz：1804-1865）

ハインリッヒ・レンツは，1833年に発表した電気力学におけるレンツの法則により，もっともよく知られているロシアの物理学者です．この法則によれば，誘導起電力（EMF）は元の磁束の変化と反対となる磁束変化をもたらすような電流を発生させます．式(1.3)に示すように，レンツの法則はファラデーの誘導の法則にマイナス記号を付けて示されます．すなわち，誘起された起電力（ε）と磁束の変化（$\Delta\Phi_B$）は反対の記号をもちます．

$$\varepsilon = -N\frac{(\Delta\Phi_B)}{\Delta t} \quad \cdots\cdots\cdots\cdots \quad (1.3)$$

ここで，

ε：誘導起電力（EMF）
N：配線の巻き数
$\Delta\Phi_B$：磁束の変化
Δt：回路中の磁束変化の時間

レンツの法則は，変圧器の働きを説明するときによく使われます．1次側の巻き線に電磁界を加えると，同等の磁界が2次側の巻き線に反対向きに誘起して，その大きさは1次側と2次側の巻き数の比になるというものです．レンツの法則を理解することで，伝送線と回路やシステムとの磁気結合，またクロストークを最小化する際の重要な手助けとなります．

● マイケル・ファラデー（Michael Faraday：1791-1867）

マイケル・ファラデーは，英国の化学・物理学者で電磁気学と電気化学の分野に貢献し，この分野で歴史上もっとも影響を与えた人物の一人です．

ファラデーは，直流電流が流れる導体のまわりの磁束に関する研究で，物理学における電磁界の考え方の基礎を確立しました．ファラデーの発見はその後，ジェームス・クラーク・マックスウェルによって改良されました．

ファラデーは，誘導の法則（または誘導起電力）とファラデー・ケージまたはファラデー・シールドという2つの発見でよく知られています．

ファラデーの誘導の法則は，配線でできた閉回路に適用されて，次のように説明されています．

「閉回路内の誘導起電力（EMF）は，その回路を通る磁界の時間的な変化に等しい」

別の表現をすると次のようになります．

「発生する起電力は，伝送線内の磁束の変化率に比例する」

起電力は，配線のループを1回まわる単位電荷当たりに得られるエネルギーです（単位はボルト）．等価的には，配線のループを切断して開回路とし，その配線に電圧計をつないで測定した電圧のことです．ファラデーの誘導の法則は，マックスウェル-ファラデーの式(1.4)に密接に関係しています．

$$\nabla\times E = -\frac{\partial B}{\partial t} \quad \cdots\cdots\cdots\cdots \quad (1.4)$$

ここで，

$\nabla\times E$：電界の回転（ローテーション）
E：電界
B：磁束密度または磁界

ファラデーの法則を簡単な言葉でまとめると，「伝送路内を時間変化する電流は時間変化する磁束を生成する」ということです．誘導の法則は直流には適用できず，交流の伝送（電磁界の伝播）にのみ適用できます．

ファラデー・ケージまたはファラデー・シールドは，外部の静電界によりケージの導体材料中の電荷を再配分し，ケージ内部の静的電界効果をキャンセルすることを基本原理とします．このケージは，表面全体を覆う導電材料または金属メッシュの外装でできており，この外装により外部の静的および非静的な電界が内部に影響しないようにブロックします．

一方，ファラデー・シールドは，地球の磁界のような静的またはゆっくりと変化する磁界をブロックすることはできません（磁針は内部で動作してしまう）．しかし，このシールドは外部の電磁放射が内部に伝わるのをかなりの割合で遮蔽できます．ただしそれは，導体が十分な厚さをもち，穴や開口部が電磁界放射波長よりも十分小さい場合だけです．外部からのラジオ信号の受信については，ケージの開口部から侵入する電磁波の形態によって左右されますが，適切な金属外装の物理的な形状を持たせれば，電磁波を大きく減衰またはブロックすることができます．

● カール・フリードリッヒ・ガウス（Carl Friedrich Gauss：1777-1855）

カール・ガウスは，ドイツの数学者であり科学者です．静電気，分析，微分幾何学，地球物理学，光学，および天文学を含む多くの科学分野に貢献しました．

ガウスは，数学と科学の多くの分野で大きな影響を与え，歴史上でももっとも影響を与えた数学者の一人とみなされています．

ガウスの電束の定理とも呼ばれるガウスの法則は1835年に作られましたが，実は1867年まで発表されませんでした．この法則は，最終的にマックスウェルの4つの式の1つとなったものです．この法則もまた古典的な電気力学の基礎になっています．マックスウェルの式に含まれる他の三つの法則は「ガウスの磁気の法則」「ファラデーの誘導の法則」「アンペールの法則」です．ガウスの法則はクーロンの法則を導き出すのに使用され，またその逆にも使われています．

ガウスの法則は，式(1.5)で表されます．

$$\Phi_E = \frac{Q}{\varepsilon_0} \quad \cdots\cdots (1.5)$$

ここで，

Φ_E：表面での電束

Q：境界領域に含まれる全電荷

ε_0：電気的定数

電束Φ_Eは，電界の面積分として式(1.6)で定義されます．

$$\Phi_E = \oint_s E \cdot dA \quad \cdots\cdots (1.6)$$

ガウスの法則は，電束を電界の積分として定義するため数式的には積分形式で与えられますが，別の方法として式(1.7)の微分形式で表現されることもあります．

$$\nabla \cdot E = \frac{\rho}{\varepsilon_0} \quad \cdots\cdots (1.7)$$

ここで，

$\nabla \cdot E$：電界の発散（ダイバージェンス）

ρ：電荷密度

ε_0：電気定数

積分形式と微分形式のいずれの式も発散定理に関係しており，ガウスの発散定理と呼ばれています．これらは，(1)全電荷の関係の観点から，また(2)電束密度と自由電子の電荷の関係の観点から2つの形式で表現されます．

ガウスの法則により，ファラデー・ケージ内の電界は電界の構造に関連する電荷をもっていることが説明されます．

● ジェームス・クラーク・マックスウェル（James Clerk Maxwell：1831-1879）

マックスウェルは，スコットランド生まれの世界でもっとも影響力をもった物理学者であり数学者です．彼のもっともすぐれた功績は，それまで別々であった電気，磁気，光学にかかわる観察，実験や数式を統一して古典的な電磁気理論を確立したことでしょう．マックスウェルは電気，磁気，光は同じ電磁界という現象であることを証明しました．すべての古典的な法則や公式が，マックスウェルの式を簡素化したものであるといえます．これがアイザック・ニュートンによる万有引力の発見以降，「物理学の第2の統一」と呼ばれている理由です．

電磁界理論を研究したマックスウェルは，電磁波が光の速度で空間を動く波動の一種であることを証明しました．1865年にマックスウェルは，「A Dynamic Theory of the Electromagnetic Field（電磁界の動的理論）」を発表しました．この有名な論文において，彼は電気や磁気の現象が起きるのと同じように，光が媒体中で振動していることを初めて示しました．電磁気の統一モデルを作り出した彼の業績は，物理学における最大の進歩の1つです．

また，マックスウェルは1861年にプリズムを用いた耐久性のあるカラー写真やホログラム，カラーホイール（色相環）など，数々の光学における進歩を作り出したことで光学の父と呼ばれています．彼はまた，橋の建設に使用する梁と継ぎ手構造の剛性に関する基礎的な研究も発表しています．

マックスウェルは，20世紀の物理学に最大の影響を与えた19世紀の科学者とみなされています．科学の世界に対する彼の貢献は，アイザック・ニュートンやアルバート・アインシュタインにも劣らないとみなされています．

マックスウェルの公式について詳細な説明は次節で行います．ここで述べたマックスウェルに関する記述は，科学者，研究者，数学者としての彼の業績のほんの一部です．彼の生涯と技術面での貢献については多くの本が書かれていますが，そのほんの一部を参考文献としてあげておきます．

● オリバー・ヘヴィサイド（Oliver Heaviside：1850-1925）

オリバー・ヘヴィサイドは，独学で大成した電気技術者，数学者，物理学者で，電気回路の研究で複素数を使ったことでも有名です．彼は，微分方程式を解くために数学的な手法を発明し（これはのちにラプラス変換に相当することがわかった），電磁気力とエネルギーの流れの観点からマックスウェルの電界方程式を再公式化し，独自にベクトル解析法を定義しました．ヘヴィサイドは，数学と科学の印象を大きく変革したにも関わらず，生涯のほとんどは科学者としての定評を得ることがなく，ヘヴィサイドの関わったすべての専門分野において，おそらく歴史上もっとも忘れられて見過ごされた人物といえるでしょう．

オリバー・ヘヴィサイドは，伝送線路理論（電信方程式といわれる）も作り出しました．彼は，電信線の一様なインダクタンスは信号の減衰とひずみを減少させ，もしインダクタンスが十分に高く，絶縁抵抗があまり高くない場合，その回路はひずみをもたず，すべての周波数で電流は同じ伝播速度をもつことを数学的に示しました．

ヘヴィサイドの方程式は，さらに電信システムの実現に役立ちました．彼はベクトルの計算方法をさらに発展させました．マックスウェルの電磁界の検討と説明が20の方程式と20の変数でできていたのに対して，ヘヴィサイドはベクトル計算に回転（ローテーション）と発散（ダイバージェンス）の演算を採用することで，20の方程式のうちの12式を4個の変数（B，E，Jおよびρ）を用いた4つの式に再構成しました．これが，その後に知られるようになったマックスウェル方程式の形式です．ヘヴィサイドはまた，ステップ関数を採用して電気回路中のモデル電流に適用しました．ヘヴィサイドはマックスウェルの方程式を今日の形に再構成したにも関わらず，彼はその業績が他人の成果に基づいているとして自分の成果とせずマックスウェルにすべての業績があるとしました．

さらに，ヘヴィサイドは電磁気理論に関する次の用語を定義しています．

- アドミッタンス（1887年12月）
- コンダクタンス（1885年9月）
- 永久磁石の電気版であるエレクトレット，言い換えると半永久の電気分極を示す物質（たとえば強誘電体）
- インピーダンス（1886年7月）
- インダクタンス（1886年2月）
- 透磁率（1885年9月）
- パーミッタンス（のちにサスセプタンス：1887年6月）
- リラクタンス（1888年5月）

上記以外の科学と数学に関するヘヴィサイドの貢献としては，ポインティング・ベクトルを独自に発見したことがあげられます．彼はまた同軸ケーブルの発明者でもあります．

さて，次節ではいよいよ簡潔に視覚化する方法を使ってマックスウェルの方程式を説明します．また，周波数ドメインではなく，技術者にとって理解しやすい時間ドメインを用いた説明を行います．

1.3　電磁気学理論（やさしく学ぶマックスウェル方程式）

4つの法則の意味すること

マックスウェルの4つの方程式は，電界と磁界の関係を表しています．これらの方程式はアンペールの法則，ファラデーの法則，そして2つのガウスの法則をもとに，オリバー・ヘヴィサイドが再定義したものです．これらの方程式は，閉ループの伝送線路における電界と磁界の強さや電流密度を記述できますが，理解するためには微積分や高度な数学の知識が必要です．

マックスウェル方程式は，微分形式と積分形式のどちらでも記述できます．ここでは，大学で電磁気学を学ばなかった人のために電磁気学理論の概要を単純化して示します．マックスウェルが我々に伝えようとした本質を理解すれば，さらなる議論や視覚化について深く考えることができます．

学術的なレベルでマックスウェル方程式を厳密に理解したければ，参考文献以外にもいろいろな教科書に詳しく記述されています．しかし本書の読者は，この方程式をどのように解くのかではなく，この方程式が何を意味しているのかを理解したいでしょう．本書では，これらの4つの方程式を簡単な形にまとめた理論によって，電磁気学がどのように役立つかを説明します．まず，4つの方程式が何を表現しているのかを概観します．ここではユニークな表現方法を使用しますが，電磁気学の分野をすでに精通している方は特にユニークに感じるでしょう．表現方法だけでなく視覚化の方法も設計技術者向けに簡易化したものなので，大学の教科書や学術的なレベルで書かれた専門書とは大きく異なります．

マックスウェルは，さまざまな科学分野や数学の研究をしていました．特に，光通信学（フォトニクス）と電磁気学の両方についての波動理論の研究を専門としていました．電磁気学は電気工学には必須の分野です．マックスウェル方程式は，彼以前の聡明な先人によって成し遂げられた広範囲にわたる解析，証明，発見，アイディア，文献に基づいています．

電磁気学やこれに関連する専門分野では複雑な数学概念を活用しますが，数式を解くだけでは実際に製品を設計することはできません．製品を設計しているとき，もし何らかの理由で数式を解く必要がでてきた場合は，コンピュータのソフトウェアを使えばよいでしょう．

以降の章では，複雑な数学を単純な代数に書き換える詳しい議論を行います．それに先立ち，議論の出発点となるマックスウェル方程式を式(1.8)に示します．プリント基板やシステムを設計する際に，マックスウェル方程式を解くための詳細な知識が必要というわけではありませんが，迅速に低コストの製品を設計するには，金属筐体などの周囲の状況を含めて，ソースと負荷の間でどのように電磁エネルギーが伝播しているかを理解することは大切なことです．

第1法則：電束（ガウスの法則）

$$\nabla \cdot D = \rho \qquad \phi_e = \oint_s D \cdot ds = \oint_v \rho dv = 0$$

第2法則：磁束（ガウスの法則）

$$\nabla \cdot B = 0 \qquad \phi_m = \oint_s B \cdot ds = 0$$

第3法則：電位（ファラデーの法則）

$$\nabla \times E = -\frac{\partial B}{\partial t}$$

$$\oint E \cdot dl = -\oint_s \frac{\partial B}{\partial t} \cdot ds \tag{1.8}$$

第4法則：電流（アンペールの法則）

$$\nabla \times H = J + \partial D/\partial t$$

$$\oint H \cdot dl = \oint_s (J + \partial D/\partial t) \cdot ds = I_{\text{total}}$$

マックスウェル方程式を簡単に記述するために，2つの原理を確認しましょう．

- マックスウェル方程式は電荷，電流，磁界，電界の相互作用を記述
- ローレンツ力は電荷を帯びた粒子が電界と磁界からどのような物理的な力を受けるかを記述

ベクトル量 J，E，B，H の間には，次のような関係があります．

(1) 導電率-電流と電界の関係（オームの法則の本質）：$J = \sigma E$

(2) 透磁率-磁束と磁界の関係：$B = \mu H$

(3) 誘電率-電束密度と電界の関係：$D = \varepsilon E$

ここで，各変数および定数は次の通りです．

J：電流密度（A/m^2）
σ：物質の導電率
E：電界強度（V/m）
B：磁束密度（Weber/m^{2}またはTesla）
μ：物質の透磁率（H/m）
H：磁界強度（A/m）
D：電束密度（クーロン/m^2）
ε：真空の誘電率

さて，これらの方程式をユニークな見方で思い切って単純化し，視覚的な方法でマックスウェル方程式を議論していきたいと思います．ただし，これから述べることは技術的な正確性を追求したものではなく，あくまでもこの方程式の重要性を理解するためのものであるということを了解しておいてください．

マックスウェルの第1式は，ガウスの法則に基づく発散定理として知られているものです．この式は，電荷が電界を作ることを示しています．これについては，導体と絶縁体の境界で起こる現象を見るのがわかりやすいでしょう．ガウスの法則は，伝導性の筐体（ファラデー・ケージとも呼ばれる）が静電シールドになることを説明しています．筐体の境界でその壁の片面に電荷は拘束され，反対面はゼロ電位になります．

マックスウェルの第2式は，電荷に対応する磁荷というものは存在しないことを示しています．電気単極子は，正または負に帯電しています．一方，磁気単極子というものは存在しません．しかし，電流や電界の時間変化によって磁界が生成されます．これについては，マックスウェルの第3式，第4式で記述されています．

マックスウェルの第3の式はファラデーの電磁誘導の法則と呼ばれます．伝送線路には，必ず磁界を生成するインダクタンス成分が含まれます．インダクタンスについては，第2章で詳しく述べます．この式は，時間により変化する磁界が，これに垂直な方向の電界を作り出すということを示しています．磁界は，変圧器の巻き線や電気モータ，発電機などで活用されています．

第3式は，次に述べる第4式と対になるものです．第

3式と第4式の相互作用こそ，EMCにおいて特に注目するべきものです．この二つを合わせることにより，電界と磁界が一緒になって光の速度で伝播する（放射する）ことを示すことができます．さらに，間接的にあらゆる伝送線路にインダクタンスが含まれていることを示しています．アンテナが電磁波をどのように伝えるのかを記述するのが，この第3式に含まれるインダクタンス変数です．

マックスウェルの第4式はアンペールの法則ですが，これは2つの要因で磁界が発生することを示しています．1つ目の要因は電流で，二つ目の要因は変位電流の形で示された閉回路を伝わる電界の変化です．これらによりインダクタが電磁界の振る舞いにどのように作用しているかを説明しています．2つの要因のうち，1つ目は電流がどのように磁界を生成するかを記述しています．アンペールの法則を簡単に言い換えると，"電流はその経路が放射であろうと伝導性であろうと閉回路を流れていなければならない"ということになります．アンペールの法則は，伝送線路によりソースと負荷の間に電気，あるいは電磁エネルギーを伝播させるための要件となります．

以上をまとめると，マックスウェル方程式は電磁界を定義しています．すなわち，伝送線路上の時間変化する電流は時間変化する磁束を生成し，次にこれが電界を生成し，結果的に電磁界を作ります．どのように電磁界が作られるかは本章で議論します．

静電分布は静電界を作りますが，磁界は作りません．時間変化する交流電流だけが電界と磁界の両方を生成し，伝送線路の周囲の誘電体の中を伝播していきます．

静的な場は，エネルギーを貯蔵します．これは，コンデンサの基本的な機能である電荷の蓄積と保持です．定電流源は，理想的なインダクタであればエネルギーを蓄えたり放出したりする基本的な概念となります．このようなインダクタは理論上で存在するだけで，実際のインダクタは変圧器や構造物の中で電磁エネルギーの一部を損失として発生させます．これについては第2章，第3章で述べます．

1.4 放射源からの電磁波伝播に関連するアンテナの定義

異なる振る舞いをする3つの領域

アンテナ周辺の電磁界は，原理的に次の3つの領域に分けられます．

- 近傍界（リアクティブ領域）
- 近傍放射界（フレネル領域）
- 遠方界（フラウンホーファ領域）

この3つの領域のうち，EMCに関しては遠方界がもっとも重要な領域です．通常，ノイズ規制の限度値は，この領域における測定を基準に決められているからです．アンテナにより，送信機と受信機の間に電磁界を伝播させて無線通信が行われます．これら3つの領域は，無線周波数（RF）エネルギーを発生させる放射源と受信するアンテナの間の距離によって分類されます．

EMCを測定する場合，電界を測定するか磁界を測定するかによって，電磁波放射源からアンテナまでの距離を選ぶことが非常に重要です．EMC認証試験では，伝播電磁界の遠方界を測定するのが一般的です．

電界と磁界はその関係を変化させながら伝播し，遠方界領域で観測されます．この電界と磁界の大きさの比は，遠方界では一定になります．近傍界領域では，電界と磁界はほとんど独立です．したがって，電界または磁界のわかっているほうからもう一方を計算したり測定したりすることはできません．近傍界では，電界と磁界はそれぞれ個別に測定する必要がありますが，これは現実的には非常に困難です．近傍界では，エネルギー・ソースのタイプによって電界成分または磁界成分のどちらかが支配的となりますが，通常は磁界成分が支配的であることのほうが多いようです．

1.4.1 近傍界（リアクティブ領域）

アンテナの直近は，リアクティブな近傍界となります．この領域では，電界と磁界は独立しており別々の振る舞いをします．遠方界では放射エネルギーは電界と磁界が直交し，同じ位相で伝播しますが，近傍界では電界（E）と磁界（H）は90°位相がずれた状態になります．ノイズ源に近いこの領域の（空間）インピーダンスは低く，磁界が支配的になります．

電荷は実在し，静電場を作ります．一方，放射体の電位（変化）によって発生した電磁界の振動電界の部分は，必ずダイポールの作る電界になります．これは，電磁界の近傍電界成分を電気的にニュートラルな導体から作るためには，この導体が一時的にダイポールかあるいは多重極にならなければならないからです．

導体中で正電荷と負電荷は外には流れ出ず，励起信号あるいは送信源により互いに分離されます．この動作の典型的な例は，無線アンテナでしょう．無線アンテナは帯電しているわけではないので，長い時間で平均してみれば電気的にニュートラルです．しかし，ある短い期間でみれば，このアンテナ上では電荷が分離され，トランスミッタからの信号の影響を受けて一時的に電気双極子（または多極子）となります．もし，アンテナが静電荷を帯びていたとしても，そのアンテナは時間に依存するような形で近傍電界を生成することができません．アンテナに一定の電流が流れている場合も同じことが言えます．

1.4.2　放射近傍界（フレネル領域）

近傍界と遠方界の間の領域のことを放射近傍界またはフレネル領域といいます．この領域では，もはやリアクティブな場が主要な役割を果たすことはなくなり，電界と磁界が同じように振る舞い始めます．放射パターンの形状は遠方界のようにはならず，放射源からの距離によって大きく変化します．

放射近傍界での電磁エネルギーは磁界成分と電界成分の混ざり合った放射エネルギーであり，その放射パターンは近傍場と遠方場とはかなり異なったものになります．放射源から1/2～1波長分ほど離れ，放射領域に入れば電界（E）と磁界（H）の関係を少しは予想しやすくなりますが，まだその関係は複雑です．つまり，放射近傍界はまだ近傍界の一部なので，伝播電磁界のパターンに対して予期できない条件がある可能性があります．放射近傍界での回折パターンは，放射源から十分に遠い点で観測された遠方界のものとはまったく違ったものになります．放射近傍界内では，磁束（B）と磁界（H）の関係ですら非常に複雑なものです．

電磁波の伝播モードは，遠方界ではいずれかの単モード（水平偏波，垂直偏波，円偏波，楕円偏波など）になりますが，放射近傍界ではすべてのモード（すべての偏波）が存在する可能性があります．

1.4.3　遠方界（フラウンホーファ領域）

遠方界とは放射源から十分に遠い領域のことで，通信に使われます．この領域では，放射パターンは距離によって変わりません．ただし，大きさは距離（r）に反比例します．つまり，$1/r$で減少します（電力は$1/r^2$で弱まる）．そして，電界（E）と磁界（H）は互いに直交します．

遠方界では，アンテナ・フィールド・パターンの形や角度分布はアンテナと放射源との距離に依存しません．また，遠方界は放射ゾーンあるいは自由空間と呼ばれることがあります．放射源と受信アンテナの距離をrとすると，遠方界で放射の大きさは$1/r$で減衰するので放射ゾーンは重要です．また，この領域で距離rの単位面積あたりのエネルギーは$1/r^2$に比例します．

伝播電磁場の球面の表面積はr^2に比例するので，この球面を通過する全エネルギーは一定になります．これは，遠方界のエネルギーが無限遠まで伝播されることを意味します．一般に，アンテナは遠方界を使って長距離通信するために使われていますが，近傍界通信に特化して作られたアンテナもあります．

1.5　電気ソースと磁気ソースの関係

電磁波の発生源は2タイプ

それでは次に，AC電流（または時間変化する電流）とこの電流が生成する電磁界の関係について見てみましょう．電流が時間変化すると磁界をどのように生成するのか，そして静電分布が電界やダイポールをどのように生成するのかを調べてみます．さらに，自由空間を含む伝送線路で電界と磁界がどのように相互作用するのかを詳しく見ていきます．

時間変化する電流は，次の2つの形態で存在します．

- 磁気ソース（閉ループ回路で作られる）
- 電気ソース（ダイポール・アンテナ構造によって作られる）

まず，磁気から見てみましょう．**図1.4**に示すようなクロック源（発振子）と負荷からなる回路を考えます．この回路には，（信号線とRFリターン電流からなる）閉ループ経路を回る電流が流れます．この閉ループ回路モデルで作られる電磁界は，シミュレータや本章の後半で示す式を用いて簡単に求めることができます．

この閉ループ回路から作られる電磁界には，次の4つの特性があります．

(1) 電流振幅．伝播される電磁界強度は，ループ回路に流れる電流に比例します．

(2) 観測点に対するループ回路の向き．測定アンテナが放射源と同様にループ形状のアンテナの場合，放射源の電流の向きと測定されるループ・アンテナの向きは一致させます．もし，測定するアンテナがダイポール構造ならば，同じ向きではなく直交させます．たとえば，放射源のループ・アンテ

図1.4 電磁界のRF伝播

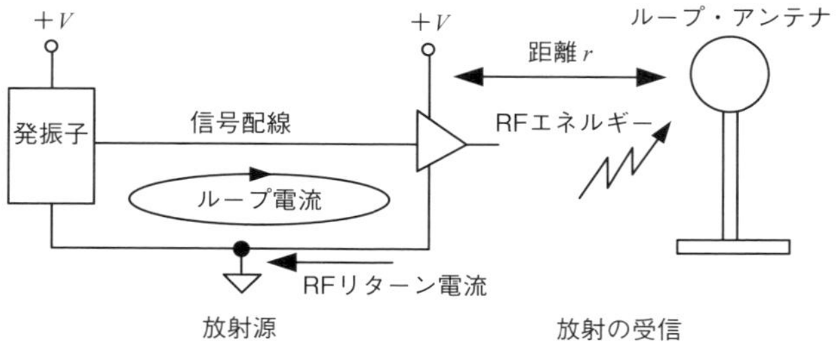

ナが水平に置かれているならば，観測するループ・アンテナも水平に置かれていなければなりません．しかし，ダイポール・アンテナで観測する場合は，アンテナの向きは垂直方向でなければなりません．

(3) ループ回路の大きさ（ループ長対ループ面積）．もし，ループ周辺長が信号発生器の出す周波数の波長よりも十分に短い場合（もしくは観測対象とする周波数の波長よりも十分に短い場合），このループ・アンテナが作る磁界はアンペールの法則によって，ループ面積に比例します．ループ周辺長は関係ありません．ループが大きくなるほど，より低い周波数が強く観測されることになります．なお，アンテナにはその物理的な大きさに共振する特定の周波数があります．

(4) 無線周波数（RF）の放射源から離れた場所での電磁界強度．観測される電磁界の減衰の仕方は，放射源とアンテナとの距離に応じて異なります．具体的には，距離が近傍界か遠方界かによって異なります．この距離が電気的に放射源に近い場合は，磁界は距離の2乗で減衰します．回路が高インピーダンスの場合は電界が強くなります．この距離が電気的に遠い場合は，電磁界は距離に反比例（$1/r$）して減衰します．おおよそ波長の1/6の距離（$\lambda/2\pi$）で，この電界と磁界の向きが直交するようになります．波長は，光速（c）を周波数で割った値です（これもマックスウェルによって発見された）．λの単位をメートル，fの単位をMHzとすれば，$\lambda = 300/f$ですから，この距離$\lambda/2\pi$は簡単に求めることができます．

次に，電界の伝播を見てみましょう．閉ループ回路で生成された磁界とは対照的に，電界は時間変化するダイポール構造でモデル化できます．これは，時間的に変動する2つの極性の異なる点電荷が近接して存在するというものです．ダイポール全体に流れる電流の変化によって，その両端にこの電荷変化が発生します．

このように電気ソースにより生成された電界は，次の4つの特性を持ちます．

(1) 電流の大きさ．この回路で生成された電界の大きさは，この伝送線路を流れる時間変化する電流に比例します．

(2) 測定器に対するアンテナの向き．前述した磁気ソースの場合と同様です．信号源の向きと同じ向きにアンテナを向けなければなりません．

(3) ダイポール・アンテナの大きさ．電界の強さは，ダイポール・アンテナの電流駆動エレメントの長さに比例します．ただし，これは駆動部分長が波長に比べて十分に小さい場合に成り立ちます．実際には，ダイポール・アンテナが大きくなれば，より低い周波数がアンテナ端子で観測されます．ダイポール・アンテナの大きさによって決まる自己共振周波数が存在し，信号伝送が最大になります．

(4) 距離．電磁界の強さは，放射源からの距離によって減衰します．減衰の大きさは，放射源とアンテナとの距離が近傍界（リアクティブ領域）ならば$1/r^3$，放射近傍界（フレネル領域）ならば$1/r^2$，遠方界（フラウンホーファ領域）ならば$1/r$となります．

遠方界でRF信号は，ほぼ電界だけを含むことになります．これは自由空間のインピーダンスが電界に対して非常に小さく，磁界に対しては大きいからです．アンテナを放射源側に近づけると，磁界と電界は放射源からの距離により大きく依存するようになります．実際には，このような領域で電界と磁界のどちらが支配的であるかを測定から判別するのは難しくなります．

図1.5に，近傍界（磁界成分と電界成分が別々になっている領域）と遠方界（電界と磁界の両方を含む平面波

となっている領域）の関係を示します．遠方界（フラウンホーファ領域）では，電界成分と磁界成分が結合されて平面波として伝わります．

このRFエネルギーの電磁的な伝播を平面波と呼ぶ理由は，放射源から数波長離れると波面がほぼ平面に見えるからです．遠方界に置かれたアンテナでの波の見え方の例を図1.6に示します．ここでは，電界をz軸方向，磁界をx軸方向，平面波の進行方向をy軸方向で示しています．この電磁界は，点放射源から放射状に光速で伝播されていきます．

$$c = 1/\sqrt{\mu_0\ \varepsilon_0} = 3 \times 10^8\ [\mathrm{m/sec}]$$

ここで，

c：3×10^8 m/sec（光速）

μ_0：$4\pi \times 10^{-7}$ H/m（真空中の透磁率）

ε_0：8.85×10^{-12} F/m（真空中の誘電率）

電界成分の大きさ（電界強度）はV/m，磁界成分の大きさ（磁界強度）はA/mという単位を持ちます．電界強度（E）と磁界強度（H）の比は，式(1.9)の自由空

図1.5　電気ダイポール，磁気ダイポールからの距離と波動インピーダンス（dは放射源とアンテナの距離）

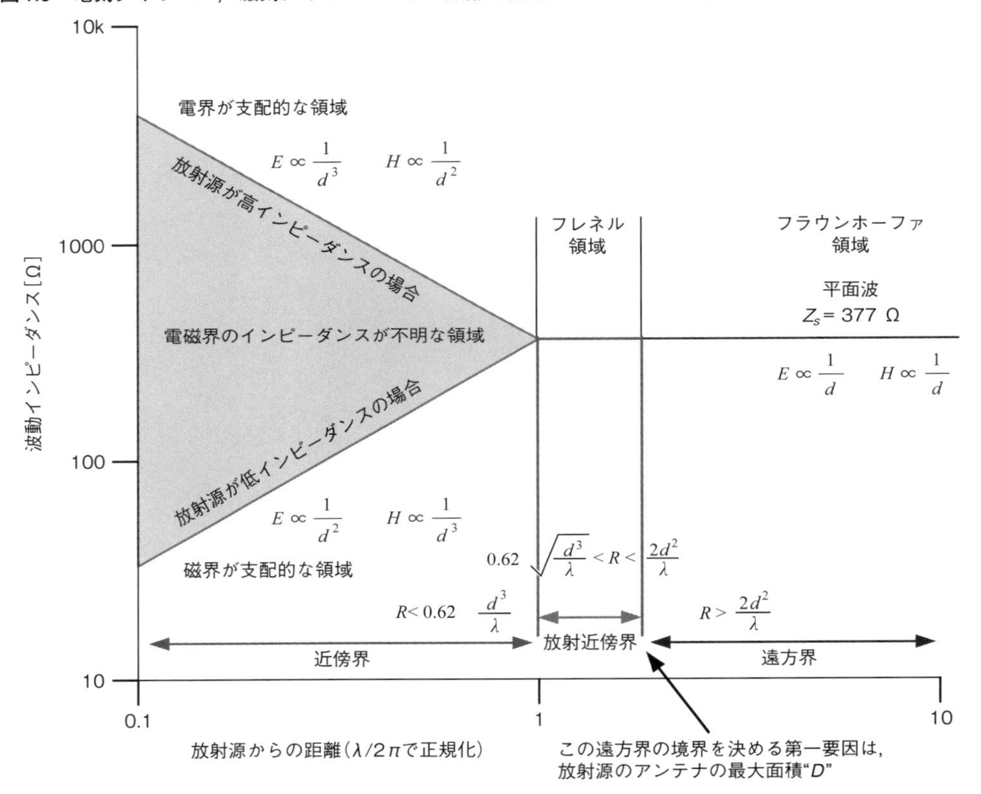

図1.6　電界成分と磁界成分が平面波を作りながら電磁波を伝播

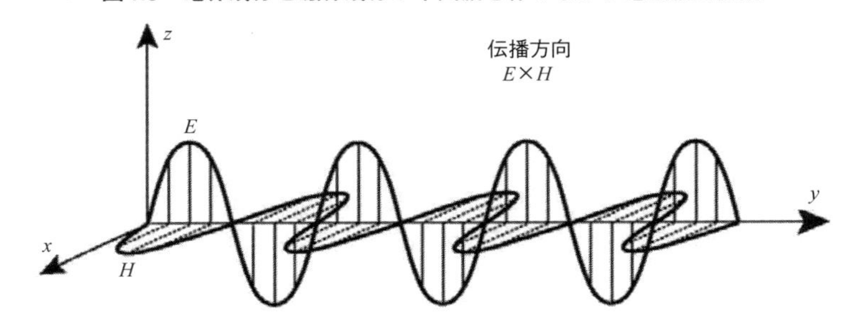

間のインピーダンスです．ここで強調しておきたいことは，自由空間における平面波の波動インピーダンスという特性インピーダンスは放射源からの距離に無関係であり，遠方界においては放射源の性質にも依存しない，ということです．自由空間における平面波の波動インピーダンスは次式で表すことができます．

$$Z_0 = \frac{E}{H} = \sqrt{\frac{\mu_0}{\varepsilon_0}} = \sqrt{\frac{4\pi \times 10^{-7}\ (\mathrm{H/m})}{\dfrac{1}{36\pi} \times 10^{-9}\ (\mathrm{F/m})}}$$

$$= 120\pi \text{ または } 377\Omega\ (\text{正確には } 376.99\Omega) \quad \cdots \quad (1.9)$$

波面で伝達される電力の単位は$\mathrm{W/m^2}$です．なお，これは周波数ドメインでの単位であることに注意してください．時間ドメインへの変換は本章の後半で行います．時間ドメインか周波数ドメインかに関わらず，得られた数値は同じものになります．

1.6　アンテナ・エレメントとして表される電磁界

電気ソースと磁気ソースのモデル

マックスウェルの電磁理論によりソースと負荷の間で伝送線路周りの誘電体中を電界と磁界が伝播していくのは，閉ループ回路が構成されている場合です．RF信号が伝播するためには，伝送線路を構成する何らかのカップリング経路が必要になりますが，この経路は金属を使って接続されている（ケーブル，配線，プリント回路配線，電源リターン経路など）場合もありますし，空間の場合もあります．電磁波はこれらの経路のうち，もっともインピーダンスの低い伝送経路を使って伝播します．

送信アンテナは，電磁的な電圧や電流を意図的に伝播させる導体であり，同様に受信アンテナは，単にこの伝播された電磁場を意図的に拾う導体です．

ノイズ・カップリングのメカニズムは，2つの等価要素モデルで電磁的に記述できます．時間変化する電界が生成された場合，この電界は送信端から受信端に伝送するためにアンテナを見つけようとします．このアンテナは，電磁気学的には誘電体を2つの金属導体で挟んだ構造であるコンデンサとして表現できます．このコンデンサ・モデルは，**図1.7(a)**のようなダイポール・アンテナを意味しています．

同様に，時間変化する磁界はループ・アンテナで記述されます．これは，磁界を作るためには閉ループ回路を電流が流れる必要があるからです〔**図1.7(b)**〕．

普通，RF信号の伝播を扱う場合，プリント基板上の配線のような伝送線路内部の電磁場を考えます．実際，伝送線路だけが電磁界を伝播させる唯一の経路となります．電磁界は伝送線路を取り巻く誘電体の中に存在しますが，この誘電体とはコアあるいプリプレグなどの基板材質あるいは自由空間のことです．

次に，アンテナ理論に関するマックスウェル方程式を，ディジタル設計技術者にわかりやすく説明するために，ボルト［V］とアンペア［A］の単位を使って信号伝播のしくみを説明しましょう．ディジタル設計者は普段は時間ドメインで仕事をするので，実際の測定で用いる簡単な単位を使って信号伝播を記述したほうがわかりやすいでしょう．実際には，周波数ドメインでボルト/メートル［V/m］やアンペア/メートル［A/m］

図1.7(a)　電界によるノイズ・カップリング・モード（ダイポール・アンテナ）

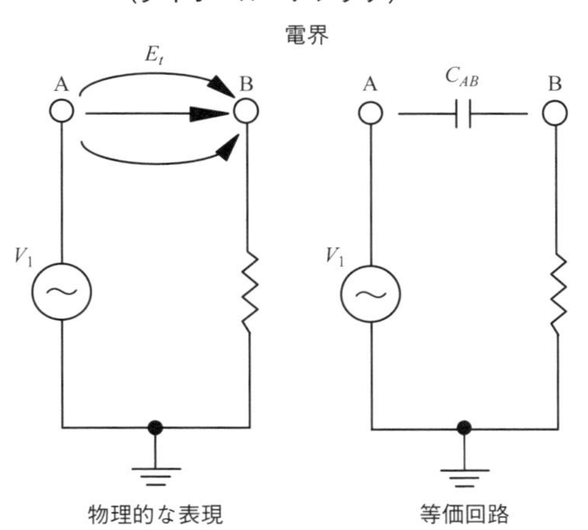

図1.7(b)　磁界によるノイズ・カップリング・モード（ループ・アンテナ）

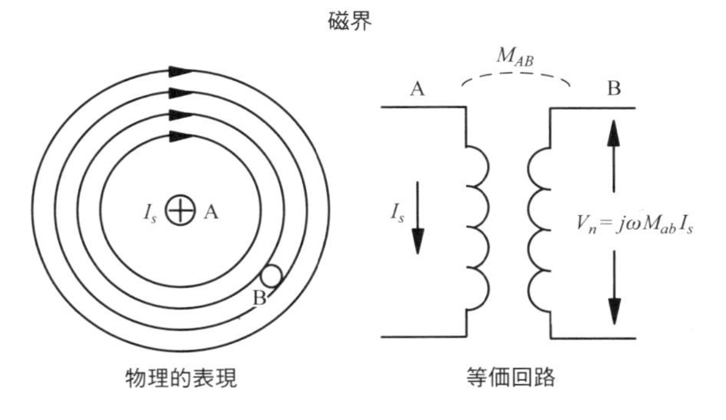

の単位を用いて解析しなければなりません．

ここでは/mを外すことによって，概念的に周波数ドメインから時間ドメインに変換します．こうすることによって，どのように伝送線路が機能するかについて簡単な方法で理解することができます．一方の領域で機能することは，もう一方の領域でも同じ結果になることを覚えておいてください．

アンテナのノイズ・カップリング・モデルが有効となるためには，回路の物理的な大きさが回路に含まれる信号の波長に比べて十分に小さいものでなければなりません．

コンピュータ解析における純粋な数値モデルはRFエネルギーが存在することは正確に示しますが，どのように発生するかまでは示してくれません．モデリングは寄生成分も含めたシステム・パラメータによって決まります．たとえコンピュータ解析によって，あるモデルの解が得られたとしても，寄生成分などのシステム・パラメータは完全にはわからないでしょうからシミュレーション結果は怪しいものになってしまいます．

さまざまなアプリケーションに対して電磁界のモデルを作る場合，未知の寄生成分など推定値を用いなければならないパラメータが必ず存在するので，必ずしも完璧な精度を求める必要はありません．もちろん，もし高い精度のモデルを作れたなら，非常に高いレベルの仕事ができる可能性はあります．

1.6.1　電流が流れる経路

電磁波は，なんらかの決まった経路に沿って伝播します．この経路の物質または誘電体の材質は，伝送線路のインピーダンスに重要な影響を及ぼします．さらに，時間変化する電流を伝える導体の構造や近接する導体(特にリターン経路)もインピーダンスの値に影響を与える重要な要因です．

電磁波が伝送線路の導体に沿ってあるいは伝送線路の周囲を伝わるとき，望ましい伝送経路のインピーダンスと比べて高い場合や低い場合があるでしょう．望ましい特性インピーダンスと異なるインピーダンスは，伝送線路により伝播される電力の変化を意味します．インピーダンスの差による損失がある場合，伝送線路周辺の誘電体内部で失われた電磁場は別の伝播経路を見つけなければなりません．その経路は，キルヒホッフの法則に則ってソースに戻りますが，自由空間中か他の誘電体かに関わらず，必ず低いインピーダンスの経路をとります．

特に，信号がRF成分を含む場合は電磁波が回路ループの中で電流経路を見つけるのは容易なことではありません．電流が複数経路に分かれて流れる場合，各経路の電流の大きさはそれぞれの経路のアドミッタンスに比例します．アドミッタンスとは，インピーダンスの逆数のことです．

伝送線路内では，浮遊容量や寄生容量，有限のインダクタンスにより電磁エネルギーを流す代替経路が作られ時間変化する電流が流れます．導体や部品やデバイスは，すべて浮遊容量や誘導により他の伝送線路に結合するので，不要なアンテナ構造が作り出されます．これらの意図しないアンテナは，それぞれ異なるアドミッタンスを持ち，1つの伝播構造を作り出します．このような浮遊容量や寄生容量，寄生インダクタンスによって不要な電磁エネルギーが伝わってしまわないようにすることが，我々EMC技術者の仕事といえます．

高いインピーダンスを含む形で導体が共振する場合，容量結合による経路(ダイポール・アンテナ)によって自由空間が電界の経路になることがあります．同様に，ループ・アンテナは自由空間を磁界の伝播経路とするように働きます．電界は，周波数に依存する変位電流の形で電流を伝えます．なお，閉回路の中ではソース電流とリターン電流は，同時に存在して互いに相殺している必要があります．

1.7　マックスウェル方程式のさらなる簡素化

すべてを時間領域で考える

上に述べてきた基本的アプローチを用いることによって，高度なマックスウェル方程式の数学を簡単な算術演算に変換することができます．ここでは，さらにマックスウェル方程式の思い切った簡素化を行ってみましょう．このためには，まず電磁界理論を時間ドメインで考えてみます．通常，マックスウェル方程式は電磁界の伝播を周波数ドメインで記述しています．そこで，非常に概念的な方法でマックスウェル方程式をオームの法則に変換してみましょう．ただし，ここでは複雑な問題を簡単に議論するのが目的なので，技術的な正確性はあまり重要視しないことにします．

回路解析におけるオームの法則を見てみると，交流回路を扱うのか，直流回路を扱うのかによって大きく異なります．解析の際に集中定数回路モデルを使う場合と，分布定数回路モデルを使う場合でも同様の違いが考えられます．

▶オームの法則

時間ドメイン（直流電流） $V = I \cdot R$

周波数ドメイン（交流電流） $V_{rf} = I_{rf} \cdot Z$ …………（1.10）

ここで，

V：電圧

I：電流

R：抵抗

Z：インピーダンス（$R + jX$）

rf：RFエネルギーまたは伝送線路上で時間的に変動する交流電圧／電流

概念的に「簡略したマックスウェル方程式」をオームの法則に変換するとは，次のようなことです．すなわち，時間変化する電流（AC）が一定のインピーダンスを持つ伝送線路に流れるなら，この電流に比例して時間変化する電圧が発生します．周波数ドメインではV/mとA/mの単位で測定が行われますが，ここで測定単位から/mを除くことによって，伝送線路理論を，周波数ドメインから時間ドメインに概念的に変換することができます．この変換によって，複雑な電磁界の伝播をオームの法則を用いて理解することができます．

回路解析で集中定数モデルを使ったときに，マックスウェルからオームへの変換が行われます．しかし，周波数が高くなるとオームの法則ではカバーできないさまざまな要因に起因する電磁界伝播の損失が出てきます．なぜなら，マックスウェル方程式が交流信号の伝播や電磁波の伝播を記述するためのものなのに対して，オームの法則は直流電流を対象としているからです．オームの法則もマックスウェル方程式もファラデーの法則を通して関連していますが，伝送線路の信号伝播を扱う上では，時間領域あるいは周波数領域という，完全に異なるアプローチをとっていると考えられます．

周波数ドメインにおける電磁気学モデルにおいては，抵抗RはインピーダンスZに置き換えられます．インピーダンスZは，直流部分を表す実数部の抵抗Rと交流部分を表す虚数部のリアクタンスjXからなります．あらゆる伝送線路において，直流部と交流部の両方の伝播があります．インピーダンスZの値は周波数に依存します．

インピーダンスZは，対象とするのが回路インピーダンスであるかによって異なる形をとります．伝送線路の場合，トータルのインピーダンスZの値は，式（1.11）のようにインダクタンスとキャパシタンスの両方に依存する形になります．

$$Z = R + jX_L + 1/jX_C = R + j\omega L + 1/j\omega C \quad \cdots (1.11)$$

ここで，

X_L：$2\pi fL$（自由空間における伝送線のみに関係する方程式の成分）

X_C：$1/(2\pi fC)$（RF電流が近くにリターン・パスを持ち，容量結合されているとき）

f：動作周波数［Hz］

$\omega = 2\pi f$

物理的な構成要素が，抵抗，コンデンサ，インダクタ，トランス，フェライト・ビーズ，ボンディング・ワイヤや任意の形態の相互接続などの既知の抵抗性や誘導性の要素を持つ半導体などの場合，寄生要素はインダクタンスを含む回路ループの物理的な大きさに依存します．このとき，式（1.12）が単純な伝送線路に対して成り立ち，10～100kHz付近からリアクタンスが抵抗成分より大きくなるので，インピーダンスの周波数特性を考えなければなりません．

$$|Z| = \sqrt{R^2 + jX^2} \quad \cdots\cdots (1.12)$$

非常に稀なケースを除けば全体の誘導性リアクタンスは周波数に依存するので，数kHz以上の周波数で誘導性リアクタンスjX_Lの値は最終的にはRより大きくなります．電流は常にインピーダンスが最小となる経路を通ろうとします．数kHz以下の帯域では，このような経路のインピーダンスは抵抗性になります．一方，10k～100kHzの間の伝送線路特性で決まるある周波数以上では，抵抗成分は伝送線路の全インピーダンスのわずかな割合にしかならず，これに代わって最小の誘導性リアクタンスを持つ経路が主役になります．ほとんどのディジタル回路部品は数kHz以上の周波数で動作するので，高い周波数帯域における伝送線路上の電流の流れ方は，抵抗成分が最小となる経路を流れると考えるのは間違いです．

数kHzの電流が配線上を流れる場合を考えると，電流は最小のインピーダンスとなる経路を通るわけですから，この伝送線路のインピーダンスは誘導性リアクタンスが最小となる経路のそれに等しくなります．負荷の入力インピーダンスが伝送線路の容量よりも大きければ，誘導性リアクタンスがインピーダンス式の主要な成分となります．このインピーダンス変数は時間変化する信号を扱っているので周波数ドメインの要素が残っていますが，それでもまだオームの法則に関連付けることができます．

すべての伝送線路には有限のインピーダンス，おもに誘導性リアクタンスがあります．伝送線路インダクタンスが大きいことは，時間変化する電流が存在することによって不要なRFエネルギーがどのように生成されるかの理由の1つに過ぎません．シリコン・チップとインターポーザの接続，それらのプリント基板への接続に用いられるボンディング・ワイヤ，ボール・グリッド・アレイ，フリップチップなどは通常，十分に高い誘導性インピーダンスを持ち，これらのインピーダンスを通してRF電位が発生します．この電位差は，伝送線路の誘導性リアクタンスに比例した意図しないコモン・モード電流を作り出します．コモン・モード電流の発生については，次節で詳しく説明します．

プリント基板上の配線や伝送線路は，さまざまな誘導性リアクタンスを持ちます．特に，ソースから負荷に向けてと負荷からソースに戻るリターンにかかる往復の伝播時間が，伝送信号の次の信号が出るまでの時間に比べて十分長い場合は注意が必要です．線路を伝播する信号の周波数に対して，$\lambda/10$を超えるような長さの場合は電気的に長い伝送線路とみなす必要があります．

基本的に，RF電圧がインピーダンスにかかると多くの理由で望ましくない不要なRF電流が生成されることになります．まさに，このRF電流がコモン・モード電流として伝播し，放射または伝導に関するノイズ規制の問題と併せてクロストークなどの機能的な問題を引き起こします．

伝送線路上を移動し時間変化する電荷は電流となり磁界を発生させます．この磁界は磁力線とも呼ばれます．**図1.8**に示すように，磁力線は右手の法則で可視化できます．

磁界の時間変化により，直交する向きに電界が作られ，親指の方向に伝わっていきます．全体のRF放射は，放射あるいは伝導の形で伝わっていく，磁界と電界の組み合わせです．ここで，伝送線路が電磁界がとる唯一の物理経路であることに注意してください．実際の電磁界は，伝送線路を取り巻く誘電体にも，自由空間中にも，プリント基板のコア材やプリプレグの中にも，より線の絶縁体の中にも存在しこれらの中を伝播していきます．

図1.8には書いてありませんが，磁界が伝送線路の周りを反時計回りに取り囲むのは閉ループ回路がある場合だけです．

プリント基板では，RF周波数帯の交流電流はソース・ドライバで作られ負荷に伝えられます．RF電流は伝送線路の2番目の要素であるリターン経路を通ってソースに戻ってきます．その結果，このループ回路では伝送線路の周りの磁界がこの構造から外に出ていくことになり，結局ループ・アンテナとして機能します．ループ・アンテナは必ずしも円形である必要はなく，一般にはより複雑な形状をしています．時間変化する電流がこのループ・アンテナにより磁界を生成するとき，同時にファラデーの法則によって電界も作られます．電界と磁界の両方が存在することによって，結果的に本章の前半で述べたような電磁界ができます．

プリント基板の電源プレーンやグラウンド・プレーンのようにインピーダンスが低く大電流が流れれば，その近傍界では磁界が支配的になります．電界についても同じことがいえますが，ソースやその付近ではインピーダンスが高く，遠方界（フラウンホーファ）領域に遠ざかるまで測定はできません．いずれにせよ，電界と磁界は同時に存在しなければなりません．

遠方界においては電界と磁界の比は波動インピーダンスとして定義され，その値はソースのインピーダンスや近傍界，近傍放射界のインピーダンスとは無関係

図1.8　右手の法則

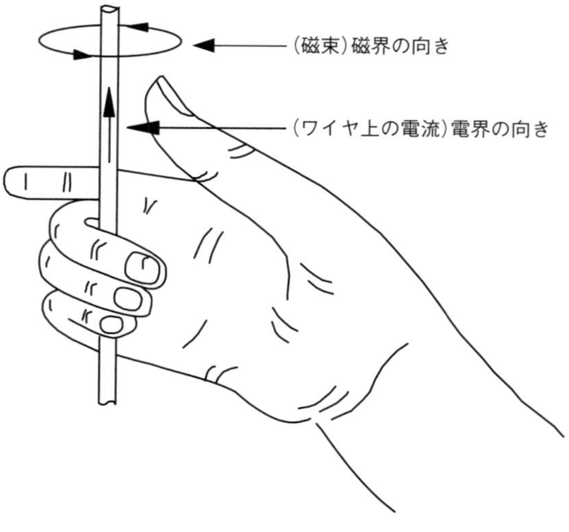

図1.9 閉ループ回路

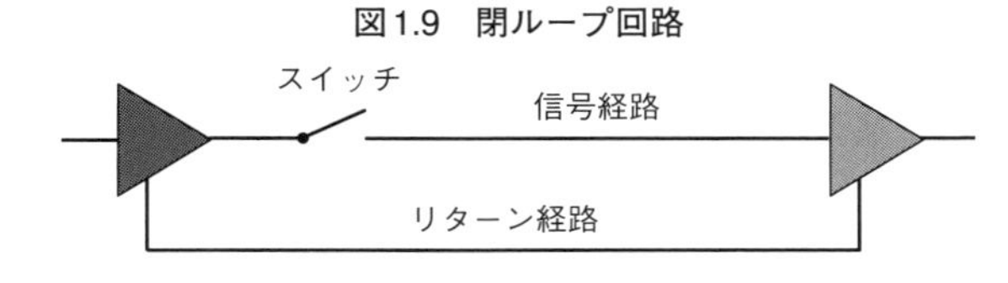

となり，おおよそ$120\pi\Omega$つまり377Ωになります．磁界を測定する場合，静電シールドされたループ・アンテナを用いるのが一般的ですが，小さな磁界強度を観測するには適切な感度が必要です．

時間変化する電磁界がプリント基板の中にどのように存在するのか，**図1.9**を使って別の簡単な方法で説明します．この回路を用いて時間ドメインと周波数ドメインの両方で議論し，マックスウェル方程式の基本的な概念について説明します．

アンペールの法則が成り立つためには，伝送線路システムが閉ループでなければなりません．アンペールの法則はある点に発生する磁気誘導を，電流要素とその観測点との相対的な位置関係によって記述したものです．また，キルヒホッフの電圧則によって閉じた回路に沿った電圧の総和はゼロになります．

回路が動作するためには**図1.9**のスイッチが閉じられ，交流電源や直流電池または半導体の出力ドライバの電源を通して回路に電圧をかける必要があります．

閉ループ回路でなければ電流はソースから負荷に向かって伝送線路を伝わり，リターン経路を戻ってくることもありませんし，必要な機能も果たしません．スイッチが閉じて，初めて回路が完成します．

● 電流には交流と直流の2タイプがある

これらの2種類の電流を区別する唯一の違いは，測定するときのドメインの違いです．定常状態の場合，直流はオームの法則を使って時間ドメインで簡単に理解できます．電流が時間に関して変化するやいなや，本質的にはマックスウェル方程式の一部であるオームの法則を用いながらも，周波数ドメインに入ります．同じ信号を異なる方法で見るということになります．すべての伝送線路システムにおいて，どちらのタイプの電流が流れようとも必ずマックスウェル方程式，キルヒホッフの電圧/電流の法則，アンペールの法則，オームの法則が成り立たなければなりません．

周波数ドメイン（マックスウェル）から時間ドメイン（オーム）に概念的に移動する簡単な方法は，電磁波の電位（ボルト），電流（アンペア），抵抗（インピーダンス）などの測定の単位を考慮することです．

伝送線路内で時間とともに移動する電子は時間変化する磁界を作り，その磁界が（ファラデーの法則によって）時間変化する電界を作ります．したがって正しい言い方は，「伝送線路は電界と磁界を伝えるのであって，電圧や電流あるいは（時間依存しない）電子の動きを伝えるのではない」ということになります．

スペクトラム・アナライザや多くの計測機器の入力は，dBmの単位を使って電力を計測します．0dBmは1mWです．計測器の入力は電磁波を電力として受けるように設計されていますから，計測器内部のプロセッサで入力レベルを計測の目的によって電圧の単位か電流の単位に変換します．実際，電力[dBm]から電圧[dBV]や他の単位への変換は簡単です．

1.8 磁束を最小化するしくみ

リターン電流で磁束をキャンセル

では次に，磁束がどのように作られるかを見てみましょう．インピーダンスを持った伝送線路上に時間変化する電流が流れるときに磁束が生成されます．磁束は，伝送線路が取り囲む誘電体の中だけに存在し，配線の中心部など金属導体内部には存在しません．

妨害の原因になる不要な磁束の発生を防ぐためには，磁束をキャンセルあるいは最小化することが必要です．本書では「キャンセル（相殺）」という言葉を用いますが，場合によっては「最小化する」または「封じ込める」と言ってもかまいません．

伝送線路内には反時計回りの磁力線が作られます．もし，リターン経路が信号配線に近接し，リターン電流が信号電流とは逆向きに流れていたならば反対周りの磁束が発生します．つまり，**図1.10**に示すように時計周りの磁束が反時計周りの磁束と互いに打ち消しあうようになります．これが磁束をキャンセルするしくみです．このように，信号経路とそのリターン経路で全体の磁束が最小化されれば，発生するRF電流は信号配線の極近傍だけとなり，EMC適合試験で起こる問題もほとんどなくなります．

プリント配線板の製造において，このような磁束をキャンセルさせる実装テクニックの詳細は第3章で述べます．

図1.10 磁束キャンセルのしくみ

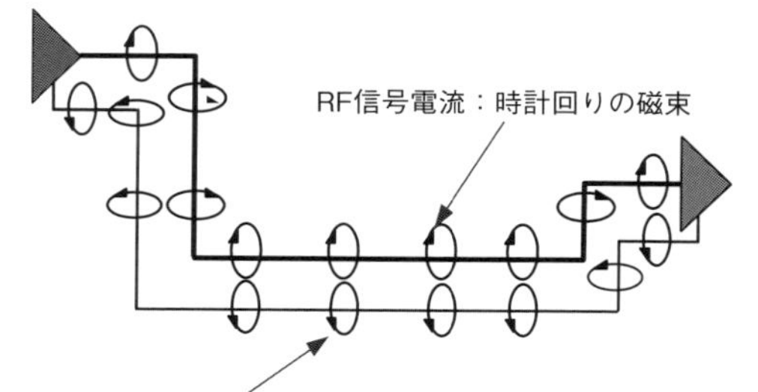

表1.1 銅基板における表皮厚さ

動作周波数	δ（銅）
60 Hz	0.0086 inch (8.6 mil, 2.2 mm)
100 Hz	0.0066 inch (6.6 mil, 1.7 mm)
1 kHz	0.0021 inch (2.1 mil, 0.53 mm)
10 kHz	0.00066 inch (0.66 mil, 0.17 mm)
100 kHz	0.00021 inch (0.21 mil, 0.053 mm)
1 MHz	0.000066 inch (0.066 mil, 0.017 mm)
10 MHz	0.000021 inch (0.021 mil, 0.0053 mm)
100 MHz	0.0000066 inch (0.0066 mil, 0.0017 mm)
1 GHz	0.0000021 inch (0.0021 mil, 0.00053 mm)

1.9 表皮効果とリード・インダクタンス

周波数が高くなると電流は導体表面に集まって流れる

電圧が印加されたとき，電流が流れる部品やプリント基板の配線に接続されたボンディング・ワイヤなどの均一な媒体に関する表皮効果は，マックスウェル方程式の3番目と4番目の式によって説明されます．電圧が一定の直流の場合，電流は導体断面全体を使って均一かつ定常的に流れます．

ソース電圧が直流，つまり定常状態ではなく時間変化する交流の場合，この電流の密度は周波数が高くなるにつれて導体の表面の部分だけを集中的に流れるようになります．これが表皮効果と呼ばれるものです．

表皮効果とは，伝送線路の内部よりも伝送線路の表面のほうが交流電流の密度が大きくなるという現象です．表面から内部に向かって小さくなっていきます．電流は，導体の表面と表皮厚さと呼ばれる距離の間の式(1.13)で示す「表皮」と呼ばれる部分にのみ存在します．周波数が高くなると表皮厚も非常に小さくなるので，伝送線路の断面において電流の流れる部分の有効的な面積が小さくなります．そして，電流の流れる部分の断面積が小さくなることによって，導体の実効的な抵抗値が大きくなります．

$$\delta = \sqrt{\frac{2}{\omega \mu_0 \sigma}} = \sqrt{\frac{2}{2\pi f \mu_0 \sigma}} = \frac{1}{\sqrt{\pi f \mu_0 \sigma}} \quad \cdots (1.13)$$

ここで，

δ：表皮厚さ

ω：角周波数$(2\pi f)$

μ_0：物質の透磁率$(4\pi \times 10^{-7}\mathrm{H/m})$

σ：物質の導電率（銅の場合，5.82×10^{-7}mho/m）

f：周波数[Hz]

表皮効果は，交流電流により作られる変動磁場により誘起され，反対向きに流れる渦電流によって発生します．銅の場合，60Hzにおける表皮の深さは8.5mmです．高い周波数では，この表皮厚はもっと小さな値になります．大きな導体の中心部分には，高い周波数の電流はほとんど流れません．そのため，重さやコストを抑えるために管状の導体が使われるのです．

非常に高い周波数では，RFエネルギーは伝送線路の外部表皮に押し込まれ，中心部分にはほとんど流れません．導体表皮の電流が混み合ってくると，誘電損失が信号伝播に影響を及ぼし始め，ソースと負荷の間で情報を伝えている電磁場の電力レベルが下がります．比率として，デシベルで測られるこの電力損失が大きくなると，システムの誤動作を引き起こすことがあります．表皮厚は，電磁界が37％減少する導体内部の場所までの深さとなります．

表1.1は，1mil（0.001インチ＝0.0254 mm）厚の銅の配線層について，各周波数での表皮厚さを示したものです．

式(1.13)の4つの変数（fとωは独立変数ではないので，厳密にいうと3つの変数）のうち，どれか1つでも増加すれば表皮厚は減少します．これは，伝送線路内の自由電子が内部よりも表面部分に多く存在していることを意味します．

高い周波数における導体の表皮厚は非常に小さく，たとえば100MHzではたったの0.0066mil（6.6×10^{-6}インチ＝0.0017mm）にすぎません．高い周波数のRF電流の場合，電流は厚さがこのδで表される導体のほんの表面の部分だけしか流れないということになります．

配線のインダクタンスは配線の半径が対象とする周波数における表皮厚さと同じぐらいになるまでは半径

表1.2 ワイヤの物理特性

ワイヤーゲージ (AWG)	単線の直径 (mils)	より線の直径 (mils)	R_{dc} 単線 (Ω/1000 ft) @ 25℃
28	12.6	16.0 (19x40)	62.9
		15.0 (7x36)	
26	15.9	20.0 (19x38)	39.6
		21.0 (10x36)	
		19.0 (7x34)	
24	20.1	24.0 (19x36)	24.8
		23.0 (10x34)	
		24.0 (7x32)	
22	25.3	30.0 (26x36)	15.6
		31.0 (19x34)	
		30.0 (7x30)	
20	32.0	36.0 (26x34)	9.8
		37.0 (19x32)	
		35.0 (10x30)	
18	40.3	49.0 (19x30)	6.2
		47.0 (16x30)	
		48.0 (7x26)	
16	50.8	59.0 (26x30)	3.9
		60.0 (7x24)	

の大きさとは関係なく，インピーダンスは直流抵抗値と同じ値をとります．この表皮厚が問題にならないほど低い周波数帯域では，配線の抵抗値は$\sqrt{f}$または10 dB/decadeで増加します．配線の単位長当たり内部インダクタンスは，配線内部の磁束により与えられます．

伝送線路の外側の磁束は線路の単位長当たりのインダクタンスに寄与しますが，これを外部インダクタンスと呼びます．ある周波数を超えると，この配線の内部インダクタンスは$\sqrt{f}$または−10dB/decadeで減少します．

円形断面の銅ワイヤでは，実効的な直流抵抗は式(1.14)のようになります．**表1.2**に，式(1.14)で用いる変数を示します．導体の銅の抵抗とその表面の加工やメッキからもたらされる表皮効果による損失によって，信号はさらに減衰することがあります．さらに，銅を接着するコア材やプリプレグなどの材料には誘電損失があり，これも電磁波伝播に影響を及ぼし全体の損失を増加させます．その上，伝送線路導体（この場合は銅）の抵抗により定常状態の電圧が低下し，ノイズ耐性に関する部品の機能要件を下回ってしまうかもしれません．

$$R_{dc} = \frac{L}{\sigma \pi r_\omega^2} [\Omega] \quad \cdots\cdots (1.14)$$

ここで，

R_{dc}：配線の抵抗値（直流電流）

L：配線の長さ

σ：物質の導電率

r_ω：伝送線路の半径（**表1.2**）

これらの式が有効であるためには，単位が適切で首尾一貫していなければなりません．周波数の上昇とともに，ワイヤ断面での時間変化する電流は導体の外側周辺に集まり始め，最終的には式(1.15)で表される表皮厚のワイヤ表面のみに集中することになります（当然のことですが，ワイヤの半径は表皮厚さより大きいとします）．

$$\delta = \frac{1}{\sqrt{\pi f \mu_0 \sigma}} \quad \cdots\cdots (1.15)$$

ここで，

δ：表皮厚さ

f：周波数[Hz]

μ_0：銅の透磁率($4\pi \times 10^{-7}$ H/m)

σ：銅の導電率(5.82×10^{-7} mho/m)

また，高い周波数における導体のインダクタンスは，式(1.16)に示す第1次近似で求めることができます．

$$L = 0.00511\left(2.38 \log_e \frac{4\ell}{d} - 1\right) \quad \cdots\cdots (1.16)$$

ここでℓは導体の長さ，dは導体の直径です（インチ，センチメートルなどは同じ単位を用いてください）．直径が大きいワイヤでは，数百ヘルツ以上の周波数でインダクタンスはリアクタンス成分が支配的になります．したがって，1本の信号配線を使って回路とグラウンドのような2点間の接続を極めて低いインピーダンスで行うことは無理と考えてください．そのような接続では，大きな共通インピーダンスに電流が流れるため，回路間に電位的結合が発生する可能性があります．

1.10 やさしく学ぶコモン・モード電流とディファレンシャル・モード電流

とても厄介なコモン・モード電流

伝送線路上には，必ずコモン・モード（CM）電流とディファレンシャル・モード（DM）電流が存在し，RFエネルギーの総量はこの両タイプの電流によって決まります．このRFエネルギーは，他の電子機器に悪影響を与え，場合によっては自己誘導によるクロストークを起こし，その機器自身にも影響を与えてしまいます．この2つのタイプの電流モードは，まったく異なる性質を持っています．ディファレンシャル・モードの信号伝送は，送りたい情報やデータをソースから負荷に意図的に伝送します．一方，コモン・モード電流は，ディファレンシャル・モード信号のアンバランスな部分による副産物であり，EMC適合問題においてとても厄介な存在になります．

技術者が一般的に用いているコモン・モード電流の定義は，「コモン・モード電流とは伝送線路における電磁波の伝播に関するもので，信号経路とリターン経路の両方を同時にかつ同じ方向に流れる時間変化する電流である」というものです．ちなみに，ディファレンシャル・モードは，1.8節の「磁束を最小化するしくみ（リターン電流で磁束をキャンセル）」で述べたように，時間変化する電流が信号線とリターン経路で同じ大きさで逆向きに流れるものであり，互いにキャンセルするものと定義されています．イーサネットやUSBで使われている差動ペア配線ではほとんど起こりませんが，ディファレンシャル・モード信号で何らかの不均衡があれば，この不均衡の電流はキルヒホッフの法則に則って，不要なコモン・モード電流を作ってしまいます．

コモン・モード電流が発生する例をいくつか紹介しましょう．一つ目は，インピーダンスの不整合によって伝送線路の信号経路またはリターン経路のどちらかに損失が発生した場合です．二つ目は，基板の物理的な材料において電磁界の減衰（誘電損失）が起こった場合です．三つ目は，シールド・ケーブルにおいてしばしば見られますが，インターフェースの信号プロトコルの不具合によるものであり，重畳されたクロックとデータがそれぞれの伝送線路に同時に与えられてしまい，信号のリターン経路でバランスを崩してしまう場合です．

他にもコモン・モード電流を作り出す要因があります．ソースとリターン・パスの間の距離や差動線路でそれぞれの長さが異なる場合，コアやプリプレグでの誘電損失，伝送線路内での過剰なインダクタンスや損失，インピーダンスの不連続，他にもいろいろな要因があります．

ほんのわずかなコモン・モード電流が，それよりはるかに大きいディファレンシャル・モード電流と同じだけの不要なRFエネルギーを発生させます．数値的な分析は，1.10.2節と1.10.5節に示します．コモン・モード電流は，同じ動作条件ではディファレンシャル・モード電流より小さな値ですが，放射モードや導電モードになると他の電子機器や回路に非常に有害な不要輻射を引き起こします．ディファレンシャル・モード電流が流れるとき，伝送線路を取り巻く誘電体中を伝わる電磁波は互いにキャンセルされますが完全ではありません．それは，伝送線路の経路は信号経路とリターン経路の間に物理的な隔たりがあり，それぞれの経路が100％等しくはないからです．そこで，キャンセルされなかった磁界がコモン・モード電流になります．ここで技術者として気にしなければならないのは，この不要なコモン・モード電流の「大きさ」です．これが他の回路やEMI規格適合に悪影響を及ぼすかどうかです．すべてのコモン・モード電流が悪いわけではありません．EMI規格や回路の誤動作につながる限度値を超えるかどうかが問題なのです．

ディファレンシャル・モード電流から放射させるにはループ・アンテナ構造が必要ですが，一般的なプリント基板上の回路ループは放射アンテナとしては小さ過ぎます．しかし，コモン・モード電流を放射させるアンテナはダイポール構造なので，金属であればどのような物理的寸法でもかまいません．

シミュレーション・ソフトやコンピュータ解析ツールを使ってプリント基板から輻射される電磁波を予測

する場合，通常，部品の内部回路を記述したもの（IBISやSPICE）をパラメータとして用い，無限大のグラウンド・プレーンが存在すると仮定してディファレンシャル・モードを解析します．無限大のリターン（グラウンド）プレーンを仮定すると，簡単かつ高速に解析することができます．このシミュレーションにおいては，現実に存在する未知の寄生成分がモデル化されていません．したがって，ディファレンシャル・モードとデバイスに印加される電源電流だけから放射ノイズを100%の精度で予測できると期待することは現実的ではありません．

プリント基板から発生する全EMI量をシミュレーションにより計算しようとすれば，すべての伝送線路を同時にシミュレートし，放射モードと伝導モードについて位相を含めて考慮する必要があります．シミュレーション解析は，回路がどのように機能するのかと，EMI問題が発生する可能性がどの程度かについて洞察を与えるだけであり，ほとんどの場合，正式な認証や検証，テストに使えるわけではありません．さらにコンピュータ解析は，たとえば非常に高いシールド効果のある金属筐体内に置かれたプリント基板からの放射のように，使用する環境の影響を受けない局所的な問題を予測してしまうかもしれません．要点は，何が重要な要因であり，何が放っておいてもかまわない要因であるかを理解することです．

コンピュータ解析で得られるRF信号電流だけで計算すると，プリント基板の配線による放射ノイズをかなり過少評価することがあります．部品に供給される電源電流を無視することもよくあります．DM電圧ソースからCM電流を作り出す，多くの隠れた寄生パラメータが普通はわからないからです．これらの隠れたパラメータは通常は予想できないので，一般にプリント基板の構造の中で未知な部分になります．特に，信号がスイッチするタイミングで電源に発生する電源サージに関連するパラメータは，予測することが不可能です（1.13節）．

1.10.1 ディファレンシャル・モード電流
―― 信号と電流の大きさ向きが逆 ――

ディファレンシャル・モード電流（トランスバース・モード，メタリック・モードと呼ばれることもある）は電磁波伝播の1成分であり，**図1.11**に示すように信号とリターン経路の電流の大きさが同じで向きが逆になるものを指します．位相がちょうど180度ずれていれば，伝送線路の誘電体内の磁界は信号とリターン経路でキャンセルしあうため，無視できる程度のほんの僅かな残留磁界しか存在しません．しかし，伝送線路のバランスが崩れるとコモン・モード効果が現れます．このアンバランスが発生する要因は，ソース経路またはリターン経路のどちらか一方がより高いインダクタンスや損失をもつ場合や，電源分配回路網におけるデカップリングの不足，プリント基板に使われる材料が持つ固有の誘電損失などが考えられます．

図1.11　ディファレンシャル・モード電流のモデル

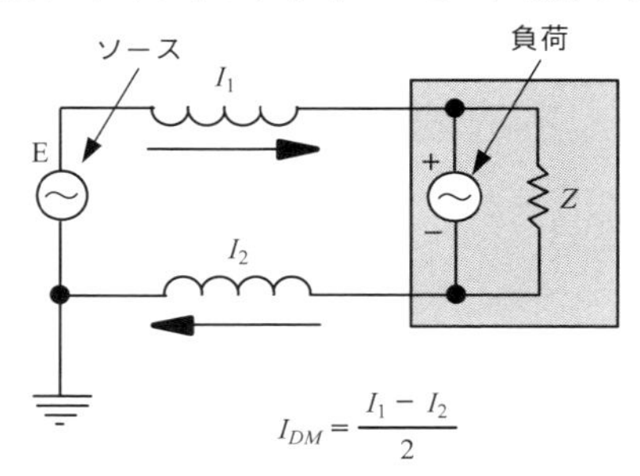

したがって，ディファレンシャル・モード信号とは，

(1) ソースと負荷の間のある経路を通したディジタル部品間の信号伝送の形であり，
(2) 目的とする電磁情報を電磁界としてソースから負荷に向かって，強く結合したリターン経路を持つ伝送線路より線路間の不要な磁束を打ち消しながら伝送し，
(3) プリント基板を適切に設計すれば，それぞれの伝送線路から発生する磁界が逆向きでキャンセルされるためEMIを最小にするもの，

といえます．

ディファレンシャル・モードの信号伝送では，ディジタル・ドライバは負荷に向かってある定められた電圧レベルで電磁界を作り送り出します．この信号の電圧レベルは，オームの法則を使って時間ドメインで簡単に計算することができます．本来は，マックスウェル方程式を使ってこの信号レベルを計算すべきですが，それは**図1.12**を使った結果と同じになります．信号伝播に関してどちらのドメインも同等ですから，ディジタル設計者にとっては時間ドメインで考えるほうが簡単でしょう．信号の損失がなくバランスさせるためには，リターン電流の大きさが同じでなければなりません．

図1.12 (a)　ディファレンシャル・モード回路の構成

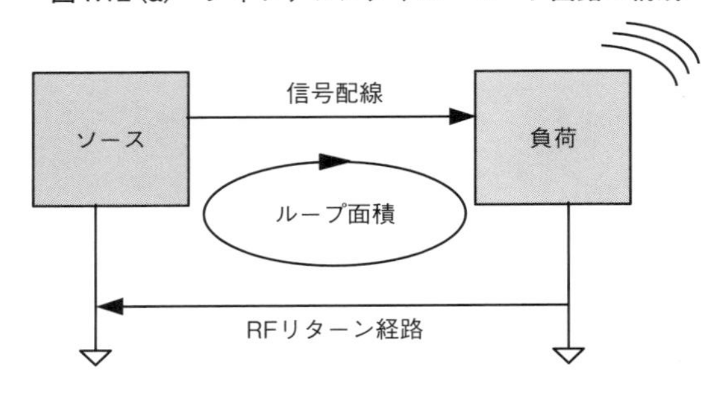

図1.12 (b)　ディファレンシャル・モード回路の回路図

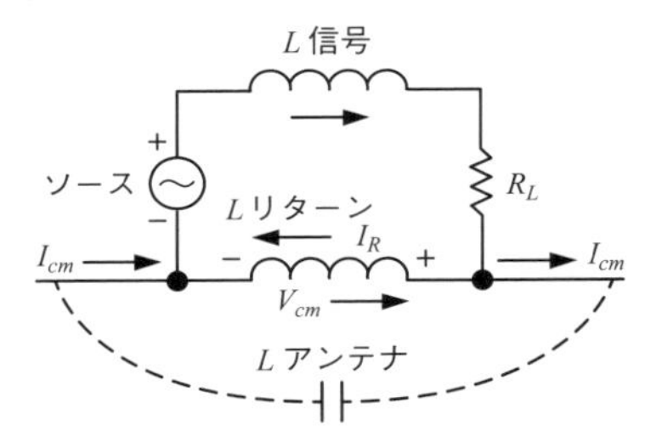

互いに逆方向に流れる電流は，ディファレンシャル・モード動作を表します．プリント基板では，内部導線を取り囲む同軸構造やストリップ・ライン構造など，完全な自己シールド環境を模擬すれば，完全に電界を閉じ込めて磁界をキャンセルすることが可能です．互いに結合せずキャンセルしない電磁界は，不要なコモン・モードEMIの原因になります．

コモン・モードによるEMIやクロストークを制御するには，ソース側の経路を適切に設計し，すべてのエネルギー・カップリング経路を慎重に取り扱うことによって，余分な電磁界の損失を最小限にする必要があります．これは，ディファレンシャル・モードのシグナル・インテグリティを常に保証することにもなります．**図1.12**において，信号がストリップ・ラインで配線されている場合には，基板端，スルーホール・ビア，IC/LSIダイやパッケージ以外から放射することはできません．また，ケーブル中の配線を含め，磁界を捉えてしまう近接した伝送線路もリターン経路になりえます．本質的には，すべての伝送線路の経路はリターン経路になりえます．

図1.12 (b) にこのトポロジを回路図で示します．**図1.12 (a)** と**図1.12 (b)** の違いは，RFリターン経路の有限なインピーダンスによるソースと負荷の間の浮遊容量です．概念的には，このリターン経路は2つの導体間の容量性誘電体として作用します．もしソースと負荷の間に何らかのコモン・モード電流が発生すると，この容量的な構造つまりダイポール・アンテナの構造は空中への効率的な放射を起こします．

1.10.2　ディファレンシャル・モード放射の計算式
――ディファレンシャル・モード電流からの放射はループ・アンテナからの放射――

ディファレンシャル・モード放射は，ループ回路を流れるRF電流によって発生します．受信アンテナがグラウンド・プレーンを共有して遠方界にある場合，または受信アンテナと送信回路の間にリターン経路がある場合は，RFエネルギーまたは電磁界は式(1.17)で計算することができます(3)，(4)，(5)．グラウンド・プレーンで反射がある場合，測定放射ノイズは最大6dBほど増大します．

$$E = 2.63 \times 10^{-14} (f^2 \times A \times I_s) \left(\frac{1}{r}\right) [\mathrm{V/m}] \cdots (1.17)$$

ここで，

E：ディファレンシャル・モード放射界［V/m］
A：ループ面積［$\mathrm{cm^2}$］
f：周波数［MHz］
I_s：ソース電流［mA］
r：放射源から受信アンテナまでの距離［m］

プリント基板のレイアウトの中で主要な放射源となるのは，電源とリターンの両方と部品間に流れる電流です．時間変化する電流がリターン経路を探すとき，このリターン経路は必ずしも電源/グラウンド・プレーンである必要はなく，金属導体であれば何でもよいのです．時間変化する電流は，直流や定常電流とは異なった伝播をします．プレーンやRFリターン経路の電位は関係ありません．リターン電流が探しているのは，インピーダンスの低いプレーンや大きな金属構造物です．時間変化する電流に対しては，電源プレーンもグラウンド・プレーンもリターン経路としてまったく同様に振る舞います．これについては，第3章で詳しく述べます．

放射は，時間変化する電流が小さなループ・アンテナを流れるというモデルで表すことができます(**図1.12**参照)．信号をソースから負荷に伝播させるためには，必ずリターン電流の経路が必要です．小さなループ・アンテナとは，その大きさが注目している周波数の4

分の1波長($\lambda/4$)より小さいものを指します.

プリント基板上では，ループは部品間を配線する伝送線路によって形成されます．これが電気的に小さいとみなせる周波数は，数百MHz以下です(LSIなどの内部回路を見ると数GHzでもすべてのループは小さなループ・アンテナとみなせるようになる)．ある回路のループ経路の周囲長さ($C = 2\pi r$)を測って，そこからループ面積($A = \pi r^2$)を計算すると，一般にそのループ・アンテナが効率的に放射するのはGHz以上の帯域になることがわかります．したがって，EMC法規制に関連する周波数帯域において，部品間のループ構造のほとんどは非効率なアンテナであるといえます.

定められたあるレベルを超えない最大のループ面積は式(1.17)から得られ，式(1.18)のような簡単な式で表すことができます.

$$A = \frac{380rE}{f^2 I_s} \quad \cdots\cdots (1.18)$$

逆に，この閉ループ境界から発生する最大の電界は,

$$E = \frac{Af^2 I_s}{380r} \quad \cdots\cdots (1.19)$$

と表すことができます.

ここで,

E：放射限度値［μV/m］

r：ループから測定アンテナまでの距離［m］

I_s：電流［mA］

f：周波数［MHz］

A：ループ面積［cm^2］

自由空間では，遠方界の放射エネルギーの大きさはソースからアンテナまでの距離に反比例して減少します．これらの式を解く前に，プリント基板上の電流を消費する部品によって形成されるループ面積がわかっていなければなりません．つまり，ソースとリターン経路で作られるループ回路の全面積がわかっていなければ，遠方界での放射エネルギーの式を解くことができません．式(1.17)および式(1.18)は，単一周波数に関するものです．これらの式は，異なるサイズのループについて，また関心のある周波数について1つ1つ解く必要があります．これは，コンピュータ解析でもある程度の時間を要します.

放射エミッションに関して，どの配線トポロジを注意して見る必要があるかは式(1.17)から決めることができます．通常は，シミュレーション・ソフトか表計算ソフトを使うとよいでしょう．これは，伝送線路の再配線時や配線トポロジの変更時，ソースと負荷の部品を物理的に互いに近くに配置するとき，または製造工程でシールドを追加するときなど，プリント基板の設計のさまざまな状況で有効に使うことができます．これらレイアウト設計テクニックの詳細については，第3章で述べます.

例

プリント基板上にある2つの部品間の複雑な形状を想定します．ダイポール・アンテナ・モデルのようなRF電流経路はないものとします．$A = 4\text{cm}^2$, $I_s = 5\text{mA}$, $f = 100\text{MHz}$とします．式(1.16)を使うと，10mでの電界強度は，52.6dBV/mとなります．EN55022(注1)，Class Bの規制値は30 dBV/m(準先頭値)です．基板上とトレース経路の典型的な値を持つこのループの放射は，規制値を22.6dBV/m超えています.

1.10.3 コモン・モード電流の解説
—— 放射ノイズのもとになる ——

コモン・モード電流(「縦モード」または「アンテナ・モード」とも言われている)は，時間変化する電流が信号線とリターン経路上，同時に同じ方向に，通常は同じ位相で流れるものを言います．システムをEMC試験に適合させるときに非常に厄介なこの電磁界のモードは，信号とリターンの両方に含まれる回路上の電流の総和, すなわちディファレンシャル・モード動作でキャンセルされない電流によって発生します．ディファレンシャル・モードでキャンセルされないRF電流はすべて「コモン・モード」と呼ばれます．伝送線路で異なる方向に流れる電流の位相を含めた和は，位相によるキャンセルが起こっていたとしても，単純な構造についてさえ非常に大きくなることもあります.

伝送線路システム上のコモン・モード電流は，どんなに小さくても不要なEMIの原因になります．コモン・モード電流はダイポール・アンテナを駆動します．不完全なディファレンシャル・モードの磁束キャンセルで発生したコモン・モード電流は, ソース側とリターン側，2つの信号経路のアンバランスや損失により大きくなります．通常, コモン・モードのループはディファ

注1：IEC/EN55022：国際排出ガス試験規格「情報技術装置の電波障害特性の限界と測定方法」

レンシャル・モードのループよりも大きいため，電界パターンや磁界パターンはより広がっています．

以上からコモン・モード電流とは，次のようなものと言えます．

(1) 放射EMIや伝導EMIの原因となる．
(2) ソース伝送線路とRFリターン経路で表されるダイポール・アンテナを駆動する〔**図1.7**(**a**)〕．
(3) ディジタル部品間の情報はディファレンシャル・モード信号で伝送されるため，コモン・モード電流には有効な情報は含まれない．シングル・エンド伝送線路によるディファレンシャル・モードの信号伝送において生じる不平衡は，コモン・モード電流を生成する要因になる．
(4) EMC業界で働く人の雇用の安定を生み出す．

コモン・モードは，RF電流が電源プレーンやグラウンド・プレーンなどを共有し，混ざり合って流れることにより生まれます．複数の電流が，**図1.13**の破線で示す意図しない未知の経路（寄生リターン経路）を流れるために，このようなことが起きます．

このようにコモン・モードのエネルギーは，リターン電流が配線が通るプレーンが分割されたり途切れたりすることによって元の信号経路や伝送線路とのペアリングが崩れたり，複数の伝送線路がリターン・プレーンを共有することによって発生します．プレーンは有限のインピーダンスを持つので，コモン・モード電流はオームの法則を用いて簡単に計算することができます．あるいは，コンピュータ解析によりマックスウェル方程式を解くことによっても求めることができます．

完全にキャンセルできなかった磁界による電流は，最終的には何らかの経路でソースに戻らなければならないので，本質的にはキルヒホッフの法則の出番となります．これらの伝送線路構造の損失によって発生したコモン・モード電流は，最終的にはシステムのどこかのモノポールまたはダイポール構造にたどりついて放射ノイズとなります．

もっとも一般的にEMIの原因となるのは，プリント基板や金属筐体から（へ）ケーブルのシールドや導体に流れ出す（込む）電流の発生です．設計技術者は，RF信号の経路（特にリターン経路）をコントロールし，コモン・モード電流の発生を抑えることを肝に銘じておく必要があります．これにより，より強く磁束をキャンセルできます．なお，RFリターン経路についての詳細は，第3章に示します．

図1.13　コモン・モード電流のモデル

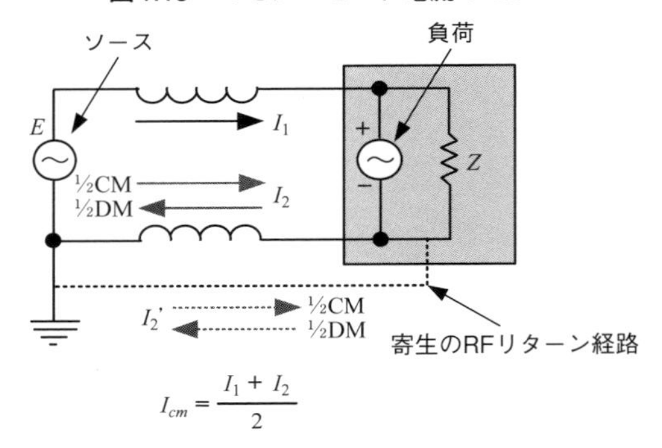

1.10.4　究極の簡単化──どのようにしてコモン・モード電流が発生するか
──伝送線路の電力損失がカギ──

図1.13は，ソースEから負荷Zに流れる時間変化する電流を表しています．電流I_2は，信号配線の近傍のトレースあるいはベタ・プレーン（電源プレーンでもグラウンド・プレーンでもかまわない），金属筐体またはどこかの寄生経路を流れるリターン電流を示します．コモン・モード電流はI_1，そしてI_2のI_1と同じ向きの成分の和により発生します．

では，どのようにしてI_2のリターン電流の一部がディファレンシャル・モードの信号伝播の向きと逆向きになるのでしょうか？

図1.13で，I_2とI_2'が高い周波数で時間変化する電流あるいは電磁場をどのように伝播させるのかに注意してください．直流電流は抵抗が最小になる経路を通ります．EMCを満足するためには，インピーダンスが最小となる経路について考えなくてはなりません．

ディジタル信号は，Low（V_{IL}：Lowの状態になる電圧閾値）とHigh（V_{IH}：Highの状態になる電圧閾値）の間を遷移します．安定した0V参照電位は，ディジタル部品がいつ状態遷移したかを知るために必要です．しかしここでは，信号遷移にともなってRFスペクトラムが発生する時間変化する電流伝播にのみ注目します．

第3章で詳しく述べますが，どのような伝送線路にもいろいろな種類の損失があります．損失には，抵抗性や誘導性，誘電体材料に関するもの，銅の粗さによるもの，表皮効果などがあり，他にもここでは紹介しきれないぐらいにさまざまなものがあります．いずれにせよ，伝送線路中のディファレンシャル・モード信号伝播は，このようなさまざまなタイプの損失によって減衰します．この減衰は潜在的な寄生パラメータによるものであり，メーカのスペックシートには記載されておらず，通常は減衰量を計算したり測定したり，予測したりすることはできません．

電磁界は，ソースから負荷に向かったI_1の経路で伝播します．この簡単な例において，複雑な問題を可視化するために周波数ドメイン解析で通常用いるW/m^{2}ではなく，時間ドメイン解析で用いるWの単位を用いて考えてみましょう．

電力($P = VI$)は，電圧と電流で記述される伝送線路を伝播する電磁界を測定するパラメータです．電圧と電流は同時に存在するので，伝播する全電力だけを考えればよいのです．

ソース経路I_1に1Wの電力が印加され，そのうち半分の1/2Wが誘導性の損失や寄生損失などが原因で減衰あるいは散逸したと仮定しましょう．この1/2Wの電力はどこに消えたのでしょうか？

エネルギー保存則によると，RF電力は消滅したのではなくキルヒホッフとアンペールの法則を満たすように謎の寄生経路に送られたのです．I_2'と特定した非常に簡単化した謎の寄生経路が，不要なコモン・モード電流が発生する原因です．

キルヒホッフの法則によると，「閉回路における電位差をすべて足したものはゼロになる」と述べています．これは，電圧降下の合計は閉ループ内でゼロになることを意味しています．また，キルヒホッフの電流則は，回路中のあるノードに流れ込む電流の合計はその点から流れ出る電流の合計に等しいというものです．

したがって，アンペールの法則とキルヒホッフの法則を両方満たすためには，失われたり他に振り向けられた電磁界電力あるいは電磁界は，三つ目のI_2'で示されるしばしば未知の寄生伝播経路(**図1.13**の破線)を通りソースに戻らなければなりません．この失われた1/2W/m^{2}を含む伝播経路は，たとえば隣接した伝送線路かもしれませんし，容量結合した近接金属筐体，あるいは自由空間かもしれません．我々が扱っているのは，定常電流(直流)ではなく電磁界の伝播(交流)だからです．

本章の最初で述べたように，電磁界は適切なアンテナ構造を使って空間を伝播します．我々の簡単な例では，この迂回してしまった1/2W/m^{2}は**図1.13**の下(I_2')に示すように，空間あるいは隣接する金属構造を通してソースに戻ります．

まとめ

線路を伝送する信号に電力損失があると，コモン・モード電流が発生します．逆に言うと，減衰や損失の大きさは発生するコモン・モード電流の大きさに直接比例します．これは，天秤に2個の不釣り合いな重りが乗っているようなもので，回路のバランスが崩れていることと同じです．もし，一方がもう一方より重たければバランス(ここではディファレンシャル・モードを意味する)が崩れてしまうでしょう．不要なコモン・モード電流の発生を最小限にするために，天秤はバランスがとれていなければなりません．

なお，伝送線路にまったく損失がない場合でも，コモン・モード電流は他の要因によって作られることがあります．また，コモン・モード電流は特殊な回路設計で意図的に発生させることもできますし，たとえばベタ・プレーンのような共通経路で電流が混じり合うことで発生することもあります．

データシートには明確に定義されていないかもしれませんが，ディジタル部品には入力される信号すべてに対してコモン・モード電流除去比(CMRR：common-mode rejection ratio)を定義できます．ディジタル部品の内部に組み込まれたCMRR回路は，不要なコモン・モード電流を防いで減衰させ，ディファレンシャル・モード信号伝送に影響を与えないようにします．しかし，コモン・モード電流がこのデバイスの$CMRR$を超える大きさで入力された場合には，この部品は正しく動作しなくなるかもしれません．これは，ディジタル回路の設計者がよく悩まされるシグナル・インテグリティ問題の1つです．

ディジタル部品の動作が，ディファレンシャル・モードの信号伝送においてバランスがとれていない場合にもコモン・モード電流が発生します．クロストークやタイミングの問題を別にして多くのシグナル・インテグリティの問題の大きさは，このコモン・モード電流の大きさに比例します．さまざまな損失の要因は，プリント基板の設計時に作り込まれてしまいます．たとえば，伝送線路のインピーダンスが途中で変わる場合や，ビアを通して配線層が変わる場合，最適なRFリターン経路や安定した電源ネットワークが得られなかった場合など，その他にもレイアウト上のなんらかの制約からもたらされます.

第3章で述べますが, ディファレンシャル・モード電流から生じる不要なコモン・モード電流をキャンセルするレイアウト設計のテクニックは, 簡単にプリント基板に実装できます. 一方, コモン・モード電流が発生してしまった場合には, これによって生成される電磁界を抑制することは非常に難しくシグナル・インテグリティの問題や不要EMIの主要因になります. ディファレンシャル・モード電流による電磁界が, コモン・モードのように大きな放射ノイズ問題になることはほとんどありません.

1.10.5　コモン・モード放射の計算式 ──コモン・モード電流からの放射はダイポール・アンテナの放射──

コモン・モード(CM)放射は, 回路や伝送線路内のリファレンス電位に対する意図しない電圧降下や不平衡, 損失によって起こります. リファレンス電位とは, 0Vの参照電位のことですが, 普通はグラウンドと呼ばれます. インターフェース回路に接続されるケーブルはダイポール・アンテナであり, コモン・モード電位によって電磁界を放射します. 遠方界での放射電界は, 式(1.20)で簡単に計算することができます.

$$E \approx 1.27 \times 10^{-6}(fI_{cm}L)/r \ \text{[V/m]} \qquad \cdots\cdots (1.20)$$

ここで,

E：アンテナから離れた点での放射電界[V/m]

f：周波数[MHz]

I_{cm}：コモン・モード電流[A]

L：アンテナ長(ダイポール・アンテナの駆動エレメント)[m]

r：距離[m]

伝送線路を流れる時間変化する電流と, ある長さのアンテナにより発生するある距離での電界強度は周波数に比例します. ディファレンシャル・モード放射と違って, コモン・モードはより難しい問題です. ディファレンシャル・モード伝送の不平衡によって発生するコモン・モード放射を抑制または除去するために, 発生するコモン・モード電磁界をゼロに近づけなければなりません. これは, RFリターン経路と参照電位をうまく設計することで達成することができます.

ソース経路およびリターン経路に流れる電流でキャンセルされない部分からの放射は, 同相で加算されます. 50mil(典型的なリボン・ケーブル構成)で分離されたケーブルの長さが1mの場合, 周波数30MHzにおいて, 20mAのディファレンシャル・モード電流の場合は式(1.17)より, また8μAのコモン・モード電流の場合は式(1.20)によりFCCクラスBの3mでの規格値100V/mを超えてしまいます(3), (4), (5), (6). これらの値は, ディファレンシャル・モードとコモン・モードが量的に大きく異なり, コモン・モードのほうが何桁も厳しいことを示しています. この例では, ディファレンシャル・モードとコモン・モードでは2500倍, すなわち68dBもの違いがあります. したがって, 非常に小さなコモン・モード電流が, 非常に大きなディファレンシャル・モード電流と同等の放射ノイズを引き起こします.

1.10.6　コモン・モード電流がI/Oケーブルを駆動し放射を引き起こす理由 ──ケーブルに漏れるコモン・モード電流──

コモン・モード電流が伝送線路の損失によって生成されるという上記の議論をもとに, **図1.13**を**図1.14**のように拡張してみます. この2つの図の違いは, 負荷インピーダンスの両端にI/Oケーブル, つまりコネクタ・インターフェースをつないだことです. 接続部が適切に設計されておらず伝送信号の損失が発生し, 伝送線路のインピーダンスがコントロールされていない場合は, 多くのコネクタで潜在的なシグナル・インテグリティ問題を引き起こします.

ケーブルがどのようにEMIを放射するかを可視化するために, オリバー・ヘヴィサイドが発明した同軸ケーブルについて考えてみます. 同軸ケーブルは, 中心に導体とシールドを持つ構造をしています. シールドは, 実際には環状のイメージ・プレーンです. そこで, この同軸の構造を信号経路とリターン経路を持つ2線の配線システムに置き換えます. このケーブルをI/Oコネクタに接続し, 2つの配線をダイポール・アンテナの形状のように分けてみます(**図1.14**).

同軸ケーブルや平行な2線では, 配線に沿って伝わる電磁界は2つの伝送線路経路を分離する絶縁被覆などの誘電体中に存在します. ダイポール・アンテナでは, 誘電体を通して駆動素子からリターン素子に電界が発生しますが, ここでは自由空間を通してになります. そして, 一方を0V電位(グラウンドかリターン), もう一方を信号電位とする2線の伝送線路が, このダイポール・アンテナ〔**図1.7(a)**の容量性アンテナ・モ

図1.14　I/Oケーブルに印加されるコモン・モード電流

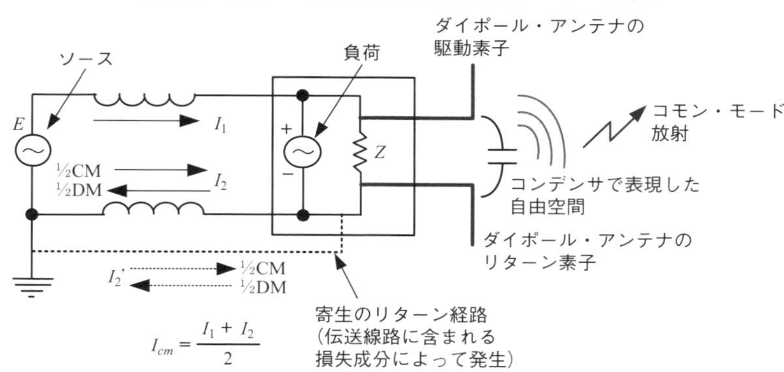

図1.15　ディファレンシャル・モード電流とコモン・モード電流のシステム等価回路

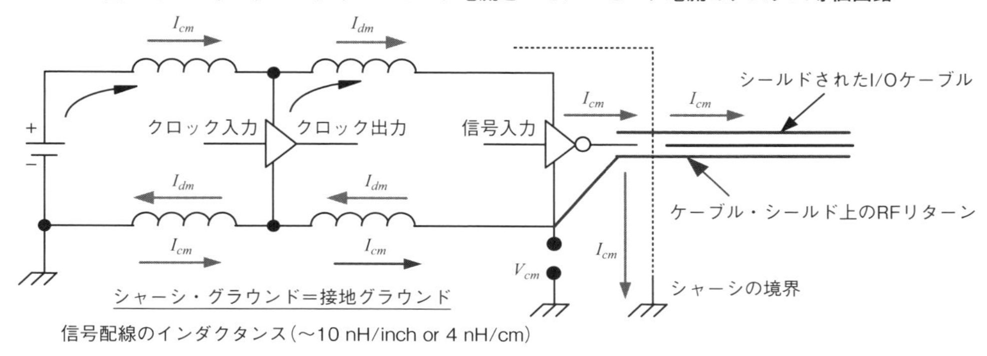

デル〕を効率的なコモン・モードRFエネルギーの放射体として駆動します．

プリント基板が接続されたケーブルをどのように駆動してコモン・モード電流を発生させるのかを，**図1.15**を使って説明します．この図には，ディファレンシャル・モード電流とコモン・モード電流の両方が電圧降下を引き起こすインダクタンスとともに示されています．この場合，システムは不平衡状態になります．

コモン・モード電流が発生すると，この不要な電流はあたかも伝送線路の物理的な長さが伸びたかのように流れます．ただし，インターフェースの接続点において，インピーダンスの不連続がある場合は除きます．フィルタがなければ，ソース側の配線上のコモン・モード電流の大きさは，このダイポール・アンテナを駆動するコモン・モード電流と同じ大きさです．

ダイポール・アンテナのリターン素子は，通常は0Vリファレンス，つまりシャーシ・グラウンドに接続されます．リファレンスの0V経路にもコモン・モードのRFエネルギーが乗っている場合は，両方の経路からの電流和によって全放射EMIはより大きくなります．

さらに，駆動素子(エレメント)とシャーシ・グラウンド間の寄生容量が，ケーブルとシャーシ・グラウンド間の電位差によって発生する**図1.15**に示す電流I_{cm}を作り出し，EMI放射をさらに増大させます．

1.10.7　ディファレンシャル・モード電流とコモン・モード電流間の変換
── 容量や誘導結合によりディファレンシャル・モード電流がコモン・モード電流に ──

システム中のコモン・モード電流は，信号ソースとは無関係に別の回路や他のデバイスから発生する場合もあります．ディファレンシャル・モードからコモン・モードへの変換は，異なるインピーダンスを持つ2本の伝送線路配線が近接して配置される場合に起こります．これらの配線は，物理配置によって容量性あるいは誘導性の結合を持ちます．多くのプリント基板のレイアウトでは，設計者はネットワークの容量や，誘導結合を最小にするようにコントロールするので，

図1.16　筐体内でのディファレンシャル・モードからコモン・モードへの変換

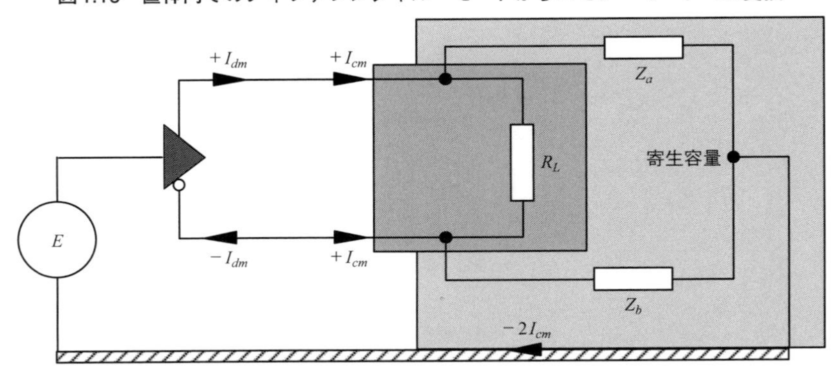

ディファレンシャル・モードからコモン・モードへの変換も小さくなります．

図1.16に，簡単な例で金属シャーシにおいてディファレンシャル・モード信号伝送がコモン・モードRFへ変換される仕組みを示します．

ディファレンシャル・モード電流が必要な信号であり，R_Lを流れます．コモン・モード電流I_{cm}は，ソース経路とリターン経路がバランスされていればR_Lには直接流れず，プリント基板と金属シャーシ間の寄生容量によるインピーダンスZ_aとZ_bを通して流れます．

容量とは，単に2つの金属導体が誘電体を挟んだ構造であることを思い出してください．

したがって，プリント基板がある電位にありシャーシが別の電位であるとき，RFエネルギーは空気を誘電体とする寄生容量を通して伝播します．この誘電体中に発生した電磁界は，近傍にある他の電気回路に妨害を与えます．

このように，伝播するRF電磁界がシャーシ・グラウンドに入ると，ディファレンシャル・モード信号からコモン・モードRF電流への変換が起こります．たとえば，シールド付きI/Oケーブルのシールド部分がシャーシ・グラウンドにピッグテール（pig tail）で接続され，信号配線がコネクタを通して伝送線路に接続（インピーダンスが不連続となる）されていたとします．このとき，ピッグテールのグラウンド配線を通してシャーシから流れるコモン・モード電流によりケーブルは励起されます．このグラウンド配線は，その自己共振周波数や他の高調波周波数でコモン・モード電流が効率良く流れ，効率の高いアンテナとなって放射を引き起こします．

図1.16に示したインピーダンスZ_aとZ_bは実際の部品ではなく，寄生容量による寄生の伝達インピーダンスがあることを示したものです．寄生容量は，プリント基板の表面層の配線と金属シャーシの間にも存在する可能性があります．

$Z_a = Z_b$ならば，I_{cm}によるR_Lでも電圧降下はありません．回路網が不平衡（$Z_a \neq Z_b$）の場合は，オームの法則に従ってインピーダンスの差に比例した電位差が生じます．V_{cm}やいろいろな伝達インピーダンスZ_a, Z_bによって，このように発生するコモン・モード電流は，式(1.21)のようになります．

$$V_{cm} = I_{cm} \times Z_a - I_{cm} \times Z_b = I_{cm}(Z_a - Z_b) \quad \cdots (1.21)$$

他の伝送線路に影響を与えたり，高いレベルのRFエネルギーを放射する可能性が高い高周波信号を含む回路（たとえば，映像信号や高速データなど）や外部からの影響を受けやすい配線を含む回路は，不要なコモン・モード電流をキャンセルするように，それぞれの導体における浮遊容量や寄生容量が一致し，バランスがとれた設計をしなければなりません．

1.11　アンテナ効率

電磁界をつくるアンテナの効率

電磁界ができるためは，2つのエレメントあるいは導体の間にRF源が必要です．ダイポール・アンテナには2つのエレメントがあります．1/4波長モノポールでは，1つのエレメントがグラウンドに対して駆動されます．ループ・アンテナは磁界を伝播させますが，そのためには閉ループ経路上の時間変化する電流が必要です（**図1.17**）．

RF電流が流れるためには2つのエレメント間に電位差が必要ですが，駆動源がアンテナの先端に置かれた場合は非効率なアンテナとなり，放射は最小になりま

図1.17　いろいろなタイプのアンテナ

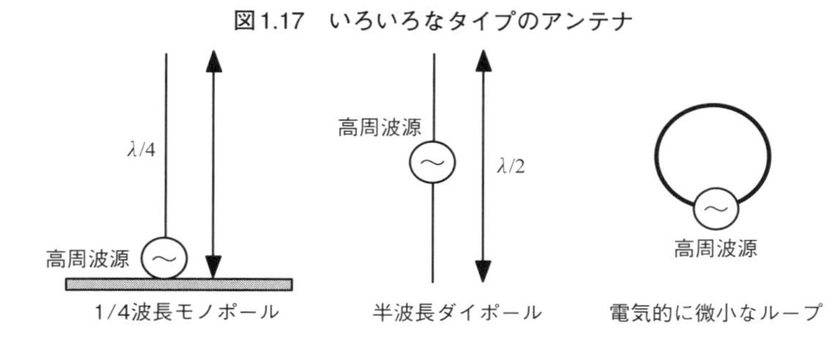

す．しかし，アンテナがその物理形状で決まる共振周波数で駆動されたときは，強い放射が発生します．

アンテナからの放射を低減(アンテナ上のRF電流の伝播効率を低下させる)ためには，次の方法があります．

(1) RF源の強度を低減する
(2) リファレンス面上にシールド配線で同軸伝送線路構造を作るなど，アンテナに結合するRFエネルギーを低減する
(3) アンテナのエレメント寸法を物理的に変化させアンテナの効率を下げる
(4) アンテナが取り付けられる場所を含め，すべての金属構造体のRF電位を等しくする

1.12　無線周波数(RF)エネルギーを抑制する基本原理と考え方

1.12.1　EMIを抑制するための基本原理 ― コモン・モード電流を抑える5つの方法 ―

放射界が発生する基本原理は，プリント基板やシステムを接続することによって発生する不要なコモン・モード電流により，放射が発生することに関連します．コモン・モード電流は電気回路によって作られるもので，必ずしも第4章で議論する電源を供給するシステムで付加的に作られるものではありません．

コモン・モード電流は電源とそのリターンのネットワーク，そして伝送線路に共通するRFエネルギーとして定義されます．多くの製品で金属シャーシが用いられますが，これはコモン・モード電流の発生を促し，空間や他のケーブルあるいは筐体内部の接続や回路に伝播します．RF電流はその源に戻らなければならないので，金属シャーシの中のコモン・モード電流は，完全な回路ループを作るために意図しない別の経路を流れます．

トレースやケーブル，配線など，有限のインピーダンスを持つ伝送線路を通して電荷が移動します．そして，このインピーダンスの両端に電位差が発生します．ソースと負荷の間のいかなる電位差も内部の放射を引き起こし，シールドから出ていくI/Oケーブルや空冷用の開口やスロットがあれば，システムから外に出て行きます．

どのようなシステムの設計においても，以下に示す原理があてはまります．なお，これらについては，後章でさらに詳細に解説します．

(1) 高周波で動作する部品においてディファレンシャル・モード信号に不平衡がある場合はコモン・モード電流が発生します(本章)．
(2) コモン・モードのRF電流が拡散するのを最小限にするには，回路基板上の伝送線路(トレース)の適切な終端，適切な部品配置，そしてRF電流が発信源に効率良く帰還するように設計する必要があります．そうすることで，不要なRFエネルギーの発生や伝播を抑制することができます．これは，第3章で述べる伝送線路理論に適切に従うことによって実現できます．
(3) RF電流の発生や伝播を抑制するためには，適切な終端が必要です．これは，シグナル・インテグリティを高めることにもなります．特に基板の場合，低周波域では信号の物理的な波長に対して放射アンテナの長さが非常に短く，結合効率が低くなるので，RF電流は大きな懸念事項にはなりません．直流以外のすべての周波数では，マックスウェル方程式の3番目のファラデーの法則に従って電磁界が発生します(第3章)．
(4) 最適な0V基準電位を設けて，不要な磁界をキャンセルし，他の回路やシステムとの共通インピーダンス結合によるコモン・モード電流を生成しないようにします(第3章)．
(5) コモン・モードのRF電流を抑制するためには，電源分配ネットワーク(PDN)を適切に設計する必

要があります．電源分配ネットワークの品質が良くないと，ディジタル部品によるスイッチング・ノイズによって，プレーン・バウンスやRF帯の電流の流出や流入が起こり，コモン・モード電流が発生してしまいます．すべての電源分配ネットワークは慎重に設計する必要があり，結果を運に任せるべきではありません(第4章)．

1.12.2 EMIを抑制するための基本概念
―― 基板上のコモン・モードを抑えるには ――

回路基板内のRFエネルギーを抑える基本原理の1つは，磁束をキャンセルするか最小化することで，コモン・モード電流の発生をなくすか低くすることです．すでに述べたように，時間変化する電流が伝送線路あるいは接続構造を伝播するとき，時間変化する磁束が発生します．この磁界が，これに応じた電界を作り出します．この電磁界によって，ディジタル部品のスイッチング波形のエッジ・レートに依存した周波数をもつ平面波が作られ，スイッチングの基本周波数およびその高調波成分が観測されます．

不要な磁束をキャンセルあるいは最小化できれば，RFエネルギーが伝送線路のプライマリ経路とRFリターン経路の間の外に拡がることを避けられます．

放射界を最小とするためには，次の2つの考え方が重要です．

(1) 伝送線路内のインピーダンス両端に生ずる電圧降下によって作られるコモン・モード電流を最小化すること
(2) 不要な磁束を打ち消すことで，ネットワーク全体へのコモン・モード電流の伝播を最小限に抑えること

信号伝播に際しては，以下の現象が順番に起こるので，プリント基板内の磁束をキャンセルするか最小にすることが必要です．

(1) RFによる電圧降下は，伝送線路に内在する損失を通って流れるRF電流と過渡電流の産物(オームの法則)
(2) 伝送線路の損失で発生する2つの回路間のRF電圧降下によって生成されるコモン・モードRF電流は，オームの法則に従ってソースと負荷の間に不適切なRFリターン経路を構築する(不要なRF電流のディファレンシャル・モードによる相殺が不十分)
(3) ループ回路内にRF電流を検出するための効率的なアンテナが存在する限り，可能なあらゆる手段によって存在するコモン・モードRF電流のために，放射と伝導の両方でEMIが伝播する

1.13 回路図に現れない受動部品の寄生項

寄生項によって高周波で部品の特性は大きく変わる

EMCは，しばしばブラックマジックの領域と考えられてきました．実際にはマックスウェル方程式を用いて簡単に説明できます．コンピュータ解析を使おうとしても，回路図にない寄生項を含む正確なモデルを構築するために必要な情報がないので，現実の問題を解くための方程式はとても複雑になります．この回路図に現れない寄生項は，システム全体の特性に影響を与えます．コンピュータ解析を行うためには簡単なモデルが用いられ，どのようにEMIが発生するのか，どのようにEMC適合がなされるのかについて，データブックに記載された抵抗やコンデンサ，インダクタなどの受動部品を用いて説明されます．

EMIの発生に寄与する変数は多々あります．これは，EMIがしばしば受動部品の通常のあるいは期待される特性とは異なる例外的な特性の結果生ずるからです．受動部品の高周波特性と低周波特性を**図1.18**に示します．どのような受動部品を使うにせよ，EMCに対してプラスあるいはマイナスに作用するような，ゼロ点または極を持つ共振が周波数スペクトルのどこかに存在します．

設計において受動部品を扱う場合は，「受動要素が受動要素ではなくなるのはどのような場合か？」を念頭におく必要があります．ここではまず抵抗，コンデンサ，インダクタについて考えてみます．

高周波で動作する回路では，抵抗は**図1.18**に示すように寄生キャパシタンスと抵抗が並列に接続された回路とインダクタンスの直列接続回路として機能します．その結果，部品の抵抗あるいはインピーダンスは周波数スペクトルのある場所で変化します．この変化は，部品の特性を良くも悪くもします．

現実の世界では，電気工学で一般に定義されている抵抗というものは存在しません！抵抗を回路基板上に配置すると，その抵抗値を作る材質が持つ誘電体のた

図1.18　RF周波数での部品の振る舞い

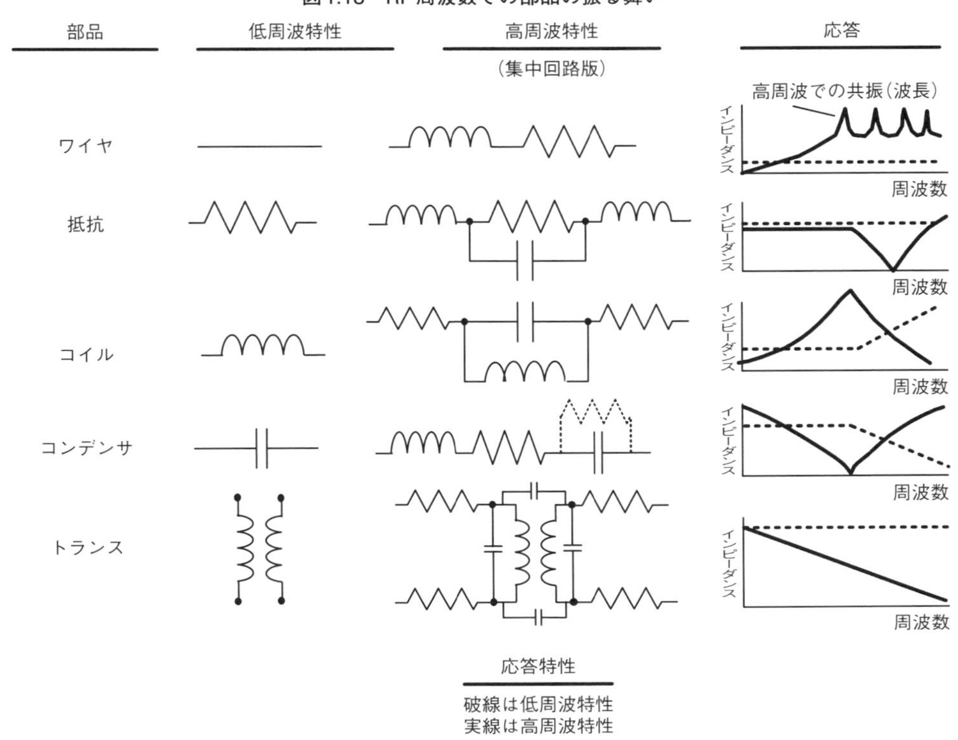

めに，「非常に高い等価直列抵抗(*ESR*)を持つコンデンサ」として作用します．コンデンサとは誘電体で分離された2つの導体端子だったことを思い出してください．抵抗は，特定の抵抗(*ESR*)を持つ誘電体で分離された2つの金属端子を持っています．

自己共振周波数以上の高周波域におけるコンデンサは，直列にインダクタと抵抗を持つモデルにより表現できます．コンデンサは，高周波域においてその動作特性が変化するために，理想的なコンデンサの特性を示さなくなり，コンデンサの両側のリード線がインダクタとして振る舞います．回路としてはインダクタに見えます．

コンデンサの自己共振周波数とプリント基板内の他の容量性の構造によっては，ある特定の周波数に対してこのコンデンサは低いインピーダンスを持ち理想的に振る舞うかもしれませんが，他の部品との関係で容量性の入力に伴い反共振周波数を持つことになるかもしれません．この受動素子は，特にプリント基板の部品配置により長いループ・インダクタンスがある場合など，使い方によってはコモン・モード電流の発生と伝播の元になる可能性があります．

それでは，「素子としてのインダクタがインダクタでなくなるのはどのような場合でしょうか？」インダクタはその自己共振周波数を超えると，高周波での寄生配線結合により，コンデンサの特性を示します．インダクタの2つの端子間には，それぞれの巻き線にともなう容量が並列に存在します．このため，ディジタル・アプリケーションにおいてこの部品を使うことは躊躇されています．

設計者として成功するには，こうした受動素子の使用限界や，実際の回路基板上でどのように振る舞うかを認識していなければなりません．これらの隠された特性に対応する知識と適切な設計技術が，製品の仕様を実現する技術に加えて必要になります．

こうした知られざる特性や寄生成分は，「部品の隠された回路図」と言われています(7)．多くの場合，ディジタル回路の設計者は受動部品に対してデータブックに記載された数値だけをたよりに単一の周波数応答を持つと仮定します．その結果，直流の定常状態の動作における機能だけを考えて受動部品を選択してしまう傾向があります．すなわち，部品の交流電流における動作特性が考慮されていません．EMI問題は，本来は

図1.18(注2)に示すような特性を持つ受動部品の使い方に関係しています．説明の都合上，図1.18では低周波でのZの値を約1Ω，つまり高周波域のインピーダンス値である数Ωから数kΩに比べて非常に低いと仮定しました．

電磁適合性(EMC)の別の表現として，「回路図や設計図に意図的に記述されていないすべてのことへの取り組み」と定義されることもあります．これが，EMCの領域が未知あるいは予期せぬ寄生成分によるブラックマジックと考えられている所以です．

隠されている受動部品に固有の特性を認識すれば，EMC規制に適合する製品の設計プロセスはより明確になります．受動部品のみならず，能動部品についても周波数特性やスイッチング速度を検討する際に，それぞれに固有な隠されている特性，すなわち抵抗成分，容量成分，誘導成分を考慮する必要があります．次節では，それぞれの受動部品のこうした隠された特性を詳細に見ていくことにします．

1.13.1 配線，回路基板のパターン，および伝送線路
――配線や基板パターンのインダクタンスを考えることが必要――

一般に，配線やハーネス，回路基板上のパターンがRFエネルギーを効率良く放射するとは考えられません．しかし，すべての伝送線路にはインダクタンスが存在し，このインダクタンスがコモン・モードのRFエネルギーを発生させます．インダクタンスに関する詳細な解説は第2章で，伝送線路の理論については第3章で取り扱います．

インダクタンスは，シリコン・ウエハのボンディング・ワイヤからパッケージ・ピン間の配線，プリント基板の層間で信号を通すためのビアまで常に存在します．また，どのような伝送線路にも能動素子や受動部品の端子に不要なインダクタンスが存在します．

受動素子はその用途にかかわらず，寄生容量とインダクタンスを持ちます．シミュレーションを行う際に，これらの隠れている寄生成分の正確な値を知ることができるでしょうか？　また，寄生成分が存在しないと仮定して，あるいは無視して，正しいシミュレーション結果が得られるでしょうか？　別の見方をすると，どの程度正確なシミュレーション結果が必要なのでしょうか？　その結果は十分正確なのでしょうか？

伝送線路はRLC成分，すなわち抵抗成分，インダクタンス成分，容量成分を持ちます．また，個々の伝送線路のインピーダンスZは実数成分と複素成分を持ちます．

抵抗成分Rは，直流あるいは低周波での特性を表します．複素成分(j)は周波数に依存し高周波域において非常に大きな値となり，通常100kHz以上になると抵抗成分Rに比べて何桁も大きな値になります．

容量性であれ誘導性であれ，寄生成分は配線のインピーダンスに影響し，式(1.22)の虚数項が示すような周波数特性を持ちます．伝送線路は，自らのインダクタンスと容量のため，周波数ドメインの特定の周波数において共振を起こします．この共振周波数にコモン・モードのRFエネルギーが存在すれば，その物理形状によりその周波数で共振し，伝送線路は効率の良い放射アンテナとなります．

伝送線路は抵抗と誘導性のリアクタンスを持ちますが，インピーダンスは容量性結合を無視して式(1.22)のように記述できます．

$$Z = R + jX_L \approx j2\pi fL \quad \cdots\cdots (1.22)$$

ここで，

Z：低周波成分と高周波成分を含む全インピーダンス［Ω］

R：低周波抵抗［Ω］

L：伝送線路のインダクタンス［Ω］

f：動作周波数

低周波域では，ほぼすべての配線は基本的に抵抗性です．低周波域とは一般に100kHz以下と定義されていますが，実際には10kHzと考えればよいでしょう．100kHz以上の高い周波数では，伝送線路はインダクタの特性を示します．配線と回路基板上のパターンとのおもな違いは，配線が円形であるのに対し基板のパターンは矩形であることです．どちらも伝送線路です．矩形の伝送線路は，同じ外周長の円形配線に比べてインピーダンスは非常に小さくなります．配線の物理形状に基づくインダクタンスについては，第2章で計算します．

式(1.22)では，容量性のリアクタンス$X_c = 1/(2\pi fC)$は考慮されていません．直流や低周波での用途を考える限り，配線は本質的に抵抗性でありインダクタンスは影

注2：Daryl Gerke & Bill Kimmel ; "The Designers Guide to Electromagnetic Compatibility, "Reprinted from EDN Magazine (January 20, 1994), Cahners Publishing Company, 1994, A Division of Reed Publishing USA.

響しませんが高周波域では，伝送線路のインピーダンス式においてインダクタンスが重要な要素になります．

100kHz以上では，式(1.22)のうち誘導性リアクタンス($j2\pi fL$)が抵抗値Rより大きくなり，この項が支配的になります．これは周波数とともにZが大きくなるためです．

一例として，式(1.22)を用いて直流抵抗値$R=57$mΩを持つ長さ10cmの配線について計算してみましょう．回路基板上のパターンのインダクタンスは一般に8nH/cmとされているのでトータルでは80nHとなり，式(1.22)における誘導性リアクタンスは10kHzにおいて5mΩです．この配線を，100kHzを超える周波数で使用する場合には，誘導性リアクタンスは直流抵抗値の57mΩ以上となり10倍を超えます．その結果，配線の直流抵抗はリアクタンスと比較して十分に小さくなり無視できるようになります．長さ10cmの配線は150MHz以上の周波数帯において，その長さが波長の1/20より長くなり効率の良い放射アンテナとなります．また，周波数が1GHzになると，10cmの配線と同じインダクタンス値に対して，トータルのインピーダンスは503Ωとなり，直流における5mΩに比べてはるかに大きな値になります．

上の例は，伝送線路が高周波域ではもはや低抵抗の接続部品ではなく，むしろインダクタンスとして振る舞うことを示しています．寄生成分は共振の原因となります．一般的な経験則として，オーディオ周波数以上で動作する伝送線路は抵抗ではなくインダクタとして振る舞い，電磁界を放射する効率の良いアンテナと考えられます．

多くのアンテナは，動作周波数における波長(λ)の1/4あるいは1/2で効率良く放射するように設計されています．EMCの世界では，伝送線路の長さは$\lambda/20$以下として，高効率な放射体にならないように設計することが推奨されています．誘導性の要素や容量性の要素は，その物理寸法では説明することができないような回路共振を発生させることがあります．

1.13.2 抵抗
── 直列インダクタンスと並列容量を考える ──

抵抗は，プリント基板上でもっとも一般的に用いられる受動素子の1つです．EMIの観点から見れば，抵抗の特性には制約があります．これは，抵抗に用いられている素材(炭素組成物，フィルム，雲母，巻き線，セラミックなど)が持つ周波数特性によるものです．巻き線抵抗は，配線が大きなインダクタンスを持つため高周波の用途には向きません．フィルム抵抗は，インダクタンスの要因である端子配線のインダクタンスが小さく，しばしば高周波の用途に使うことができます．

抵抗については，寄生容量に関する特性が見逃されがちです．寄生容量は，誘電体を挟む2つの導体によって作られます．抵抗は，金属端子を両端に持つ高抵抗の誘電体で構成されるので，結果として高い等価直列抵抗(*ESR*)を持つコンデンサと考えることができます．これに対して，典型的なコンデンサの*ESR*は数mΩ程度です！

寄生容量は高周波，特に1GHz以上において大きな悪影響を与えます．多くの応用において，抵抗のリード間の浮遊容量は，プリント基板に抵抗を実装する際に生じる接続ループ・インダクタンスやリード・インダクタンスに比べれば問題ではありません．プリント基板のトレースを使うとき，接続部では周波数に依存する誘導性のリアクタンスが抵抗の全インピーダンス値を高い周波数で大きくし，非理想的な値になるのに対して，誘電体の抵抗値は周波数に依存しないからです．**図1.19**に，寄生容量が抵抗値への影響するようすを示します．

抵抗に関するおもな懸念は，素子に過電圧ストレスがかかった場合です．ESDが抵抗の端子間に印加された場合，抵抗が表面実装部品であったりすると高電圧によって端子間にアークが飛んだり自己破壊を起こすことがあります．ラジアル・リード・タイプやアキシャル・リード・タイプの抵抗では，抵抗の持つ誘導性および容量性成分に起因した高抵抗性および高誘導性の性質によって，ESDによる電荷の回路内部への侵入は阻止されます．

数値計算やコンピュータを用いて解析を行う場合，抵抗の寄生容量が考慮されたものでなければ，シミュレーションの結果は不正確になるかもしれません．我々は，どのような周波数で抵抗の共振が発生するかわからないでしょうし，その抵抗は部品に記された抵抗値や製造元によるデータシートが示す直流の値に比べて低いインピーダンスを持っているかもしれません．

1.13.3 コンデンサ
── 自己共振点を超えるとインダクタ ──

コンデンサとその隠れた特性については，第4章で

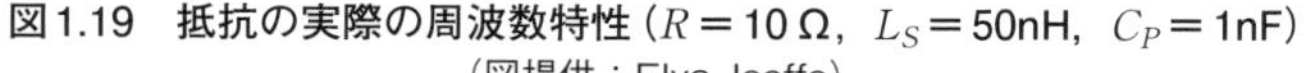
図1.19 抵抗の実際の周波数特性 (R = 10 Ω，L_S = 50nH，C_P = 1nF)
(図提供：Elya Joeffe)

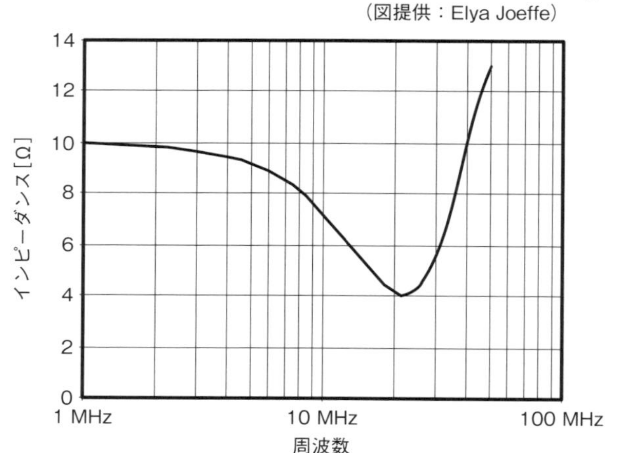

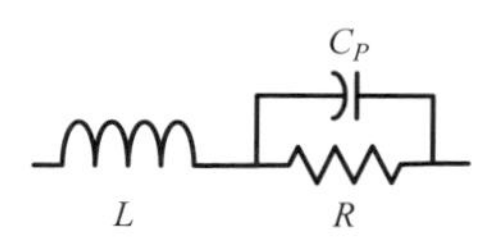

$$Z_R = \frac{1}{\left(j\omega C_P + \frac{1}{R}\right)} + j\omega L_S$$

詳細に述べます．ここでは，その隠れた寄生成分に関する理解をより完全なものとするため，あらかじめ寄生成分について概要を簡単に述べます．一般に，コンデンサは電源バスのデカップリングやバイパス，電荷供給のためのバルク用，直流成分の分離あるいは蓄電といった用途に用いられます．また，フィルタやアナログ部品を用いて目的の回路動作をさせるために共振条件を作るためにも用いられます．

コンデンサは，自己共振を起こす周波数まではコンデンサとして機能します．それ以上の周波数帯では，式(1.23)で表される誘導性の特性を示します．

$$X_C = 1/(2\pi fC) \qquad X_L = 2\pi fL \qquad \cdots\cdots\cdots (1.23)$$

ここで，

X_C：容量性リアクタンス[Ω]
X_L：誘導性リアクタンス[Ω]
f：周波数[Hz]
C：キャパシタンス[F]
L：インダクタンス[H]

$X_C = X_L$の場合には共振が発生し，コンデンサのインピーダンスはゼロか，少なくとも通常は非常に小さい内部*ESR*に近い値になります．この共振特性は，まさに電源バスのデカップリングに必要な動作周波数帯域幅での低い伝達インピーダンスを持っています．

コンデンサは，自己共振以上の周波数帯ではインダクタとして機能します．閉じたループ内や接続部にインダクタンスがある場合には，コモン・モード電流が発生します．これらについては，第4章で詳しく説明します．

コンデンサのインピーダンスについて例をあげると，リード・インダクタンスやループ・インダクタンスを考慮しない場合は，たとえば10μFの電解コンデンサなら10kHzでおよそ1.6Ω〔$X_C = 1/(2\pi fC)$〕の容量性リアクタンスを持ち，その値は100MHzでは160μΩまで減少します．このように，100MHzにおいてはほぼ短絡状態となるため，スイッチング・レギュレータのデカップリング用途などに適しています．しかし，電解コンデンサの電気パラメータは大きな等価直列インダクタンスおよび抵抗を持ち，この種のコンデンサの1MHz以下における動作の有効性を制限します．

図1.20に示すように，コンデンサの実際の特性は抵抗に似たものとなります．抵抗が実際には大きな値の*ESR*を持つコンデンサとして振る舞うことを思い出してください．コンデンサの接続部のインダクタンスは，部品を自己共振周波数を超えたときインダクタとして動作させます．このような場合，コンデンサが本来目的としていた電源供給の改善に関する効果はなくなります．

1.13.4 インダクタ
――損失と寄生容量を考え種類を選ぶ――

インダクタや誘導性の部品の用途としてフィルタなどがありますが，正しく使用するためには重要な特性があります．インダクタの動作特性について，誘導性リアクタンスの分布容量成分についての修正が必要であり，周波数に比例して大きくなります．このことは，$X_L = 2\pi fL$という式によって表されます．ここで，X_Lは誘導性リアクタンス[Ω]，fは周波数[Hz]，Lはインダクタンス[H]です．

図1.20 コンデンサの実際の周波数特性（C = 10nF，L_S = 5nH，R_S = 2mΩ）
（図提供：Elya Joeffe）

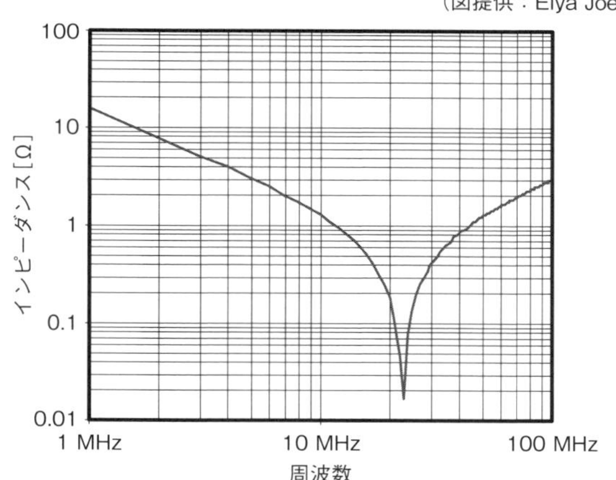

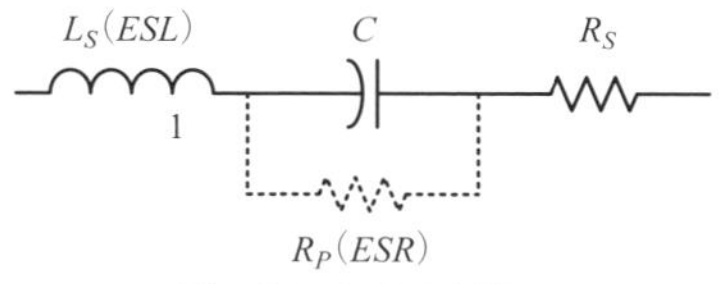

コンデンサにおける実際のESR

$$Z_C = \frac{1}{\left(j\omega C + \frac{1}{R_P}\right)} + j\omega L_S + R_S$$

図1.21 インダクタの実際の周波数特性（L = 1H，R = 10mΩ，C_P = 10pF）
（図提供：Elya Joeffe）

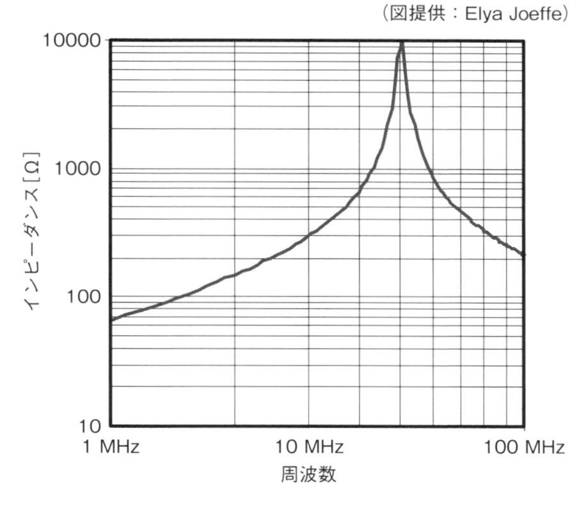

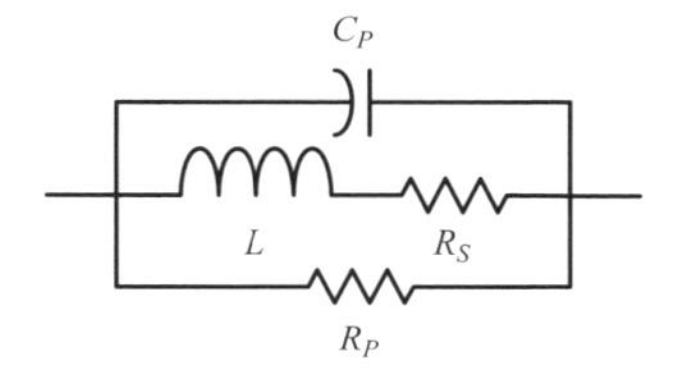

$$Z_L = \frac{1}{\frac{1}{R_P} + \frac{1}{j\omega L + R_S} + j\omega C_P}$$

$X_L = 2\pi fL$を用いると，たとえば“理想的な”10mHのインダクタは10kHzでは628Ωの誘導性リアクタンスを持ちます．100MHzでは6.2MΩとなり，ほぼ開放回路となります．したがって，100MHzのディジタル信号を伝送したい場合，シグナル・インテグリティに重大な支障をきたします．

すべての伝送線路には，配線インダクタンスとループ・インダクタンスが存在します．インダクタンスの両端には電位差が発生します．この電位差により，まったく不要なコモン・モード電流が発生します．

コンデンサと同様にインダクタは巻き線間に寄生容量を持ち，個別の部品として使えるのは1MHz以下に限られます．

たとえば，インダクタのコアとなるベース材料に巻き線を1000回巻いてあるとすると，999個のコンデンサが直列につながりますが，これに2つの端子間の自由空間で作られるキャパシタンスが並列につながり，1つの大きなコンデンサとなります．この寄生容量のため，巻き線インダクタの使用帯域は低周波数帯に制限されます．**図1.21**に，寄生容量を考慮したインダクタの周波数特性を示します．

高周波で巻き線インダクタによって磁界を吸収し，熱に変換して不要なRF電流を抑制するのは非効率的です．我々は，信号損失を最小限にするためにプリント基板上の伝送線路に使うインダクタのタイプを選ばなければなりません．インダクタンスにともなういかなる損失も望ましくないコモン・モード電流を生み出します．これが不要なコモン・モード電流を最小化するた

図1.22 フェライト材料の機能特性

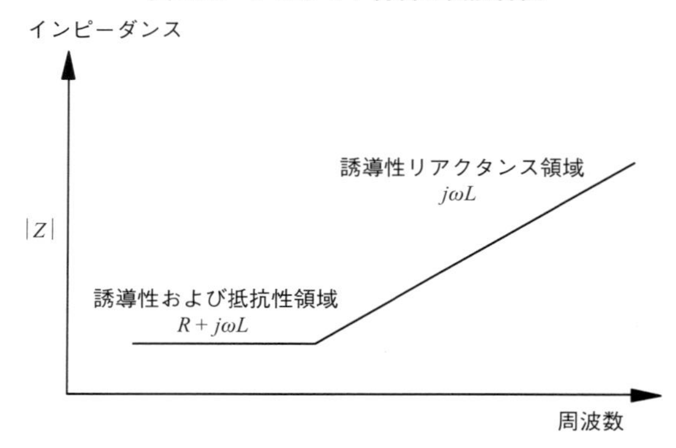

めに高周波でフェライト・ビーズが使われる理由です.

フェライト材料は，鉄・マグネシウムや鉄・ニッケル，あるいはその他の材料と強磁性材の合金です．磁性材を含む材料は，構造や材料の混合によって必要な周波数帯域において高いインピーダンスを持たせることができます．フェライト・ビーズは，注意深くレイアウト設計すれば寄生容量を最小限にとどめることができるため，高周波帯で役に立ちます．一方，低い周波数の電源回路には通常のインダクタが必要となります．フェライト・ビーズについては，第6章で詳しく議論します.

フェライト材料は，高周波域では誘導性であり周波数特性を持ちます．この特性を**図1.22**に示します．フェライト・ビーズは，高周波におけるRFエネルギーのアッテネータと言えます.

フェライトは，抵抗とインダクタの並列回路によって表現されます．低周波帯域でインダクタ部分は抵抗成分を短絡します．高周波帯域ではインダクタ部分のインピーダンスが非常に高いため，RF電流は抵抗を経由して流れ熱として消費されます.

このように，フェライトはエネルギーを消費する素子として機能しますが，これは材料の誘導性成分ではなく抵抗性成分によって説明されます.

1.13.5 トランス
――寄生容量によるノイズ伝播に注意――

トランスは一般に電源回路に用いられますが，それ以外にもデータ信号やI/Oコネクタの絶縁，インピーダンス整合（バラン），電力のインターフェースなどの用途に使われます．トランスの1次と2次の間には寄生容量が存在し，このため2つの巻き線間には不要なRF電流が伝播します.

トランスのタイプや使われ方にもよりますが，1次巻き線と2次巻き線の間に電磁界のバリアとして接地したファラデー・シールドを設けることで，寄生容量によるコモン・モード・ノイズの結合を大幅に低減することができます．これを実現するためには，別の巻き線を設けるか，または金属ストリップによって巻き線の周囲を囲み，これを0V基準電位すなわちグラウンドに接続します．このファラデー・シールド・バリアにより，2つの巻き線の間の容量性結合を低減，抑制できます.

トランスはまたコモン・モード（CM）の分離を目的として，とりわけ分布容量による影響が小さい低周波帯域で広く用いられます．この部品は，ディファレンシャル・モード（DM）の信号を1次巻き線から2次巻き線側に，RFエネルギーあるいは磁界として伝送します.

巻き線間のキャパシタンスは，トランスを作成する上で避けられない問題です．回路の動作周波数が高くなると容量性結合が大きくなり，回路の遮断特性は劣化します．ファスト・トランジェントやバースト・ノイズが，国際イミュニティ要求（IEC/EN61000-4-4），ESD（IEC/EN61000-4-2），雷サージ（IEC/EN61000-4-5）を満たすために伝送線路に注入された場合，寄生容量が大きくなるとこれらはトランスを通して流れ，絶縁ギャップのもう一方の側の回路で異常を引き起こします.

◆参考文献◆

(1) Montrose, M. I.; 1999, EMC and the Printed Circuit Board-Design, Theory and Layout Made Simple, Hoboken, NJ: Wiley/IEEE Press.
(2) Montrose, M. I.; 2000, 2nd ed. Printed Circuit Board Design Techniques for EMC Compliance-A Handbook for Designers, Hoboken, NJ: Wiley/IEEE Press.
(3) Ott, H.; 1988, Noise Reduction Techniques in Electronic Systems, 2nd ed., New York: John Wiley & Sons.
(4) Ott, H.; 2009, Electromagnetic Compatibility Engineering, New York: John Wiley & Sons.
(5) Paul, C. R.; 2006, Introduction to Electromagnetic Compatibility, 2nd ed., New York: John Wiley & Sons.
(6) Paul, C. R.; 1989, "A Comparison of the Contributions of Common-Mode and Differential-Mode Currents in Radiated Emissions", IEEE Transactions on Electromagnetic Compatibility, Vol., 31 (2) : pp. 189-193.
(7) Gerke, D., and W. Kimmel; 1994, (January 20), "The Designers Guide to Electromagnetic Compatibility", EDN.
(8) Kraus, J.; 1984, Electromagnetic, 3rd ed., New York: McGraw Hill.

第2章 やさしく学ぶ伝送線路理論

2.1 シグナル・インテグリティの定義

デジタル信号の品質(インテグリティ)は波形がポイント

シグナル・インテグリティは電磁環境両立性と伝送線路理論の両方に適用されるので，詳細を解説する前にその定義をしておきます．

シグナル・インテグリティとは，

「信号振幅やパラメータ値を損なうことなく，
信号源から負荷まで伝播する能力」

を言います．

シグナル・インテグリティとは，意図した電気信号を信号の品質(インテグリティ)を維持したまま2点間に伝送させるということです．ディジタル回路においては，データは電圧(あるいは電流)の形で表現されたバイナリ・データの集まりです．しかしながら，ディジタル信号の"1"と"0"の状態の間(立ち上がり時と立ち下がり時)はアナログ信号としての周波数スペクトルを持ち，誘電体で囲まれた伝送線路を伝播する電磁波が発生します．

ではなぜ，EMCに関する文献において伝送線路理論やシグナル・インテグリティが強調されるのでしょうか？信号は，2つの点の間を伝播します．もし，配線で伝送線路の特性インピーダンスが一定でないといった設計上の不具合や問題がある場合には，不必要なコモン・モードのRF電流が発生し，結果的にEMIが生じてしまうことが考えられます．

(信号や電力を伝送する)伝送線路がなければ，電気工学の出番はありません．したがって，電気設計におけるもっとも大きなポイントの1つは，不要なコモン・モード電流，ひいては不要な電磁波を発生させることのないように伝送線路を構成することです．この一連の作業は，シグナル・インテグリティの最適設計として知られています．また，シグナル・インテグリティが適切でなかったり不完全である場合には，システムが正常に動作せず，結果として期待する製品やサービスを提供することができなくなります．

線路長が非常に短い場合や低いビット・レート(低周波で立ち上がり/立ち下がり時間が遅い)では，信号は容易に伝送線路を伝播できます．しかし，高いデータ・レート(高速な立ち上がり/立ち下がり時間)を持ち，線路長が比較的長い場合や，あるいは異なる媒質中を伝播する場合にはさまざまな現象によって信号が劣化し，理想とかけ離れた状態(エラーや信号品質の劣化)に陥ります．そのようなときは，システムあるいはディジタル(信号)処理において誤動作が発生する可能性が増加します．

シグナル・インテグリティ工学とは，適切な信号伝送を阻害する現象を分析し，その影響を緩和するためのプロセスであると言えるでしょう．シグナル・インテグリティ工学は，集積回路(IC)内部の接続，パッケージ，プリント基板の設計とレイアウト，バック・プレーンの設計およびシステム内部の接続など，電子パッケージやアセンブリすべての実装レベルを含みます．シグナル・インテグリティはまた，放熱への配慮や電磁界放射に関連する物性など，その他の要素も含みます．シグナル・インテグリティ上の課題は，プリント基板による相互接続(チップ間の接続)に加え，ケーブル・アセンブリや回路アセンブリなど，(ワイヤのような金属配線やプリント基板の配線あるいは空気といった)媒質によらず本質的にすべての伝送線路に存在するのです．

伝送線路の設計には，いくつかの基本的な要素があります．その中でも設計やレイアウトの際には，相互接続間の伝播時間(信号伝送の時間)対ビット周期について実用的な観点で考えていく必要があります．なぜなら，これらの取り組みによって適切なシグナル・インテグリティを実現するための道筋が変わるからです．

シグナル・インテグリティの問題を引き起こす要因には，さまざまなものがあります．以下に示す項目の1つ1つが，シグナル・インテグリティやEMI上の問題となります．

- 誤まった(不十分な)伝送線路の引き回し
- 不適切な終端
- 電源やリターン・プレーンの電圧変動
- リターン電流経路に対する不適切な無線周波数(イメージ)の取り扱い
- モード変換(ディファレンシャル・モード信号に起因するコモン・モード電流の発生)
- 立ち上がり/立ち下がり時間の劣化
- 基板の構造材料(コアおよびプリプレグ)に起因する高周波域での伝送損失
- 不適切な電源分配ネットワークによる電源供給の問題
- 回路図にない寄生成分(*RLC*)(第1章参照)
- 差動伝送，容量性負荷やミアンダ配線における伝播遅延
- 表皮効果，誘電体損
- 複雑なエッジ
- 伝送線路および励振源・負荷における過剰なインダクタンス
- 過剰なリンギングと反射
- オーバシュートとアンダシュート
- 配線幅の変化やインピーダンスがコントロールされていないビアを通過することによるインピーダンス不連続
- ΔI(時間変化する電流)ノイズ
- 電源分配ネットワークに発生する同時スイッチング・ノイズ
- *RC*遅延
- クロストーク
- ビアなどを含む反射性スタブとその長さ
- 伝送線路に存在する過剰な容量性負荷
- *IR*ドロップ
- プレーン上のギャップ
- ばらつき
- 内部配線のスキュー
- 駆動信号の帯域幅に対する不適切なプリント基板材料

シグナル・インテグリティは複雑であり，本書の読者のことも考えて本章では上記の項目すべてについての解説は行いません．しかし，シグナル・インテグリティおよびEMCを実現するための技術に関連する注意事項は，他にもたくさんあります．

シグナル・インテグリティとEMCの違いは単純です．それでも，自分が厳密なアナログあるいはディジタルの設計者であり，電気技術者ではないと自負する人々にとっては難しく聞こえるかもしれません．時間ドメインで直流電圧レベル，たとえば論理値の高低や結線図で回路図を確認するような場合は，一般にEMCではなくシグナル・インテグリティが対象となります．SPICEなどのコンピュータによる解析プログラムは，おもに信号伝送の観点から時間ドメインで*RLCG*パラメータを用います．また，シグナル・インテグリティの領域に携わる技術者は測定単位として，ボルト[V]，アンペア[A]，ワット[W]を用います．

EMCの領域では電磁界の伝播を取り扱い，単位はV/m，A/m，W/m^{2}を使用します．電気技術者の本質であるマックスウェル方程式は周波数ドメインにおける伝播を扱っており，これがすべての信号伝送の本来の姿です．周波数ドメインにおいて時間変化の要素(交流信号)を解析した後で時間ドメインに変換する場合には，ディジタル特性，あるいはディジタル遷移の定義を“無限に高速な交流スルーレート信号”と再定義することができます．

シグナル・インテグリティ問題の解決策の詳細については，コンピュータ解析を含めてここでは解説しません．詳細は参考文献(1)，(2)に詳述されているので，是非参考にしてください．本章では，伝送線路理論の基本を評価します．これに従うことで，シグナル・インテグリティを最適化することができ，また多くの課題について製品ごとに設計技術の観点から適切に対応をすることができるようになります．これはすなわち，伝送線路上で信号源から負荷へ最適に信号伝送するために必要なことを理解することを意味します．

2.2 高速シグナル・インテグリティ問題の主たる課題

押さえておくべき4項目

高速信号伝送については，おもに次に述べる4つの側面があります．これらはシグナル・インテグリティ

問題を発生させるもので，同時にEMIという名前で知られている不要なコモン・モード電流を発生させるものです．

(1) 信号品質

信号あるいはリターン経路のインピーダンスの不連続による反射やひずみは，伝送信号の品質に影響します．伝送信号は，ビアや接続の不連続を含めて一定のインピーダンスを持つ伝送線路を伝播する必要があります．伝送線路になんらかの不連続があったりインピーダンスが変化したりする場合には，シグナル・インテグリティは確保されず，結果としてコモン・モードRF電流が発生することになります．コモン・モード電流が大きい場合には，EMIの発生する可能性が高いといえます．

(2) ネット間のクロストーク

クロストークは，2つの伝送線路間の相互キャパシタンスと相互インダクタンスによって発生します．RFリターン（イメージ）経路のインピーダンスを可能な限り低くし（z軸方向に近接するプレーンとの距離），同時に相互キャパシタンスと相互インダクタンスを最小にするためには配線間隔を一定距離に維持しなければなりません（側面結合）．クロストークによって，不必要なエネルギーがその発生源側の伝送線路から影響を受ける側（被妨害線路）に伝達し，位相が変化することでコモン・モードRF電流が発生します．その結果，不要な動作モードが発生することになるのです．クロストークは，2種類の形で観測されます．すなわち，1つは近端（発生源）に乱れのある電磁界が戻ってくる現象として，もう1つは遠端（負荷）で伝送線路の終端素子の入力電圧レベルを変化させる現象として観測されます．

クロストークは，導体経路（共通インピーダンス結合）でも発生します．グラウンディング（接地）およびクロストーク現象については，第5章で解説します．

(3) レール・コラプス（Rail Collapse，グラウンド・バウンスともいう）

ディジタル素子の論理値が遷移する際（流入と流出），電流消費が増加し，電源の供給が困難となるため，電源分配ネットワークにおける電源とリターン（グラウンド）間の電圧が低下することをいいます．すべての電源の電圧マージンを維持するために十分な電荷を確保するためには，ΔI（電流）と合わせて電源およびリターン経路のインピーダンスを最小にする必要があります．

(4) EMI

不要なコモン・モード電流は，電源プレーンとリターン・プレーンを“電源分配”伝送線路と考えた場合のシグナル・インテグリティ問題です．したがって，すべての伝送線路について励震源およびRFリターン経路との整合性を維持することに加え，適切な帯域幅，グラウンド・インピーダンス，そしてコモン・モード結合を考慮することが設計者にとって重要です．

シグナル・インテグリティ問題を解決するためには，まず伝送線路理論と実際の挙動を理解しなければなりません．今日の高速ロジック素子を実装したハイテク製品では，プリント基板の配線特性が回路の正しい動作の制約要因になっています．本章では，リファレンス・プレーンの近傍に置かれた配線によって形成される単純な伝送線路について解説します．

ここで，多層プリント基板について考えてみましょう．配線や伝送線路が表層（上面あるいは下面）に配置されている場合は，マイクロストリップ線路になります．一方，配線や伝送線路が内層に配置されて2つのプレーンにはさまれている場合は，ストリップ・ライン（単層あるいは複層，対称あるいは非対称）と呼びます．

伝送線路とは，配線，導波管，同軸ケーブル，そしてプリント基板上のパターンで構成された構造であり，これによって2点間に効率良く電力や電気信号を伝送することができます．

今日のように，多層プリント基板を用いて高速ディジタル処理に取り組む場合には，以下の項目を実現する必要があります．すなわち，

- 素子間の伝播遅延を低減すること
- 伝送線路の反射を制御し，クロストークを低減すること（シグナル・インテグリティ）
- 信号の損失を低減すること（伝送線路内の電磁界の振幅を下げること）
- 高密度なインターコネクト（相互接続）を許容すること

伝送線路を用いれば，ある素子から他の素子に向けて信号を伝送することができます．このときの伝播速度は，伝送線路上の容量や回路の能動素子によって変化する（遅くなる）ことはありますが，ほぼ媒質中の光の速度となります．この電磁界において伝播速度を低下させるプリント基板材料の電気パラメータを誘電率（DKあるいはε_r）と呼びます．伝播する電磁界は，あ

る形のエネルギーを含みます．ここで考慮しなければならない疑問は，「このエネルギーは，電子や線間の電圧/電流，あるいは他の何かで構成されているのか？」ということです．

伝送線路において，電子は通常考えられているように伝播することはありません．電磁界は伝送線路内とその周辺に分布しており，電圧/電流あるいは電子そのものではないのです．電磁エネルギーは，物理的には伝送線路を取り囲むプリント基板のコア層やプリプレグ層などの配線間の誘電体中，もしくは空気中に存在します．

一般に，伝送線路が素子間でどのように情報を伝達するかを表すパラメータとして，簡単な測定単位である電圧/電流のみを使用します．実際は，電圧とは空間微分をしたときに存在するすべての電子から導出される静電ポテンシャルとして測定できる単位のことです．また電流は，特定の時間にどれだけの電子が伝送線路を流れているかを表す測定単位です．しかし，伝送線路理論において電圧/電流にメートル法を使用すれば，技術者は時間ドメイン（オームの法則の簡単な応用）での振る舞いを容易に理解することができます．

伝送線路に存在するエネルギーの実成分は事実上，マックスウェル方程式（第1章）によって記述される複素周波数ドメインの問題となります．製品の製造元が発行するデータシートをみればわかりますが，パラメータ表にあるのは電圧や電流であって，V/mやA/mは用いられていません．パラメータ表ではVとmAが用いられますが，これは間違った計測単位です！電子工学はマックスウェル方程式（周波数ドメイン）に基づいていなければならないのですが，オームの法則（時間ドメイン）を用いてしまっているのです．我々は，周波数と時間の両方のドメインに精通しておく必要がありますが，多くの課題は周波数ドメインより取り扱いが簡単な時間ドメインで取り扱われています．

我々が通常扱う電磁界は，次に示す項目にあるものから成り立っています．

- AM/FMラジオ波
- テレビ波
- 光波
- 携帯電話・ポケットベル波
- マイクロ波およびレーダ波
- ディジタル部品からの副産物（不要なエネルギー）として生成されるEMI/RFI

これらの電磁界は，自由空間における光の速度あるいはそれに近い速度で伝播します．電磁エネルギーが，他の電子機器や外部で磁界の干渉を受けやすいものに対して有害な干渉を起こす可能性があるので，このリストにはEMI/RFIを含めました．

伝送線路が適切に終端されていない場合，ディジタル機能およびEMIへの懸念が生じる可能性があります．また，これらによってスイッチング動作やシグナル・インテグリティに深刻な影響を受けることがあります．往復の伝播遅延がスイッチング電流の伝播時間を越える場合には，伝送線路としての効果を考慮する必要があります．サブナノ秒の領域，そして将来的にはフェムト秒の領域では，より高速な論理素子が利用され，それにともなうエッジ・レートの増加が一般的になります．設計段階において適切な回路設計が行われないと，プリント基板上の長い配線は電磁界を放射するアンテナとなり，また製品の機能にも問題が発生することになります．設計手法の概要については本書全体で解説していますが，参考文献(3)，(4)でも議論しています．

2.3　伝送線路構造の定義

電磁波のエネルギーを伝搬する媒体

伝送線路は，周波数スペクトルを持った電磁波エネルギー（磁界と電界で伝播する）によって電磁界（交流電流波形）を伝播します．この伝播界は一般にRF（無線周波数．エネルギーを電磁放射する周波数）と呼ばれます．周波数スペクトルを持って伝播するRF電流はすべて電磁波として伝播しますが，これはマックスウェルによって発見されました．彼のライフワークのほとんどがこのことに費やされ，おもだった著書も電波伝播に関連しています（光および電磁界）．

伝送線路は，信号源（送信器）と負荷（受信器）の間で，媒質あるいは誘電体を通して高度な通信信号を伝送するために用いられます．RF電流は，コネクタやビアなどの伝送線路の不連続点で反射して信号源側に戻りやすく，また，レーダは離れた場所にある導体（RFを反射）から反射して送信源に戻る信号を受信して動作します．信号が反射して信号源に戻るとき，信号電力の総量は減少します．

ディジタル・システムにおいては，インピーダンスの高い負荷からの反射によって生成される信号のエネルギーがコモン・モード電流を生成し，これが寄生的に存在するアンテナを経由して放射されます．

伝送線路は寸法や間隔などが決められている特別な構造を有し，最小限の反射および電力損失で電磁波を伝播させるために適切な特性インピーダンスを持たなければなりません．

2.4 伝送線路の種類

異なる形状と伝送モード

伝送線路は，導体ペアで構成されます．この2つの導体は信号源から負荷への経路であり，また負荷から信号源へのリターンの経路でもあります．この構造は，均一な伝送線路として知られています．どのような構造であっても，TEM波を伝播するペア導体は伝送線路となり得ますが，その中には明確なリターン経路が存在しない場合があります．定義によれば，"単一の導体線"による伝送線路は存在しませんが，プリント基板の中にグラウンド・プレーンが含まれている場合には離れたところ，もしくは寄生成分がリターン経路になります．アンペールの法則によれば，単一導体では電磁波を伝送することはできません．

伝送線路には，さまざまな種類があります．本章に出てくるいくつかは単一導体のように見えますが，実際には自由空間における大地グラウンドのような第2のリターン経路が存在します．以下に，伝送線路の例として，同軸ケーブル，誘電体スタブ，マイクロストリップ，埋め込み型マイクロストリップ，ストリップ・ライン，光学ファイバ，導波管について述べます．

2.4.1 同軸ケーブル

同軸ケーブルは，伝播信号（電磁波）のほとんどを同軸シールド内部に閉じ込めます．数GHzまでの高周波用途において，電磁波はTEMモードでのみ伝播します．TEMモードとは，電界と磁界が伝播方向に対して相互に直交していることを意味します．ケーブルの断面で見ると電界は放射状に，磁界は円周状に形成されます．波長がケーブル断面の外周より短くなるような周波数においては，TEやTMといった導波管モードも伝播するようになります．1つ以上のモードが存在する場合は，曲げやその他の変則的なケーブル配置あるいは構造の変化によって，高周波電力があるモードから別のモードに変換されることがあります．

2.4.2 マイクロストリップ

マイクロストリップ伝送線路は，1つの導体と並行な1つのレファレンスあるいはイメージによるリターン経路からなります．マイクロストリップ伝送線路は一般にプリント基板の表層とボトム層にあり，外側の空気との間にはソルダー・マスクあるいはコンフォーマル・コーティング層のみが存在します．特性インピーダンスは，配線幅，導体厚さ，レファレンス・プレーンとの距離および絶縁体層の比誘電率によって決まります．前述の同軸ケーブルは，伝送線路を全長にわたって覆うシールドを持つために閉構造となりますが，マイクロストリップは開放型の伝送線路です．一方は同軸，他方は平板ですが伝送特性はほぼ同等であり，信号伝送の観点ではいずれも同様に機能します．

2.4.3 埋め込み型マイクロストリップ

埋め込み型マイクロストリップは，通常のマイクロストリップに似ていますが，配線の表面が配線とその下にあるイメージ・リターン（グラウンド）プレーンとの距離と同等か，あるいはそれ以上の厚さの誘電体で覆われているという点が異なります．埋め込み型マイクロストリップは，信号配線の上の部分の電磁界を下側に存在する電磁界と同様に誘電体に閉じ込めることができるため，空気やソルダーマスクなどによるインピーダンス不整合を回避できるという点でシグナル・インテグリティ上の優位性を持ちます．

2.4.4 ストリップ・ライン

ストリップ・ラインは，2つのレファレンス（イメージ）プレーンの間に導体が挟まれた構造をしています．これら2つのレファレンス・プレーンは，同一の電圧である必要はありません．基板の絶縁材料が，プレーンと伝送線路間の誘電体を構成します．配線の幅，導体の厚さ，双方のレファレンス・プレーンとの距離，そして絶縁層の比誘電率によって特性インピーダンスは決まります．ストリップ・ラインは基本的に閉じた伝送線路システムであり，ほとんどの動作状況で同軸ケーブルとほぼ同様に機能します．

プリント基板におけるマイクロストリップとストリップ・ラインの構造を**図2.1**に示します．

2.4.5 平衡線路

平衡線路は同一種類の2つの導体で構成され，基準

図2.1　プリント基板におけるマイクロストリップとストリップ・ラインの構造

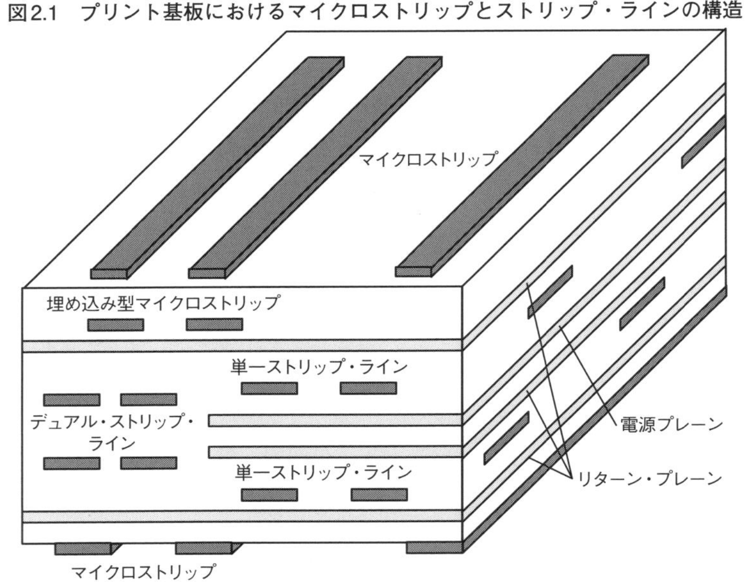

図2.2　2線回路に用いられるツイスト・ペア構造の平衡線

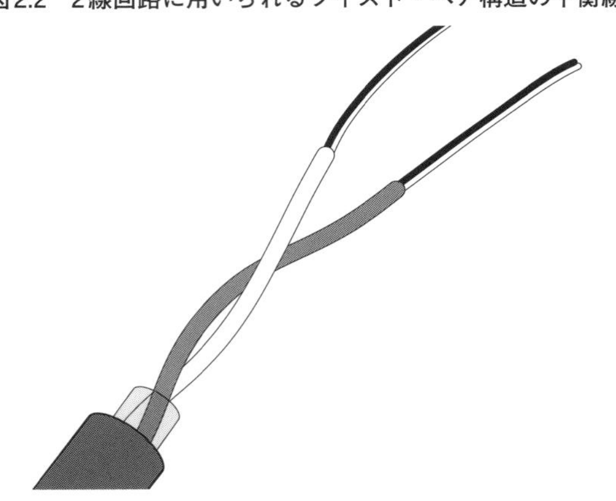

図2.3　マルチワイヤを用いた差動ツイスト・ペア平衡線

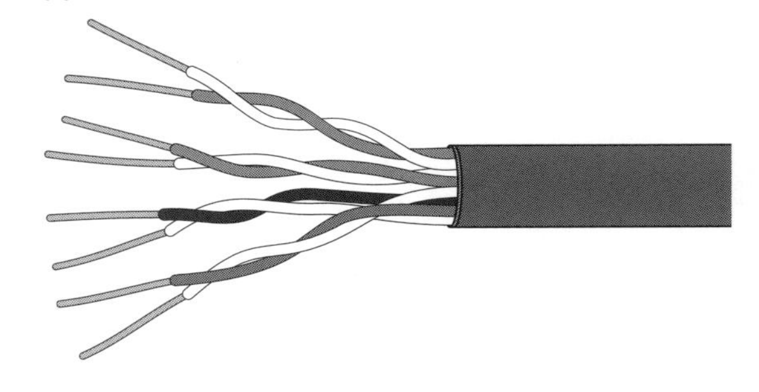

となる信号源やネットワーク中の他の回路と等しいインピーダンスを有しています．平衡線路には多くの構成（差動モード）がありますが，ここではツイスト・ペアとスター・クアッド，ツイン・リード構造について述べます．

▶ツイスト・ペア（図2.2，図2.3）

ツイスト・ペア伝送線路は一般に，グラウンドや特定のリターンを基準としない場合の通信用途に用いられています．多くの場合，1本のケーブルに複数のツイスト・ペア線をグループとして，あるいはバンドルして用います．ツイスト・ペア・ケーブルは，おもにネットワーク通信用途（イーサネット，USBその他）に用いられています．また，互いに離れた場所に信号を伝送する場合，たとえばディジタル・ディスプレイ・パネル（拡張シグナル・インテグリティ）や電気的なショックによる障害を避けるために2つの異なる交流電源供給線（グラウンド・シフト，第5章）に接続された電気機器が設置されたビル間などにも用いられます．ケーブル・アセンブリは，全体を覆うシールドを持つもの（STP：シールド・ツイスト・ペア）とシールドを持たないもの（UTP：非シールド・ツイスト・ペア）があります．

▶スター・クアッド（図2.4）

スター・クアッドは，低周波通信に用いられる平衡伝送線路です．たとえば，4線の電話回線やマイクロフォン回路などの用途があげられます．4本の導体で2つのペアを構成し，ケーブル軸まわりに共に巻きつけ

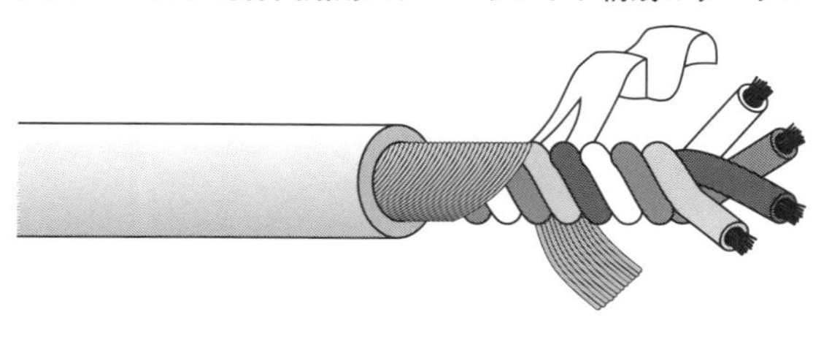
図2.4 マルチ導体回路用スター・クアッド構成のケーブル

る構造を持ちます．それぞれのペアは，隣接しない導体を使用します．

ケーブルでは，RF干渉やノイズは不要なコモン・モード信号ではなく，完全な信号とみなされてしまいます．コモン・モードのエネルギーが存在する場合には，結合トランスやフィルタによって簡単に除去することができます．各導体は，それぞれ常に同じ間隔で配置されているため，2組の分離されたペア導体を持つケーブルに比べてクロストークは小さくなります．

▶ツイン・リード(図2.5)

ツイン・リード伝送線路は，1つの長いテープ状の絶縁体で分離された導体ペアです．一般には，屋根の上のテレビ・アンテナと接続する300Ωケーブルに用いられていました．しかしながらディジタル技術が進み，アナログ放送からケーブルや衛星放送が主流となってきた現在，世界の多くの地域では使われなくなりました．

2.4.6 レッヘル線路

レッヘル線路は，UHF(Ultra-high Frequency)において共振回路を構成した平衡導体構成の線路です．1900年代初期に，おもにUHFおよびマイクロ波帯の高周波の波長計測用として用いられていました．レッヘル線路は，短波(HF, High Frequency)/超短波(VHF, Very High Frequency)で用いられる集中素子とUHF/マイクロ波(SHF, Super High Frequency)で用いられる導波管のギャップを埋めるものです．

2.4.7 単線

単一の導体線による不平衡線路は，かなり昔に大地グラウンドをリターン経路とする電信機に用いられていました．単線伝送線路は，現在では多くのワイヤを同じケーブル・アセンブリに束ね，1つの導体線をリターンとして用います．多くのI/Oインターフェースがありますが，たとえばRS-232Cが代表的なものです．

図2.5 RF回路，特にアンテナに用いられる平衡ツイン・リード

RFのコモン・モード電流を除去するためにワイヤをよじることはありません(あっても最小限)．単線伝送線路は，非常に低い周波数(たとえばオーディオ周波数など)において十分に機能します．すべてのワイヤのリターン電流は，共通の経路を流れます．

2.4.8 導波管

導波管は長方形あるいは円形の金属管で，内部に電磁波を伝播させるものです．電磁波は，表皮効果によって管の内部に閉じ込められます．導波管では，銅線で構成したケーブルを伝播する代表的なTEMモードの電磁波を伝送させることができません．伝播が可能なのは，導波管の側面間で反射しながらさまざまなモードを含むミックス・モードで伝播する準TEMモード信号です．導波管固有の特性として気をつけるべきは，通常の伝送線路に必要なRFのリターン経路を持たないということ，つまり前述した定義の伝送線路とは異なるということです．

自由空間では，電磁波は球状に全方向に伝播します:電磁波がこのように伝播する際，電力は距離の2乗に比例して減少します(逆二乗の法則)．すなわち，発信源から距離Rにおける負荷に観測される電力は，供給電力の$1/R^2$となります．導波管は電磁波を管内に閉じ込め，一方向にのみ伝播させるため(理想的には)電力の損失はともないません．しかしながら，導波管に用いられる金属の表皮の深さが浅いため，大きな表面インピーダンスが存在します．

電磁波は，導波管の壁で全反射することで導波管内に閉じ込められます．これは，導波管内部で電磁波は管壁間をジグザグに伝播するためです．このようすは，長方形あるいは円形の断面を持った中空の導波管内での伝播を正しく表しています．

導波管は広い周波数帯域で電磁波を伝送するように設計することができるため，特にマイクロ波や光学領域での伝送に適しています．動作周波数により，導波管は導体あるいは誘電体で構成することが可能で，電力および信号を伝送できます．

一般的な導波管は正方形ではなく，長方形の断面を持ちます．そして，一般的には断面の長辺は短辺の2倍の長さを持ちます．このような導波管は，水平あるいは垂直偏波の電磁波の伝送に用いられます．

2.4.9 光学ファイバ

光学ファイバは固形で透明なガラスあるいはポリマ繊維でできており，光の周波数領域の信号を伝送します．光学ファイバは導波管と同様の形体であり，適切なコストで低損失，かつ広い信号帯域幅（高いデータ・レート）を持つことから，近年の地上通信ネットワークのバックボーンにおいて広く用いられています．

2.5 代表的な伝送線路システムの振る舞い

特性インピーダンスとマッチング

伝送線路としての取り扱いは，伝送する信号の周波数が十分高く，波長が線路の物理長に近づくような場合に必要となります．通常，通信に使われる帯域（26 GHzまで）以上の周波数帯域，つまりミリ波帯や赤外，光で電磁波エネルギーを伝送しようとすると，これらの信号の波長はガイドする構造の寸法より非常に小さくなります．このような状況下では標準的な伝送線路の配線技術では不十分で，光ファイバ・ケーブルを用いる必要があります．

伝送線路を記述する場合は，**図2.6**に示すように2ポート線路モデル（または4端子回路網とも呼ばれる）で記述します．

もっとも簡単な構成では，線路は線形な特性を持ちます．すなわち，反射がない場合には，いずれのポートの複素電圧も流れる複素電流に比例します．2つのポートは可逆です．伝送線路が均一な場合，その特性は特性インピーダンス（Z_0）として知られているパラメータによって記述することができます．伝送線路の特性インピーダンスは，線路の任意の点における伝播する波の複素電圧と複素電流の比によって表されます．

図2.6 伝送線路の基本的な記述方法

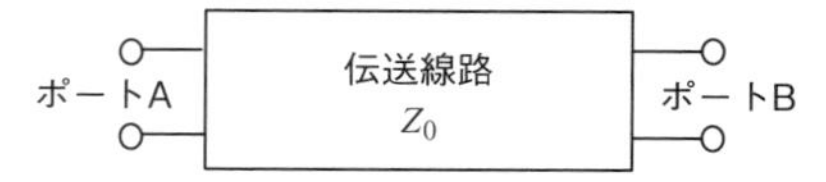

同軸ケーブルにおけるZ_0の代表的値は，50Ωあるいは75Ωです．一般に，ツイスト・ペア・ケーブル（通信網）は100Ω，RF信号伝送あるいは屋外テレビ・アンテナ用の非ツイスト・ペア型（ツイン・リード）は300Ωを用います．

電磁波を伝送線路で送信する場合，ほとんどの電力を消費できるよう，負荷によって反射して送信側に戻る電力を最小限に抑える必要があります．これは，負荷インピーダンスを伝送線路の特性インピーダンスZ_0に等しくすることで可能になります．この状態を，伝送線路が整合している，あるいはマッチングが取れているといいます．

また，供給された電力は伝送線路の媒質中を損失なく伝送される必要がありますが，実際には伝送線路がもつ抵抗成分によって損失が発生します．これはオーム損，抵抗損と呼ばれます．高周波帯域，たとえば1GHz以上の周波数域においては表皮効果と呼ばれる現象によって抵抗成分が直流での値に比べて何倍にもなります．また，高周波帯域ではこの抵抗成分による損失に加えて誘電損失も無視できなくなります．誘電損は，伝送線路の信号線と帰還経路の間にある絶縁材料が，交流の電磁界から電磁エネルギーを吸収して熱に変換することにより発生します．

伝送線路は基本的な電気要素，つまり抵抗（R）と直列なインダクタンス（L），キャパシタンス（C）と並列なコンダクタンス（G）でモデル化することができます．このうち，抵抗とコンダクタンスが伝送線路の損失に

図2.7 伝送線路を表現するさまざまな回路図

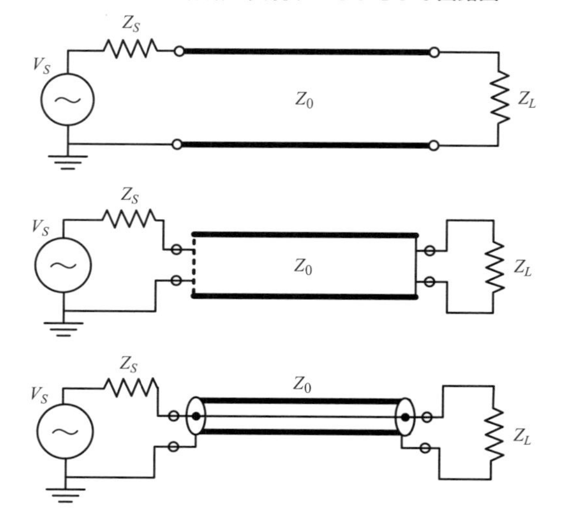

寄与します．

伝送線路における電力損の総量はしばしばdB/mで表され，その値は通常，信号の周波数に依存します．多くの場合，ケーブル製造メーカが設計した仕様の周波数帯域における損失特性をdB/mで表現した特性図を提供しています．なお，損失3dBは50%のエネルギー損失に相当します．

伝送線路を記述した基本構成には，いくつかの種類があります．これらを**図2.7**に示します．上の図は2本ワイヤ方式，中の図は平衡2線方式，下の図は同軸方式です．

2.6 プリント基板（損失ありと損失なし）における伝送線路構造

不平衡伝送線路とコモン・モード電流の発生

ここでは，プリント基板にみられるさまざまな構造の伝送線路を取り扱います．また，それぞれシグナル・インテグリティ（つまり期待通りに動作するか）および不要なコモン・モードEMIにどのように影響するかについて議論します．

2.6.1 損失のない伝送の線路

図2.8は，典型的な無損失伝送線路がプリント基板内にどのように形成されるかを示す概念図です．ここでは，簡単に考えるために抵抗Rを無視しています．この構成は教科書において低周波域，一般に100kHz以下における基本的な伝送線路理論を記述するためによく用いられます．100kHz以上の周波数においては，この伝送線路構成はプリント基板上には存在しません．この詳細については，次に述べます．

図2.8について考えるときに注意することは，この構成は電気工学の領域における基本的な伝送線路理論を表すということです．この構成なくして信号伝送，そしてマックスウェル方程式は存在しません．この図の中で重要な要素は，コンデンサC_1～C_4の表現です．

コンデンサC_1は，電力あるいはエネルギー源を意味します．たとえば，電池や交流電圧源です．電源がなければ，いかなる電気的現象も発生しません．コンデンサC_2は，電気素子の入力端子を意味します．素子L_1およびL_1'は，エネルギー源と入力端子の間の物理的な接続を意味します．この接続は，エネルギー源とプリント基板とを接続する配線，電池端子，はんだ付けなどが考えられます．

コンデンサC_3は，すべての処理が行われる場所です．電気製品の場合，有効な機能を提供したり，固有の価値を利用者に提供する部分です．たとえば，シャフトを駆動するモータであったり（演算素子，装置，工作機械など），中央処理装置であったり，エネルギー変換器などが挙げられます．入力コネクタ部と作業部（C_3）の間には，L_2およびL_2'で表されるもう1つの2線伝送線路があります．

コンデンサC_4は，負荷つまりC_3によって処理された結果を出力する部分を意味します．価値や機能を提供しない電気装置は意味がありません．この出力の例としては，ディスプレイ画面や電球，ヒータやアンテナなどが考えられます．繰り返しますが，前節で述べたように，作業部と出力部はL_3とL_3'で接続されています．

ここで，抵抗成分は一般に非常に小さく，電圧降下や損失を発生させるほどではないため，理論上この構成は何の問題もなく機能します．これが，無損失伝送線路が低周波領域においてもっとも有効に機能する理由です．

伝送線路のインピーダンスは，式(2.1)で与えられま

図2.8　無損失伝送線路の等価回路

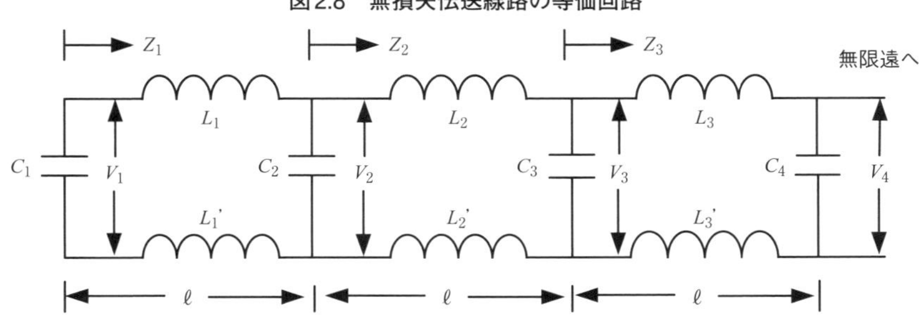

す．伝送線路をどのように表現するかによりますが，ここではインダクタンス(L_0)とキャパシタンス(C_0)(周波数ドメインでのマックスウェル方程式)を用いて表します．一方，ディジタル設計技術者は，電圧(V)および電流(A)(時間ドメイン，あるいはオームの法則)を計測単位として好んで使用します．

$$Z_0 = \sqrt{\frac{L_0}{C_0}} = \frac{V(x)}{I(x)} \quad \cdots\cdots\cdots\cdots\cdots\cdots\cdots\cdots \quad (2.1)$$

式(2.1)において，電圧および電流の(x)は時間変化する信号伝播が存在することを意味します．

線路において伝播する波の電圧と電流の比は，信号源ドライバあるいは負荷インピーダンスによらず線路のいたるところで一定となります．式(2.1)は，インピーダンスを周波数ドメイン($Z_0=\sqrt{L_0/C_0}$)および時間ドメイン($Z_0=V(x)/I(x)$)で表現しています．(x)は，特別な場合を除いてVおよびIが線路に沿って時間変化していることを意味しています(交流正弦波)．

ディジタル信号が論理Lowから論理Highへ，あるいは逆の遷移をする際のインピーダンス(電圧と電流の比)は，伝送線路の特定の点の特定の時間における特性インピーダンスに等しくなります．

2.6.2　損失のある伝送線路の構造

ほとんどの回路設計において，低周波数(1MHz以下)では無損失伝送線路モデルは存在しません．一般に，プリント基板はほとんどが1MHz以上の高周波で動作しているため，インダクタンスとキャパシタンスの両方の影響でいくらかのエネルギー損失が発生するのです．この損失は，不要なコモン・モード電流の発生につながります．損失伝送線路モデルを，**図2.9**に示します．

ここで注意すべきは，損失のある構成と無損失の構成には大きな違いがあることです．すなわち，リターン経路とコンダクタンスGが追加されています．多層プリント基板ではRFリターン経路は一般に銅による広い金属板，すなわち(信号配線とは異なり)プレーンとなります．このプレーンのインピーダンスは非常に低いのですが，信号配線は幅の狭い配線なので一般に数桁高いインピーダンスを持ちます．この結果，潜在的に不平衡な伝送線路を構成することになります．第1章で示したように，不平衡伝送線路に流れるディフェンシャル・モード信号は，コモン・モードRF電流を発生させることになります．平衡状態にあって理論的に完全な伝送線路(無損失)と，不平衡状態にあって大きなインダクタンスを持つ損失伝送線路の差を可視化することは，伝播する電磁波(実際には，信号は伝送線路を取り囲む誘電体中に存在する)にどのように影響し，シグナル・インテグリティや不要なコモン・モードがどのように発生するかを理解することに役立ちます．

すべての伝送線路は，インダクタンス(L)と抵抗(R)から構成される一定のインピーダンスを持ちます．一方，プレーンはmΩあるいはnΩ単位のインピーダンスを持ちます．周波数が高くなるにつれて，誘導性のリアクタンスは数百Ωのオーダになります($X_L=2\pi fL$)．

抵抗は，エレメントや素子における電子の流れを阻害します．また，抵抗の逆数はコンダクタンス，すなわち伝送線路上での電子の流れやすさを表します．電気抵抗のSI系単位にはオーム［Ω］($R=V/I$)を用い，コンダクタンスの単位にはシーメンス［S］($G=I/V$)を用います．コンダクタンスとアドミッタンスは，それぞれ抵抗およびインピーダンスの逆数になります．このように，1Sは1Ωの逆数になり，その単位にはモー［mho］を用いることもあります．

周波数の上昇とともに損失が増大する理由と，そして，なぜ技術者はすべての伝送線路の構造には損失があることを意識する必要があるかは，供給経路とリターン経路の伝送線路インピーダンスの差によって容易に説明することができます．システムを設計する際に，この損失を理解することが重要です．ディジタル技術

図2.9　損失伝送線路の等価回路

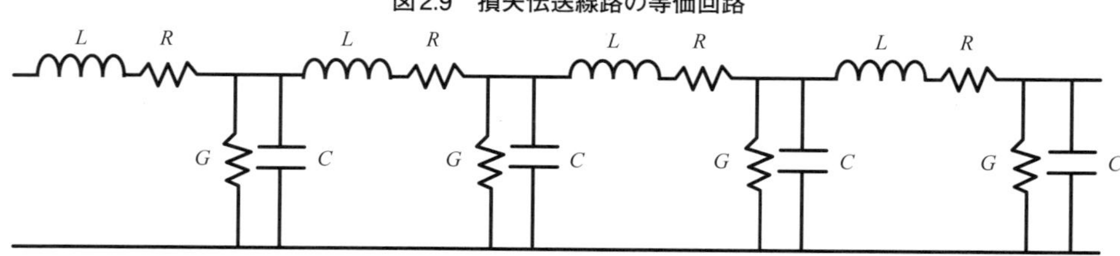

者は時間ドメインのシグナル・インテグリティに影響を及ぼすであろう要素，もしくは気にしなくてよい要素が何かを，システムが機能するかどうかを数値解析した結果から判断します．しかしながら，それだけでは回路は周波数ドメインでは動作しないかもしれません．なぜなら，不平衡によるコモンモードRFエネルギーが発生し，結果として悪い影響を及ぼしてしまうことをディジタル素子では忘れがちになるからです．それゆえ，優れた電気技術者になるためには，ディジタルやアナログの一方の分野だけを取り扱うのではなく，すべての設計を時間ドメインと周波数ドメインの両方で評価する必要があります．

損失伝送線路を表すさまざまな方程式を式(2.2)に示します．損失伝送線路のインピーダンスは抵抗，インダクタンス，キャパシタンス，コンダクタンスを用いた複素方程式によって与えられます．

$$V(\omega, x) = V_0 \exp(-\Gamma x)\exp(jt)$$
$$\Gamma = \alpha + j\beta = \sqrt{(R_L + j\omega L_L) + (G_L + j\omega C_L)}$$
$$Z_0 = \sqrt{\frac{R_L + j\omega L_L}{G_L + j\omega C_L}} \quad \cdots\cdots\cdots\cdots (2.2)$$

ここで，

Z_0：特性インピーダンス

L：配線長

R_L，G_Lは周波数によって変わることがある．

2.7 信号伝送における伝送線路効果

リンギングの発生には要注意！

伝送線路は，時間ドメインと周波数ドメインの双方において不要なコモン・モードRFエネルギーを発生させることに加えて，機能上の問題を起こしやすいといえます．たとえば，プリント基板上の信号がインピーダンスの不連続や伝送線路の経路の構造変化に遭遇した場合などがあります．高速で高いエッジ・レートを持つ信号の伝送特性は，数値解析によって容易に解析することができます．ディジタル素子の出力は，論理ステートの0と1の間(低と高の論理レベル)を遷移しますが，その際にも電圧と電流の比が式(2.1)あるいは式(2.2)に示す伝送線路の特性インピーダンスZ_0に等しくなる必要があります．さもなければ，その不連続が発生している有限の時間にシグナル・インテグリティの問題が発生してしまいます．

伝送線路は，線路長が極めて短い場合を除いてオームの法則で解析することはできません．構造が大きくなると，オームの法則では考慮されない自由空間を伝播する電磁界が寄生リターン経路に結合するため，キルヒホッフの法則とオームの法則は成立しないのです．オームの法則は，抵抗とリアクタンスを含むインピーダンスを持つ伝送線路に適応することができます．直流(定常状態動作)解析ではおもに抵抗を考慮しますが，交流解析では周波数依存項($2\pi f$)を持つ抵抗とリアクタンスの両方を考慮します．時間ドメインで立ち上がり，立ち下がりを持つディジタル・パルスなど，時間変化する信号は交流信号と呼びます．高い周波数域では，誘導性のリアクタンスのためにオームの法則を用いることができなくなり，マックスウェル方程式が支配するためコンピュータ解析には電磁界ソルバーが必要になります．

本書では，伝送線路における周波数ドメインの信号伝播(電磁界)を取り扱い，後に概念的にオームの法則に変換することにします．1つのドメインにおける信号伝播を把握することができれば，もう一方のドメインにおける機能，特にシグナル・インテグリティとEMC適合性は保証されるといえます．

伝送線路のインピーダンスやその他の特性がまったく変化しなければ，2.1節で述べた電圧/電流値，タイミング，反射などいかなる寄生属性値も変化させることなく信号は伝播します．

システム設計の最終目標は，高速データ伝送の信頼性のみならず高品質なシグナル・インテグリティを確保することです．ディジタル・システムにおいては，信号はドライバからレシーバに向かって論理値"1"または"0"の形式で，実際には特定の基準電圧で伝送されます．レシーバの入力において，論理値"1"(V_{ih})を生成する正電位は，ある基準電圧値，たとえば0V(いわゆるグラウンド)より高い値をとります．基準電圧0V以上の低電位レベルV_{il}は論理値"0"となります．**図2.10**(a)はディジタルの世界における理想的な電圧波形ですが，実際の伝送線路においては**図2.10**(b)に示すような波形になります．これは，伝播経路の不連続による損失や適切に終端されていないなどによるものです．

1と0のビット文字列によって複雑なデータ・パターンが生成され，これが連続的電圧波形となります．信号を受信する素子は，バイナリ符号情報を得るために波形をサンプリングします．このデータ・サンプリングは，通常，**図2.10**に示すようなクロック信号の立ち

図2.10 伝送線路における反射によるオーバシュートとリンギング効果

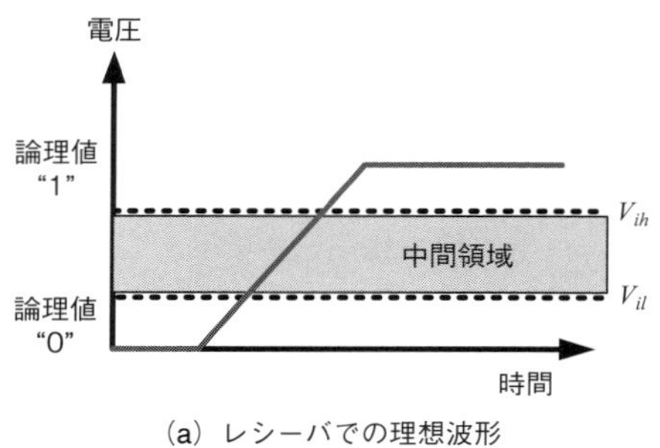

(a) レシーバでの理想波形

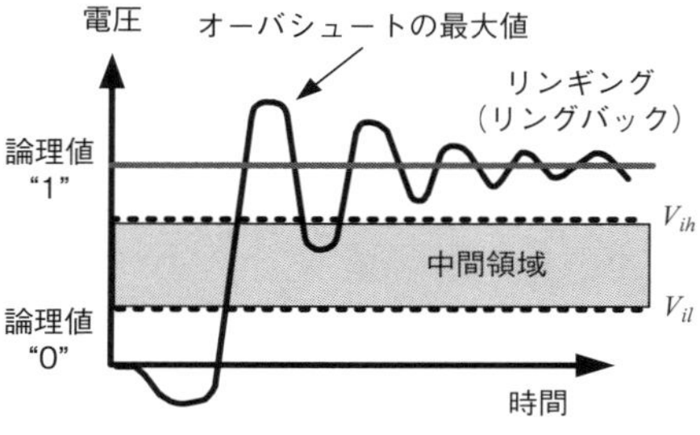

(b) ドライバとレシーバでの実際の波形

上がりあるいは立ち下がりをトリガとして処理されます．図から明らかなように，データは受信素子がデータ列を適切に補足するために，受信ゲートに時間どおりに到達し，かつ不定ではない論理値に収束している必要があります．このとき，損失やインピーダンスの不連続などによる伝播遅延やデータ波形にひずみが生じて，データが遅延した場合には転送データ・イメージにエラーが発生します．もし，**図2.10**にあるように波形が過剰なリンギングにより論理不定領域（中間領域）に入ってしまったタイミングでサンプリングが行われた場合，論理値が正しく検出されなかったり，内部トランジスタがON/OFFを判定できずに一定期間無限の電流を流すことによって，熱暴走し壊れてしまうかもしれません．

伝送線路の現象を取り扱う場合，適切な性能設計を行うためにはインピーダンスが重要な要素になります．プリント基板の伝送線路を伝播する信号は，伝送線路が特性インピーダンスで終端された場合にのみ遠端で吸収されます．適切に終端されなかった場合には，伝送される信号のほとんど，あるいは一部が本来の伝播とは逆方向に反射されてしまいます．不適切な終端や終端がない場合には信号が送信端と終端の間で跳ね返り，反射ごとに信号振幅が減少しながら複数のオーバシュートやアンダシュートを引き起こし，その結果信号の収束時間が長くなってしまいます．

伝送線路に大きなインピーダンスの不連続があれば，反射は必ず発生します．しかしながら，不連続におけるインピーダンスの変化が伝送線路の特性インピーダンスの値より小さい場合に，反射は生じにくくなります．高速システムにおいては，反射ノイズは時間遅延を増大させ，オーバシュート，アンダシュート，リンギングの原因となります．

伝送線路において反射が発生する根本的な原因は，信号伝送経路におけるインピーダンスの不連続にあります．信号配線の経路が層をまたぐ場合に，ビアのインピーダンスが（製造のばらつきや設計上の要求から）伝送線路のインピーダンスに整合していなければ，不連続の境界において反射が発生します．

伝送線路が，複数の場所に貫通開口（ガス抜き穴やビアなど）があるようなプレーン上に配線され，そのプレーンのギャップや分割箇所をまたぐような場合，枝分かれがある場合（T-スタブ），あるいは他の伝送線路の近傍を通過するような場合には，インピーダンスの不連続が生じて結果として反射が発生します．そして，信号が最終的に受信端に到達した際，負荷が伝送線路の特性インピーダンスに整合しておらず，負荷インピーダンスの値が伝送線路の特性インピーダンスより高い場合には，ここでも反射が発生してしまいます．このような潜在的な反射現象を最小限にするためには，通例として，配線のインピーダンス（配線の構造や比誘電率）をコントロールし，スタブを避け，適切な終端（直列，並列，*RC*，テブナンなど）を設け，そして必ず信号配線の近傍の安定した金属基準プレーンをRFリターン電流の経路として使用します．

送信源と終端との間で行き来する信号の多重反射は，そのエネルギーすべてが伝送線路構造内で吸収されるか，あるいは消費されるまで繰り返されます．吸収は，基板材料の誘電損（誘電正接：$\tan\delta$と呼ぶ）によって発生します．この素子間を行き来する信号は，オシロスコープを用いると，アナログ信号の位相が0度から359度の間から始まる正弦波によるリンギングとして観測されます．

リングバックとは，たとえば5/3.3Vあるいは0V（すなわちグラウンド）といった定常状態に安定化するまでの間に，期待する電圧の閾値を（上下に）またぎ続けるような信号を指します．閾値を次にまたぐまでの振幅および周期によっては，収束時間は最後にまたぐ時間から計算しなければなりません．クロック信号などの周期的データを伝送する信号は，一般に，レシーバが要求するセットアップ・タイムを満たすまでの間に信号が定常状態の値に収束している限り，リングバックは許容されます．

レシーバの持つ終端インピーダンスが伝送線路インピーダンスより極端に大きい場合は，伝送線路の終端（負荷側）で反射される電圧が初期電圧より高くなることがあります．反対に，レシーバが持つ終端あるいは負荷インピーダンスが伝送線路の特性インピーダンスより小さい場合は，反射電圧が初期伝送電圧より低くなります．伝送線路の終端での反射電圧の振幅は，簡単に式(2.3)のように計算できます．

$$V_r = V_i\left(\frac{R_t - Z_0}{R_t + Z_0}\right) = \rho V_i \quad \cdots\cdots\cdots\cdots\cdots\cdots \quad (2.3)$$

ここで，

V_r：遠端での反射電圧

V_i：伝送線路への入力電圧

R_t：負荷あるいは終端インピーダンス

Z_0：伝送線路の特性インピーダンス

ρ：反射係数

負荷インピーダンスが伝送線路の特性インピーダンスに整合していない場合，電圧波形が送信側に向かって反射されます．これは，直列，並列，テブナン，*RC*などの終端が存在しない場合に発生します．この反射電圧値(V_r)および送信側に向かって反射される信号の割合(%)は，式(2.4)を用いて計算できます．

$$反射(\%) = \left(\frac{Z_L - Z_0}{Z_L + Z_0}\right) \times 100 \quad \cdots\cdots\cdots\cdots \quad (2.4)$$

式(2.4)は，伝送線路の負荷インピーダンス不整合によって送信側に向かって反射される電圧の割合(%)を示しています．$R_t = Z_0$の場合，反射係数$\rho = 0$となり，送信端と終端間に反射は発生せず電圧は一定値になります．

$R_t = \infty$の場合，$\rho = +1$となります．これは，電圧が100%送信端に向かって反射されることを意味しています．この反射電圧によって信号電圧が2倍になることがありますが，これは位相が完全に一致する場合に観測される電圧が送信電圧と反射電圧の和となるからです．たとえば，送信ドライバが+3.3Vを伝送線路の特性インピーダンスより何倍も大きな高インピーダンス負荷に送信する場合，その100%すなわち+3.3Vが送信側に反射されます．その結果，基板材料である誘電体内に両方向に向かって電磁波が伝播しているため，送信波と反射波の位相の状態によっては，伝送線路の経路上のある特定の位置において2つの波が同位相で加算あるいは減算される可能性があります．すなわち，電圧値が最大4.7Vとなりえるわけです．そして，ディジタル部品がたまたま物理的に，送信端や負荷端以外の配線上のどこかの位置に存在したとき，この高い電圧レベルが動作マージンを超えて部品が動作不良を起こしたり，高電圧によって故障してしまう可能性も生じます．この現象は，流出および流入電流いずれでも発生します．このように最適な設計のためには，伝送線路に適切な終端を設けて反射波を抑制することが非常に重要だといえます．

もし$R_t = 0$，つまり負荷がショートされている場合は$\rho = -1$となります．この場合，負荷の電圧はゼロです．伝送線路と負荷のインピーダンス不整合が大きくなればなるほど，それに比例して反射電圧が大きくなります．もし，伝送線路の両端が不整合状態である場合は，ドライバとレシーバの間を行き来する反射波によってリンギングが発生します．このリンギングは，反射するごとに振幅が減少しながら基板材料に吸収されて定常状態にいたるまで継続します．この行き来する波は，シグナル・インテグリティと不要コモン・モードEMCの両方の問題を発生させてしまいます．

伝送線路のインピーダンス不整合によって発生するさまざまな波形の例を，**図2.11**に示します．ここで注意すべき点は，“High”と“Low”はさまざまな異なった電圧を意味するということです．たとえば，$Z_0 = 20\Omega$（出力インピーダンス）の場合はZ_{High}は>100kΩの値

図2.11 送信端・負荷端インピーダンス比に基づく伝送線路の効果

送信端 Z	負荷 Z	EMI現象	負荷端の波形
Z_0	Z_0	なし	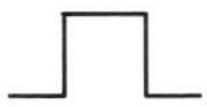
Z_0	High	信号線-信号線のカップリング	
Z_0	Low	エッジ・レートの変化	
Low	High	信号線カップリング，EMIとクロストーク	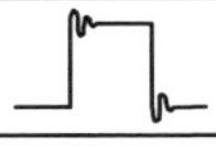

となります．低インピーダンスという言葉が伝送線路の特性インピーダンスより十分に小さな値を意味する場合，伝播する電磁界にとっては容量性の効果が現れます．伝送線路の経路に容量性分が過剰に存在する場合，あるいは配線上に複数の負荷容量があり大きな値となる場合には，時間ドメインの信号波形は立ち上がり速度が低下して，なまってしまいタイミング・マージンを満たさなくなってしまう可能性があります．

回路は，容量性および誘導性成分で構成される集中素子の直列接続と考えることができます．この考え方は，素子一要素の大きさが伝播する信号波形のもっとも高い成分周波数の波長に比べて十分に小さい場合に成り立ちます．信号の周波数が高くなるにつれて，回路は分布伝送線路として表現する必要があり，この場合にはインピーダンスのコントロール，伝送線路の終端，そして放射電磁界の効果を考慮する必要があります．

負荷の入力インピーダンスによっては，反射波が発生した場合でもそれが消滅し静止状態となるため，シグナル・インテグリティの観点からは問題とならない場合があります．しかしながら，この場合でも伝送線路ループ回路の不平衡性のためにコモン・モードRF電流が発生して，EMIが生じる可能性があります．信号が静止状態（DC）になると，伝送線路は低周波で動作する典型的なワイヤのように振る舞うようになります．

信号の伝播速度（t_{pd}），すなわち要素間をどれだけ速く伝播するかは，“単位長さ当たりのインダクタンスおよびキャパシタンス”を用いて式（2.5）のように記述することができます．

$$t_{pd}=\sqrt{\text{単位長さ当たりの}L\times\text{単位長さ当たりの}C} \quad\cdots\cdots\cdots\cdots\cdots\cdots\cdots\cdots\quad (2.5)$$

信号速度に関連した伝送線路の効果を説明するために，プリント基板上の伝送線路が送信端から負荷端までの片道で150ps/inch（380ps/cm）の遅延を持つと仮定します．したがって，往復の遅延（イメージ反射時間を含む）は1インチ当たり300ps（762ps 往復）となります．クロック・ドライバのエッジ・レートが2nsの場合，十分に短い（t_{pd}が立ち上がり時間に比べて短い）伝送線路の特性は問題とはなりません．これは，信号が次のエッジ・トリガが発生（2ns）する十分前に送信端に戻ってくるためです（全伝播時間は762ps）．伝送線路が適切に終端されている場合は，伝播信号の起こりうる反射波はすべて線路上で吸収され消滅してしまいます．その結果，最適なシグナル・インテグリティによるきれいな信号が得られることになります．しかしながら，クロック信号配線が10インチ（25.4cm）ある場合には，深刻な問題が発生する可能性があります〔往復配線長は20インチ（50.8cm）〕．上記の値によれば，信号が送信端に戻るまでの全伝播遅延時間は3nsとなります．このため，出力波および反射波が同時に混在し，結果として，式（2.5）により重大なシグナル・インテグリティの問題が発生する懸念が生じます．

クロック信号あるいはストローブ配線1本で複数の集積回路を駆動する場合，配線上に追加された部品のために，分散した余分なキャパシタンスやインダクタンスを持つことになります．個々の部品は数pFの入力シャント・キャパシタンスを持ちますが，この入力キャパシタンスによって伝送線路の全キャパシタンスが増大し，その結果信号の伝播遅延が増大することになります．この全伝播遅延は，単位長さ当たりのキャパシタンスの平方根に比例して増大します．2nsあるいはそれより速いエッジ・レートを持つ信号においては，数インチあるいは数センチの長さのリードであっても，その伝送線路特性が重要な要素となります．

2.7.1 リンギングが発生する条件

図2.12は，集中素子を使った代表的な回路を表しています．送信ドライバは内部直列抵抗R_sを持ち，それが配線のインダクタンスL（素子のリード・ワイヤを含む）および配線からグラウンドへの分布キャパシタンスX_cに接続されています．このX_cは，レシーバの入力キャパシタンスとは別なものになります．

たとえば，負荷の入力インピーダンス〔$X_c=1/(2\pi fC)$〕に加えて，配線には容量性リアクタンスがありますが，高周波域では負荷抵抗（R_L）に比べて非常に小さな値です．配線された信号線が物理的に短く，半導体パッケージやデカップリング・コンデンサのリード・インダクタンスよる回路ループ・インダクタンスが支配的となる場合にもリンギングが発生します．この例における現象は，集中素子RLCを直列接続にしたダンピング回路を用いて解析することができます．

リンギングは，式（2.6）に示すように伝送信号が負荷でアンダーダンプされることによって発生します．

$$\text{リンギング}=\frac{R^2X_c}{4}>1 \quad\cdots\cdots\cdots\cdots\cdots\cdots\cdots\quad (2.6)$$

ループ伝播する信号や負荷においてオーバーダンプ

図2.12　信号のループ伝播およびリンギングを表す等価回路

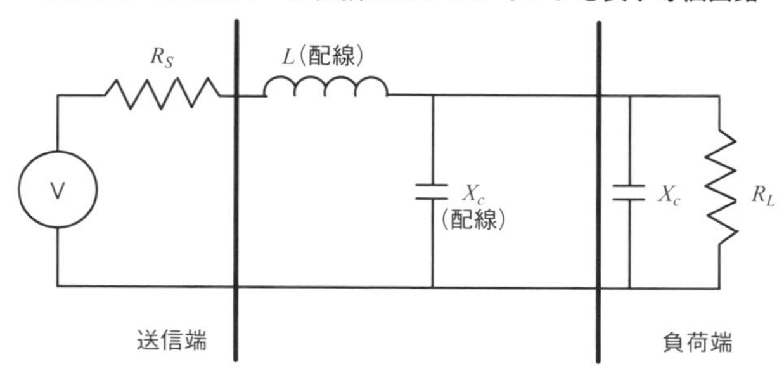

図2.13　伝送線路のリンギング現象

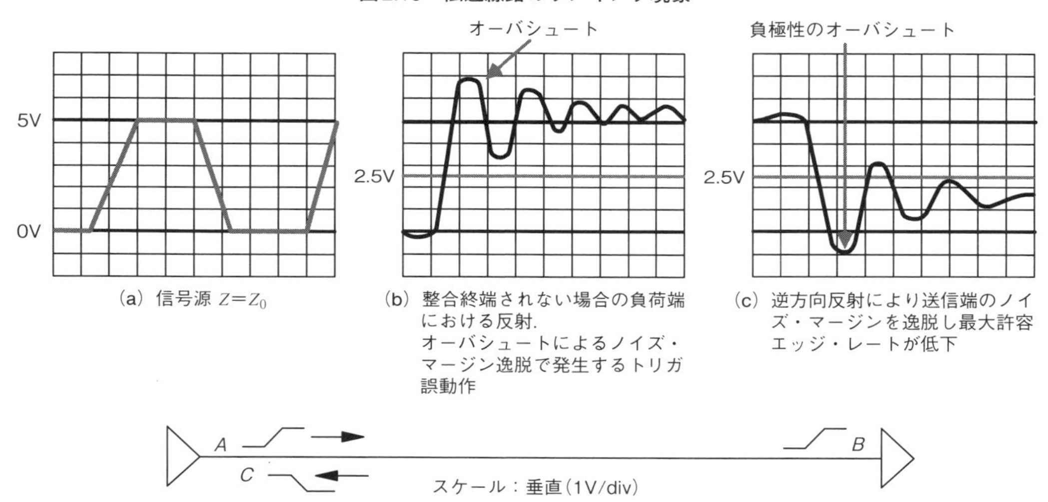

(a) 信号源 $Z=Z_0$

(b) 整合終端されない場合の負荷端における反射．オーバシュートによるノイズ・マージン逸脱で発生するトリガ誤動作

(c) 逆方向反射により送信端のノイズ・マージンを逸脱し最大許容エッジ・レートが低下

される場合は，式(2.7)になります．

$$ループ伝播=X_c>\frac{4L}{R^2} \quad \cdots\cdots (2.7)$$

図2.13に，代表的なプリント基板のシグナル・インテグリティ，すなわち反射とリンギングについての伝送線路特性を示します．図(**a**)のように振幅を＋5Vと仮定すると，図(**b**)に示すように回路のどこかに約7Vのオーバシュートが発生します．しかしながら，これは負荷に高いインピーダンスが接続され100％の正の反射がある場合に限られます．オーバシュートが発生すると，その電圧が配線に接続された素子の動作マージンを超えてしまい，たとえ素子自体の故障にいたらなくても過剰なストレスや機能不良を引き起こす可能性があります．

図2.13(**a**)には，送信端から負荷端に伝播する滑らかなパルス信号を示します．伝送線路が適切に終端されているかどうかによってリンギングが発生する可能性が変わり，これがシグナル・インテグリティに影響する信号波形の重要な要素になります．能動素子は，出力スイッチング・トランジスタにより反射やリンギングを発生しますが，多くの場合それは許容範囲内です．この出力トランジスタは一般的に理想的なものではなく，製造工程や回路設計に起因する非線形な駆動特性を持っています．シグナル・インテグリティの解析に用いるビヘイビア・モデルは，一般に理想かつ完全であると考えられます．しかしながら，シミュレーションに用いるビヘイビア・モデルは，実際の伝送線路特性を表してはいません．

図2.13(**b**)に，不適切な伝送線路終端によって発生する大きなオーバシュートとリンギングを示しました．

リンギングが大きくなりすぎると，電圧レベルが論理遷移レベル（V_{IH}あるいはV_{IL}）を超えて素子のトリガ誤動作を引き起こします．伝送線路の物理長が信号の伝播遅延（送信から負荷および帰還）に比べて長い場合，あるいは素子間に長い距離がある場合は両端間を信号が行き来します．各々のリングバックが，送信端や負荷端からの反射になり基板材料の誘電損によって減衰していきます．

図2.13（c）に，終端されていない伝送線路における送信ドライバ端で観測される波形を示します．反射波が不適切なタイミングで送信ドライバに到達する前に，次のクロック転送が発生した場合には，逆方向の反射によってノイズ・マージンを逸脱し，必要な信号品質が実現できなくなってしまいます．また，この反射は図（b）の場合と同様に，電気的に長い信号配線（長い負荷間隔）によっても発生します．逆方向の反射波が発生した場合，適切に動作させるためにはより遅いエッジ・レートが必要になります．この信号劣化によって，プリント基板の他の部分が意図した速度で動作することが妨げられてしまいます．このようにして，性能が劣化したり，回路が不安定になったり，広範囲に機能しなくなったりします．

2.8　伝送線路終端の概要

終端部品の最適値を把握しよう！

ところで，どのような場合に伝送線路のインピーダンス整合が必要になり，それを実現することはどのように難しいのでしょうか．**図2.14**に示す2つのシステムが伝送線路（Z_0）で接続された場合で考えてみましょう．このような構成では，$Z_L=Z_0$あるいは$Z_S=Z_0$とするのでしょうか？インピーダンスに大きな違いがある場合は，送信端と負荷端の両方で整合させる必要があるでしょう．しかしながら，必ず例外は存在します．詳細は，文献（1）～（4）を参照してください．信号が双方向に伝送されるのなら両端を終端する必要がありますが，シングルエンド回路（すなわち，送信素子から負荷へのクロック信号）の場合は配線の一方のみに，すなわち送信端（直列抵抗）や負荷端（テブナンあるいは並列RC）のいずれかに終端が必要となります．終端を実装することは難しくはありません．適切な終端方法や使用する部品の値を選定する方法については，インターネットやアプリケーション・ノートから多くの情報を入手することができます．

Z_Lが固定されている場合は，一般に$Z_L=Z_0$として負荷が伝送線路の特性インピーダンスに整合するように設計します．このような伝送線路の接続は，既存の装置や素子が特定の駆動インピーダンス要件で用いられている場合に存在します．負荷インピーダンスが不明の場合，つまり周辺機器などが接続されている場合などは，負荷が可能な限り伝送線路の特性インピーダンスに整合するようにZ_Lを選択しなければなりません（$Z_0 \approx Z_L$）．数値解析を行うことができずZ_Lが不明の場合には，インピーダンスを整合させるために正しい部品の値を後で決められるように，基板上に終端用のパッドを準備しておくべきです．しかしながら，参考文献（1）～（4）に示される手法を理解していれば，トライ&エラーを行わずに終端部品の最適値を容易に求めることができます．ディジタル設計者は，SPICEやその他のモデリング・テクニックを用いることで，最適な終端方法と部品の値を決めることができます．

例

図2.15を見てください．振幅Vの電圧でZ_0の伝送線路を駆動する場合，駆動電流は$I=V/Z_0$となります．たとえば，$V=5$V，$Z_0=5\,\Omega$（現実的な値ではないが）とすると，駆動電流は1Aとなります．次に$Z_0=50\Omega$とすると，駆動電流は100mA必要となります．一般には，数mAの駆動電流しか必要としない用途に，出力100mAの送信ドライバを使用することは，電源の負荷とEMIの両方の観点から好ましいことではありません．したがって，ほとんどの素子は一般的にインピーダンスが30～65Ωの配線を駆動するように設計されています．

2.9　RF電流の分布

リターン電流経路は配線直下の基準プレーン上

0Vの基準プレーンが，アンペールの法則を満足する信号源のイメージ電流であるRF電流のリターン経路になります．この0Vプレーンが，第1章で述べた要求事項である閉ループ回路を形成するのです．マイクロストリップ線路の電流分布は，**図2.16**に示すようにリターン・プレーンに広がる傾向を持ちます．そして，

図2.14　回路のインピーダンス整合の要求

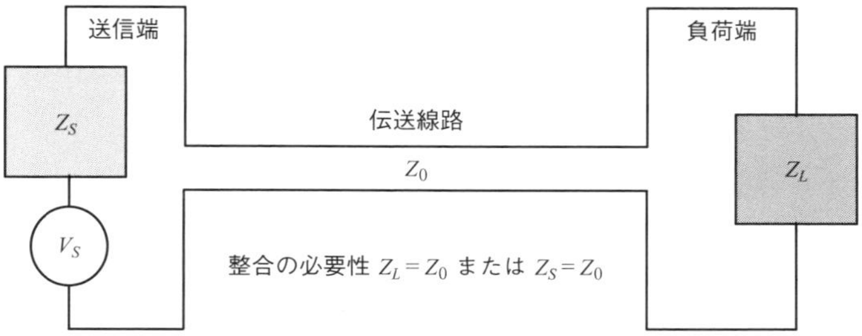

送信端

負荷端

Z_S

伝送線路

Z_0

Z_L

V_S

整合の必要性 $Z_L = Z_0$ または $Z_S = Z_0$

図2.15　駆動電流を示す簡単な回路

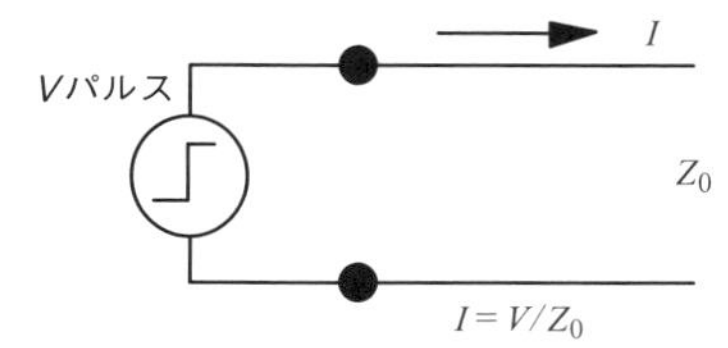

順方向と逆方向の両方向に存在するため，配線とプレーン間（あるいは配線と配線間）でインピーダンスを共有してこの2つの伝送線路間の相互結合を引き起こすことになります．電流密度は配線の直下でピークを示し，両側に分散し急激に減衰します．これは，**図2.16**に示す釣り鐘型曲線のように頂上で最大値を持ち，$i(d)$ は伝送線路の中心から距離Dにおいては著しく小さな磁場電流となります．

配線とプレーン間の物理的な距離が大きい場合は，順方向と逆方向の電流経路のループ面積が大きくなります（第3章）．その結果，リターン経路のインダクタンスがループ面積の大きさに比例して大きくなります．

式(2.8)によって，順方向と逆方向の電流経路の全ループ・インダクタンスを最小にする最適電流分布を求めることができます．式(2.8)によって表される電流分布は，信号配線の周囲に存在する磁界のエネルギーも最小とするものになります．

$$i(d) = \frac{I_0}{\pi \cdot H} \cdot \frac{1}{1 + \left(\frac{D}{H}\right)^2} \qquad \cdots\cdots\cdots\cdots\cdots\cdots\cdots \quad (2.8)$$

ここで，

$i(d)$：磁束境界分布としての信号電流密度（A/inch またはA/cm）

I_0：全電流（A）

H：グラウンド・プレーン上の配線の高さ（inch またはcm）

D：配線の中心線からの垂直距離（inch またはcm）

相互結合係数は，プレーン・インピーダンスの成分として周波数に依存する表皮効果（抵抗に似たもの）に加えて，動作周波数に部分的に依存します．表皮深さが減少し，ほぼゼロになるに従ってプレーン・インピー

図2.16　配線による基準プレーン上の電流密度分布〔参考文献(1)〕

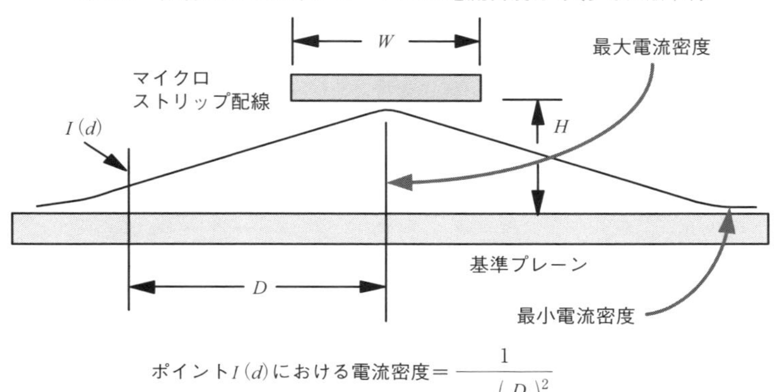

ダンスの抵抗成分Iが上昇します($Z=R+jX_L$)．この上昇傾向は，比較的高い周波数域における高いリアクタンスX_L($X_L=2\pi fL$)に比例して観測されます．

2.10　RFリターン経路の解析

もっとも近傍にある金属薄膜上を流れるリターン電流

ディジタル・システム，特に高速なエッジ・レートを持つ素子を用いたシステムでは，放射電磁障害(EMI)を最小限に抑え，閉ループ内に発生した不要なコモン・モード磁場電流をキャンセルあるいは最小限にするために，低インピーダンス(低誘導性リアクタンス)のRFリターン電流経路が必要になります．そして，アンペールの法則によれば閉ループ回路が必要となります．これは，回路の時間ドメインと周波数ドメインの両方の動作についてあてはまります．

RF電流は可能なすべての経路を伝わって伝播しますが，一般的には近接する金属構造やシステム筐体に対する寄生容量結合によるものの中で，もっとも低いインピーダンスの経路を流れます．もし，低インピーダンスの伝達経路(<377Ω)がない場合は，自由空間(377Ω)が伝送線路になります．自由空間は，EMI規制に適合させることへの懸念という観点からはもっとも好ましくない経路です．

図2.17の例では，RF電流にとって最適な，もしくは低インピーダンスなリターン経路は存在していません．これは信号配線の物理的な近傍に，磁束と相互結合したり，また磁束を打ち消すことのできるような基準プレーンが存在しないためです．ここで，すべての素子が共通の電圧と基準電圧に接続され，さらに信号配線から物理的に十分離れていると仮定します．

直流電圧レベルでは最適なループが存在するので，時間ドメインの動作は保証されます．しかしながら，一般に伝送線路を流れる10kHz以上のRF(電磁界)にとってはそれは存在しません．回路が“High”と“Low”の直流電圧レベルで動作し，タイミング・マージンの許容範囲内なのに，ディジタル設計者はなぜ周波数ドメインの特性や磁界をキャンセルすることに注意を払うのでしょうか．

第1章で述べたように，回路は時間ドメインと周波数ドメインを同時に考慮する必要があります．リターン電流(直流電圧レベル)は，電源や0V回路(グラウンド)を流れます．片面プリント基板は，簡単な回路用として費用対効果の高い実装方法ですが，簡単な構成であるために，特にディジタル素子を用いる場合には(たとえば，>1μsといった十分に遅い立ち上がり，立ち下がり時間特性をもつディジタル信号を，十分に短い送信/受信素子間の伝送線路に用いない限りは)，EMC試験に不適合となる可能性が高くなります．0V基準プレーンを追加したり，4層の多層基板を用いることで，シグナル・インテグリティやEMC適合性能を向上させることができます．片面基板はコスト的には安価ですが，EMCに適合させるためには，シールド効果を得るための高価な金属カバーを追加したり，プラスチック筐体に金属メッキを施したりなど，何らかの別の手法を用いる必要があります．その結果，シールドを追加することで重量の増加への対策や，設計/製造費用，問題解決のための時間を要することになります．これらの問題は基板に層を追加すれば容易に解ける課題であり，層を追加することに比べればはるかに高価です．

適切に設計されたRFリターン経路がない場合，回路間にコモン・モードRF電流が発生するだけでなく，

図2.17　適切なRFリターン経路を持たない典型的なプリント基板設計

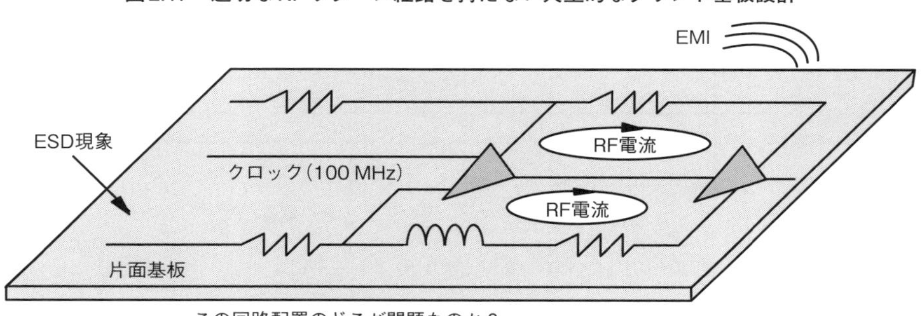

回路がESD現象に過敏になってしまいます．

ESDの高電流パルスは効率良く電磁界を放射する上に，自由空間（377Ω）よりもはるかに低いインピーダンスの経路を基板銅配線から探し出します．高いエネルギーのパルスが直接配線に接触すると，放射電磁界はまた回路にも注入されます．この結果，素子に不具合が発生したり，機能が一時的に停止してシステムの性能が低下したり，内部にダイオード保護回路を持たないESDに敏感な素子が故障したりすることがあります．このESDから保護するダイオードは，一般に2kVの耐圧を持っています．

高品質な0V基準を作ることは，すべてのディジタル・プリント基板設計の基本です．システムの0V基準が脆弱であると，EMI放射問題を分離して解決することが難しくなります．脆弱な0V基準が，実際のコモン・モードが発生する原因にもなります．ディジタル設計者にとって，両面基板に2つの追加層を設けて4層基板にすることは最少限の作業で実現できます（基本的に積層構造を変更し，配置定義ファイルを修正するだけで済む）．これらの2層を追加することで，放射ノイズを十分に低減できます．このことは，（参考文献として羅列できないほど）多くのEMCの書籍や教科書，技術論文に述べられています．

多くの配線接続が用意されている場合には，並列するリターン経路が無数に存在する可能性があります．このように多く（本質的に無数）のRFリターン経路が存在する場合，その数を1つに減らすことができます（$\infty \rightarrow 1$）．その1つとは，イメージ・プレーンと呼ばれるものです．

多層構造において物理的に広い銅や金属の薄膜は，RFリターン電流の最小インピーダンス経路になります．

RF電流は，もっとも近傍にある金属薄膜上を表皮深さの範囲で流れるため，特定の動作状態以外ではプレーンの電位（すなわち，+3.3V，+5V，+12V）は大きな懸念にはなりません．多層基板にすると費用面で不利になることがありますし，多くの用途においては大規模な多層基板採用は経済的にできないことがあります．このような場合は，高効率ではありませんがグリッド構造のグラウンドや信号（送信）配線に隣接したグラウンド配線を用いて，代替のRFリターン経路を設ける必要があります．

表皮効果とは，高周波において電流が金属の表皮深さの範囲内に限定して流れることを意味しています．時間変化するRF電流は，伝送線路の中心を流れることができず（直流あるいは時間変化しない電子は流れることができる），おもに導体の外表面に流れます．この表皮の深さは，材料によって異なる値になります．銅の表皮の深さは30MHz以上では特に小さく，代表例を挙げると100MHzにおいては6.6×10^{-6} inch（0.0017 mm）となります．グラウンド・プレーン上の100MHz以上のRF電流は，一般的な1オンス基板の銅プレーン0.0014inch（0.036mm）を通り抜けることはできません．第1章の**表1.1**と式（1.23）に，この詳細と表皮の深さを計算する理論式を示してあります．このように，コモン・モードとディファレンシャル・モードのいずれのRF電流もプレーンの上（表皮）層を流れます．このため，イメージ・プレーン内部や信号配線から離れた側の導体表面には，電流はほとんど流れないのです．

2.11 最適なリターン経路の構築

「低周波」と「高周波」で異なるリターン経路

イメージ・プレーンは銅箔によるベタ層なので，信号配線に近接する1枚の層であれば電源プレーンであってもグラウンド・プレーンであっても差し支えありません．イメージ・プレーンを利用すれば，RF電流はインピーダンスを低く保ちながら送信源側に戻ることができ，システムの損失によって発生する不要なコモン・モード電流をキャンセルし，EMIを低減することができます．

リターン経路は信号配線のためにありますが，電源ネットワークのリターンでもあります．イメージ・プレーンと言う用語は参考文献（5）で使われて以来，多くの人が使うようになりました．そして，現在では産業界では一般的に使われる用語になっています．

イメージ・プレーンはグラウンド・ノイズを低減するだけでなく，鏡像（image）によって100%に近い密な結合が得られ，信号配線を流れるRF電流を送信源側に戻すことができます．この結合は100%に限りなく近づくものの，絶対に100%になりません．なぜなら，プリント基板の構造上，層間やパターンと層の間隔が物理的にゼロになることがないからです．信号配線と伝送線路間が密に結合することにより，磁束のキャンセルが強まり，2つの線路間の磁束は最小になります．ただし，リターン・プレーンは完全にベタであり，スリットや不連続，大きなサイズのスルーホールはまったく存在しないことが条件です．

図2.18に示すように，信号は伝送線路を通して抵抗の単位で示される値を持ち，送信源から負荷に伝播します．技術的には，信号の伝播が10k～100kHzの範囲を越える場合，これらの抵抗値はインダクタ（インダクタンス）として表示する必要があります．低周波数帯では伝送線路のインピーダンスはおもに抵抗性となり，直流のリターン電流が電源に戻るときの最低の抵抗値となります．電源供給電流の場合も同様に，各デバイスから電源に戻るときのリターン電流の抵抗値が最小となるような経路を流れます．

高周波数帯では誘導性のリアクタンス（$X_L = 2\pi fL$）が顕著となり，RF電流は鏡像となって，リターン経路やイメージを流れるようになります．こうした状況では，2種類のリターン経路が存在します．1つは直流で，もう1つが交流です．伝送線路におけるインダクタンスや交流電流の振る舞いについては，第3章で述べることにします．

図2.18　直流と交流におけるリターン・パス

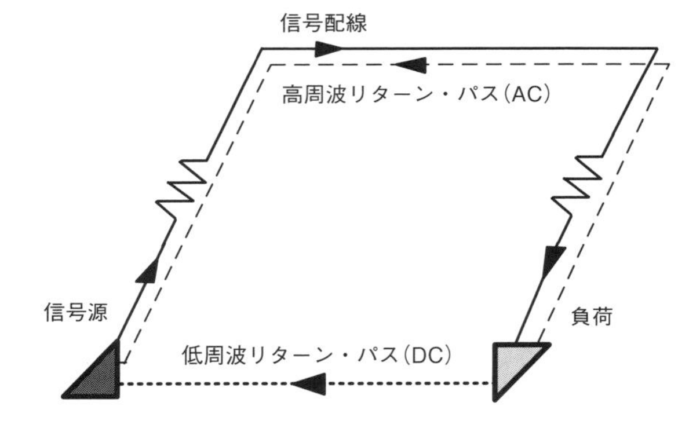

すべてのプリント基板の大きさは有限ですが，ここでは鏡像理論（イメージ理論）を扱うため，プレーンは無限のサイズを持つものと考えます．I/Oケーブルや相互接続に存在するRF信号が境界条件を越えて伝播するのを低減したりキャンセルするために，イメージ・プレーンを使用することはできません．この制限の元では，プリント基板から外に出る信号を扱う際には，近似的に有限サイズの導体プレーンとする必要があります．I/Oの相互接続が行われる場合，信号源や負荷のインピーダンスが重要なパラメータとなることを考慮しなければなりません(7)，(8)，(9)．

すべてのプリント基板に流れる電流は，**図2.19**に示すようにアンペールの法則に従い，コンポーネント間である一定の面積をもつループとなります．直流リターン電流は配線やプレーンに接続された部品の電源ピンとリターン・ピンを通して流れます．RF電流が流れる際，電流がどの配線を通り，どのような経路で伝播するのか？配線なのか？プレーンなのか？さもなければ自由空間なのか？といったことが疑問になります．多層基板の場合には，構造的に隣接するベタプレーン上をイメージ電流が流れます．この場合，2つのプレーンで構成された空間は，信号とリターン経路が磁束によって結合しうる合理的な距離の範囲である必要があります．しかしながら，直流リターン電流は抵抗が最小となるように流れるので，RF電流とはまったく異なる経路をとることになります．

多くのプリント基板において，EMIのおもな要因となるのは部品間を流れる電流です．放射EMIは，**図**

図2.19　両面基板，もしくは片面基板における部品間を結ぶループ

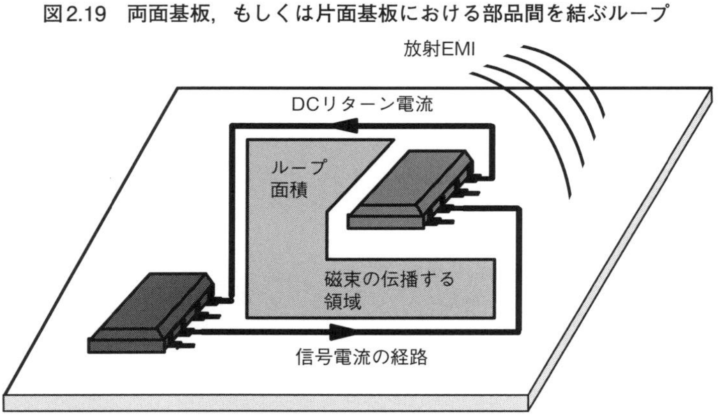

この構成は，片面や両面基板に対してのもの．
多層基板では，ループ領域は信号経路のすぐ下のプレーンにある．

2.19に示すようにノイズ電流による微小ループ・アンテナとしてモデル化することができます．微小ループとは，ループのサイズが対象とする周波数において1/4波長（$\lambda/4$）以下となるような場合です．GHz帯を除き，数百MHzまでの周波数帯では，多くのプリント基板では微小ループとして扱っても差し支えはありません．ループのサイズが1/4波長に近づくとRF電流は逆位相となるため，任意のポイントにおいて電界強度が低下するような現象が起こります．

2.12 RFリターンのイメージ・プレーンはどのように振る舞うか

インダクタンスとの密接な関係に着目

第1章では，磁束はキャンセルされ，最小化されるように振る舞うことを見てきました．イメージ・プレーン上には，信号電流（信号源から負荷に向かって流れるため，イメージを流れるリターンは差動になる）に沿って差動リターン電流が流れるようになるので，信号ネットワーク内に存在する損失により，発生した不要なコモン・モード電流をキャンセルします．ここで「差動」という用語は，信号電流とイメージ・プレーンを流れる電流との位相関係を述べたものです．RFリターン電流の経路は，配線やパターンの極めて近傍に設けることによって，反対の極性を持った磁束が発生し，互いに打ち消し合うようになります．この原理を物理的に見ていくことにしましょう．

時間的に変化する電流がプリント基板上の伝送線路（すなわち配線）を伝播する際，そこには電磁界が発生します．マックスウェル方程式は，この2つの界の挙動を記述しています．伝送線路の物理的な長さに応じて，放射EMI（RFエネルギー）が生成されます．信号配線にも銅箔によるプレーンにも有限のインダクタンスがあり，電圧が印加された場合にこのインダクタンスが電流の発生や電荷のエネルギーを抑制します．

参考文献(6)によると，2本の導体で構成された伝送線路がわずかでもバランスが崩れた場合，不平衡ダイポール・アンテナとして作用し，配線から放射が発生します．このアンバランスな構造は，閉ループ回路において発生するディファレンシャル・モードの放射に比べるとはるかに高いレベルのコモン・モード放射を発生させます．

プリント基板におけるイメージ・プレーンの振る舞いを調べる前に，さまざまなタイプのインダクタンスについて触れておくことにしましょう．これらは，第3章でより詳しく紹介します．

- 自己インダクタンス：配線やプリント基板のパターンのインダクタンス
- 部分インダクタンス：配線のあるセグメントがその配線全体に結合するインダクタンス
- 相互インダクタンス：異なる伝送線路間のインダクタンス
- 相互部分インダクタンス：1つの誘導セグメントが第2の誘導セグメントに及ぼす影響

2.12.1 イメージ・プレーンの役割と考え方

図2.20は，イメージ・プレーンと相互部分インダクタンスの関係を示したものです．図2.20と図2.19を比

図2.20 プリント基板におけるリターン電流の振る舞い

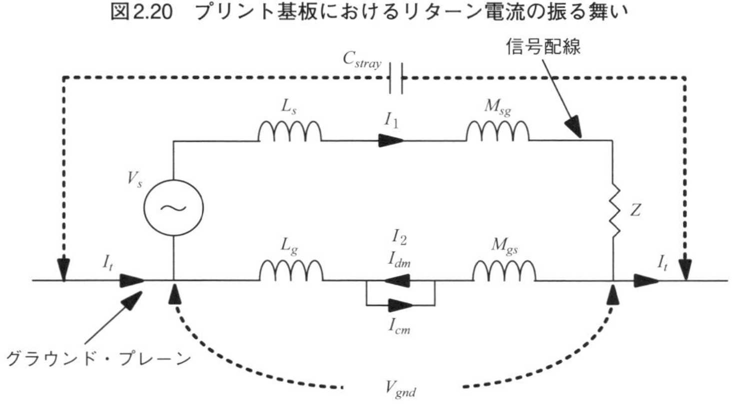

リターン経路を流れる電流はI_2として示す

較すると，信号配線上を流れるRF電流のリターンのほとんどは，信号配線直下に位置するプレーン上を**図2.16**に示したような分布を持って流れることがわかります．このイメージ・リターン構造では，RFリターン電流は有限のインピーダンス（インダクタンス）をもって流れます．そのため，リターン電流によって，グラウンド・ノイズ電圧の要因となる電圧降下が発生します．グラウンド・ノイズは，信号電流の一部がグラウンド・プレーン全体に分布したキャパシタンスを通して流れることによっても生じます．

通常，コモン・モード電流I_{cm}の大きさは，ディファレンシャル・モード電流I_{dm}に比べて数桁小さくなります．しかしながら，コモン・モード電流I_{cm}は信号電流と同一の方向（I_1とI_{cm}）に流れるため，互いに逆向きに流れるディファレンシャル・モード電流（I_1 and I_{dm}）の作る電磁放射に比べて大きくなります．この理由は，ディファレンシャル・モード電流が差し引きで流れるのに対し，コモン・モード電流は足し合わせで流れるためです[(5)，(6)，(10)]．

グラウンド・ノイズ電圧を低減するためには，信号配線とその配線にもっとも近いイメージ・プレーンの間の相互部分インダクタンスを大きくする必要があります．それによって，信号電流に対してイメージ・プレーンを流れるリターン電流が増加し，放射が低下するのです．グラウンド・ノイズ電圧V_{gnd}は，式(2.9)を用いて簡単に計算することができます．

$$V_{gnd} = L_g \times \frac{dI_2}{dt} - M_{gs} \times \frac{dI_1}{dt} \quad \cdots\cdots\cdots\cdots\cdots \quad (2.9)$$

ここで〔**図2.15**と式(2.9)において〕，

V_{gnd}：グラウンド・プレーンのノイズ電圧
L_g：グラウンド・プレーンの部分インダクタンス
L_s：信号配線の自己インダクタンス
M_{sg}：信号配線の（リターン電流の経路となる）グラウンド・プレーンに対する部分相互インダクタンス
M_{gs}：グラウンド・プレーンの信号配線に対する部分相互インダクタンス
C_{stray}：グラウンド・プレーン上に分布する浮遊容量（キャパシタンス）
I_t：回路全体を流れるRF電流の総量
dI/dt：電流の時間変動（伝送線路を流れるコモン・モード，ディファレンシャル・モードの双方に適用）

全電流I_tを減らすことができれば，グラウンド・ノイズ電圧V_{gnd}も低減できます．これを実現するためには，信号配線とリターン電流の経路となるグラウンド・プレーン間の距離を縮小にする必要があります．ただし，信号配線とイメージ・プレーンは伝送線路としての機能もあるため，特性インピーダンス値の確保と基板の製造上の制約によって，ある一定の距離以下に近づけることはできず，この手法によるグラウンド・ノイズの低減効果にも限界があります．グラウンド・ノイズ電圧を低減する方法として，RF電流の伝播が可能な他の低インピーダンス経路を付加することも考えられます．この新しく追加したリターン電流の経路には，キルヒホッフの法則を満たす自由空間を含めて，信号電流の作るすべての磁束を包含できるグラウンドと同電位の配線や直近に配置した導体などが考えられます．

部分相互インダクタンスは，放射に寄与するRF電流を低減させます．そこで，ディファレンシャル・モード電流I_{dm}とコモン・モード電流I_{cm}が，どのようにして同時に影響し合うかを見ていくことにしましょう．**図2.21**からわかるように，イメージ・プレーンを用いることによって，これらの電流を著しく低減させることができます．

第1章で述べたように，理想的なディファレンシャル・モードは，信号配線とリターン経路上をRF電流が互いに逆向きとなる方向に，等量またはバランスを取ってかつ無損失な状態で流れます．不平衡電流が発生し電流が100%キャンセルされないと，残りは不要なコモン・モード・ノイズとなります．このコモン・モード電流は，EMI放射のおもな放射源です．これらの電流は同一の方向に伝播するため，リターン電流経路上のアンバランスなRF電流は信号電流に足し合わされます．コモン・モード電流の発生を抑制するためには，信号配線とイメージ・プレーン間の部分相互インダクタンスに着目し，それぞれの配線間の結合を強くして磁束を集中させ，不要なRFエネルギーやコモン・モード電流をキャンセルするようにしなければなりません．

プリント基板内にRFリターン・プレーンやリターン経路があれば，リターン経路がその機器のシャーシ・グラウンドのような基準源に接続されている場合と同様に適切な性能を期待できます．この基準源は，伝送線路の送信側と負荷側の両方が部品の端子と物理的に適切に接続されている必要があります[(11)]．ディジタ

図2.21　パーシャル・インダクタンスと疑似電流の伝播の関係

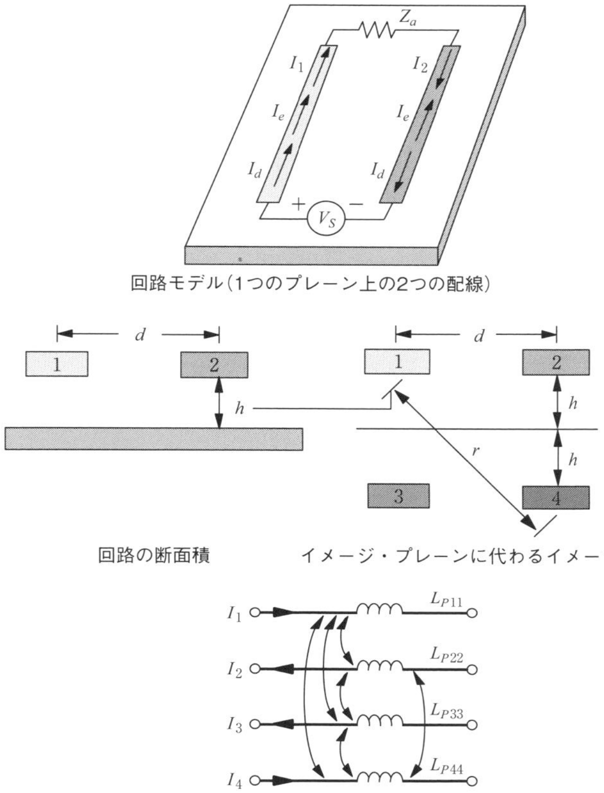

回路の部分インダクタンス・モデル
I_3はI_1のイメージ，I_4はI_2のイメージ

ル，アナログにかかわらず，すべてのデバイスではパッケージの内部にある半導体チップの電源ピンとグラウンド・ピンが電源供給系(一定の直流電圧と0V)に接続されています．しかし，その構造が適切でない場合には回路のインダクタンスが増加し，特性への影響が大きくなります．部品の電源ピンとグラウンド・ピンが接続され，電流のリターン経路が確保されている場合にのみ，この系はイメージ・プレーンとして作用するのです．

ディファレンシャル・モードの信号成分を含むイメージ・プレーンは，モード変換として知られているプロセスを通してコモン・モード電流に変換されます．信号配線とイメージ・プレーン間の距離を調整して相互部分インダクタンスを大きくすることにより，コモン・モード電流は低減できます．したがって，リターン・プレーンを伝播するコモン・モード電流の量は，2つの導体間の間隔をいかにして最小化できるかによって決まります．

イメージ・プレーンを機能させるには，能動デバイスは電源と0Vリターン・パスの両方に接続されていなければなりません．リターン経路がデバイスのパッケージ内部とリターン・プレーンに接続されることによって，この電源供給系はリターンの経路として作用し，イメージ・プレーンが機能します．

イメージ・プレーンを取り除き，信号配線とイメージ・プレーン間の距離を物理的に著しく大きくすると，**図2.21**に示すように疑似的なイメージ・プレーンが信号配線と疑似プレーンの間に生成されます．この場合，電流が流れることにともなって現れるRFイメージによるキャンセル効果は十分ではなく，その結果，RFの放射が増加します．イメージ・プレーンが期待通りに機能するには，プレーンのサイズは無限に広い必要があり，伝送線路の周辺にはスロットや切り欠きなどの不連続や分断などがあってはなりません[9]．

2.13 イメージ・プレーンやRFリターン経路を設けるためのルール

ベタ・プレーンに接近させ，不連続構造を排除

イメージ・プレーンを効果のあるものにするためには，すべての信号配線はベタ・プレーン（通常は銅）に近接している必要があり，さらにプレーン上には配線の近くにスリットやギャップなどの不連続な構造が存在することは許されません．

ただし，例外的な処置は許されており，その中には後述する特別な配線やディファレンシャル・ペア配線などがあります．信号配線や電源配線，リターン配線がベタ・プレーン（これはグラウンド・プレーンであってもよく，電源プレーンであってもかまわない）に挟まれた層内にあるケースでは，そのベタ・プレーンが細切れの状態になると，信号電流とリターン・パスで形成される電流ループの面積が大きくなります．このような電流ループの面積が大きくならざるを得ない構造は，EMIやシグナル・インテグリティの観点でさまざまな問題を引き起こします．

図2.22に，イメージ・プレーンにおける設計ルール違反の考え方を示します．リターン・プレーンは必ずしもベタ・プレーンとしなくても，リターン経路が支障をきたすことはありません．イメージ・プレーンに設けられたビアは，この後に述べるように並列した配置によりグラウンド・プレーンにスリットができない限り，リターン・プレーンとしての性能が損なわれることはありません．**図2.22**において，面方向を走る信号配線（伝送線路）を実線で，より長いRFリターン経路を破線で示します．電流が流れる割合は，インピーダンスが不連続となる点からの距離に比例します．縦線は，最近接のリターン経路におけるスロットです．

ベタ・プレーン上の不連続構造で，次に問題になるのはスルーホールです．電源プレーンやリターン・プレーンにスルーホールが多数設けられた場合，スイス・チーズ症候群と呼ばれる現象が発生します．多くのスルーホールがオーバラップする（プレスフィット型のコネクタの取り付け部分には必ずと言ってよいほどオーバサイズのドリルが使われる）ことによって，面積の大きな不連続部分が発生してしまいます．**図2.23**の左側の部分がそれに相当します．

信号配線に隣接するプレーンに，この配線を横切るようなオーバサイズのスルーホールの列があると，リターン電流はこの不連続を迂回するように流れます[(1)]．RFリターン電流が流れる割合は，配線の経路の位置と最後のスロット開口部までの距離の相対間隔に依存します．たとえば，磁束のリターンが100%であるとして，一部の電流が長いリターン経路を通ることによって伝送線路のリターン電流に70%と30%のようにアンバランスが生じることになります．このバランスの崩れが，不要なコモン・モード電流の原因になります．**図2.23**の信号配線の右側の部分には，信号配線直下のプレー

図2.22　イメージ・プレーンに関するルール違反

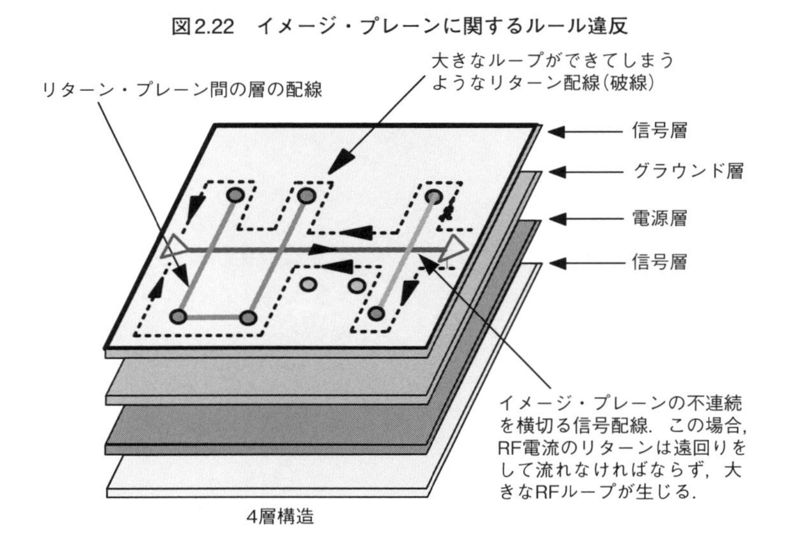

図2.23 スルーホール列によるグラウンド・ループ(プレーン上のスリット)

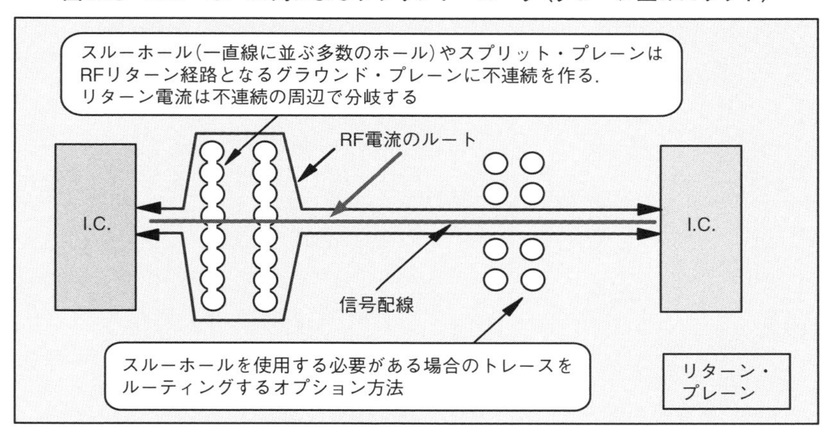

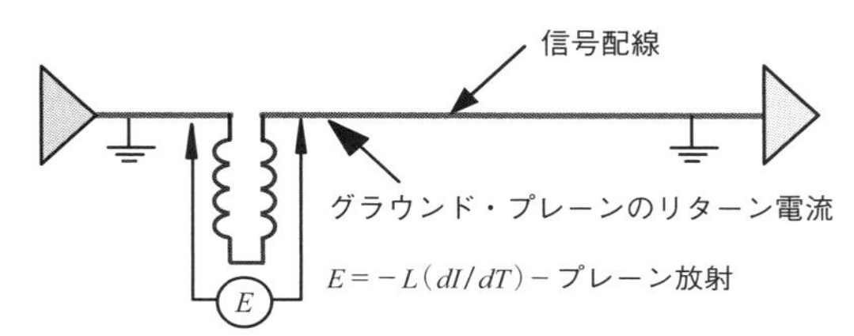

ンに不連続が生じていません．そのため，適切に磁束がキャンセルされます．

この長いほうのリターン経路には短いほうの経路の半分の誘導性のリアクタンスが加わり，コモン・モード電圧Eが発生します．このEは，式(2.10)によって簡単に計算できます．リターン経路の誘導性リアクタンスが増加するに従い，信号配線とRFリターン経路間のディファレンシャル・モード結合は減少します(すなわち，磁束のキャンセルの度合いが減る)．ピン周囲のホールがオーバサイズではなく，ピンとピンの間にRF電流のリターンのための導体が残っているため，インダクタンスは大きくならず，信号とリターン電流の減衰は適切な範囲に抑制されます．

$$E = -L(dI/dt) \quad \cdots\cdots (2.10)$$

ここで，

E：コモン・モード電圧(V/周期)

L：伝送線路のインダクタンス(Ω)

dI：伝送線路における電流(A)の時間的変化量

dt：ディジタル信号の時間変化の割合(秒)

図2.16に示したように，磁束をキャンセルするためにイメージ・プレーン上の電流が流れる範囲は，信号配線直下を中心として，その配線−プレーン間の距離の3倍の範囲になります．

一般に，プレーンに生じたスロットはいかなるものであっても，その不連続部を直接に横切る配線の信号に対してRFの問題を発生させます．高速/高周波の信号(注3)が，スロットや銅箔の存在しない部分を通過しないようにするためには，コンピュータ・シミュレーションや他の高度なレイアウト技術を用いなければなりません．

たとえば，**図2.24**に示すように，機能的にスリットを横切るような配線やエリアを設けます．分割されたプレーンを横切るRFリターン経路を連続にする方法として，自己共振周波数がスイッチング・ノイズ周波数に等しい容量のコンデンサによってバイパスするこ

注3：RFは，電磁界として伝送線路やパターンに伝播する広帯域幅のRFスペクトル成分を指します．これらの信号は，クロックやビデオ，アドレス・ライン，アナログ回路などを含みます．これらの回路はRFエネルギーを放射しやすく，また外部の電磁界の影響を簡単に受けてしまうので，確実な閉ループとするための低インピーダンスなリターン経路を確保する必要があります．

図2.24　バイパス・コンデンサを適用したプレーンのスプリットにおけるRFリターン経路
（図の提供：Elya Joffe）

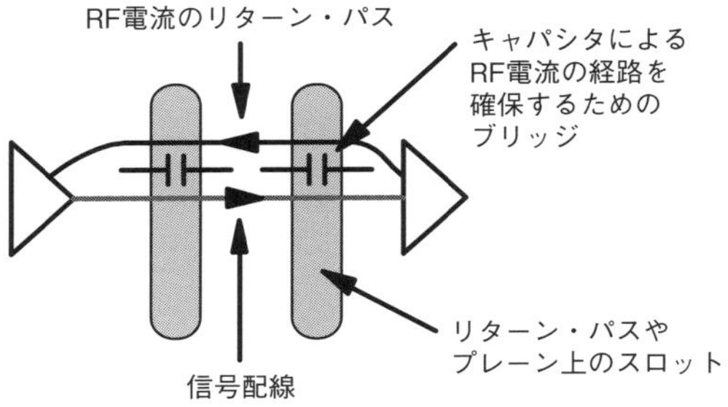

とも考えられます．しかしながら，このバイパス・コンデンサは適用可能な周波数範囲が限られています．もし広い周波数帯を対象とするような場合には，*ESR*（等価直列抵抗値）の高いコンデンサを使用します．第4章では，コンデンサのバイパス用途やその他の使用方法に関し，その最適な容量値について詳細に述べます．

実験の結果，20dB以上の改善が見られるなど，その効果については参考文献では網羅できないほどの多くの技術的な論文で報告されています．最適な性能を得るためには，たとえば，100nF（0.1μF）のような一般に言われているような容量のコンデンサではなく，配線を流れる信号の周波数と同じ自己共振周波数を持つコンデンサを選択する必要があります．ただし，このテクニックは磁束の打ち消しや最小化には効果があるものの，信号配線とそのリターン・パスに流れる電流にとって，リアクタンスによる位相のシフトが生じてしまうため注意が必要です．交流のバイパス・コンデンサの実装については，第4章で詳細に述べます．

2.14　ビアによるリターン電流の層間遷移

リターン経路の不連続はコモン・モード電流の発生要因

一般に，ほとんどすべてのプリント基板では，信号配線はベタ・プレーンに近接して設けられており，配線の全体にわたってコモン・モードのRF電流は強く結合していると仮定しています．ただし実際には，この仮定には一部誤りがあります．多層基板では，クロックやRF信号を配線する場合には1つの層から異なる層に遷移する場合があり，その層が遷移するビアの物理的な近傍周辺にはRFリターンの経路となるビアを設けておかなければなりません．このリターン経路ビアは，信号配線と強く結合させて磁束を最大限に打ち消すようにしなければなりません．

信号配線がある層から他の層に移る際，不要なコモン・モード電流を発生させないため，RFリターン電流はその信号配線に沿って流れるように配線してディファレンシャル・モードの結合を強くしなければなりません．信号配線がプリント基板中の2つのプレーン（たとえば，電源プレーンとグラウンド・プレーン）や同一電位のプレーンの間にある場合には，RFリターン電流は双方のプレーンとの距離に比例して分配されます．

ストリップ・ライン構造において，上下のプレーンと配線間の距離が異なる場合には，物理的にもっとも近いプレーンにより多くのRFリターン電流が流れるようになります．この近いプレーンとの間で結合されていない残りのリターン電流は，物理的に距離の離れたプレーン上を流れることになります．もし，2つのプレーンが同じ電位を持つ場合には（たとえば，双方が電源か0V，もしくはリターン），もっとも良い状態で磁界が閉じ込められ，キャンセルします．2つのプレーンが異なる電位を持つ場合（たとえば，電源とリターン，もしくは0V）には，RFリターンはそれぞれのプレーンに対応して流れるため，効率良い結合することができず，不要なコモン・モード電流を発生させます．このことはシステム障害を引き起こすほどではありませんが，コモン・モードEMIを発生させる要因として影響を及ぼします．

2つのプレーンが同一の電位にある場合（たとえば，0V基準，もしくはグラウンド），RF電流は等電位のプレーン間を結んだ接続ビアを介して層間を遷移し，等価的に同軸の構造が形成されるため，その内部では磁束がキャンセルされます．

2.14.1　信号配線の層間遷移で懸念されること

層間遷移では，2つの同一電位のプレーンを結ぶ経路が低インダクタンスであることが条件になります．高速配線やクリティカルな信号配線を含めて，基板面内の配線から縦方向の配線に移るところで層間遷移が必要となる場合には，設計者はその遷移を必要とするすべての領域にグラウンド・ビアやスティッチ・ビアを設けることを考えなければなりません．グラウン

図 2.25 配線の層間変位が存在する部分におけるグラウンド・スティッチ・ビア
(出典：プレーンにおける短距離のインピーダンス－Online Newsletter；第6巻5号 Howard Johnson博士)

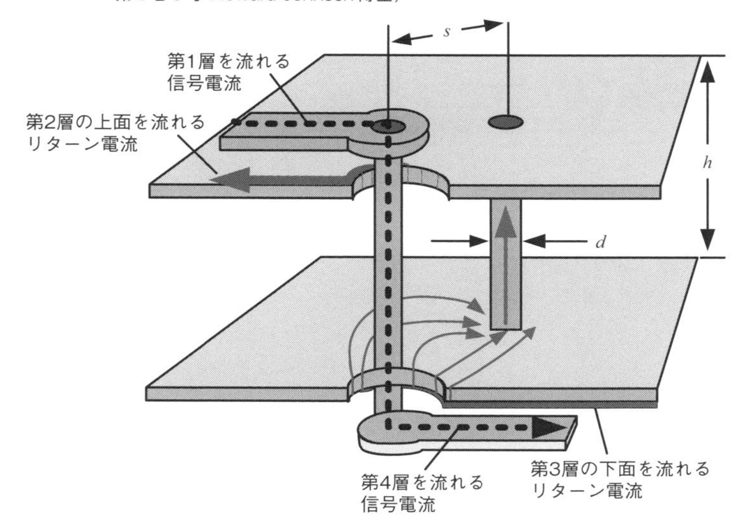

ド・ビアの電位は常に0Vです．このようすを，**図2.25**に示します．

グラウンド・ビアは，信号配線が面からビアによる縦配線へ遷移する箇所において，常に近接して設けておく必要があります．グラウンド・ビアは，接続される2つのプレーンが共に0Vの基準プレーンである場合にのみ有効です．このビアは，すべてのグラウンド・プレーン(0V基準電位)に接続され，同軸線路と等価な構造となり，信号が層間をまたがって配線されたときのRFリターン経路として作用します．

グラウンド・ビアを用いる際，信号配線に100%近接して物理的に配置すれば途切れることのないRFリターン経路となります．

ストリップ・ラインのトポロジは，

- 2つのプレーンが同一の電位である場合には接続ビアを使用する．
- 2つのプレーンの電位が異なる場合には接続ビアを使用できないので，クリティカルな配線についてはリターン電流が層間遷移するような代替手段を採用する必要がある．この手段として，多層板ではバイパス・コンデンサ，両面基板ではRFリターン配線が考えられる．

リターン・プレーンが，片方は0V基準プレーンで他方は一定の電位を持ったプレーンである場合(一般に，4層プリント基板がこのケースに相当する)，RF電流のリターン経路を維持することが難しくなります．異なる電位のプレーン間で，RF電流を遷移させるためのもっとも適した手法としてはデカップリング・コンデンサを使うことが考えられますが，この考え方には誤解があります．コンデンサをデカップリング・モード(電荷の供給源)ではなく，バイパス・モードで使用する場合，RFリターン電流を流すため低インピーダンス伝送線路構造として特別に設計しておく必要があります．その際，コンデンサには対象とする信号の動作周波数を考えて計算した容量値のものを用いなければなりません．もし，ビアのインダクタンスよりも過度な誘導リアクタンスが伝送線路にある場合には，電源供給系に電荷を供給するための役割を果たしているデカップリング・コンデンサのインピーダンスがビアのインピーダンスを超えてしまうため，回路は正常な動作をしなくなります．逆もまた同様です．

図2.26に示すように，同軸線路と等価の伝送線路構造を実現するためには2つの手法があります．1つは磁束をキャンセルするため，電源ピンやリターン(グラウンド)ピンに接続された同じ電位を結ぶ基準配線を用いる方法であり，もう1つはデカップリング・コンデンサをバイパス・コンデンサとして用いて物理的に隣り合う層をつなぐ方法です．RF基準となる配線と信号配

図2.26　4層プリント基板のRFリターン・パス

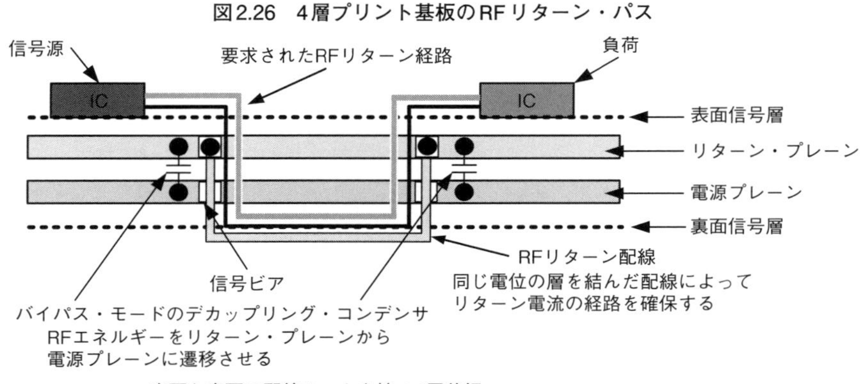

図2.27　ビアに近接する最適なRFリターン経路を設けるために手動で設計した層間配線

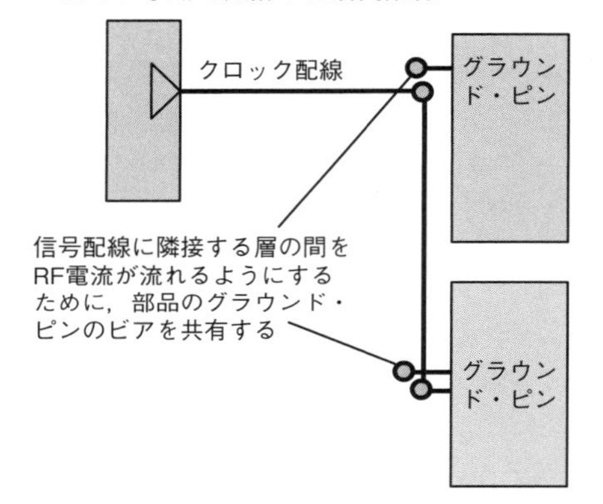

このレイアウトは2つ以上のリターン・プレーンが存在するプリント基板に対して有効であり，この設計はオートルータを用いる前に行わなければならない

線間の距離は強い磁界結合を維持するため，少なくとも1つの配線幅より短くなければなりません．

それでは，実装密度の高い基板では，どのようにすればグラウンド・ビアやリターン配線を減らすことができるでしょうか？速く設計するためにオートルータ（自動配線）が用いられますが，特性の良い基板のほとんどは，設計の早い段階においてレイアウト設計者によって手動で高速/高周波用の配線レイアウトが行われています．それは配線レイアウトの初期の段階では，クロックや高速信号などを配線に対する自由度が大きいためです．レイアウト設計者は，高速信号配線の層間遷移は，最初に複数のグラウンド・プレーンがあり，配線は2つのグラウンド・プレーンに挟まれたストリップ線路構造とすることを前提として，コンポーネント・グラウンド・ピンに物理的に隣接するように（手動で）配線します．レベルの高いRFエネルギーを持つ信号を扱う伝送線路では，このグラウンド・ビアを共有して同軸と等価な伝送線路を構成します（**図2.27**参照）．

2.15　スプリット・プレーンとRFリターン経路の不連続への影響

ディジタル・グラウンドとアナログ・グラウンド，接続の最適化

スプリット・プレーンとは，ベタ・プレーンが2つまたはそれ以上の数に分割されている場合を指します．スプリット・プレーンとRFリターン経路の連続性については，本章の前半において常に同軸と等価な伝送線路構成が必要であることを述べました．配線がそのスプリットを横切る際にはコモン・モード電流が発生し，回路が誤動作する原因になります．

通常，スプリット・プレーン構造が適用される唯一のケースは，アナログ-ディジタル変換器やイーサネットのように，アナログ分割を必要とするプロセッサを用いる場合です．もっとも注意しなければならないのは，スプリット・プレーンを横切る信号配線にもっとも近接する部分のルーティングに関することです．いかなる場合においても，とりわけそれがマイクロストリップ線路であればなおさら，プレーン上のスプリットを横切るような配線は推奨できません．しかしながら，配線がディファレンシャル信号配線のペアであっ

図2.28 スプリット・プレーン構造のバリエーション

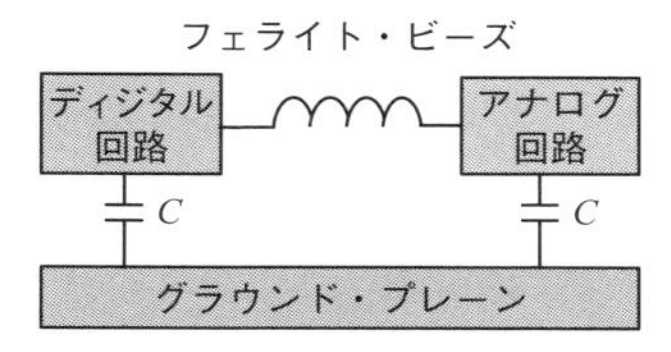

(a) 共通のグラウンド・プレーンを必要とする際の電源プレーンのフィルタリング手法

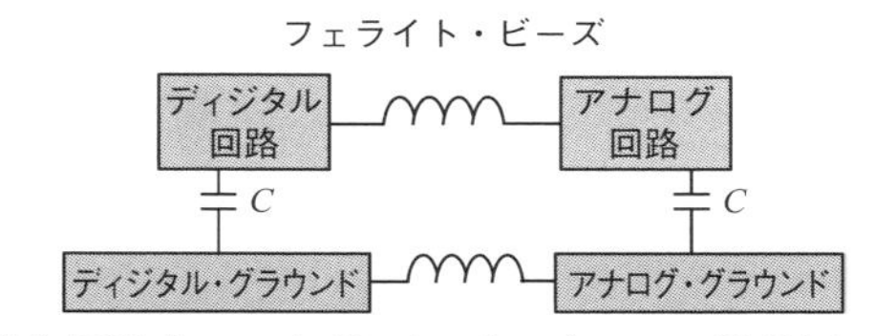

(b) 電源プレーンとグラウンド・プレーンが分離されている場合の電源プレーンのフィルタリング手法

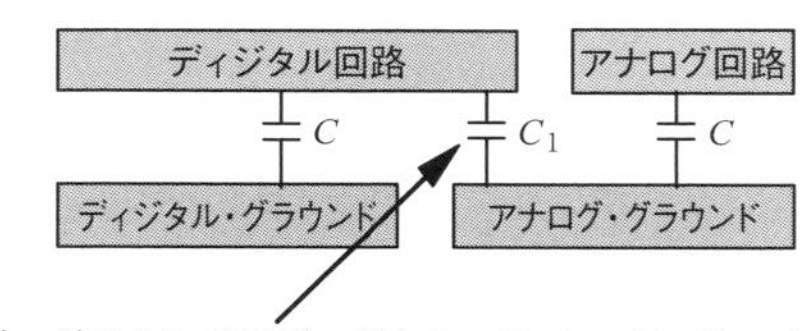

アナログ・グラウンドにディジタル・スイッチング・ノイズを流す可能性のある不要なキャパシタンスC_1

(c) 極めて劣悪なレイアウト・テクニック

て，2つの配線が物理的に近接している場合にはインピーダンスの変化がなく，また不要な磁束がキャンセルされるのでスプリットを横切っても支障はありません．

図2.28に，ディジタル-アナログ混載回路に対するスプリット・プレーン対応の例を示します．図(a)は，グラウンド・プレーンが共通の場合です．2つの回路はフェライト・ビーズを挿入した異なる電源プレーンで分けられ，ディジタル回路のスイッチング・ノイズがアナログ回路へ侵入するのを防いでいます．

本構造でフェライト・ビーズを使用すると，ある回路動作においては，時としてわずかな電圧降下を招き，アナログ・デバイスへの電源供給が適切に行われなくなり，回路の誤動作を発生させることがあります．このレイアウト・テクニックを使用する際には，後々フェライト・ビーズが必要かどうかの決定や，フェライト・ビーズのパラメータを変更してインピーダンスを最適な周波数特性に合わせることができるように，搭載部品のレイアウトを設計するアートワークの段階で，フェライト・ビーズ用のパッドを設けておき，そこにゼロオーム抵抗を配置しておくことが推奨されます．このフェライト・ビーズは，グラウンド電位の如何にかかわらず特定の電圧を持つ部分的に存在するプレーンによって電源が供給される場合を除き，そのデバイスのアナログ電源ピンが2～3本以内である場合に用いられます．

図2.28(b)では，ディジタル回路とアナログ回路は電源もグラウンドもフェライト・ビーズを介して接続されています(分離された状態)．前述のように，この場合はプレーン間に電位差が生じます．アナログ・デバイスではこのような回路が要求されますが，以下に述べるような特定の動作状態の下で大きな効果がある場合を除き，アナログ回路とディジタル回路のグラウンド(リターン)プレーンに有限のインピーダンスを挿入することは推奨できません．

グラウンド・プレーンを分割してはならないおもな理由は，このプレーンに近接した配線がプレーン上のスプリットを横切る際に，リターン経路における大きな$L(dI/dt)$によって，レベルの高いEMIを発生させる可能性があるからです．このレイアウトによって磁束をキャンセルすることで，良好なEMI特性を保っていた伝送線路の等価同軸構造が崩されてしまいます．ディジタル-アナログ回路においてグラウンド・プレーンが分割されていなければ，その分割された部分周辺の配線レイアウトを工夫する必要がなくなるため，シグナル・インテグリティやEMIの観点でみた場合の信号配線のルーティングをきれいにすることができます．

図2.28(c)は，ディジタル回路とアナログ回路の電源とグラウンドがすべて分離されており，さらにディジタル回路の電源の一部がアナログ回路のグラウンドと重なった構成を示しています．この例では，この重なった部分の容量を介してディジタル回路とアナログ回路の結合が発生するため，実際のプリント基板のレイアウトでは採用してはいけない構造です．

注意：種々の半導体デバイスは，フェライト・ビーズを用いて高周波的に分離する仕様となっています．しかし，そうした仕様が必ずしも正しいとはいえません．電源であれリターン（グラウンド）であれ，フェライト・ビーズを使用する場合には，どのような条件であれば有効なのかをあらかじめメーカに確認する必要があります．

多層プリント基板では，機能に応じて電源プレーンとグラウンド・プレーンが必要になります．アナログとディジタルの電圧を分離（$+3.3DV_{DD}$と$+3.3AV_{DD}$）することはその一例です．レイアウト設計でもっとも重要なことは，分割したプレーン部分が物理的に重ならないようにしておくことです．特に，アナログ回路とディジタル回路の間でプレーン間の重なりが生じると，**図2.28**(**c**)にあるようにそのプレーン間の発生した（浮遊）容量C_1を介してアナログ回路のグラウンド・プレーンに雑音の多いディジタル回路の高周波スイッチング・ノイズが侵入します．一旦，ノイズ・カップリングが起きてしまうと，アナログ回路のシグナル・インテグリティもEMIも万事休すです．2つの分割された部分では直流の電位は保たれているものの，RFではコモン・モード・ノイズが発生してしまいます．このようなRF的な結合は是非とも避けたいものです．

RF帯で追加の分離が必要になった場合は，片方（電源）のプレーンや両方（電源とリターン）のプレーンをフェライト・ビーズによって分離します（1つか2つかは回路の機能により決まる）．この際，決して物理的なインダクタは用いないでください．この設計手法を多くの場合に適用したり，インダクタンスを用いるようなことがあった場合には，悪いことはあっても良くなることはないということを付け加えておきます．

物理的なインダクタ部品を用いると，そのリアクタンスによってインダクタの両端に$E=-L(dI/dt)$なるレベルの高いコモン・モードのRFノイズが発生します．Lの値が大きければ，コモン・モード電流も大きくなります．したがって，特定の回路や機能の要求があり，この手法を採用しなければならないような場合には，特別に慎重になる必要があります．

アナログ・プレーンやディジタル・プレーンに高周波のスイッチング・ノイズが含まれる場合には，双方の間にクロストークを発生させないために，電源プレーンとリターン・プレーンを分離しておくことが望まれます．共通のアナログ-ディジタル基準プレーンが必要となる場合には，**図2.28**(**a**)にあるようにフェライト・ビーズは電源側のAV_{DD}とDV_{DD}の間にのみ適用し，グラウンドはベタのままとするべきです．

2.15.1　ディジタル-アナログの分割（リターン・プレーンの分割）

ディジタル-アナログ回路の適切な分離，特にリターン（グラウンド）プレーンの分離は重要な問題です．ディジタルとアナログ間の共通グラウンドが要求される場合と要求されない場合がありますが，プレーンのスプリットが生じてしまったときはどのようにすればよいでしょうか？その答えは，半導体メーカがどのようにシリコン基板を設計したか記載されているアプリケーション・ノートを調べることによって容易に見出すことができます．半導体ベンダがそのシリコン回路（ウェハ・ダイス）をディジタル／アナログのグラウンドを共通に設計した場合には，アナログとディジタル間のグラウンド・プレーンは分割しません．ICパッケージの内部におけるシリコンチップのグラウンドの分離の仕方に合わせてプリント基板の仕様を決めていかなければなりません．

問題：ディジタル-アナログ混載のロジック・デバイスのリターン（グラウンド）プレーンは分離したほうがよいか？しないほうがよいか？
回答：場合による．

アナログ-ディジタル混載デバイスは，ちょうどプリント基板が顕微鏡サイズに縮小されたような構造をしています．電源プレーンとリターン・プレーンは，半導体チップ内にもあります．そこで，「チップ内部のリターン・プレーンはスプリット・プレーンや島構造になっているか」を問題にしなければなりません．答えが「はい」であれば，プリント基板にフェライト・ビーズを載せる必要が生じます．多くのアナログ-ディジタル・デバイスでは，チップの中でリターン・プレーンは分離されていません．この場合，プリント基板でリターン・プレーンを分離するのは，とにかく思い留まるべきです．グラウンド・プレーンは単一であるべきで，プレーンの分割は許されません．

アプリケーション・ノートは，注意深く読むように

図2.29 局所的なグラウンド・プレーンとディジタル-アナログの分離

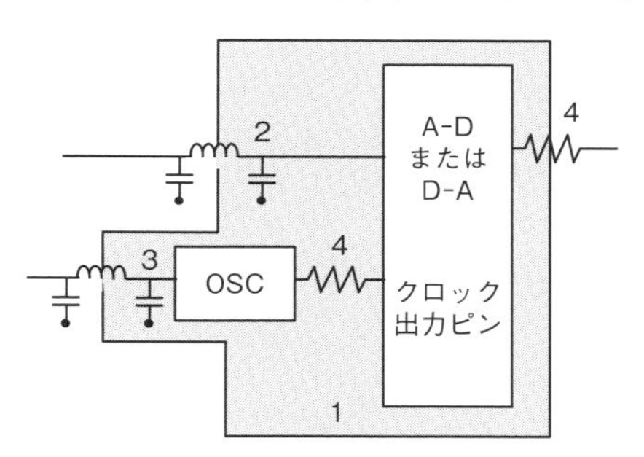

(a) ディジタル・グラウンドとアナログ・グラウンドが共通な場合のローカル・グラウンド

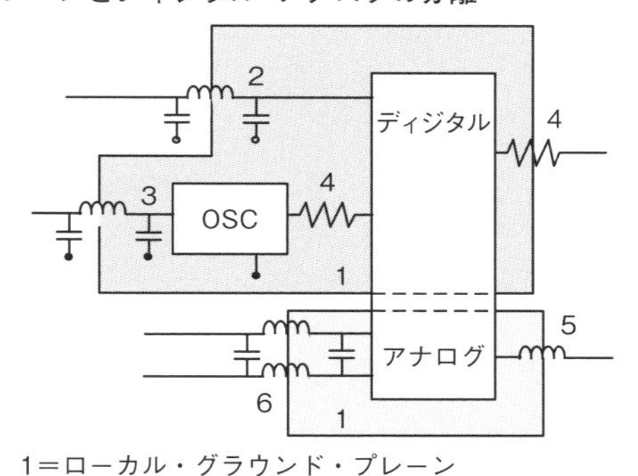

(b) ディジタル・グラウンドとアナログ・グラウンドが分離している場合のローカル・グラウンド構造

してください．もしそこに，「アナログ・グラウンドとディジタル・グラウンドを1点で接続せよ」と記載されていた場合には，シリコン・チップの内部には1つのリターン・プレーンしか存在していないので（シリコンの中ではプレーンは分離されていない），幅の狭い配線によってプリント基板上の1点で接続すると，そこには余分なインダクタンスが生じます．なぜ，同じ電位に対してすべてが基準電位となっているのに，わざわざ分割する必要があるのでしょうか？ こうした条件のもとではプレーンを分離してはなりません．拡大写真を見たときに，もしアナログ・グラウンドとディジタル・グラウンドが1点で接続されている場合には，0V基準は1つしかないので，近接した信号配線のレイアウトは難しくなります．

スプリットによる分離がアナログ・グラウンドとディジタル・グラウンドの間で必要とされるとすれば，**図2.29**に示されるように，すべての個別のアナログ素子と配線はアナログ領域に，そしてディジタル用の素子と配線はディジタルの領域に収まっていなければなりません．

プリント基板の部品レイアウトを決める際，半導体ベンダからディジタル-アナログの分離が容易になるような適切なピンレイアウト構造が供給されない場合には，部品のピンとピンの間をひどく複雑でジグザグとなるような配線を余儀なくされてしまいます．

ほとんどの半導体のアプリケーションの設計では，

図2.30 フェライト材料の性能特性

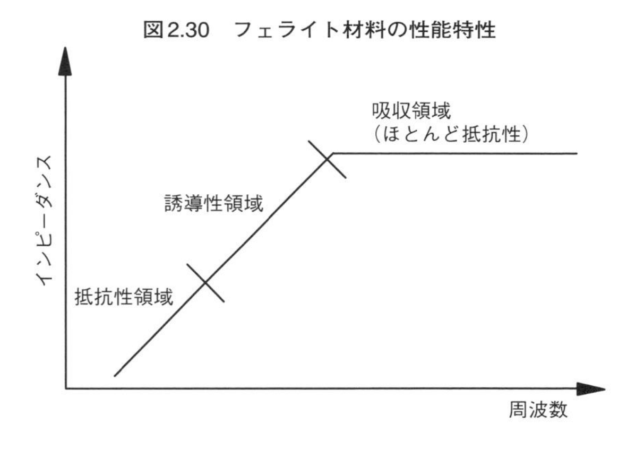

デバイスへのアナログ電源の供給は局所的なデカップリング・コンデンサと同様にフェライト・ビーズによってフィルタリングされます．この場合，コンデンサは「静かな」アナログ・プレーンか局所的に配置されたリターン・プレーンに配置することになります．

2.15.2 分割プレーンの採用におけるフェライト・ビーズ対インダクタ

ディジタルとアナログを分離するフィルタにインダクタを使ってはいけない理由は，**図2.30**を参照すれば容易に理解することができます．

低周波数帯ではフェライト材料のインピーダンスは実質的にゼロであり，小さな抵抗成分しかありません．

フェライト・ビーズは直流では無損失で，リアクタンス成分X_L($X_L=2\pi fL$)は極めて小さいので，微小なインダクタとして作用します．少し周波数が高くなると，電源供給構造内のRF電流により抵抗成分とインダクティブ成分が見え始めます．この周波数帯ではインダクティブなリアクアンスによりRF電流は流れにくく，抵抗としての特性が支配的になります(高い周波数帯では低抵抗性のインピーダンスとなる)．抵抗成分がRF電流の流れを阻害する際に消費したエネルギーは，フェライト材の内部で熱として消費されます．

基本的にフェライト素子は強磁性のデバイスであり，周波数依存性の高い抵抗素子として振る舞い，直流電圧損失を最小源に抑えながら伝送線路上のRFエネルギーの拡散を抑制します．一方，インダクタは周波数依存性の高い非常に大きな誘導性リアクタンス($X_L=2\pi fL$)を持ちます．誘導性リアクタンスは，どのような条件下においても伝送線路にとっては不要な要素です．

ときおり，ある特定の周波数において性能が向上することから，インダクタがフェライト・ビーズに代用されることがあります．しかし，極端な言い方をすれば，利点よりも不都合なことのほうが多くなります．特別な場合を除いて，フェライト・ビーズの代わりにインダクタを用いてはいけない理由は，インダクタ素子の2つの電極間に寄生容量があることと，さらに巻き線間にも寄生容量が存在するためです．インダクタンスと寄生容量により共振回路が構成され，特定の周波数において共振が発生します．インダクタンスLと容量Cにより決まる周波数においてインダクタはコンデンサとして振る舞うようになり，意図していないRF電流が分離領域を流れるようになります．このことは，第1章の1.13節(回路図に現れない受動部品の寄生項)において詳細に述べられています．一旦，RF電流がインダクタを通して流れてしまうと，不要なRF電流は他の回路にたちの悪い妨害を与えます．これらの回路はフィルタでノイズが除去され，クリーンな電源や伝送線路によって駆動されていますが，このような状況になるとスイッチング・ノイズなどが混入し，クリーンな状態ではなくなります．

分離されたグラウンド・プレーンが(アナログのような)低周波の回路を含み，他方がディジタル回路のような高周波のスイッチング成分を含む場合は，デバイスの動作とデバイス・ベンダによる電源プレーン，グラウンド・プレーン分離に関する要求仕様によって，双方のプレーンの分離が必須となります．アナログ回路の機能面からの要求仕様では，アナログ・プレーンを分離する必要があります．これは，*CMRR*の入力保護が低いためや，もしくはノイズの多い環境下において低レベルの電圧遷移があるためです．

フェライト・ビーズによる分離は，2つの領域間で高周波のスイッチング・エネルギーの授受が許されないときにのみ必要になります．双方の領域には低周波の部品しかなく，立ち上がり/立ち下がりの急峻な広帯域なRF信号を持たない場合にはフィルタは不要です．したがって，2つのプレーンにおいては1点接続が好ましいことになります．すなわち，どのような条件下でも，プレーンは分割してはいけないことを意味します．

図2.31 バイパス・コンデンサによるプレーン・スプリットの短絡
(図提供：Elya Joffe)

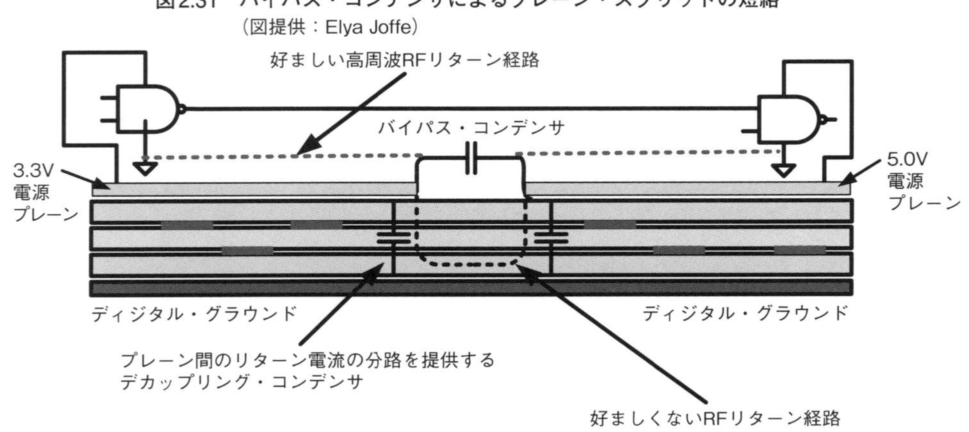

プレーンの分離が必要で，高周波成分や広帯域な信号電流が流れる信号配線がその分離部を横切る際，ループ・インダクタンスを小さくするもう1つの手法は，分離部をバイパスする形でコンデンサ(バイパス・モード)を配置することです(グラウンド-グラウンド，電源-電源).

コンデンサのバイパス・モードとは，直流成分の分離状態を維持しながら，分割された各部分間のRFエネルギーを電磁界の形で伝達できるようにするものです．**図2.31**に，レイアウト手法の例を示します．バイパス・コンデンサを使う利点は，RFリターン・ループ電流の経路と，この経路の余分なインダクタンスによるコモン・モード電流の発生を最小限に抑制できることです．**図2.31**に示すように，最上層から最下層への信号配線のリターン電流経路は層間遷移を起こしますが，磁束の結合を信号配線との間で適切にすることによって，RFリターン経路は同一層に残ります．この場合，コンデンサは電磁界(RFリターン)の作用によるループ面積の縮小が目的となり，電荷の供給を目的としないので，プレーンが直流的にどのような電位にあるかは重要ではありません．

2.16 磁束をキャンセルする考え方(RFリターン電流の最適化)

信号源から負荷までのリターン経路はしっかり確保を！

発生した磁束をキャンセルする考え方は単純です．しかしながら，磁束をキャンセルしたり最小化させる際には，多くの落とし穴があることを認識しておかなければなりません．ちょっとしたミスによって，EMC技術者は原因究明や対策により多くの労力を費やすことになりかねないからです．

もっとも簡単に磁束をキャンセルする手法は，イメージ・プレーンを適用[5]するか，もしくは等価的な同軸線路を採用し，信号源から負荷までのRFリターン・パスを確保することです．どのようにプリント基板を設計しようとも，必ずマックスウェル方程式に従う磁界と電界が発生します．信号配線とリターン・パスの伝播によって発生する不要な磁束を打ち消すか低減することによって，シグナル・インテグリティやEMIの問題が発生する可能性を抑えることができます．

レイアウト設計の段階では，どのようにすれば磁界のキャンセルや最小化ができるでしょうか？ それには，さまざまな設計手法やレイアウト手法が有効になります．以下に，これらのテクニックのいくつかを簡単に説明しましょう．ここでは，磁束をキャンセル/最小化するすべてのテクニックを紹介しているわけではありません．本書の焦点から外れるので，以下の項目のうちいくつかは議論していませんが，それについては参考文献(3)，(4)に詳細に説明されています．

- 多層プリント基板における適切な層構成とインピーダンス・コントロール
- クロックのようなレベルの高いRFエネルギーを伝送している信号配線は，物理的にできる限りRFリターンに近い層に配線することです．これにより，この伝送線路が同軸と等価な構造にすることができます．このRFリターンとは，ベタ・プレーン(グラウンド・プレーンか電源プレーンかは問わない)，グラウンド・グリッド，(片面基板，両面基板の場合には)リターン配線，もしくは他の手法によって幾何学的に同軸構造が成り立っている場合に相当します．
- 素子からの放射をデバイスの直下に配置された近接する層と反対の電位を持つ局所的なプレーンを用いて抑制することにより，その素子のパッケージ・ハウジング内部で発生した磁束を0V基準電圧の系に閉じ込めることができます．たとえば，第2層がグラウンド・プレーンの場合には，局所的なプレーン1を電源電位とします．この交互の平面構造により付加的なデカップリング機能が提供され，銅によるシールドの内部に磁束を閉じ込め，減衰させる役割を果たします．
- シリコンと配線からの放射によるRFスペクトラムの分布を最小とするためには，ロジック・ファミリを注意深く選択する必要があります(なるべく立ち上がり/立ち下がり時間の遅いデバイスを用いる)．ほとんどのデバイスは速度は1つに設定されているので，場合によってはソフトウェアによってドライバのスルーレートを調整すると効果的です．
- 直列抵抗を用いて高速ドライバの駆動電圧を小さくすることによって，伝送線路上に誘起されたRFコモン・モード電流を抑制することができます．
- 最大容量負荷の状態で，スイッチング動作時にデバイスが消費する大量のスイッチング電流を賄うだけの高品質な電源供給網を構築することです(第4章).
- リンギングやオーバシュート，アンダシュート，その他のパワー・インテグリティやシグナル・インテグリティの問題を防ぐために，クロックや信号配線は適切に終端します．
- データ・ライン・フィルタ(例，フェライト・ビーズ)やコモン・モード・チョークを選択したネットに適用します．特に，I/O相互接続のように差動配線が境界を超えるような場合に有効です(第6章)．
- I/Oケーブルとのインターフェースでは，コモン・モード電流を筐体グラウンドに分流するために適切なバイパス・コンデンサを適用します．

上記の項目からわかるように，不要な磁束はプリント基板内でEMIが発生する理由の一部にすぎません．以下に，他の懸念事項を示します．
- インピーダンスの不連続によって，回路とI/Oケーブル間のコモン・モード電流とディファレンシャル・モード電流が発生します．
- グラウンド・ループが磁束を発生させ，この磁束が適切にキャンセルされないときコモン・モード電流が発生します．
- パッケージ設計が適切でないと，素子からの放射が発生します(例，プリント基板への実装状態にかかわらず，半導体デバイスから放射)
- 安定した電源供給系が構築されないと電源バウンスやグラウンド・バウンスが発生し，他の素子の動作に妨害を起こします．
- 伝送線路のインピーダンス・ミスマッチ

◆参考文献◆

(1) Johnson, H. W., & M. Graham; 1993, High Speed Digital Design, Englewood Cliffs, NJ: Prentice Hall.
(2) Bogatin, E.; 2009, Signal Integrity-Simplified, Englewood Cliffs, NJ: Prentice Hall.
(3) Montrose, M. I.; 1999, EMC and the Printed Circuit Board-Design, Theory and Layout Made Simple, Hoboken, NJ: Wiley/IEEE Press.
(4) Montrose, M. I.; 2000, 2nd ed., Printed Circuit Board Design Techniques for EMC Compliance, Hoboken, NJ: Wiley/IEEE Press.
(5) German, R. F., H. Ott, & C. R. Paul; 1990, "Effect of an Image Plane on Printed Circuit Board Radiation", IEEE International Symposium on Electromagnetic Compatibility, pp. 284-291.
(6) Dockey, R. W., & R. F. German; 1993, "New Techniques for Reducing Printed Circuit Board Common-Mode Radiation, "IEEE International Symposium on Electromagnetic Compatibility", pp. 334-339.
(7) Ott, H.; 1988, Noise Reduction Techniques in Electronic Systems, 2nd ed., Hoboken, NJ: John Wiley & Sons.
(8) Ott, H.; 2009, Electromagnetic Compatibility Engineering, Hoboken, NJ: John Wiley & Sons.
(9) Paul, C. R.; 2006, Introduction to Electromagnetic Compatibility, 2nd ed., Hoboken, NJ: John Wiley & Sons.
(10) Paul, C. R., K. White, & J. Fessler; 1992, "Effect of Image Plane Dimensions on Radiated Emissions", IEEE International Symposium on Electromagnetic Compatibility, pp. 106-111.
(11) Montrose, M. I.; 1996, "Analysis on the Effectiveness of Image Planes within a Printed Circuit Board", IEEE International Symposium on Electromagnetic Compatibility, pp. 326-332.
(12) King, W. Michael; "EMCT: Electromagnetic Compatibility Tutorial", Module One, Co-branded by IEEE.

第3章

やさしく学ぶインダクタンス

インダクタンスは，閉ループを鎖交する磁束の総量とこの磁束によって発生する電流の振幅の比として定義され，式(3.1)によって表すことができます．

$$L = \frac{\psi}{I}\ \text{(H)} \quad \cdots\cdots (3.1)$$

ここで，

L：ループの総合インダクタンス

ψ：磁束(Wb)

I：伝送線路を流れる電流(電流が流れるには閉ループ回路でなければならない)

閉ループ回路において，インダクタンスはプリント基板中の配線の太さや伝送線路のサイズや形状といったループの幾何学的な形状に依存する関数になります．閉ループ回路内のインダクタンスを説明するためには，自己インダクタンス，相互インダクタンス，部分インダクタンス，相互部分インダクタンスのさまざまな効果を検討する必要があります．

インダクタンスはコイルやワイヤ，ループの中にエネルギーを蓄える能力であり，伝送線路を伝播する磁界の時間変化で表されます．このエネルギーを蓄える能力を自己インダクタンスと呼びます．インダクタンスは1886年2月にオリバー・ヘヴィサイドによって名づけられた用語であり，記号はLで表されます．SI単位系ではインダクタンスの単位はヘンリー(H)です．これは，アメリカの科学者ジョセフ・ヘンリーによって命名されたものです．

インダクタンスに関しては，留意しておかなければならないポイントが2つあります．1つは導体があるところには必ずインダクタンスが存在するということ，もう1つはループ面積がインダクタンスを決める大きな要因になることです．

3.1 インダクタンスの種類

電流の時間変化(dI/dt)で起電力(電圧)を発生

3.1.1 自己インダクタンス

巻き線数がNのコイルを考えます．このとき電流は，右手の法則で記述されるように時計回りに流れます(図3.1)．電流の流れが静的であれば，ループを貫いて発生する磁束は一定になります．しかし，電流が時間変化するようになるとファラデーの法則に従って，電流の流れを阻害する方向に起電力(EMF)が発生します．このとき誘起される電流は，dI/dtが正であれば時計回り，dI/dtが負であれば反時計回りになります．

磁場が存在するループ回路では，電流が変化しようとするとき，その変化を妨げようとします．これを自己インダクタンス，自己誘導起電力，反起電力と呼び，ε_Lで表すことにします．個別の素子としてのインダクタは，大きな値の自己インダクタンスを持つ回路要素になります．

インダクタンスは，基本的にあらゆる伝送路の周辺

図3.1　時間的に変化する電流が流れるループを貫く磁束

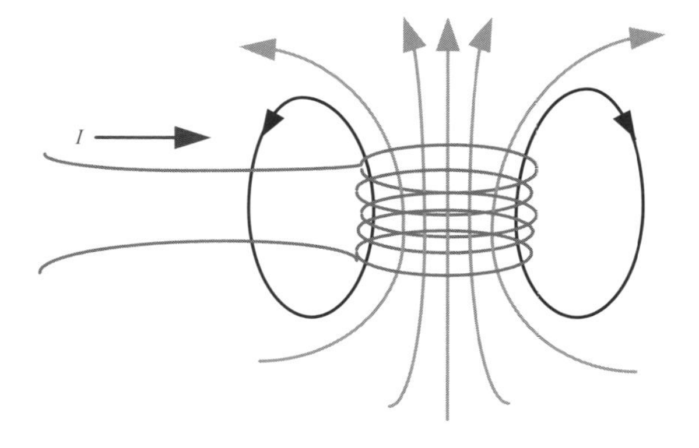

に存在する磁力線の数（磁束）に関連します．導体を流れる電流の周囲に発生する磁力線の数はSI単位系ではウェーバ（Wb），また自己インダクタンスLの値はヘンリー（H）もしくはWb/Aの単位によって表現します．多くの相互接続構造では，インダクタンスの値は（nH；ナノヘンリー，ナノは10^{-9}）のように小さな値になります．

この現象を表す方程式のもっとも単純な解は，式（3.2）に示すように電流が一定であれば誘起電圧は発生せず，電流が時間的に直線的に変化する場合は一定の誘起電圧が発生するというものです．

$$v = -L\frac{dI}{dt} \quad (\mathrm{V}) \qquad (3.2)$$

ここで，

v：誘起電圧

L：ループ回路の総インダクタンス

dI/dt：電流の時間変化分

自己インダクタンスは，磁束密度ψとコイルの巻き線数Nの積を電流Iで割った値でも定義されています．

$$L = \frac{N\psi}{I} \quad (\mathrm{H}) \qquad (3.3)$$

式（3.1），式（3.2），式（3.3）は，伝送線路を構成する材料の透磁率μと電流ループを構成する導体の間隔，長さによって決まります．電流経路のインダクタンスは，入力回路と出力回路が接続されてループに電流が流れて初めて決めることができるのです．

1本の配線に誘起される電圧はΔIノイズやグラウンド・バウンスなどと呼ばれ，流れる電流の時間的な変化速度に応じて決まります．導体に発生するΔIノイズはその配線を自ら流れる電流による場合もあれば，他の導体を流れる電流によって発生する場合もあり，どの磁力線が作る電流によるものかを見極めることは簡単ではありません．今，2本の配線があるとしましょう．第1の配線に近接する第2の配線に時間的に変化する電流が流れている場合には，第2の配線が作る磁力線は第1の配線に作用します．第2の配線を流れる時間的に変化する電流の流れ方が変われば，第1の配線には電圧変化が発生するのです．

プリント基板内で，配線が隣接してレイアウトされていて2つの伝送線路間に結合がある場合には，隣り合う配線間にクロストークやクロス・カップリングと呼ばれる結合が発生します．多数の導体が関係し合う実際の回路を解析する際には，磁力線を発生するすべての電流の振る舞いを把握しておく必要があります．多数の導体が磁力線を共有するような場合には，その影響はさらに複雑になります．

図3.2 インダクタンスとループ面積の物理的な寸法

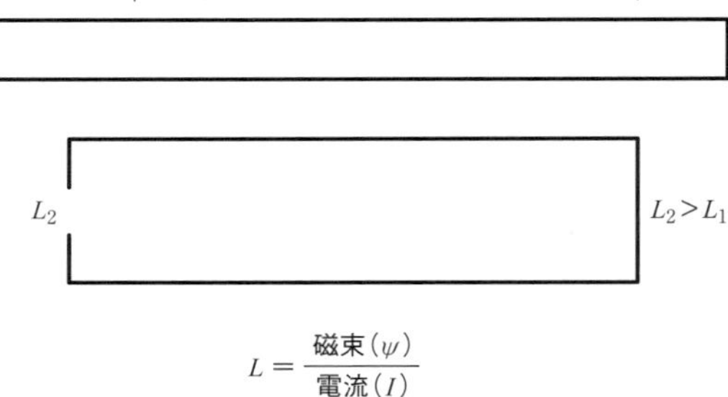

図3.2は，ループにおけるインダクタンスの定義を示しています．ループ面積が小さくなると，信号電流とそのリターン電流が物理的に近いところを流れるようになるため，それぞれの磁束による相互結合が強くなり，自己インダクタンスは小さくなります．この効果については，本章の後半で詳細に述べます．**図3.2**では，2つの回路は物理的に同じ伝送線路長となっていますが，自己インダクタンスの値は異なります．

伝送線路を構成する配線の直径が小さくなると，インダクタンスは大きくなります．互いに逆位相となるディファレンシャル・モードの電流が誘起された場合には，インダクタンスは小さくなります．物理的な見方をすれば，ループ面積が大きくなるとインダクタンスは大きくなります（この図では負荷の抵抗を割愛しています）．

▶経験則

- 物理的なループ面積が大きくなるか，もしくは伝送線路を構成する配線が細くなればインダクタンスは大きくなる．
- 配線の直径を大きくするか，信号電流とリターン電流の経路を近くすることによりインダクタンスは小さくなる．

総合的なループ面積を求めるためには，シリコン・チップから負荷にいたるまでの信号配線とリターン経路で構成される電流ループを考え，それぞれに部品の搭載方法や3軸方向の配線〔x軸，y軸，z軸（z軸はビア）〕のように，アセンブリに関わる物理的な構造を含むすべての配線距離の要素を盛り込まなければなりません．プリント基板内で構成されたループによるインダクタンスは，伝送線路上で損失を生じさせるコモン・モード電流を発生させるため，シグナル・インテグリティやEMI問題の本質的な要因になります．

3.1.2 相互インダクタンス

相互インダクタンスは自己インダクタンスと同様の物理量ですが，内容は異なります．相互インダクタンスとは，2つの回路を置いたとき，一方の回路に電流が流れるとレンツの法則に従って他方の回路に逆向きの電流が誘起されますが，その際の時間的な変化を示す量です．

この2つの区別をわかりやすくするため，自己インダクタンスは自らの電流によって発生する磁束によってもたらされるもので，相互インダクタンスは2つ以上の伝送線路があったときに一方の配線が作る磁束によって他方にもたらされる効果とすることにします．言い換えれば，自己インダクタンスは他の導体に流れる電流とは関係なく，自らの電荷の流れ（電流）が作る磁束の総量によってもたらされるものです．

相互インダクタンスについて詳しく説明する前に，インダクタの結合について見ていくことにしましょう．

▶インダクタの結合

図3.3において，1次コイルに一定の電流が流れると磁界が発生し，磁束(B)が2次コイルを貫通します．ファラデーの法則に従えば，この磁束が時間的に変化しない（時間的に一定）場合，2次コイルには電圧は発生しません．ここでスイッチを切って電流を止めると，左側のコイルの作る磁界に変化が起きます（磁界がゼロになる）．その結果，2次側のコイルには，放電効果によってコイル電圧が誘起されます．

コイルは反動的なデバイスであり，磁束が時間軸において変化する場合に誘導特性的な状態を変化させないように作用します．1次側のコイルに誘起電圧が現れると2次側コイルに電流を発生させ，磁界を一定に保とうとします．

レンツの法則によれば，実際に誘起される磁界は常に変化に逆らう方向に発生します．交流電流のように，一旦，電流の流れが止まり，再び回路に電流が流れ始めるような場合，磁束の変化を阻害する逆向きの電流が誘起されます．これは変圧器の基本原理です．2次コイルの電流と電圧に影響する1次コイルの電流の変化が，相互インダクタンスの基礎になります．

図3.3 トランス・モデルの相互インダクタンスのコンセプト（図面提供；ジョージア工科大学）

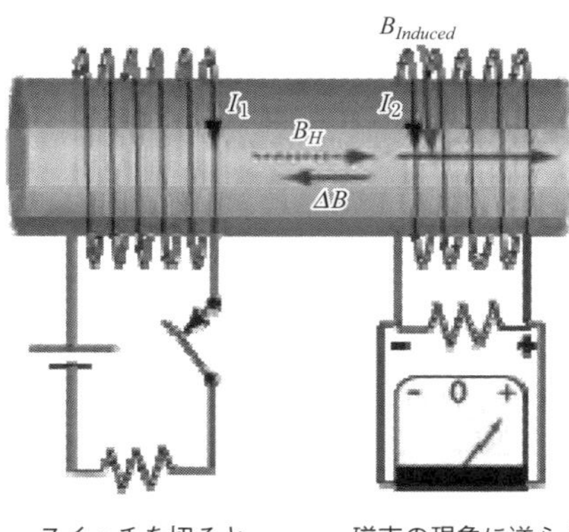

▶相互インダクタンスの説明

相互インダクタンスMは，一方のコイルの電流の変化によってもう一方のコイルに発生した起電力との比として定義されます．相互インダクタンスのもっとも一般的な応用は，**図3.3**に示す変圧器（トランス）です．不必要な相互インダクタンスは，導体間の不要な結合の要因となります．

相互インダクタンスには，式(3.4)に示すような関係があります．

$$M_{21}=N_1 N_2 P_{21} \quad \cdots\cdots (3.4)$$

ここで，

M_{21}：相互インダクタンス（添字はコイル1の電流によってコイル2に誘起された電圧の関係であることを示す）

N_1：コイル1の巻き線数

N_2：コイル2の巻き線数

P_{21}：その空間にどれだけの磁束が含まれるかを示すパーミアンス係数

相互インダクタンスは，結合係数とも関係しています．この結合係数は，常に1から0の間の値をとり，式(3.5)で示されるインダクタの向きの関係も示す便利なパラメータです．

$$M=k\sqrt{L_1 L_2} \quad \cdots\cdots (3.5)$$

ここで，

k：結合係数($0<k<1$)

図3.4　2つのインダクタや伝送線路の間の相互結合

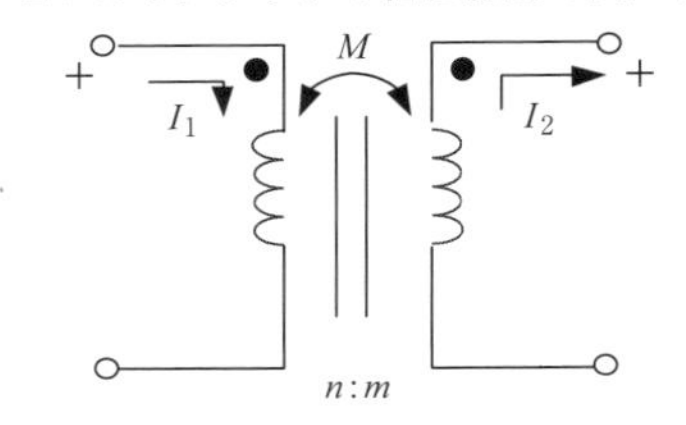

L_1：コイル1のインダクタンス

L_2：コイル2のインダクタンス

相互インダクタンスMがわかれば，式(3.6)を用いて回路の振る舞いを計算することができます．

$$V_1 = L_1 \frac{dI_1}{dt} - M \frac{dI_2}{dt} \quad \cdots\cdots\cdots (3.6)$$

ここで，

V_1：コイル1の両端の電圧

L_1：コイル1のインダクタンス

M：相互インダクタンス

dI_1/dt：コイル1を流れる電流の時間微分

dI_2/dt：コイル2を流れる電流の時間微分

図3.4は，変圧器や2つの伝送線路間の結合のような相互結合のようすを示した回路図です．プリント基板において，近接した2つの配線にはこの伝送線路の構造を当てはめることができ，この2つの配線間に発生する誘導性のクロストークの要因となります．2つのインダクタに挟まれた2本の縦線は，ワイヤが巻かれている個体としてのコアを示していますが，空気がコアとなってワイヤが巻かれている場合にも同様の図になります．$n:m$の記号は右側のインダクタの巻き線数と左側のインダクタの巻き線数の比を表しており，ドットは電流の流れる方向を示しています．

マイナスの符号は，電流I_2の流れる向きを示します．両方の電流がドットの側から流れる場合には，Mの符号は正になります．

3.1.3　部分インダクタンス

部分インダクタンスは，技術的には導体の内部に存在する磁束によって作られる導体内部インダクタとして定義されますが，この定義は常に正しいとは言えません．

通常，インダクタンスは閉ループ回路に対して定義されます．部分インダクタンスを理解しやすくするため，電流ループを細かい部分に分割してみましょう．これによって，回路内部を伝播する電流のあらゆる振る舞いを可視化することができます．全体のインダクタンスを低くするには，まずもっとも大きなインダクタンス値を示す部分のインダクタンスの値を小さくする必要があります．インダクタンスを下げる方法としては，伝送線路長を短くする，ビアを減らす，導体の幅や厚さを大きくする，電流の流れが互いに逆位相となるように配線同士の間隔を縮める，などの配線のやり直しが必要です．

部分インダクタンスは回路の特定の箇所のインダクタンスを表しているので，その部分の電圧降下を見積もる際にも有効です．ただし，電圧降下や電位差は一義的に決まるのではなく，電磁界の時間変化によっても左右されるので注意が必要です．

閉ループでは，部分インダクタンスの合計はすべての区間におけるインダクタンスを足したものになります．式(3.7)に示したように，ループ全体を細かい断片に分解することによって，伝送線路の合計のインダクタンスを知ることができます．

$$L_{total} = L_{seg1} + L_{seg2} + \cdots + L_{segn} = \sum_{i=1} L_i \quad \cdots (3.7)$$

式(3.7)において，それぞれの断片の範囲内では電流は静的で，大きさが一様であると仮定します．L_{total}は，ループ内の磁束の総和を扱うことになります．この情報を用いて，特定の断片における部分インダクタンスを，式(3.8)のように磁束の結合と特定の断片における電流の比として定義することができます．

$$L_{segi} = \frac{\psi}{I} = \frac{\text{ループを結合するセグメント}i\text{による磁束}}{\text{セグメント}i\text{における電流振幅}} \quad \cdots\cdots\cdots (3.8)$$

部分インダクタンスの考え方は，1つのループに対してのみ有効です．もちろん，対称性がないような他のループでは，部分インダクタンスの値は異なります．導体の内部インダクタンスの総和は，ループの周囲や円周などが物理的に縮むことによって小さくなります．内部インピーダンス(インピーダンスのインダクタンス成分)は表皮効果により，周波数の平方根に比例して大きくなります．表皮効果のため，20MHz以上の高周波数帯では導体の中心部分のインダクタンスが全体のインダクタンスに与える影響は小さく，その傾向は周波数の増加とともに顕著になります．部分インダクタンスで重要なことは，配線や伝送線路の構造だけではなく周波数にも依存していることです．

図3.5 自己部分インダクタンスと相互部分インダクタンスのループ面積

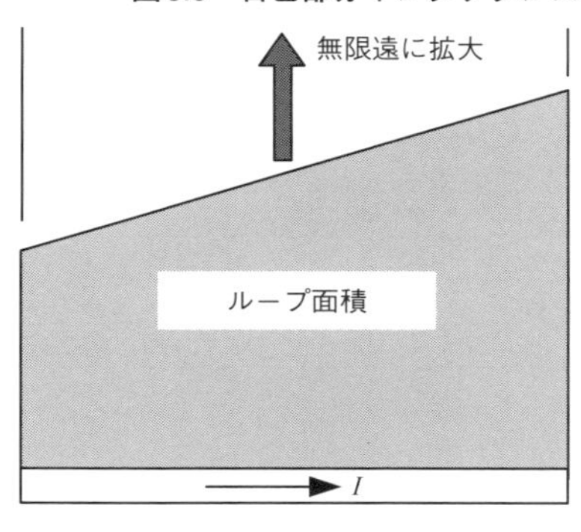

(a) 自己部分インダクタンス

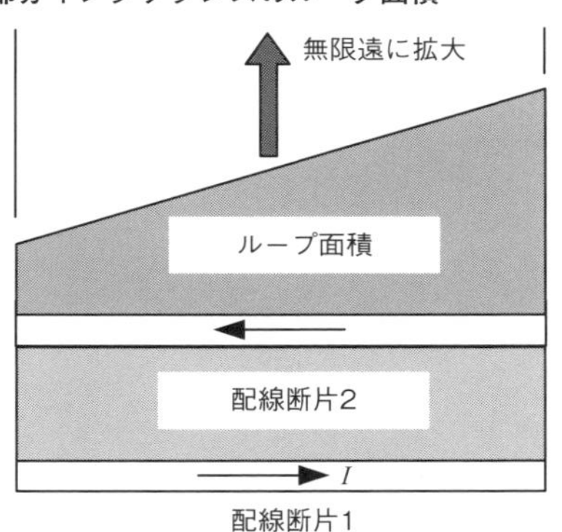

(b) 相互部分インダクタンス

3.1.4 相互部分インダクタンス

相互部分インダクタンス[(2), (3), (4)]は，磁束をキャンセルするためのリターン・プレーンやイメージ・プレーンを考える際の重要な要素です．2つの伝送線路を鎖交する磁力線によって生じる磁束がキャンセルされて，RF電流に対する適切なリターン・パスが構成されます．フレミングの右手の法則に従えば，磁束が左回りに発生すればリターン・パスには時計回りの磁束が発生するので，2つの距離が短ければその距離に相当する差分が残りますが磁束はキャンセルされます．

自己部分インダクタンスは，他のループの断片の位置や方向に関係なく，特定の断片に対して適用することができます．配線やパターンに電流が流れるとき，その配線と無限遠にある配線で囲まれた領域であっても実質的なループを定義できます．2つの断片が直交している場合には，その断片の端から無限遠に拡張したと考えることができます．このようすを**図3.5**に示します．自己部分インダクタンスは，1つのワイヤの断片と無限遠に置かれた構造の中に存在するため，ここから相互部分インダクタンスの考え方を展開することができます[(4)]．

長さがLの独立した導体に電流Iが流れている場合を考えてみましょう．この導体の自己部分インダクタンスL_pは，ループまたはその導体と無限遠に置かれた配線を流れる電流Iによって誘起される磁束を，その断片内を流れる電流Iで割ったものになります[(2)]．

自己部分インダクタンスは，理屈の上では近接導体が近くにあるかどうかは問題ではありません．しかし，近接した導体の場合は，伝送線路の一方または両方に対して自己部分インダクタンスの値が変わります．これは，一方の導体が他方の導体に作用した結果，長さ方向の電流の分布の均一性が崩れるためです．このことは，導体の半径と間隔の比がおよそ5：1以下の場合に生じます．同一の半径を持つ2つのワイヤの間隔と半径の比が4：1になるのは，同じ径を持つ3本目のワイヤが加わった場合に相当します[(2)]．

2つの導体が近接して置かれると，相互部分インダクタンスが生じます．相互部分インダクタンスM_pは，2本の平行するワイヤや配線断片間の距離に依存して決まります．2本の導体間の距離sは，「1つの導体と無限遠に置かれた第2の導体を流れる電流が作る磁束」と「その磁束によって第1の導体に誘起される電流」の比になります．相互部分インダクタンスは，**図3.5**によって容易に理解することができます．この電気的な性質を，**図3.6**に示します．この構造において導体間に発生する電圧は，式(3.9)によって求めることができます[(2)]．

$$V_1 = L_{p1}\frac{dI_1}{dt} + M_p\frac{dI_2}{dt}$$

$$V_2 = M_p\frac{dI_1}{dt} + L_{p2}\frac{dI_2}{dt} \quad \cdots\cdots (3.9)$$

時間ドメインまたは周波数ドメインのいずれかでコンピュータ・シミュレーションを行う際には，集中定数，分布インダクタンス，キャパシタンス，そして配線やビア，プレーンの抵抗成分を同時に考慮しなければなりません．その中でも，定量化がもっとも難しいパラメータがインダクタンスです．キャパシタンスや抵抗成分とは異なり，インダクタンスは電流の閉ループ経路とその経路の3次元構造の変化といった動的な

図3.6　2つの導体間の相互部分インダクタンス

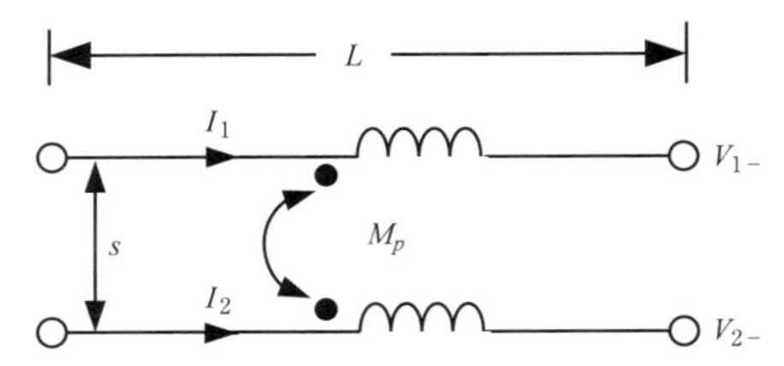

注：あらゆる配線や導体にはインダクタンス成分が存在する

表3.1　2本の平行な伝送線路間における相互部分インダクタンス

導体間の距離	共通部分の長さ		
	1インチ (2.54cm)	10インチ (25.4cm)	20インチ (50.8cm)
1/2インチ(1.25cm)	3.23nH	137.9nH	344.9nH
1/4インチ(0.63cm)	6.12nH	172.4nH	414.7nH
1/8インチ(0.32cm)	9.32nH	207.3nH	484.8nH
1/16インチ(0.16cm)	12.7nH	242.2nH	556.6nH

特性を持つためです．

今まで述べてきた相互部分インダクタンスの考え方に従って，**図3.6**に示すように2つの配線に信号が伝播している場合を考えてみます．信号配線をV_1，RFリターン配線をV_2とします．ここで，2つの導体が信号配線とそれに付随するリターン配線と仮定すれば，$I_1=I_2$，$I_2=-I_1$となります．もし，2つの導体の間には相互結合がないとすれば閉ループは構成されないため，回路としては機能しません(詳細は第2章を参照のこと)．回路が完全なループであるとすれば，電圧降下は式(3.10)で示されます．

$$V_1=(L_{p1}-M_p)\frac{dI}{dt}$$
$$V_2=-(L_{p2}-M_p)\frac{dI}{dt} \quad \cdots\cdots (3.10)$$

式(3.10)によれば，導体の電圧降下を低減させるためには導体間の相互インダクタンスを最大化し，2つの導体を1つの回路として扱えるようにする必要があります．相互部分インダクタンスを最大化するもっとも直接的な手法は，可能な限り近い位置にRFリターン電流の経路となる配線を設けることです．適切なテクニックはベタ・プレーンを用い，それを可能な限り信号配線に近い距離に置くことです．片面基板や両面基板において，相互部分インダクタンスを最大化する方法は，信号配線に対して極力近い位置に平行にリターン経路を設けることです．

部分インダクタンスと相互部分インダクタンスの効果を見るため，平行する2配線もしくはプレーン上の配線について考察してみましょう．部分インダクタンスは，基本的に導体内部に常に存在します．インダクタンスは，物理的な寸法に基づいて特別な共振周波数を持つアンテナとして作用します．相互部分インダクタンスによって，部分インダクタンスの影響は最小化することができます．2つの導体を近づけて配置することによって2つの導体の間は互いに鏡像として作用するため，個別の部分インダクタンスを最小化することができます．これは，EMI規格をクリアするために必要な設計要件です．

相互部分インダクタンスを最適化するためには，2つの導体を流れる電流の振幅が等しく，電流の流れる方向または位相が逆になっている必要があります．これにより，イメージ・プレーン(RFリターンの経路)として機能します．理由は，相互部分インダクタンスが2つの平行線の間に存在するため，ある程度のインダクタンスを示すからです．**表3.1**に，2つの平行する導体間の距離を変化させたときの相互部分インダクタンス特性を示します(2)．

これまでは信号配線の相互部分インダクタンスについて述べましたが，誘電体を挟む電源とリターン・プレーンのインダクタンスはどのように見積もることができるでしょうか？　2つのプレーン間の相互部分インダクタンスの値は，プレーン間の間隔を縮めることによって大きくすることができます．2つの導体を近接して配置することは総合的なインダクタンスが小さくなるだけでなく，プレーン間の容量も増加するため，電源供給ネットワークの電源品質を向上させる上でも望ましいことです

3.2　RFリターン電流に関するインピーダンスと伝送線路の振る舞い

インピーダンスを最小とするように流れる電流

3.2.1　典型的な伝送線路の構造

第2章で述べたように，あらゆる伝送線路は抵抗，インダクタンス，コンデンサで構成されます．**図3.7**は，この構造を簡単に表現した図です．この回路構造は，

図3.7 伝送線路の等価回路の簡単な例

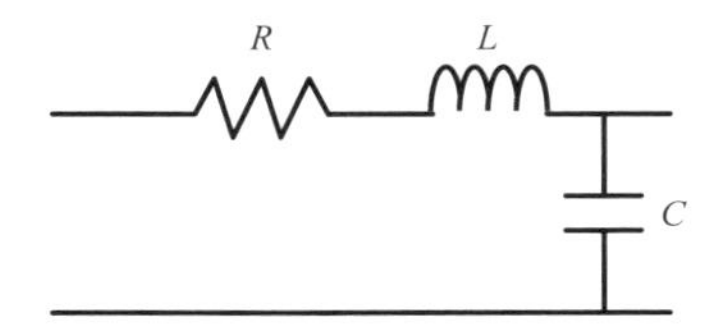

配線のみ：$2\pi fL > R$ 周波数が10kHz以上の場合

平行2線や同軸ケーブル，プリント基板のパターンなど，自由空間を除くあらゆる伝送線路の振る舞いを表現しており，インピーダンスが最小になる経路で誘電体の中をどのようにして電界と磁界が伝播するかを理解することができます．以降，この考え方を実際の場合に当てはめて簡単化していくことにします．

この理論を実際のアプリケーションに適用する前に，まず電磁界理論を簡単化して理解しておきましょう．

3.2.2 最小インピーダンス

電流は，常にインピーダンスを最小とするように流れます．約10kHz以下の周波数帯では電流は抵抗が最小となるような経路を流れます．10kHz以上になると，式(3.11)に示すように周波数が高くなるに従って系はインダクティブ(誘導性)になり，伝送線路を構成するようになります．ここで重要なことは，インピーダンスが複素数で表現され，虚数部にはインダクタンス(L)と周波数(f)を含んでいることです．周波数が高くなるとともに虚数部の値は急激に増加し，抵抗の項よりも大幅に大きくなります．

インピーダンスの式： $Z = R + jX_L$

誘導リアクタンスの項：$X_L = 2\pi fL$ …… (3.11)

- 周波数が高くなるとX_Lは周波数に比例して増加する
- 抵抗とインダクタンスは常に物理的な制限によって決まる
- Rの値は一般に極めて低く，通常は数Ω以下
- X_Lの影響は周波数が10kHz付近を境としてRより顕著となる

〈例〉10cmのループ構造を持った線状導体片（アンテナ）

- 抵抗値は数Ωであるが，アンテナのインダクタンスは1μH/cm
- 10cmのループ・アンテナは，100MHzにおいて$X_L = 2\pi(100\text{MHz}) \times (10\mu\text{H}) = 6.28\text{k}\Omega$となる．この値は抵抗値よりも数桁大きな値である．

多くの線状導体の抵抗値は，数Ω以下です．この値は周波数には依存しません(ただし，高周波で表皮効果や表皮深さの影響が顕著となる場合を除く)．そのため，回路の伝送線路インピーダンスの計算は簡単になります．低周波帯では，総合的なインピーダンスは一般に低く数Ωのオーダです．プリント基板ではインピーダンス・コントロールされた伝送線路が用いられ，多くのアプリケーションではその値は50Ω(リターンを含むシングルエンドの場合)に設計されています．周波数が1MHz，100MHz，1GHzと，さらに高い周波数になるとjX_Lは桁違いに大きくなるので，インピーダンスの式の抵抗成分は無視できるようになります．

自由空間のインピーダンスは377Ωです．伝送線路のインピーダンスが377Ωよりも大きければ，RFリターン電流は直流電圧のリターン・パスを除いて電磁界の問題を扱う際に用いたキルヒホッフとアンペールの法則に則って，空気中を含んだインピーダンスが最小となる経路を通って電流が流れることになります．

すべての伝送線路においてループ・インダクタンスのコントロールが必要になります．このときのインピーダンスは，式(3.11)で決まります．伝送線路内の電流は，この式の中では変化しません．

3.2.3 伝送線路におけるRFリターン電流の経路

RF電流は，常に以下に示すインピーダンス特性にしたがって周波数に関係なく流れます．

- 抵抗最小→リアクタンス最小→インダクタンス最小→ループ面積最小
- 10kHz以下では(一般的な銅による配線の場合)，RF電流は抵抗が最小になるように流れる．1MHz以上の周波数帯では(一般的な銅による配線の場合)，インダクタンスが最小となる経路を流れる．10kHzから1MHzの周波数帯では，電流は総合的なインピーダンスが最小となるように，2つの経路に分かれて流れる．
- 負荷インピーダンスが配線のシャント容量よりもはるかに大きい場合には，線状導体のインダクタンスが支配的となり，多くの導体ではインダクタンスが最小となる条件はループ面積がもっとも小さい場合になる．

図3.8は，低周波と高周波における電流の流れをイ

図3.8　インピーダンスを最小化するRF電流の流れ
（出典：パブリックドメイン）

発振子
同軸ケーブル
ループ面積の大きい領域
低周波RFリターン経路
ストラップ
高周波RFリターン経路
ループ面積の小さい領域

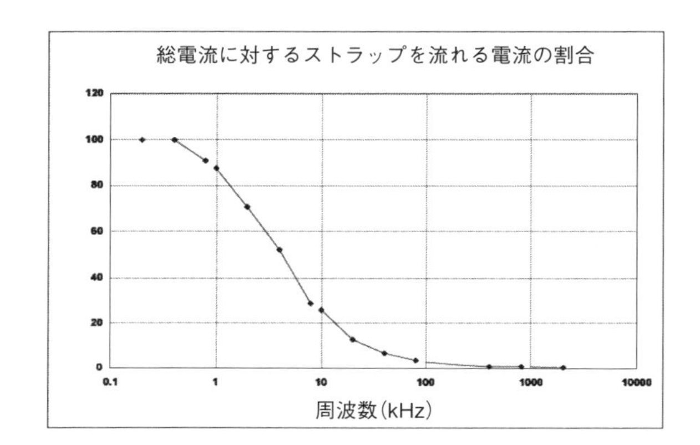

メージしたものです．この図では同軸線路で構成された1つの伝送線路に発振子が接続されており，直流から2MHzまでの周波数を掃引した際のRFリターン電流を見ることができます．この同軸線路の終端には，線路の特性インピーダンスに整合した抵抗負荷（この場合は50Ω）が接続されています．同軸線の外導体の始端と終端には銅のストラップが接続されており，このストラップには電流クランプが装着されています．この電流クランプによって，低周波でのリターン電流を測定することができます．

発振器の周波数は，直流から2MHzまで可変です．直流，および非常に低い周波数帯ではRFリターン電流の100%がストラップに流れます．これは，このストラップが抵抗を最小とする経路になるためです．周波数が高くなるとともに，電流クランプで測定されたRFリターンの量は低下します．これは同軸の中心導体を流れる信号電流に対し，そのリターン電流が鏡像となる同軸の外導体を流れるようになるためです．この鏡像イメージは，信号配線とリターン配線間の相互部分

図3.9　モーメント法による1kHzにおける電流密度の計算結果（抵抗最小）

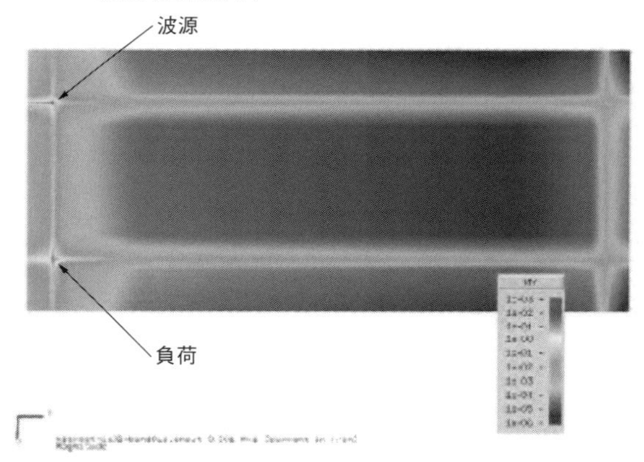

インダクタンスで決まります．周波数が100kHzに近づくと中心導体を流れた電流に対するリターン電流のほとんどが，外導体の内側を流れるようになります．1MHzでは，クランプの部分を流れる電流はほとんどゼロになります．これは，電流がインピーダンスを最

図3.10　モーメント法による1MHzにおける電流密度の計算結果（インピーダンス最小）

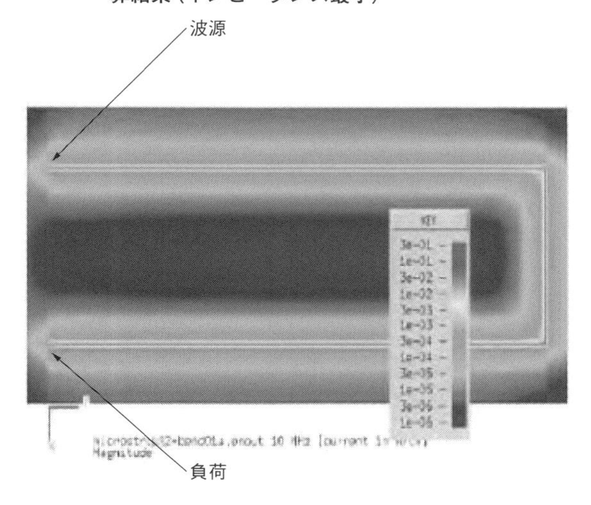

図3.11　ループ・インダクタンス

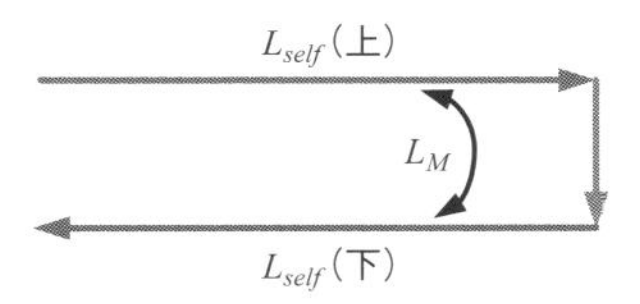

小とするような経路を選択して流れるためです．

RF電流の流れを可視化した例として，**図3.9**と**図3.10**に1kHzと1MHzの2つの信号のRFリターン経路を示します．この回路構造は，**図3.8**のアートワークのグラフと同一であり，発振器と終端は同軸ケーブルで接続されています．

3.3　プリント基板のレイアウトと配線長に関するインダクタンスの考察

回路図上にないインダクタンスを把握しよう！

3.3.1　ループ・インダクタンス

図3.11に示すような簡単化したプリント基板の伝送線路について考えてみましょう．ここでは簡単のため，波源と負荷は考えないことにします．上の配線が行きの電流経路，下の配線がリターンです．上の配線を流れる電流の作る磁力線はリターン経路に結合しますが，その向きは逆になります．2つの経路全体にわたって足し合わせると，ループ回路全体の磁力線を計算することができます．線路が無損失であると仮定すれば，双方の配線を断片的に見たとき，行きの電流はリターン電流に対し逆向きで同じ振幅になります．リターン経路を流れる電流の作る磁力線は，その元となる電流（たとえば，信号電流）によって生成されたものですが，その流れは逆向きになります．下の配線の断片で見たとき，これらの磁力線は下部のセグメントにおいては全体の磁力線から差し引く必要があります．

プリント基板では，信号配線を可能な限りベタ・プレーンに近づけるか，もしくは逆方向に電流の流れるRFリターンの配線に近接させてレイアウトすることにより，コモン・モードRF電流（ディファレンシャル・モードである信号のコモン・モード成分）の発生を最小限に抑制することができます．磁束を互いに打ち消すか，もしくは最低限に抑制することがループのインダクタンスを最小にするために必要な条件です．ループ・インダクタンスは，式(3.2)で表すことができます．したがって，総合的な（ループ）インダクタンスを低減することによって，コモン・モード電圧（V）の発生を抑えることができるのです．ある決まったインピーダンス（たとえば，伝送線路）の両端に発生する電圧降下を小さくすることにより，RF電流の発生は抑制され，基板のレイアウト中に非意図的に存在するアンテナの駆動能力を抑制できます．回路レイアウトの立場から見ると，この複雑なメカニズムはオームの法則や第1章の解説によって，容易に理解することができます．

3.3.2　ループの相互インダクタンス

ループの相互インダクタンスは，ループの自己インダクタンスに他なりません．ここで2つの独立したループを考えたとき，片方のループに流れているRF電流の作る磁界の一部がもう一方のループに鎖交し，これが相互インダクタンスになるためです．一方のループを流れる電流の状況が変化すると，もう一方のループの周囲に発生する磁束が変化し，そのループにはノイズが誘起されます．このときのノイズの結合量は，同様に式(3.2)によって表すことができます．

近接して置かれた2つの伝送線路間の結合経路の1つは，実際のループ間の相互インダクタンスになります．ICパッケージやコネクタなどのように，リターン経路が一様な平面でない場合，近接する信号配線とリターン経路の2つの間に発生する相互インダクタンスは大きくなります．これにより発生するノイズは一般には同時スイッチング・ノイズ，もしくはSSN（Simultaneous Switching Noise）と呼ばれています．SSNを低減するもっとも重要な手法は，それぞれのループの距離を離すか，もしくは物理的にループ面積を小さくして相互インダクタンスを小さくすることです．2つの信号配線のリターン電流が共通の導体を流れるような場合には，ループの相互インダクタンスはその共通に電流が流れる領域の部分自己インダクタンスによって決まります．このインダクタンスは，非常に大きな値になる可能性があります．こうした状況を作り出す例としては，コネクタの中の独立したリターン・ピンや，信号配線のピンを分離するケースが挙げられます．

3.3.3　デカップリング・コンデンサの搭載によって発生するリード・インダクタンス

0603や0402のコンデンサの一般的な搭載部分のサイズを**図3.12**に示します〔訳者註：本書ではインチ（1000 mil）を基本としており，0603は0.06inch × 0.03inch，0402は0.04inch × 0.02inchを表す．日本国内ではこのサイズにもっとも近いコンデンサは1.6mm × 0.8mm，1mm × 0.5mmとなるので，1608，1005となる〕．どのパッケージ・サイズを選んでも，パッドからビアまでの引き出し線の距離は等しく10mil（0.254mm）としているので，リード・インダクタンスはほぼ同一になります．このわずかな距離でさえもインダクタンスとして作用してしまうので，デカップリング・コンデンサとして使用したときに電荷の供給能力を最大限引き出すことは困難になります．**表3.2**と**表3.3**[(7)]に，プリント基板の引き出し線長に対するインダクタンス値を示します．

図3.12　コンデンサ搭載部分の寸法〔文献（7）〕

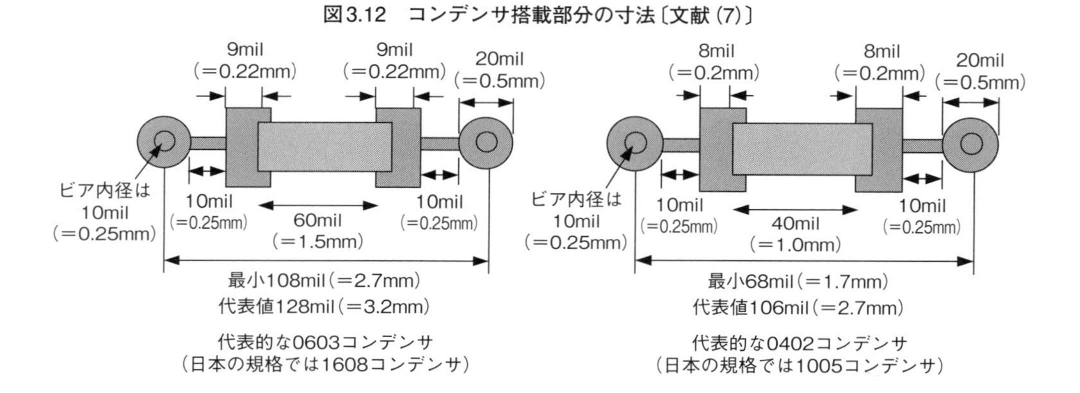

表3.2　SMTコンデンサの代表的なインダクタンス

プレーンまでの距離 [mil]	0805（日本の規格では2012）コンデンサ-ビア間の代表的/最小距離 3.76mm（148mil）	0603（日本の規格では1608）キャパシタ-ビア間の代表的/最小距離 3.22mm（128mil）	0402（日本の規格では1005）キャパシタ-ビア間の代表的/最小距離 2.69mm（106mil）
10	1.2nH	1.1nH	0.9nH
20	1.8nH	1.6nH	1.3nH
30	2.2nH	1.9nH	1.6nH
40	2.5nH	2.2nH	1.9nH
50	2.8nH	2.5nH	2.1nH
60	3.1nH	2.7nH	2.3nH
70	3.4nH	3.0nH	2.6nH
80	3.6nH	3.2nH	2.8nH
90	3.9nH	3.5nH	3.0nH
100	4.2nH	3.7nH	3.2nH

表3.3 コンデンサ搭載時のインダクタンス

プレーンまでの距離 [mil]	0805 (日本の規格では2012) コンデンサ-ビア間の代表的/最小距離 5.28mm (208mil)	0603 (日本の規格では1608) コンデンサ-ビア間の代表隔/最小距離4.8mm (188mil)	0402 (日本の規格では1005) コンデンサ-ビア間の代表隔/最小距離4.2mm (166mil)
10	1.72nH	1.6nH	1.4nH
20	2.5nH	2.3nH	2.0nH
30	3.0nH	2.8nH	2.5nH
40	3.5nH	3.2nH	2.8nH
50	3.9nH	3.5nH	3.1nH
60	4.2nH	3.9nH	3.5nH
70	4.5nH	4.2nH	3.7nH
80	4.9nH	4.5nH	4.0nH
90	5.2nH	4.7nH	4.3nH
100	5.5nH	5.0nH	4.6nH

(注) コンデンサ・パッドとビア・パッド間の距離は50mil (12.7mm)

図3.13 典型的なビア構造とそのリード・インダクタンス〔参考文献(7)〕

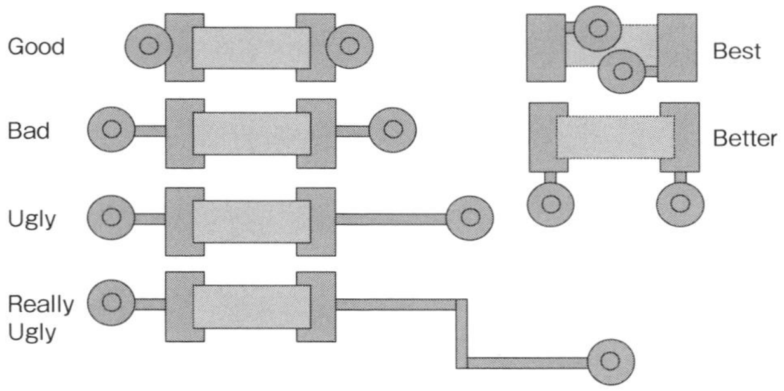

Good
Bad
Ugly
Really Ugly
Best
Better

図3.14 リード・インダクタンスを低減するためのコンデンサの搭載レイアウト

Poor
Possibly adequate
Good
Best

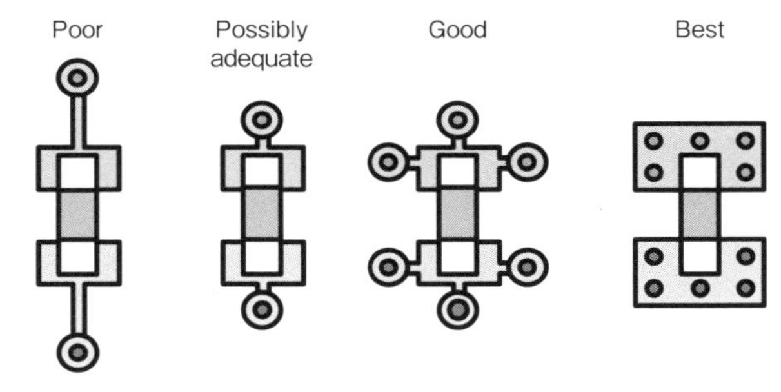

3.3.4 ビアの構造とリード・インダクタンスの影響

図3.13は，プリント基板で通常見られるコンデンサの実装部分の配線構造を示したものです．インダクタンスは，ループの大きさ，配線，ビア，実装パッドの長さ，そしてそれらと基板の内装プレーンとの接続長(z軸)，その他のパラメータなどによって決まるので，インダクタンス値を厳密に求めることはここでの議論の目的とはしていません．しかしながら，以下に示す値はおおむね正しく，またプリント基板内で起きている現象が見えるようになります．

代表的な接続構造(ビア)のインダクタンスの値は，おおむね以下のようなオーダになります．

- 基板の表面配線対：25～38nH/cm(10～15nH/inch)
- デカップリング・コンデンサ用のビア対：それぞれ

0.40～1nHと200～500pH

- プレーンのインダクタンス：0.1nH

配線やビアのインダクタンスは通常，ピコ・ヘンリー(pH)のオーダとなり，プレーンのインダクタンスに比べるとはるかに大きな値です．

図3.14は，プリント基板上にデカップリング・コンデンサを搭載するのに付随して発生するリード・インダクタンスを低減する手法を示したものです．左の図から右に進むに従い，ループ面積は小さくなるため，ループ・インダクタンスが縮小し，総合的なインダクタンスは低下します．ループ・インダクタンスを小さくすることは，シグナル・インテグリティの向上や不要なコモン・モードのRFエネルギーの発生を抑えるだけでなく，部品の自己共振周波数を高周波側にシフトさせる効果を期待することできます．

◆参考文献◆

(1) Montrose, M. I. ; 1999, EMC and the Printed Circuit Board Design-Design, Theory and Layout Made Simple, Hoboken, NJ: John Wiley & Sons/IEEE Press.

(2) Paul, C. R. ; 2006, Introduction to Electromagnetic Compatibility, 2nd ed., Hoboken, NJ: John Wiley & Sons.

(3) Dockey, R. W., & R. F. German; 1993, "New Techniques for Reducing Printed Circuit Board Common-Mode Radiation", IEEE International Symposium on Electromagnetic Compatibility, pp. 334-339.

(4) Hubing, T. H., T. P. Van Doren, & J.L. Drewniak; 1994, "Identifying and Quantifying Printed Circuit Board Inductance", IEEE International Symposium on Electromagnetic Compatibility, pp. 205-208.

(5) Ott, H. ; 1988, Noise Reduction Techniques in Electronic Systems, 2nd ed., Hoboken, NJ: John Wiley & Sons.

(6) Ott, H.; 2009, Electromagnetic Compatibility Engineering, Hoboken, NJ: John Wiley & Sons.

(7) Archambeault, B.; Inductance and Partial Inductance-What's it all mean? Retrieved from http://web.mst.edu/~jfan/slides/Archambeault3.pdf.

第4章 やさしく学ぶ電源分配ネットワーク(PDN)

すべての電気電子機器では，用途に関わらずPDN(Power Distribution Network；電源回路網，電源分配ネットワーク，電源供給システム)が重要な役割を担っています．プリント基板に搭載されている部品は，電源電圧の変動に対して非常に敏感です．特にモータは，電圧と周波数が適切でないと正確に動作しません．通信システムにおいては，電磁界を信号源から負荷に伝播するために絶え間なく安定したエネルギーが供給されていなければなりません．シグナル・インテグリティを保証することは，安定した電源供給なくして考えることはできません．機能障害の原因となりうる電力変動や電圧スパイク，電圧のなまり，停電などの事象を発生させないためには，PDNは電気電子機器に必要とされるもっとも重要な項目です．

本章では，まずPDNの重要性について述べます．その後，PDNがどのように伝送線路理論に結びついていくかを述べていきます．さらに，安定したPDNを確保するためのコンデンサを用いたさまざまなアプリケーションに関する解説を行います．PDNに用いられているコンデンサには，共振，蓄エネルギー，インピーダンス，並列デバイスの利用，リード線のインダクタンス，物理的な配置，コンデンサの実装や埋め込みキャパシタンスによる弊害など，スペック表には載っていないさまざまな観点からの検討が必要になります．

4.1 PDNの最適化と必要性

電気電子機器の安定動作のために

最適なPDNには，下記の2つの要件が重要です．

- 各種の部品が正常に動作するために，電源が安定しグラウンド電位が安定していること．
- 内部のアンテナ構造に流れるコモン・モード電流の原因となるような電源-グラウンド間の電圧変動やスイッチング・ノイズが最小になるように，電源が最適に分配されていること．

電源とグラウンドが安定していれば，アナログ，ディジタルにかかわらず各回路はある一定の共通のマージンで正しく動作します．たとえば，電圧マージンの小さいアナログ回路は，数mVでも電圧変動があると正しい動作をしなくなってしまいます．一方，ディジタル・デバイスは電圧変動に対する許容度は高いのですが，電圧変動の周期がそのデバイスの論理遷移レベル(立ち上がりや立ち下がりのレート)を超えるような場合には，シグナル・インテグリティの面で問題が生じます．基本的に電力供給では，部品の電源ピンとグラウンド・ピンの間においてノイズ・スパイクや電圧/電流レベルの変動を起こさず，無制限にかつ途切れることなく安定した状態が望まれています．

PDNの設計に必要な項目は，

(1) 電力伝送によって生じる電圧低下を最小にするため，回路間の接続は低インピーダンスでなければなりません．

(2) 各部品間には必ず有限な物理的距離があるため，一定の電圧降下が発生します．部品間に存在するインダクタンスによっては，問題となるような電源電圧の変動が発生するかもしれません．

1個の直流電源に，簡単化された2つの回路が接続された状態を**図4.1**に示します．2つの回路は，インダクタンスを介して接続されています．このPDNに接続された回路の入力容量を充電するために電流が伝送線路を流れますが，この際，電圧や電流のレベルやタイミングのマージンといったパラメータの観点から問題となるような損失が発生することは許されません．しかし，どのような伝送線路でも基本的にインダクタンスを有しており，このインダクタが電圧降下の要因になります．

図4.1　簡略して視覚化したPDN

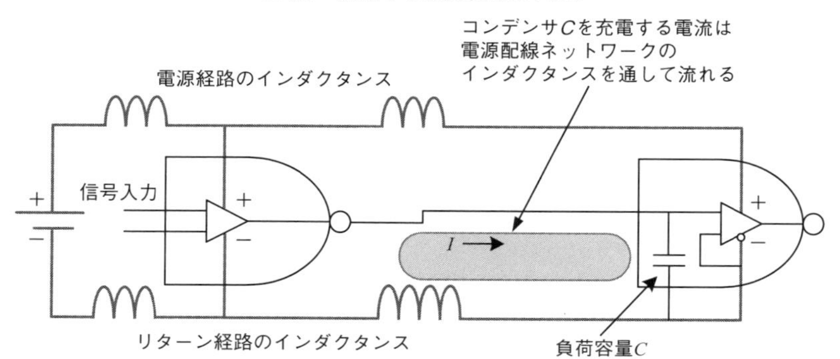

それぞれの回路デバイスは，その仕様動作を保証する最大動作電圧と最小動作電圧が設定されています．急な電流の変化に対しても電源電圧の変動が生じないようにするためには，すぐに電流を供給できる電荷の貯蔵庫のようなものを回路の近くに設け，伝送路に直列に入るインダクタンスを最小にする必要があります．コンデンサは，インダクタとは対照的に電流が流れている間はその両端に発生する電圧の急激な変化がないので，寄生インダクタンスの影響を考えなければ最適な電荷の貯蔵庫として機能します．

4.2　伝送線路としてのPDN

PDNも特性インピーダンスと伝搬遅延を持つ伝送線路

PDNは，特性インピーダンスと伝播遅延を持つ2つの導体による伝送線路として表すことができます．プリント基板の電源供給プレーンは，事実上，部品間を接続する信号配線と同じく伝送線路になります．プレーンと配線の違いは，物理的な寸法だけです．信号配線が非常に細いのに対し，プレーンは大変広くx軸とy軸方向に広がりを持ちます．どちらの伝送線路もデバイス間に電力やデータという信号を伝えるという役割に変わりはなく，リターン経路としての機能も持ちます．

図4.2(b)は，電源線のみにインダクタンスが存在し，リターン線にはインダクタンスがありません(物理的に細い配線はインピーダンスは高く，広いプレーンはインピーダンスが低いため)．配線には，常に有限のインダクタンスが存在します．リターン線のインダクタンスが極めて小さいとみなせる理由については，後の章で説明します．

4.3　PDNを強化するための主要な条件

特性インピーダンスを最小限にする

電源電圧の過渡応答は，そのPDNの特性インピーダンスZ_0に比例します．したがって，PDNを安定化するためにもっとも重要な方法は，この特性インピーダンスをできる限り小さくすることです．このことは，オームの法則($V=IZ$)によって簡単に説明することができます．電圧が決まっていて，PDNが高インピーダンスになってしまうような場合には，有効な電流量を最小にすることになります．一方，インピーダンス(Z)を極めて低くできれば，電圧変動を低く抑えながらより多くの電流(I)を流すことができます．

どのような伝送線路でも，特性インピーダンスは式(4.1)に示す2つの方法で表現されます．1つは周波数軸において線路の単位長さ当たりのインダクタンスと容量を用いる方法で，もう1つはオームの法則を用いる方法です．ここで，(x)は時間に関する電圧，もしくは電流の変化を表しています．どちらの手法も基本的にはまったく同一で，設計段階で考慮すべき対象が異なるだけです．また，PDNを低インピーダンスにするためには，インダクタンス(分子)を小さくするか，容量(分母)を大きくすればよいことがわかります．これをプリント基板で実現するには，次のような方法があります．

- ループ面積を縮小する．
- 2つの導体をできる限り近接して配置する(容量を大きくし，空間的にインダクタンスを打ち消す)．

図4.2 伝送線路として表現したPDN

電源
＋
−
リターン
C C C C C

(a) 理想的な PDN(多数の負荷を接続した構造)

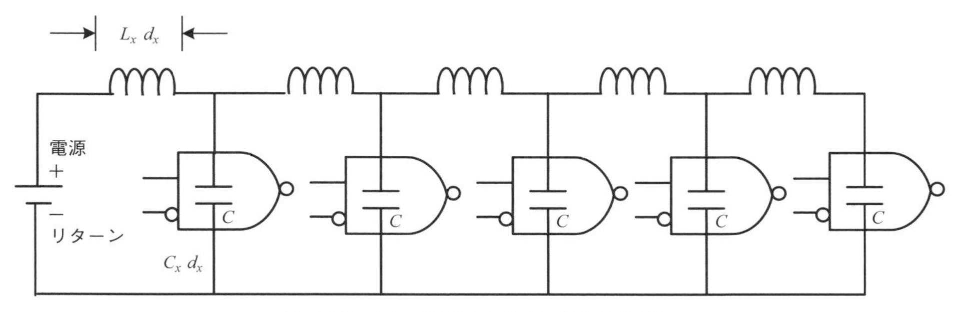

(b) 実際の PDN(多数の負荷を接続した構造)

- 導体の幅を広くする(導体に存在するインダクタンスを小さくし，容量を大きくする).

$$Z_o = \sqrt{\frac{L_o}{C_o}} = \frac{V(x)}{I(x)} \quad \cdots\cdots (4.1)$$

4.4 プリント基板における コンデンサの使用

バルク/バイパス/デカップリング

一般に，コンデンサには電荷を蓄える機能しかないと考えられていますが，それは誤った考え方です．コンデンサは誘電体を挟む2枚の導体として定義されており，エネルギーの蓄積はその機能の1つにすぎません．コンデンサにはアナログ回路における波形成形などの機能がありますが，本節ではコンデンサの3つの基本的な機能について説明していきます．

PDNには，スイッチングを行うディジタル回路のロジック・レベルによって引き起こされる物理的や時間的な制約を克服することが求められます．ディジタル回路のロジック・レベルとは，通常は“0”と“1”の2つの状態を言います．これら2つの状態を設定し，認識するのは，そのデバイスのロジックがLow (“0”) であるかHigh (“1”) であるかを判断する部品内部のスイッチによって行われますが，それを判断するには有限の時間が必要です．この時間の範囲内で誤動作を発生させないようにするには，ある程度のマージンを持たせなければなりませんが，それには限界があります．ロジックの状態がトリガ・レベルに近いときにはどちらとも判断できない不確定な状態になります．このような状態で高周波のスイッチング・ノイズが加わると，この判断をできない状態が多くなり，最終的には誤動作を引き起こすことになります．

こうした問題を解決するために，プリント基板にコンデンサが用いられます．このときのコンデンサの重要な役割は，バルクとバイパス，デカップリングです．その他のコンデンサの機能については，本章の後半で述べることにします．

注：技術者の間では，バイパスとデカップリングは同一の機能と考えられています．この考え方はある意味では正しいのですが，実際に利用する側面では明らかに違いがあります．ある条件のもとでは，電源プレーンとグラウンド・プレーンの間に挿入されたコンデンサはスイッチング・ノイズを低減します．これはデカップリング機能です．一方，このコンデンサは，RFエネルギーを片方の

プレーンから他方へ伝達します．これがバイパスです．

ピコファラッド(pF)レベルのコンデンサでは蓄積できるエネルギーが限られているため，デカップリングとしての役目をあまり果たしません．それでもMHz以上の周波数帯では，スイッチング・ノイズを0V電位のグラウンド・プレーンに逃がすことができます．多層プリント基板では，デカップリング機能は常にz軸方向(電源プレーンとグラウンド・プレーン)に対して用いられるのに対し，バイパス・コンデンサは同一平面(たとえば，グラウンド-グラウンド間)にも適用することができます．

用途(バルク，バイパス，デカップリング)に応じて適切にコンデンサを用いれば，最適な実装状態にすることができます．コンデンサを用いた回路を設計する場合には，常に目的とする用途以外に，自己共振や等価直列インダクタンス(*ESL*)，等価直列抵抗(*ESR*)，パッケージ・サイズ，温度特性，耐電圧などを念頭におかなければなりません．さらに，コンデンサに用いられている誘電体の特性や特徴についても適切に選択されている必要があり，決して過去の利用実績や経験による行き当たりばったりの経験則に頼ってはいけません．

4.4.1　バルク・コンデンサ

典型的なバルク・コンデンサは容量が大きく(1～1000μF)，PDNの直流電圧と電流を一定に保つ役割を果たします．バルク・コンデンサは，一定の半径の範囲にあるすべての部品に対して十分な電力(電圧と電流)を供給できるものでなければなりません．ロジックの状態がLow("0")からHigh("1")，もしくはHigh("1")からLow("0")に遷移する際，これらの部品は伝送線路に信号を伝えるために電流を消費します．部品への電力供給は，電源供給プレーン(電源プレーンとグラウンド・プレーン)や電源供給の目的で設計された特別な配線によって行われます．エネルギー源は素早く電流を供給しなければならないので，局所的な電源となるコンデンサを配置します．これは通常，デカップリング・コンデンサと呼ばれます．デカップリング・コンデンサはその電荷を各部品に供給した後，再充電する必要があります．そこで，デカップリング・コンデンサに再充電するために，近傍にバルク・コンデンサを置きます．再充電はプレーンとの接続インピーダンスに依存しており，バルク・コンデンサを配置する際は，そのインピーダンスを十分に小さくする必要があります．

プリント基板に電力の消費が大きいデバイスが多く搭載されているような場合，集中定数として見たときの電流と抵抗の積である電圧降下(*IR*ドロップと呼ばれる)が許容範囲を超えて大きくなることがあります．バルク・コンデンサは，そのような場合に電圧を復元させる際にも役に立ちます．

プリント基板において，たとえば+5V_{DC}で多数の部品が同時に電流を消費したとき，一定の距離が離れた電源コネクタから伝送線路を伝わってくる電流が供給される際のPDNにおける電圧が，*IR*ドロップによって定常的に+4.5Vになったとします．+5V仕様のディジタル部品は，入力電圧が+4.75Vを下回ると信頼性が損なわれるので，バルク・コンデンサはこれを+5Vに戻し，そのデバイスの動作と安定性を保証する役割を果たします．

バルク用のコンデンサには，多くのタイプが使われています．一般に，電解，タンタル，リチウム・イオン，マイカ，セラミックなどの誘電体の材料や極性の有無など，その材料の性質によって分類されています．

4.4.2　バイパス・コンデンサ

バイパス用途に用いられるコンデンサには，プリント基板内の1つの領域から他の領域にRFエネルギーを伝えるという機能があります．たとえば，ケーブルのシールドとシャーシ・グラウンド間へRF電磁界を移送したり，分割されたプレーン間を接続するのに適用してリターン電流のループ面積を縮小にし，それにともなう電圧降下$L\ (dI/dt)$を削減したり，さらには高周波のスイッチング・ノイズを電源プレーンからゼロ電圧の基準面やシャーシ・グラウンドに回避させることができます．バイパス・コンデンサを用いることで，不要なRFエネルギーを取り除いて無用な混乱を避けることができるほか，周波数帯域は限られるもののフィルタとしての機能を付加することもできます．

バイパス・コンデンサを選択する際は，多くの場合，自己共振周波数と他の重要なパラメータとの関係を考慮しますが，この値を導出する手法の詳細は4.6節で述べます．一般に忘れがちで設計者もあまり意識していないのですが，バイパス・コンデンサのもっとも重要な使い方として，部品の有無にかかわらず，プリント基板の電源供給プレーン(電源プレーンとグラウンド・プレーン)全体のいたる所にコンデンサを拡散して配置することがあげられます．そうすることにより，PDNを低インピーダンスに保つことができるのです．コンデンサの容量はプレーン間の物理的な距離によって決まりますが，おおむねピコファラッド(pF)のオーダです．PDNのインピーダンスが高くなる領域が生じた場合には，電源-グラウンド間の電圧変動が顕著になり，基板上の他の領域に比べると回路の誤動作が多く発生します．これはビアなどによってインピーダンスの不整合が起こり，スイッチング・ノイズが反射を起こすためです．

4.4.3 デカップリング・コンデンサ

デカップリング・コンデンサは，直流によって動作している部品がスイッチング動作を行っている際に発生するRFノイズが，PDNに侵入するのを最小限に抑えるために用いられます．デカップリング・コンデンサは局所的な直流電源として機能し，基板内部を伝播するサージ電流のピーク値を低減させることにも役立っています．

部品の電圧は仕様で決まっているため，ロジックの状態が遷移する際に必要な電力の変化量は，所要電流量として示されます．電源は，必要な電流の量がどのように変化してもPDN，とりわけグラウンド電位の変化ができる限り小さくなるように調整しなくてはなりません．デバイスの動作に必要な電流量が急激に変化した場合に，PDNは素早く対応できないことがあります．そのようなケースでは，必要な電荷を電源が供給するまでのわずかな時間に電圧低下が起こります．つまり(シリコン・チップと基板のPDNの間に存在する)一定のインピーダンスのもとで電流量が増加するので，オームの法則に従って電流が流れている間だけ電圧が下がります．適切に電流を供給するため，直流電源には即座に電圧を調整することが求められますが，一般に用いられる電源ではボルテージ・レギュレータのスイッチング速度の関係で，直流から数百kHzオーダの周波数でしか対応することができません．したがって，回路の過渡特性のように，これより高い周波数成分を含んで発生する事象については，要求される電流レベルに電源が対応できるまでにタイムラグが生じることになります．

デカップリング・コンデンサは，部品の入力ピンに直接配置してPDNの電圧変動を低減する局所的な蓄エネルギー・デバイスとして作用します．このコンデンサに蓄積できるエネルギー量はわずかなので，継続的に直流の電力を供給することはできませんが，瞬時の電流需要には対応することができます．こうしたコンデンサは，数百kHzから数百MHzの周波数帯(ミリ秒からナノ秒オーダ)での電源電圧の維持に効果があります．部品には固有のインダクタンスと抵抗が含まれるため，デカップリング・コンデンサはそれ以上の周波数帯でも，またそれ以下の周波数帯でも効果は発揮しません．実際，非常に上手く設計されたPDNであっても，200MHz以上ではこのコンデンサの恩恵を十分に受けることはできません．より高い周波数帯では，チップ内部にデカップリング・コンデンサ構造が必要になります．この構造では，電源プレーンとグラウンド・プレーンそのものが主たる動的な電荷源になります．埋め込みキャパシタンスについては，4.22節で説明します．

4.5 共振について(基本回路の解析)

特定の周波数の高周波信号だけを通す

回路のリアクタンスにおいて，誘導性ベクトルと容量性ベクトルの差がゼロになるときに共振が起こります．この状態で交流電圧の応答を見ると，この回路は単純な抵抗回路とみなすことができます．多くの回路構成がありますが，基本的な共振回路には下記の3つがあります．

- 直列共振
- 並列共振
- CとRL直列回路の並列共振

共振回路には周波数選択性があり，特定の周波数の高周波信号のみを伝播します．直列LCR回路は，回路の抵抗Rが高く電源の内部抵抗が低い場合に，共振周波数(Cの値によって決まる)で信号を通過させます．回路の抵抗Rが低く電源の内部抵抗が高い場合には，この回路は共振周波数において信号の伝播を阻止します．直列共振回路とは逆に，並列共振回路を負荷と直列に接続すると，共振周波数において信号は阻止されます．

4.5.1　直列共振

直列RLC回路のインピーダンスは，

$$Z=\sqrt{ESR^2+(X_L-X_C)^2}$$

で表されます．RLC回路が単純な抵抗となる場合のω(=$2\pi f$)は，共振角周波数と呼ばれます(**図4.3**)．

直列RLC回路の共振周波数における特性を以下に示します．

- インピーダンスは最小
- インピーダンス値は抵抗値に等しい
- 回路の位相はゼロ
- 電流値は最大
- 透過電力(IV)は最大

4.5.2　並列共振

並列RLC共振回路を**図4.4**に示します．自己共振周波数は，直列RLC回路と等しくなります．

並列RLC回路の共振周波数における特性を以下に示します．

- インピーダンスは最大
- インピーダンス値は(直列RLC回路と同様に)抵抗値に等しい
- 回路の位相はゼロ
- 電流値は最小
- 透過電力(IV)は最小

この回路構造では，インダクタンスLとコンデンサCによるインピーダンスが等しくなる特定の周波数で共振が発生します．この回路の抵抗は，ある条件のもとでは並列共振の抑制に大きな効果を発揮します．

等価直列抵抗が大きくなると，共振周波数においてインダクタンスによる誘導性インピーダンスを超えます．抵抗が正しく選ばれていれば，共振周波数において誘導性インピーダンスは抵抗値と等しくなります．共振は，誘導性インピーダンスが容量性インピーダンスに等しい状態で発生します．

4.5.3　Cと直列RL回路を並列接続した回路の共振(反共振)

実際の共振回路は，インダクタとコンデンサが並列に接続されて構成されます．インダクタには若干の抵抗成分が含まれ，誘導性のリアクタンスX_Lと組み合わせて示されます．この値によって，QもしくはQ値として知られている表現に従って周波数帯域が変化します．Qの低い共振回路は，より広く効果的なデカップリング帯域幅を持っています．Qの高い共振回路はノッチ型の周波数帯域を持ち，蓄エネルギーの点では広帯域ではありませんが，フィルタ・ネットワークに用いるのに適しています．Cと直列RL回路を並列接続にしたときの等価回路を**図4.5**に示します．インダクタンス側の抵抗は，個別部品やインダクタンスに含まれる内部抵抗の場合があります．

共振状態では，半周期ごとにコンデンサとインダクタの間で全エネルギーをやり取りします．コンデンサ

図4.3　直列共振回路

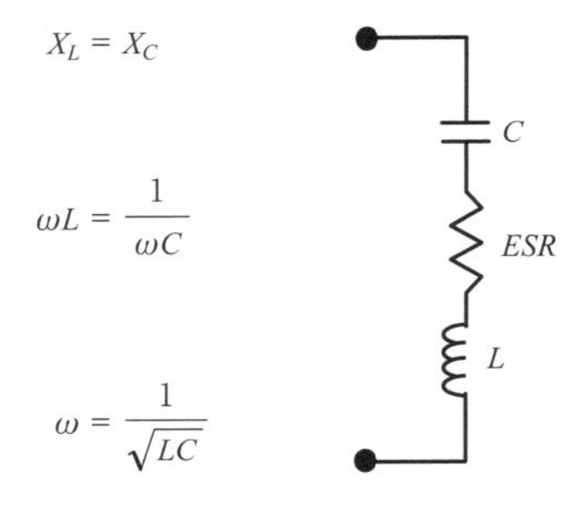

図4.4　並列共振回路

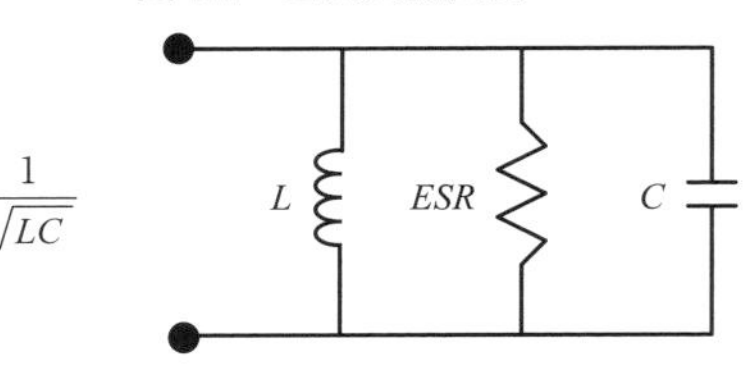

図4.5　CとRL直列回路を並列接続した共振回路

$$\omega=\sqrt{\frac{1}{LC}-\left(\frac{R}{L}\right)^2}\approx\frac{1}{\sqrt{LC}}\quad(R<<\omega L)$$

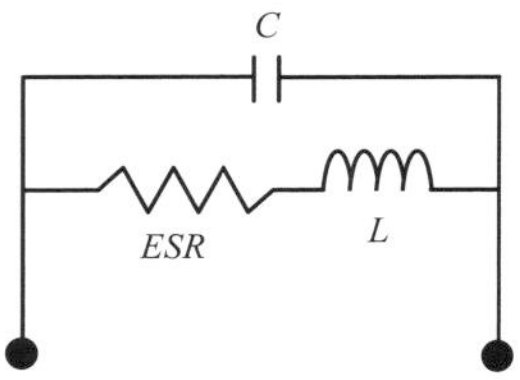

C

ESR

L

が放電している間，インダクタにはエネルギーの蓄積が行われ，その逆もまた同様です．反共振周波数では，タンク回路の内部では大量の電流が流れているのですが，外から見たインピーダンスは高くなります．電力は，抵抗成分のみで消費されます．

反共振回路は，Q^2Rの抵抗値を持つ並列RLC回路と等価になります

4.6　コンデンサの物理的特性

種類・特徴と用途を知る

理想的なコンデンサは，その誘電体内において損失を発生しません．電流は，常に両極板間に存在します．この電流により，平行平板の構造では有限のインダクタンス成分が現れます．並行平板では片側の平板に電荷が充電され，もう一方の平板からは電荷が放電されることになります．また，相互結合係数（mutual coupling factor）が全体の性能や動作に加えられます．

すべてのコンデンサは，RLC回路でモデル化することが可能です．**図4.6**に示すLはリードの長さや構造に起因するインダクタンス，Rはリードの抵抗，Cは容量です．また，変数dは平板間の距離を意味します．

後で説明しますが，計算可能なある周波数において，LとCの直列接続は共振を起こします．その特定の周波数においてインピーダンスは極めて低くなり，RFエネルギーは短絡されます．自己共振周波数を超える周波数では，コンデンサのインピーダンスは徐々に誘導的になり，デカップリングなどに用いた場合の効果は消えてしまいます．バイパスやデカップリングの用途では，リード・インダクタンスに加えて，PDNとコンデンサ間を接続する配線長の影響が無視できなくなります．

図4.6に示すように，コンデンサ・パッドとプリント基板間のリード接続には常に直列の抵抗成分が現れますが，その大きさは平板間の誘電体の抵抗成分（ESR）に比べて小さなものになります．リード接続の抵抗値はpΩ，ESRはmΩ程度です．シミュレーションにおいては，リード接続に起因する抵抗成分は無視することが可能であり，ESRだけをおもなパラメータと考えればよいでしょう．

図4.6　抵抗，インダクタンス，容量で表したコンデンサ・モデル

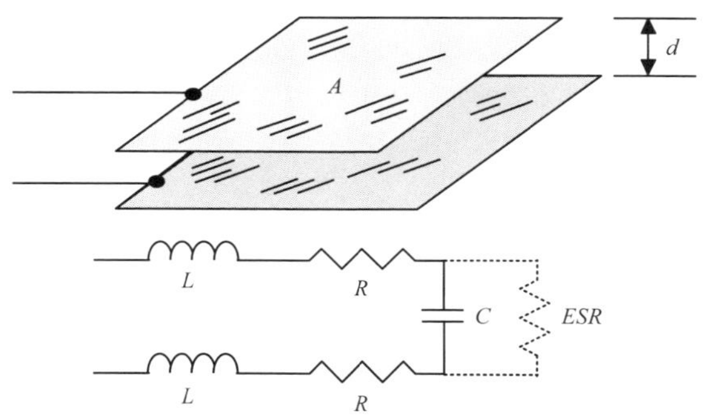

コンデンサ・プレート内部の相互接続には，インダクタンスと抵抗の両方が含まれている（ESRはおもに誘電体固有の抵抗）

4.6.1　コンデンサの種類

コンデンサには多くの種類があり，用いられる誘電体により特徴や性能の違いが生まれます．**表4.1**，**表4.2**

表4.1　さまざまな種類のコンデンサ

電解	大きな容量値
	大きな外形
	低ESR
	寿命時に低い容量値になる
タンタル	1μFから1000μFにいたる容量値
	中型から小型のパッケージ・サイズ
	ESLは広範囲，低ESRを有するものもある
セラミック	容量値は非常に小さい
	小型のパッケージ・サイズ
	ESRは非常に小さい
	コストは最小，信頼性はもっとも高い
コンデンサ・アレイ	セラミック・コンデンサ誘電体
	デバイス・パッケージに複数の接続点がある
	ESLは非常に小さい
	コストはもっとも高い

表4.2　コンデンサ・ファミリの一般的な用途と動作域

電源 DC-DCコンバータ	直流から2kHz
大きなコンデンサ 電解コンデンサまたは タンタル・コンデンサ	2kHzから1MHz
小さなコンデンサ タンタル・コンデンサまたは セラミック・コンデンサ	1MHzから50MHz
プリント基板のプレーン 電源プレーンとグラウンド・プレーン間	50MHz以上
ICパッケージ 電源プレーンとグラウンド・プレーン間	100MHz以上
ICパッケージ内部（シリコン・ダイ） 酸化薄膜コンデンサ	500MHz以上

に，一般に用いられるコンデンサの特徴を示します．

4.6.2　コンデンサに用いられる誘電体

次に示すコンデンサが，一般的によく用いられています．すべて用いられている誘電体を基礎としています．どの誘電体においても，用途と使用環境がとても重要な項目であることに注目してください．

(1) セラミック・コンデンサ

プリント基板では，もっともよく使われるコンデンサです．セラミックの種類によって，容量や誘電損失の(温度による)変化を表す温度係数が異なります．これらはプリント基板などにおけるPDNにとって重要な性質であり，セラミック・コンデンサを選択する際に「どの型の誘電体を用いるべきか」を以下に説明したいと思います．

▶ C0GあるいはNP0 (negative-positive-zero)

このタイプは，1p～100nFで，許容誤差が±5%のコンデンサによく見られます．NP0誘電体はセラミックの中でももっとも損失が小さく，優れた温度特性と電圧特性を持ち，*ESR*も極めて小さくなるため，タイミング回路のフィルタや，クリスタル発振回路の調整に用いられます．物理的なサイズは標準型のセラミックに比べて大きく，価格も高くなります．NP0という呼び方は，コンデンサの温度係数を表したグラフの形からきています(温度変化によりどれだけ容量値が変化するか)．NP0の場合グラフは平坦となり，温度変化による影響は生じません．

▶ X7R

このコンデンサの電圧係数や温度係数は中庸なレベルで，デカップリング用途にもっとも適していると言えます．一般的には，許容誤差10%で100p～22μFのコンデンサで，特に精密性を必要としないカップリングやタイミング用途に有効です．使用可能な温度は125℃までです．

▶ X5R

これはX7Rと似ています．最高使用温度は下がりますが，容量値は100μFまであります．

▶ Y5V

より大きな容量値を得ることができますが，電圧特性，温度特性は劣ります．

▶ Z5U

この誘電体では大きな容量値を得ることができますが，電圧特性や温度特性はY5Vよりさらに劣ります．

表4.3　コンデンサ分類コード(クラス2)

EIA Class 2 Classification					
使用最低温度		使用最高温度		許容容量変化	
X	**－55℃**	4	＋65℃	A	±1.0%
Y	－30℃	**5**	**＋85℃**	B	±1.5%
Z	－10℃	6	＋105℃	C	±2.2%
		7	**＋125℃**	D	±3.3%
		8	**＋150℃**	E	±4.7%
		9	＋200℃	F	±7.5%
				P	±10%
				R	**±15%**
				S	±22%
				T	＋22%/－33%
				U	＋22%/－56%
				V	＋22%/－82%

セラミック・コンデンサの中ではもっとも価格が安く，大体20%の許容誤差で1n～10μFの容量のものが利用でき，際立った周囲温度の変化がない場所でのバイパス，デカップリング用途が一般的です．

セラミック・コンデンサを選択する際，コンデンサの特性を表すコード表(**表4.3**)を参照することがあります．表中のX，5，7，8，Rで示したものはプリント基板で用いることが多いものです．

セラミック・コンデンサは，基本的にクラス1，クラス2に分類されます．クラス2はほぼすべての用途で用いられますが，クラス1は特殊な応用において用いられます．たとえば，精密な設計が要求される回路や，衛星などのような特殊な環境下にある回路での用途です．

▶クラス1のセラミック・コンデンサは精密な温度補償型のコンデンサであり，電圧の変化や温度変化に対してもっとも安定したコンデンサです．また，周波数の変化に対してもある程度優れた性能を示します．このクラスのコンデンサは損失がもっとも小さく，性能パラメータは良好であり，温度係数などを厳密に定める必要がある共振回路に最適です．広い温度範囲で安定した動作が求められる回路の温度補償などに用いられます．

▶クラス2のセラミック・コンデンサは，高い誘電率を持った誘電体を用いるので，クラス1に比べて体積効率が高くなります．ただし，精度や安定性はクラス1に比べて劣ります．セラミック誘電体の特徴として，温度範囲において容量値が非線形に変化することがあげられます．また，容量値は印加される電圧により変化します．クラス2のコンデンサは，バイパスやデカップリングあるいは，周波数弁別回路など低損失，高い安定性を必要としない用途に適したコンデンサと言えます．

安価で，一般的に用いられている誘電体材料は，Z5U（チタン酸バリウム・セラミック）です．この材料は高い比誘電率を持つため，物理的に小さいサイズのコンデンサで大きな容量値を得ることができます．設計や製造にも依存しますが，このコンデンサは1MHzから20MHz程度の自己共振周波数を持ちます．自己共振周波数を超えると，誘電体の損失の影響が主となり始め，Z5Uの性能は劣化していき，約50MHzでまったく効果が期待できなくなります．

その他の誘電体材料で精密な回路によく用いられるものとして，NP0（チタン酸ストロンチウム）があります．この材料はその低い誘電率により，高い周波数における性能の向上が期待されます．この誘電体を用いたコンデンサは，10MHz以下での使用には向きません．NP0は温度変化に対して安定した誘電体であり，これを用いたコンデンサの容量値（および自己共振周波数）の変化は，周囲温度の変化に対して小さなものになります．

Z5UとNP0を並列にした場合の問題は，より高い誘電率を持つ材料のZ5Uが，より高い周波数安定性で低誘電率を持つ材料であるNP0の共振を抑える可能性があるということです．50MHz以下のスイッチング・ノイズに対しては，低インダクタンスとなるZ5U（あるいは等価な誘電体材料）コンデンサを利用するのが好ましいと言えます．温度許容誤差が問題にならない場合は，Z5Uの低周波における優れたデカップリング性能と放射エミッション抑制が同時に得られるからです．

(2) 電解コンデンサ

電解コンデンサは単位体積当たりの容量が大きいので，比較的大電流で動作周波数が低い回路に適しています．たとえば，電源フィルタやオーディオ・アンプのカップリング・コンデンサなどに用いられます．

▶アルミ電解コンデンサ

極めて大きな単位体積当たりの容量を持ち，極性があり，廉価であるという特長を持ちます．主たる用途は，電源回路における平滑や蓄電などです．

▶タンタル電解コンデンサ

極めて大きな単位体積当たりの容量を持ち，極性があるものとないものの両方があります．サイズは比較的小さく，高い安定性と広い動作温度範囲，長期間の信頼性があり，小型装置やコンピュータなどで広く採用されています．

(3) その他のコンデンサ

あまり一般的とは言えないその他のコンデンサについて，以下にまとめます．すべてを網羅してはいませんが，ここに挙げなかったコンデンサは特殊なものであり，本書の範囲を外れるものです．

▶紙

紙誘電体とアルミ箔を重ねて円筒状に巻きワックスで固めたもので，旧式のラジオの多くに用いられています．容量は数μFで，動作電圧は数百V程度です．油が含浸された油槽タイプは高圧電圧源やモータの始動時などに用いられ，動作電圧定格は5kVまで上昇し，大型の油含浸エネルギー放電用では25kVまでその定格は上昇します．

▶ポリカーボン

温度係数が低く，また優れた特性のためフィルタ回路などに適したコンデンサですが，高価です．

▶ポリエステル

容量が1nFから10μFの範囲にあり，アナログ回路において信号用のコンデンサや積分回路などに用いられます．

▶ポリスチレン

pF帯の容量で利用されることが多く，アナログ回路の信号の安定化に用いられます．

▶ポリプロピレン

低損失，高耐圧であり，特殊な伝送回路網で利用するのが一般的です．

▶テフロン

他のどのプラスチック誘電体よりも高価で高性能なコンデンサです．

▶銀マイカ（Silver mica，雲母）

HFや低域VHF回路に適した高速で安定したコンデンサです．だたし，価格は他のどの誘電体よりも高価なものになります．

▶フィルム・コンデンサ

他のコンデンサと比較して，極めて低いESR，ESLを有することから，サージ電圧の吸収などに高い性能を示します．主として電源回路で用いられます．

4.6.3 誘電体の種類によるインピーダンス特性

図4.7に，プリント基板に実装したコンデンサの誘

電体の違いによるインピーダンス特性の比較例を示します．ある素子が状態遷移のために多くの電流を必要とするとき，コンデンサのインピーダンスは，動作帯域全体において，計算されるターゲット・インピーダンスより低く設定する必要があります．このターゲット・インピーダンスは，オームの法則より簡単に求めることができます．PDNのインピーダンスが低ければ低いほど，より大きな電流を流すことが可能になります．

図4.7に示すように，インピーダンス曲線はV字形になりますが，このV字の先鋭度は品質係数(quality factor) Qとして知られているものです．V字が広い周波数帯域を含むときQは低くなり，周波数帯域が狭いときQは高くなります．式(4.2)を用いてQを計算することができます．

図4.7　種々の誘電体とインピーダンス曲線

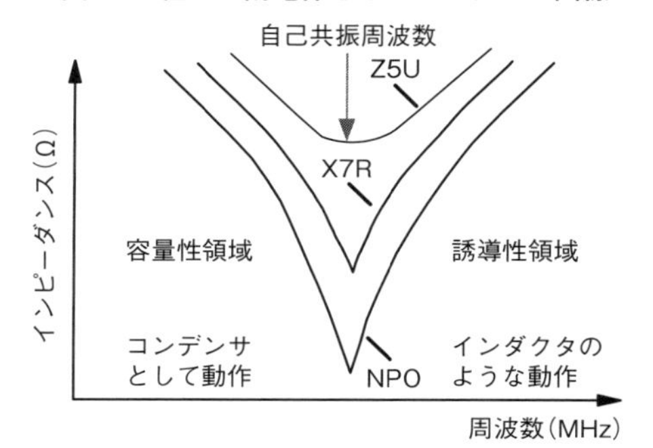

$$Q = \frac{ESL}{ESR} \qquad \cdots\cdots (4.2)$$

全体の抵抗値(ESR)が上昇すると周波数帯域は広がり(先鋭度は下がり)，高いターゲット・インピーダンスになります．コンデンサの動作周波数範囲を広くするか，狭くするかは，性能にある程度の余裕を持った機能動作を維持するために必要な充電電流の大きさに依存します．広い周波数帯域を得るために高いESRを持つコンデンサを用いるときは，ESRの値がPDNのターゲット・インピーダンス以下になるように注意が必要です．

4.6.4　デカップリング・コンデンサが機能する範囲

コンデンサは，目的とする用途で必要とされる周波数帯域において正しく機能する必要があります．低いQ(広い周波数帯域)を用いるか，高いQ(極めて狭い周波数領域)を用いるかは状況によります．コンデンサの動作周波数帯域は，容量値と誘電体材料，製造方法やESR，ESLなどで決まります．プリント基板の電源部(特に電圧レギュレータ)において大容量値を実現するためには，物理的に大きな容量値が必要とされます．交流電圧が低下したり，数サイクルにわたる停電で電源に問題が発生しないようにするために，100μFを超える電解コンデンサを用いて，障害が除去されるまで入力電圧や電流を維持することが一般に行われます．また，この大容量コンデンサは，プリント基板の直流部が動作を始める前に十分なチャージを蓄えます．

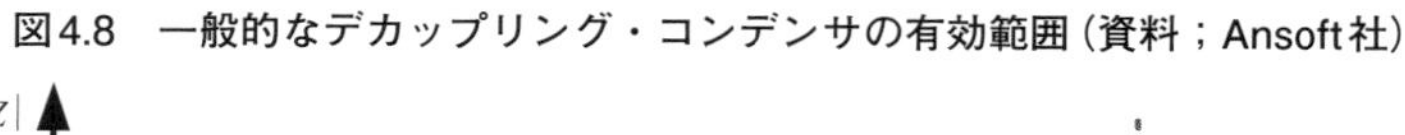

図4.8　一般的なデカップリング・コンデンサの有効範囲(資料；Ansoft社)

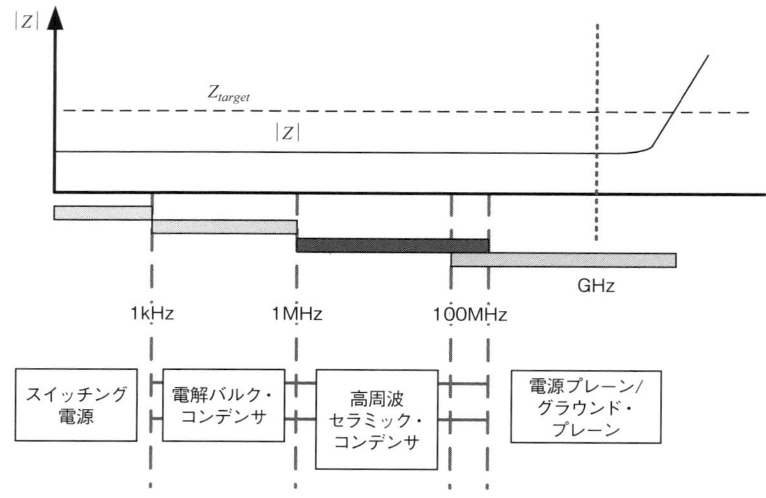

電解タンタル誘電体は，このような用途で最大のメリットが得られますが，その効果は通常の電源の動作周波数である2MHz以下の周波数に限られます．

電圧レベルを安定に維持するためには，コンデンサの自己共振周波数におけるインピーダンスの大きさは，定められたターゲット・インピーダンスよりも小さなものでなければなりません．

PDNのデカップリングにもっともよく用いられるコンデンサであるセラミックは，周波数が数100MHzを超えるとその効果は失われます．このカットオフ周波数を超えて実質的に無制限のチャージを供給するには，(基板)内部の構造を利用したデカップリングが必要になります．詳細は4.22節の埋め込みキャパシタンスにおいて述べます〔埋め込みキャパシタンスは，近接した電源面とリターン面(グラウンド面)で形成される〕．**図4.8**に，それぞれのタイプのコンデンサが最適に機能する周波数帯を示します．コンデンサの選択に当たっては，単に容量のみで決めるのではなく，用途に合ったタイプを考慮する必要があります．

4.6.5 コンデンサのエネルギー蓄積能力

コンデンサがバルクやデカップリングの目的で用いられるとき，コンデンサは論理デバイスの状態遷移に必要な電流を供給し，回路が正しく動作することを保証するものでなければなりません．どれだけの容量が必要になるかは，必要とされる電流量と遷移時間を用いて式(4.3)から簡単に計算することができます．式(4.3)を解く際に難しい点は，すべての出力ピンが同時に最大の容量負荷に対してチャージや吸い込む際のインラッシュ・サージ電流の総量がわからないことです(デバイス・メーカからデータが提供されることが極めて稀であるため)．この電流をデバイスの静止モードの際に必要とされる静止電流(自己消費電流)に追加して考える必要があります．デバイスのコア部とI/O部で用いる電圧が異なる場合は，それぞれでカップリングに必要な容量を計算する必要があります．

また，シリコン・ダイ内における(クロックの立ち上がり/立ち下がりの)エッジ・レートの最小値や実際の値がメーカから明示されることはまずありません．つまり，代表値や最大値は与えられても，ターゲット・インピーダンスの正確な考察に一番必要とされる最小のエッジ・レートを知ることができないわけです．遷移電流は，デバイスの立ち上がりや立ち下がりのときのみに消費されるものです．もし，実際の遷移時間を知ることができなければ，最適な容量を計算することはできません．

そこで，ある程度の正確さでΔtを求めるためには，与えられた代表値に0.6を乗ずる方法があります．実際に多くのデバイスにおいて，シリコン内ではデータシートで与えられた代表値の大体60%程度の遷移時間になっています．これは部品の目標性能に適合させるために，チップ製造時には公表される仕様よりもさらに速くする必要があるからです．また，量産する際の許容範囲を考慮する必要もあります．もし，部品内部の動作速度がデータシートに与えられた速度より速ければ，それは論理回路設計者から見ればよいデバイスということになりますが，EMIやシグナル・インテグリティの問題が高まる可能性があることに注意する必要があります．

$$C = \frac{\Delta I}{\Delta V / \Delta t} \quad \cdots\cdots (4.3)$$

たとえば，$\dfrac{20\text{mA}}{100\text{mV}/5\text{ns}} = 0.001\mu\text{F}$ または1000pF

ここで，

C：必要とされる容量値

ΔI：過渡電流

ΔV：許容される電源電圧変化

(デバイスで許容されるリプル電圧)

Δt：立ち上がり(立ち下がり)時間

(データシートの代表値に0.6を乗じたもの)

デカップリング・コンデンサの機能的な応答は，構造を形成するパラメータの特性に反して電流値が急激に変化するためです．コンデンサの電流供給能力は，しばしば周波数ドメインのインピーダンス応答で評価されます．また，電荷の供給能力は，時間ドメインにおいて考察される性能です．電源プレーンとリターン・プレーン間の低周波インピーダンスは，比較的低速な過渡現象が発生した場合にプリント基板上でどの程度電圧が変化するかを示します．この応答は，高速遷移時に起こる電圧の振れの時間的平均の指標になります．低インピーダンス(Z)では，オームの法則にしたがって電圧が急激に変化した場合，より多くの電流がデバイスに供給されます．高周波でのインピーダンスは，高速遷移に応答して，どれほどの電流を最初の段階で供給できるかを示します．100MHzを超える周波数でインピーダンスがもっとも小さくなる基板は，最初の数nsの間に(決められた電圧の変化に対して)最大量の電流を供給できます.

デカップリングと配電要件を適切に評価するためには,それぞれのデバイスの電流要件を特定する必要があります.必須な電流要件は,次のとおりです.

- 静止電流:通常動作に必要とされる定常状態電流
- 出力容量性負荷:ドライバから負荷に対して送る必要のある容量性充電電流
- 伝送線路負荷:電源から負荷に向けて電磁界を伝播させるために必要な電流.伝送線路上の反射が収まるまで伝送線路の充電を保つために比較的ゆっくりとした期間が必要になる.
- デバイス出力電荷:スイッチング電流のための出力電荷量
- 周期的スイッチング:デバイスのデカップリング容量の充電電流

供給される電力の基本は直流であり,直流は言うまでもなく時間的な変動がありません.

交流電源の要件を分析する場合,直流の電圧降下やノイズ・マージンの余裕は,通常,電圧降下の許容値を決定するためだけに考慮されます.

4.6.6 コンデンサのインピーダンス(実際の自己共振周波数)

コンデンサの等価回路を**図4.6**に示しましたが,コンデンサのインピーダンスは式(4.4)で表されます.

$$|Z| = \sqrt{R^2 + \left(2\pi f L - \frac{1}{2\pi f C}\right)^2} \quad \cdots\cdots\cdots\cdots\cdots \quad (4.4)$$

ここで,

Z:インピーダンス[Ω]
R:等価直列抵抗ESR[Ω]
L:等価直列インダクタンスESL[H]
C:コンデンサ[F]
f:周波数[Hz]

式(4.4)から,全体の$|Z|$が最小のインピーダンスを示す固有の共振周波数f_0は式(4.5)のようになります.

$$f_0 = \frac{1}{2\pi\sqrt{LC}} \quad \cdots\cdots\cdots\cdots\cdots\cdots\cdots\cdots\cdots\cdots\cdots \quad (4.5)$$

実際には,インピーダンスの式である式(4.4)は全体のESLやESRを考慮するので,隠れた寄生分を含んでいます.隠れた寄生分については,第1章で述べました.

等価直列抵抗(ESRは,コンデンサにおける抵抗損失,すなわち誘電体に含まれる抵抗損失を表す)は,金属電極の分散プレート抵抗,内部電極と外部終端点間の接触抵抗が含まれます.また,誘電体内の固有の抵抗と比較すると,この値は一般的には数桁小さくなります.高周波での表皮効果は部品のリードや接続配線の抵抗値を上昇させ,高周波における全体のESRを直流時の値に比べて大きくします.

等価直列インダクタンス(ESL)は,損失の一種です.定義上は,理想的なリアクティブ素子は無損失です.コンデンサはエネルギーをためて返還しますが,消費はしません.エネルギーの消費(損失)は,唯一抵抗によって起こります.コンデンサ内のESL値は,デバイスのパッケージ内の電流が制限されないように最小限にしなければなりません.コンデンサのプレートの横幅と奥行きの比は,寄生成分を最小限にする必要があります.

式(4.6)は,式(4.4)を変形して,変数にESRとESLを代入したものです.

$$|Z| = \sqrt{(ESR)^2 + (X_{ESL} - X_C)^2} \quad \cdots\cdots\cdots\cdots\cdots \quad (4.6)$$

ここで,

$X_{ESL} = 2\pi f(ESL)$
$X_C = 1/2\pi f C$

理想的な性能のコンデンサにするためには,インダクタンス成分のない純粋なコンデンサが必要です.しかし,インダクタンス成分(ESL)は,式(4.6)により全体のインピーダンスを増加させます.この理由から,ディスクリート部品に対して低インピーダンスのデカップリング(電荷を供給する目的)を提供するには,電源プレーンとリターン・プレーンが最適です.

電流が一方から一様に流入して他のほうから流出する理想的なコンデンサ構造では,インダクタンスの値は0となり,リターン・プレーンや電源は本来の特性を示します.この場合は,Zはより高い周波数でR_sに近づき,固有の共振を起こすことはなく,プリント基板内にある電源プレーンとリターン・プレーンは本来の機能になります.**図4.9**は,このことを説明しています.

理想的なコンデンサでは,インピーダンスは周波数が増加するとともに−20dB/decadeの割合で下がります.しかし,コンデンサが回路に実装された状態では相互接続のループ・エリアを含む構造内に有限のインダクタンスを持っており,このインダクタンスがコンデンサの理想的な振る舞いを妨げます.

理想的に磁束がキャンセルされるように配置されて

図4.9 理想的なプレーン・コンデンサのインピーダンス周波数応答の理論

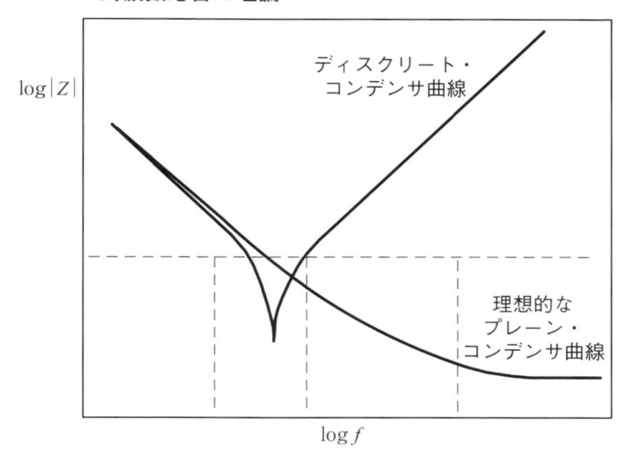

図4.10 コンデンサ内のリード長インダクタンスの影響

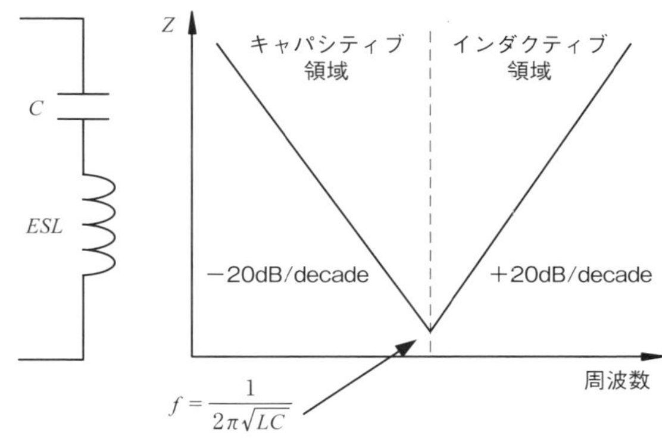

いない両面基板上の電源ラインには，リード接続部のインダクタンスが加わることに注意しなければなりません．余分なインダクタンスが加わると，最適な電圧レベルを維持しデバイスに素早く電荷エネルギーを供給するのを妨げ，PDNの自己共振を低周波側にシフトさせます．

自己共振より高い周波数におけるコンデンサのインピーダンスはインダクタンスとなり，**図4.10**に示すように周波数が増加するとともに+20dB/decadeで増加していきます．つまり，自己共振より高い周波数におけるコンデンサは，本来のコンデンサとしての機能を失ってインダクタとして振る舞います．*ESR*の値は100kHzより上では非常に小さく，インピーダンスの式（$X_L=2\pi fL$）のリアクタンス部分の変数fによる自己共振周波数に大きな影響は与えません．

式(4.7)は，特に注目する周波数における電源ノイズを減らすためのコンデンサの有効性を示しています．

$$\Delta V(f)=|Z(f)|\cdot\Delta I(f) \quad \cdots\cdots (4.7)$$

ここで，

ΔV：許容できる電源サグ（短時間の電圧降下）や許容できるリプル

ΔI：最大負荷時のデバイスに供給する電流

Z：PDNのインピーダンス

f：関心のある周波数

ノイズが所望する許容限界を超えないようにPDNを最適化するには，$|Z|$は必要な電流供給（オームの法則）のためにV/Iより小さくなければなりません．最大インピーダンス$|Z|$は，必要な最大ΔIから推定する必要があります．たとえば，$\Delta I=1$Aで$\Delta V=0.3$Vとすると，このコンデンサが任意の値の電荷供給源として機能するためには，インピーダンスは0.3Ωより小さくなければなりません．

コンデンサを設計通りに機能させるためには，最短のリード線と最小のループ・インダクタンスで，必要な電荷を供給できるコンデンサを使用するべきです．加えて，可能な限り最小のインピーダンスにするために内部抵抗の低いコンデンサを選ぶべきです．また，電源プレーンとリターン・プレーンは，一般的にプレーン内のインダクタンスを無視できるほど小さくすることができるので，最適な低インピーダンスのデカップリングを提供できます．さらに，プレーンは適切に設計して間隔を狭くすることにより，無限に近い電荷を貯めることもできます．このような無限に近い電荷を貯められるプレーン構造の例としては，4.22項で検討する埋め込みキャパシタンスがあります．

4.6.7 プリント基板上に実装したときのコンデンサの共振

デカップリング・コンデンサを選択する際，コンデンサの容量や共振周波数は，使用するロジックやディジタル素子の信号の立ち上がり/立ち下がり時間を基に計算する必要があります．コンデンサは，自己共振周波数までは容量性を保ちます．自己共振周波数以上になると，コンデンサは内部パッケージと接続用リードのインダクタンス成分のためインダクタンスとして機能し始めます．インダクタンスは，PDNのデカップリング・コンデンサの能力や電源とリターン間に存在するRFエネルギーの除去能力を低下させてしまいま

表4.4　さまざまなパッケージ形態の自己共振周波数の近似値(リード長に依存する)

容量	スルーホール* 0.64cm (0.25 in.) leads	表面実装** (0805)	表面実装*** (0402)
1.0μF	2.6MHz	5MHz	5.3MHz
01μF	8.2MHz	16MHz	16.8MHz
0.01μF	26MHz	50MHz	53MHz
1000pF	82MHz	159MHz	168MHz
500pF	116MHz	225MHz	237MHz
100pF	260MHz	503MHz	530MHz
10pF	821MHz	1.6GHz	1.68GHz

* スルーホール用，L＝3.78nH (15nH/inch＝5.9nH/cm)
** 表面実装用，L＝1nH　　*** 表面実装用，L＝0.9nH

す．**表4.4**に，一般的なリード・タイプおよび2種類の表面実装タイプの計3種類のセラミック・コンデンサの自己共振周波数を示します．表面実装タイプ(SMT)のコンデンサの自己共振周波数は，プリント基板に接続する配線や直接プレーンに接続できない場合などは，接続部分にインダクタンスが生じて利点がなくなってしまいますが，それでもリード・タイプより高くなります．**表4.4**の値は，式(4.5)を使って計算できます．ただし，実際の値はさまざまなアプリケーションや実装方法，接続用リードのループ・インダクタンスに依存します．

さまざまなパッケージ・サイズで同じ容量の表面実装型コンデンサをSPICEでシミュレートすると，他の変数をまったく変えなくてもパッケージ・サイズによって共振周波数は数MHz変化します．今日の製品で一般的に使われている1210，0805，0603，0402，0201といった表面実装型パッケージではさまざまな誘電材料が使われていますが，基本的な違いは，おもにパッケージのインダクタンス成分です．したがって，使用される誘電材料は自己共振周波数に影響を与えません．自己共振周波数は，パッケージ・サイズによって約±2～5MHzの違いが現れます．

リード型のコンデンサは，表面実装型に外部接続端子(リード)が付いたものにすぎません．代表的なリードは，0.25mm (0.10inch) 長ごとに平均約2.5nHのインダクタンスが付加されます．表面実装型コンデンサの場合，全体のリード長で平均1nHになります．全体のインダクタンスは一般的には配線の寸法に依存し，コンデンサのパッケージで決定される値に加えて，配線の幅や厚み，長さにより変化します．

インダクタは，コンデンサのように共振応答が変化しません．その代わりに，デバイスのインピーダンスの大きさが周波数によって変わります．しかし，インダクタの巻き線間にある浮遊容量は，希望する応答を変えてしまう並列共振を起こす原因になります．周波数が上がると，誘導性リアクタンスの大きさは，式($X_L = 2\pi fL$)にあるように変数fの周波数に比例するので増加します．

インピーダンスを通過するRF電流は，コンデンサの誘導部分の入力端子と出力端子との間に高周波の電位差を引き起こします．その結果，RFコモン・モード電流が，オームの法則$V_{rf} = I_{rf} \times Z$(第1章)に則ってデバイス内に発生します．もしそれが回路の重要な部分であれば，全体のリードによるインダクタンスやループ・インダクタンスを考慮したデカップリング・コンデンサを実装しなければなりません．表面実装型コンデンサは，リード型のコンデンサよりも，高周波においてリード・インダクタンスやループ・インダクタンスが低く良い性能を示します．**表4.5**は，15nHのインダクタの周波数ごとのインピーダンス値を表しています($Z = j2\pi fL$)．

図4.11は，6.4mm (0.25インチ)のリードを持つ複数のコンデンサの自己共振周波数を表しています．誘導性になる前のコンデンサは，自己共振(ヌル点，もしくはもっともインピーダンスが低い点)に近づくまで容量性のままです．自己共振より高くなると，周波数が高くなるに従って高周波のデカップリングとしては機能しなくなります．しかし，これらのコンデンサは誘導性となってもデバイスに電荷をためるには良いソースとなります．全体のESLを下げる方法に，並列コンデンサのテブナン等価回路により，同じ値を持つ多数のコンデンサを実装する方法もあります．逆にインダ

クタは，共振周波数以上では容量性になって使いにくくなります．

あらゆる周波数スペクトルでエネルギーを大量に作り出すロジック回路があります．部品が作り出す高周波スイッチング・ノイズは，大抵はコンデンサがターゲット・インピーダンスより低くなる帯域より高い周波数帯域で発生します．たとえば，100nF（0.1μF）のコンデンサでは，高速動作するデバイスに対して適切なデカップリングができないかもしれません．一方，1nF（0.001μF）のコンデンサは，150MHzで動作する部品には適切なものですが，エネルギーをためる量は非常に小さくなります．これは，100nFコンデンサ1つと同じ量の電荷蓄積を1nFコンデンサで実現するには，より多くの個数が必要になることを意味します（1nFの100個のコンデンサは0.1μFコンデンサ1個と同じ電荷蓄積を実現するが，自己共振周波数はより高くなる）．

プリント基板にどのような方法で実装しても，コンデンサにはいくらかのインダクタンスは必ず発生します．これにはリターン・プレーンや内部電源プレーンに接続するビアや引き出された配線も含まれます．たとえ小さなインダクタンスであっても自己共振周波数は大きく変化するので，動作する特定の帯域において最適または所望する性能とはいえないコンデンサになってしまいます．回路技術者が配線やリードのイン

表4.5 15nHのインダクタのインピーダンス値

周波数［MHz］	Z［Ω］
0.1	0.01
0.5	0.05
1.0	0.10
10.0	1.0
20.0	1.9
30.0	2.8
40.0	3.8
50.0	4.7
60.0	5.7
70.0	6.6
80.0	7.5
90.0	8.5
100.0	9.4

図4.11 リード型コンデンサの自己共振周波数

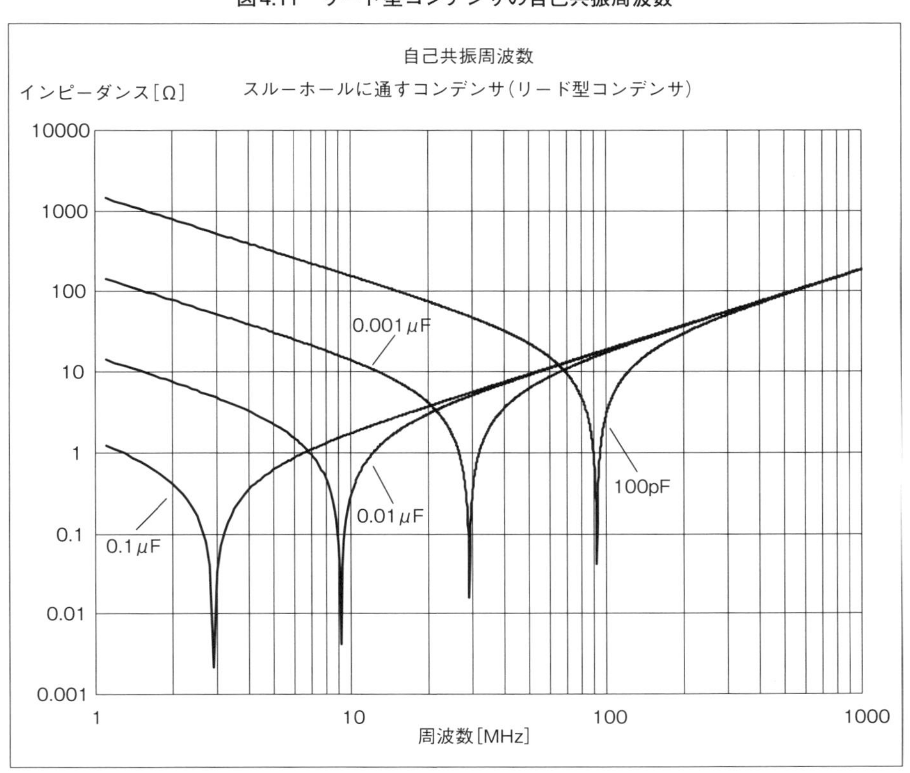

図4.12　表面実装型キャパシタの自己共振周波数
（*ESL*の値は一般的な1nHでPDNへの接続インダクタンスは十分に小さいものとする）

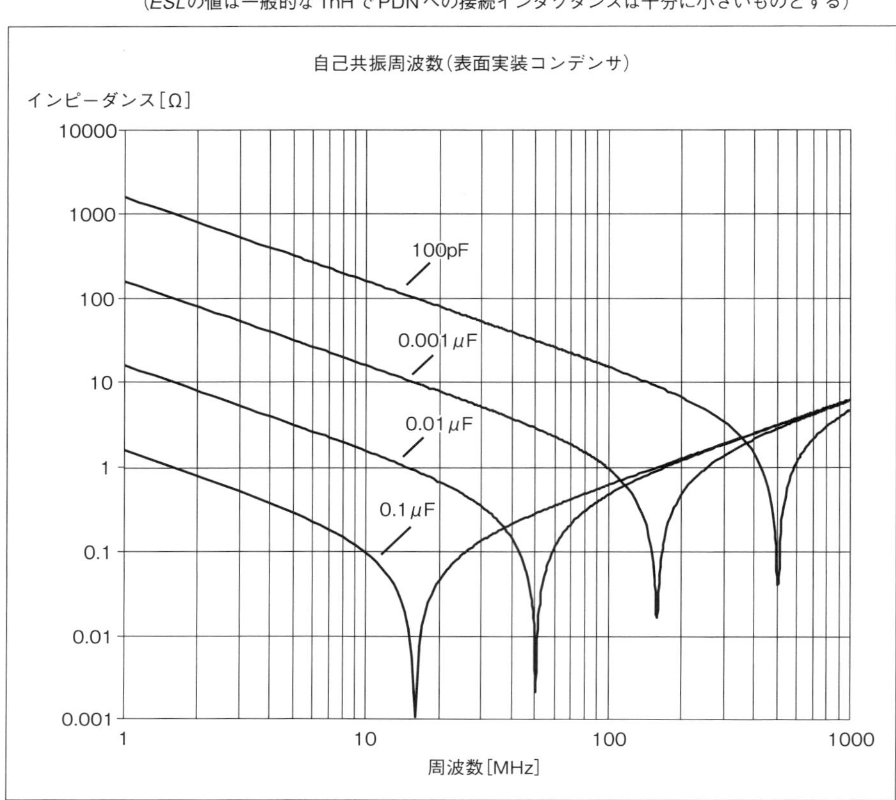

ダクタンスを設計段階で考慮に入れたとしても，基板設計者が受動素子を最適で有効となる特別な位置より必要以上にスペースを空けて配置してしまうことがあります．場合によっては，自動配置により電源プレーンやリターン・プレーンからコンデンサまでのビアが非常に遠くなることがあり，これがコモン・モード電流を発生させて信号品質を劣化させる最悪な設計になってしまう場合があります．

ここで，リード型コンデンサと表面実装型（SMT）コンデンサの違いを比較します．SMTはリード型よりインクタンス成分が数桁小さく，そのため動作周波数は非常に高くなります．**図4.12**に，いくつかのセラミックSMTコンデンサの共振周波数を示します．すべてのコンデンサは，比較するために内部リードのインダクタンスは同じにしています．

注目する点は，**図4.11**と**図4.12**を比較すると，SMTのほうが自己共振周波数が高周波側にシフトし，インピーダンスの大きさ（y軸）も小さくなっていることです．SMTのデカップリング・コンデンサとしての動作は，より広帯域でより高周波となり，さらに電荷を供給する性能が向上し，より低い*ESR*となります．

4.7　並列に実装されるコンデンサ（反共振効果）

反共振を知って広帯域化を目指す

デカップリングで並列にコンデンサを配置する理由は，電源回路網のスイッチング・ノイズのスペクトル分布を広くするためです．基板レベルで誘導されるノイズは，ΔIノイズと呼ばれ，コモン・モード・ノイズを発生させる主要因になります．このΔIノイズは，グラウンド・バウンスとも呼ばれています．ここで，グラウンド・プレーンだけでなく，電源プレーンも同様にバウンスする可能性があることを忘れてはいけません．つまり，電位として不適切な電源プレーンを使ってはならないということです．

図4.13　2つの異なるコンデンサの並列接続による反共振効果
〔クレイトン・ポール博士の好意により提供[2]〕

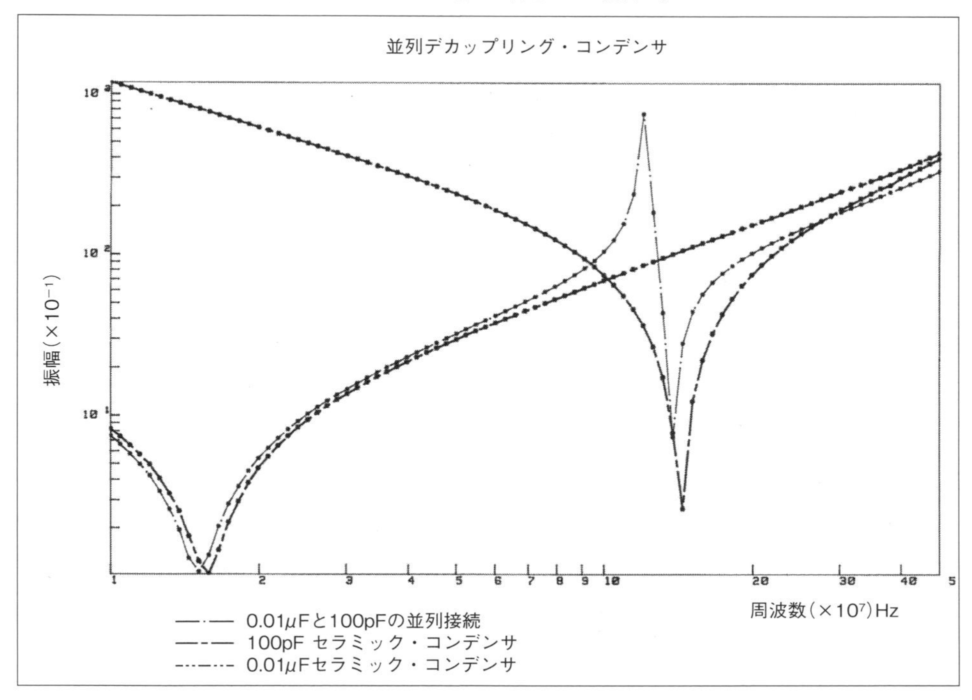

電源プレーンおよびグラウンド・プレーンのバウンスは，基準電位に対する電源プレーンやグラウンド・プレーンの電位差として定義されます．またこれは，LSIのシリコン基板からPDNへのすべての経路がインダクタンスを持っていることによって発生します．

リード・フレームを使ったパッケージを持つLSIでは，グラウンド（または電源）バウンスの大半は，パッケージ内部のボンディング・ワイヤとリード・フレームとの間で発生します．ボンディング・ワイヤによるグラウンド・バウンスとインダクタンスを最小にするには，BGA（Ball Grid Array）やフリップ・チップ実装が有効です．

さらに，シリコン基板からパッケージまでのインダクタンスを最小にする一番良い手段は，多層基板内部にシリコン・ウエハを直接組み込み，シリコン基板とプリント基板を限りなく短い距離で接続することです．

多数のデカップリング・コンデンサを使ったノイズ抑制効果に関する研究によると，並列コンデンサは大きなノイズ抑制効果がないことを示しており，高周波帯域において，1つのコンデンサを使った場合に比べてせいぜい6dB程度しか改善されません．6dBの改善はRF電流の抑制効果が少ないように見えますが，国際的なEMI規格をクリアするためには一定の効果があります[2]．

大きな容量を持つコンデンサは，自己共振周波数を超えると，周波数の増加に従いインダクティブでインピーダンスの高い状態になります．容量の小さいコンデンサは，この帯域ではまだ自己共振周波数に達していないので，周波数の増加とともにキャパシティブでインピーダンスが低い状態になります．容量の大きなコンデンサと小さいコンデンサを並列に接続した場合，容量の大きなコンデンサの自己共振周波数を超えると，容量の小さいコンデンサのインピーダンスが支配的になり，全体のインピーダンスを下げます．その結果，大きな容量のコンデンサを単独で使うより，実際のインピーダンスは低くなります[2]．

この例では，並列に接続されたコンデンサ本体のリードによって得られる低インダクタンスにより6dB改善されています．それぞれのコンデンサのリード線が並列に接続された結果，1つのコンデンサのリード・インダクタンスが半分になります．このインダクタンスの減少が，並列コンデンサによるデカップリングを上手く機能させているのです．しかし，並列コンデンサには，致命的な欠点が1つあります．

図4.13は，10nFと100pFのコンデンサを単独で使った場合と，並列に接続して使った場合の周波数に対するインピーダンスを示しています．10nFのコンデンサは14.85MHzの周波数で，100pFのコンデンサは148.5 MHzの周波数で共振しています．114MHzでは，この並列結合によりインピーダンスが大きく増加していることがわかります．

これは，10nFのコンデンサが位相を変えており，100 pFのコンデンサがまだ容量性の相にある間，10nFのコンデンサは誘導性であるためです．つまり，10nFのインダクタンス成分と100pFのキャパシタ成分が並列接続になり，114MHzの反共振効果が出ているのです．しかしながら，この反共振周波数はまったく不要のものです．この反共振周波数では，クロックの高調波やスプリアスが強い送信信号として観測されてしまいます．たとえば，38MHzの発振器の第3高調波は114MHzとなるので，この反共振周波数に一致するため厄介な放射ノイズの問題を発生させます[(2)]．

図4.13は，500MHzの周波数において，それぞれのコンデンサのインピーダンスがほぼ同じになることを示しています．また，単体の10nFのコンデンサは15 MHzで共振していますが，100pFのコンデンサと並列接続することにより，共振周波数が16MHzに変化しています(これは，2つのコンデンサのインダクタンスが並列接続されるため)．このわずかな周波数の遷移が，EMI性能を6dB向上させます．詳細は，文献(2)に記述されています．この6dBの改善は，ターゲット・インピーダンスに基づいた限られた周波数範囲や帯域幅のみで有効な対策です．

2つのコンデンサが並列に接続されたとき，何が起こっているのかをさらに調べるために，**図4.14**にボード線図を示します．**図4.14**は，並列コンデンサのインピーダンスの周波数特性を示し，式(4.8)のC_1，C_2，C_3のそれぞれの点が折れ点周波数(インピーダンスの極大値，極小値)です[(3)]．

$$f_1 = \frac{1}{2\pi\sqrt{LC_1}} < f_2 = \frac{1}{2\pi\sqrt{LC_2}} < f_3 = \frac{1}{2\pi\sqrt{LC_3}} = 2f_2 \quad \cdots\cdots (4.8)$$

0.01μFのような大きな容量のコンデンサのリード・

図4.14　2つの並列コンデンサのボード線図

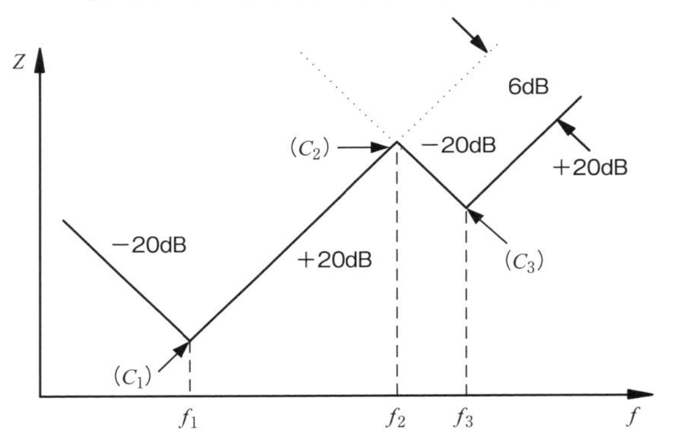

インダクタンスを減らすことにより，2倍の効果が得られます．このため，コンデンサのリード・インダクタンスとループ・インダクタンスが最小限に抑えられれば，2個のコンデンサよりも1個のコンデンサのほうが最適になる可能性があります．異なる値のコンデンサを使わないもう1つの理由は，容量の小さなコンデンサ1個では大きなエネルギーを蓄える能力がないためです．

異なる容量のコンデンサを2桁大きくすることなく，容量の大きなコンデンサを並列に接続して対応すれば，大きなエネルギーを蓄えられるだけでなく，自己共振周波数を高くしてインピーダンスを下げることができます．

多くの信号線を同時にスイッチングする構成によって発生するRF電流を取り除くためには(ある理由で並列にデカップリングすることが望ましい)，2つのコンデンサを並列に接続するのが一般的です(たとえば，100nFと1nF)．コンデンサ本体とリード線のインダクタンスがタンク回路(*LC*並列共振回路)を形成し，蓄電されるよりも電荷がどこに行くかが心配になるので，2桁の容量差が必要です．

決して推奨はされませんが並列コンデンサを使う場合，コンデンサの容量は2桁(100倍)程度の容量差が必要です．小さい容量のコンデンサも最小限のエネルギーをためる役割を持っていますが，並列コンデンサの総容量はテブナンの定理から基本的に大きなコンデンサの値になります．並列コンデンサによるバイパス効果を最適にするには，1つのコンデンサだけを使うときに許容される配線とループ・インダクタンスの低減が必要です．ループ・インダクタンスは，パッケージとPDNとの接続経路を含みます．接続経路(パッケージのインダクタンスは含まない)を短くするほど，エネルギーを蓄える点で，より高い性能を発揮します．しかし，より広い周波数帯域においてデカップリングするために複数の容量値を用いることで，1つの容量値のコンデンサだけを用いた場合より優れた性能となります．

また，並列コンデンサを使うときは，第3のコンデンサが電源面とグラウンド面間に存在することを忘れないでください

4.8 電源プレーンとグラウンド・プレーンが作るデカップリング・コンデンサ

電源降下を抑制する

多層基板を使用する利点は，大きなエネルギーを蓄積できる最適なPDNを実現できることです．この理由は，配線を使って電源回路網を作るよりも，電源プレーンを直接電子部品に接続するため，電源のインピーダンスを低く抑えることができるためです．

この電源プレーンに低インピーダンスで接続できれば，スイッチング・ノイズの影響を受けやすい部品に対して発生する電圧降下を抑制することができます．一方で，電源プレーンやリターン・プレーンにアンバランスが存在すれば，コモン・モードのRFエネルギーが生成されて，回路全体に広がる可能性があります．

2つのプレーンが互いに逆極性の電位を持つ場合には，これらがデカップリング・コンデンサ構造を作ります．このコンデンサは，一般的に遅い信号，すなわち立ち上がり時間が長い信号に対しては十分にコンデンサとして機能しますが，電源プレーンやグラウンド・プレーン用として余分な層が必要となるので，プリント基板が高価になります．

能動素子の信号の立ち上がり/立ち下がり時間が2ns以上であれば，自己共振周波数が高い高性能なコンデンサは必要ありません．しかし，バルク・コンデンサは，同じ電圧が供給される電子部品を上手く動作させて適切な電位を維持するために必要です．

4.8.1 電源プレーンとグラウンド・プレーンの容量の計算

図4.15に示す平行平板コンデンサ構造の容量は，式(4.9)を使って簡単に計算することができます．

図4.15 平行平板コンデンサの容量計算に必要な物理寸法

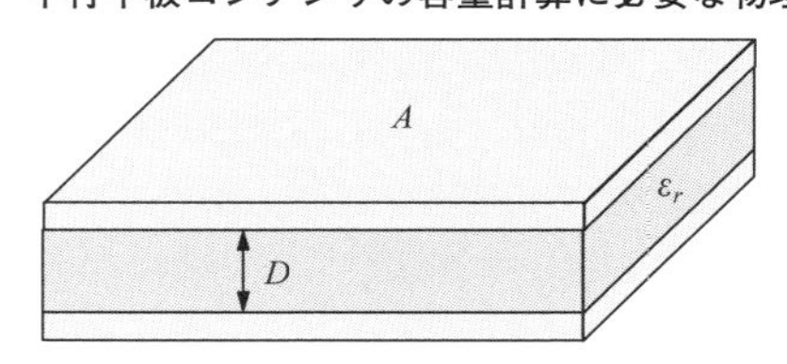

$$C_{pp} = k\frac{\varepsilon_r A}{D} \quad \cdots\cdots (4.9)$$

ここで，

C_{pp}：平行平板コンデンサの容量[pF]

ε_r：絶縁材の比誘電率

A：平行平板の面積[cm^2]

D：平行平板の間隔[cm]

k：変換係数[0.884/cm]

この平行平板コンデンサの容量は，式(4.10)を使っても計算することができます．しかし，実際のコンデンサは，一般的にあらかじめ見積もることが不可能な要素の影響により，式(4.10)を用いた計算結果より小さな値になります．たとえば，ビアの周辺の銅箔がない領域(アンチパッド)によって，電荷をためるための電源プレーン/グラウンド・プレーンの銅箔領域が小さくなります．平行平板コンデンサの容量は，絶縁体材料の比誘電率であるε_rやε_oを使って求めることができます(真空の比誘電率は1であるが，空気の比誘電率も1に近似できる)．

$$C = k\frac{\varepsilon_o \varepsilon_r A}{d} = k\frac{\varepsilon A}{d} \quad \cdots\cdots (4.10)$$

ここで，

C：電源プレーンとグラウンド・プレーン間の容量[pF]

ε_r：プレーン間の絶縁材の比誘電率，通常の基板では約4.3

ε_o：真空中の誘電率(通常は1に等しい)

A：平行平板の面積[m^2]

d：平行平板の距離[m]

k：変換係数[0.884/cm]

電源とグラウンドをプレーン構造にすると，多くの電荷を蓄積することができ，効率的な内蔵デカップリング・コンデンサとして機能します．電源/グラウンド・プレーンの間隔が0.25mm以下になると機能し，0.125mmでは高速信号用途として性能を発揮します(4)．

電源/グラウンド・プレーンをコンデンサとして利用した場合，基板に実装されたすべてのコンデンサを含めた基板全体の自己共振周波数に注意する必要があります．この自己共振周波数は，すべてのコンデンサが持つインダクタンスの影響により誘導性と容量性が交互に現れることによって発生します．特定の周波数では，鋭い反共振効果が発生します．プリント基板の入力インピーダンスに関連するS_{11}を確認すると，1MHzを超える帯域で多数の共振を確認することができます．これは，電源/グラウンド・プレーンのインピーダンスと，基板上に実装されたコンデンサやその他の電子部品の入力容量の相互作用により発生します．

反共振が発生すると，その帯域に対してデカップリングは行えません．クロックの高調波が反共振周波数に一致した場合，プリント基板はコモン・モードのスイッチング・ノイズを発生させ，EMIの限度値を大きく超えるような放射源になります．このような現象が発生した場合，プリント基板の電源/グラウンド・プレーンの反共振周波数をスイッチング・ノイズやクロックの高調波と一致しない周波数へ移動するようにデカップリング・コンデンサの値を決める必要があります．

プリント基板は，本来のノイズ源ではありません．どちらかと言えばノイズ伝達経路であり，基板上の接続回路やクロック回路によって電磁界が意図しない回路に結合し，それがRFノイズの原因となります．デカップリング・コンデンサは，このような共振に起因する問題解決には適さないため，システム・レベルでの放射ノイズの封じ込めにはシールドが必要になります．

簡単な方法の1つは，電源/グラウンド・プレーンの間隔，もしくはプレーンの縦，横の物理寸法を変更することにより，プレーンの容量を変化させて自己共振周波数を変えることです．式(4.9)と式(4.10)はこの考え方を示しており，他の電子部品と電源/グラウンド・プレーンが作る反共振周波数が，クロックなどの高調波と一致しないように調整する必要があります．この設計方法を使う際には，次のような課題があるので注意が必要です．その1つは，電源/グラウンド・プレーンを基準とする場合，信号層と基準面の間隔が変わることにより信号層の伝送線路インピーダンスが変化してしまうことです．このインピーダンスの変化は，回路全体の特性に影響を与えます．

設計者は，レイアウト設計においていくつかのトレードオフを考慮しなければなりません．特に，多くのエネルギーを能動素子に供給することが配線の特性インピーダンスを50Ωに整合させることより重要な場合は，電源回路網の設計を優先しても問題ありません．なぜなら，すべての配線を50Ωに整合させる必要はなく，多くの回路設計においては50Ωより高いインピーダンスが最適な場合もあるからです．

一般的に，多層基板は200M～400MHzの帯域に自己共振周波数を持ちます．デカップリングを強化するために電源/グラウンド・プレーン間隔を変更するテクニックを使う場合は，シミュレーションを用いて配線の特性インピーダンスをあらかじめ計算する必要があります．

4.9　ビアが電源/グラウンド・プレーンに与える影響

電源-グラウンド間の容量が減少する

式(4.9)を使って容量を計算する際，1つ注意しなければならないことがあります．それは，スルーホール・ビアのクリアランス(アンチパッド)により，電荷を蓄積する面積が削減されるため，デカップリングするために使う電源-グラウンド・プレーン間の容量が理論値より減少することです．

電源/グラウンド・プレーンでビアを使えば，ビアのアンチパッドの数とプレーンからエッチングで取り除かれたアンチパッド部の銅箔の面積に応じて容量が減少します．コンデンサは2枚の金属板により，LSIに供給するために必要なエネルギーを蓄える働きをします．しかし，電源/グラウンド・プレーンの金属(銅箔)が少なくなれば，電流密度の分布を減少させてしまいます．その結果，電流密度分布を生成するために必要な電子を確保するための金属プレーン領域が小さくなってしまいます．**図4.16**は，ビアやクリアランスのない電源と，ビアやクリアランスにより30%プレーンの面積が減少した電源のそれぞれの場合の容量を示しています．

4.9.1　電源/グラウンド・プレーンによる容量と単体コンデンサの相乗効果

図4.13では，電源/グラウンド・プレーンが持つ容量の影響については考慮していません．並列コンデン

図4.16 電源/グラウンド・プレーンにおけるビアの影響による容量の変化

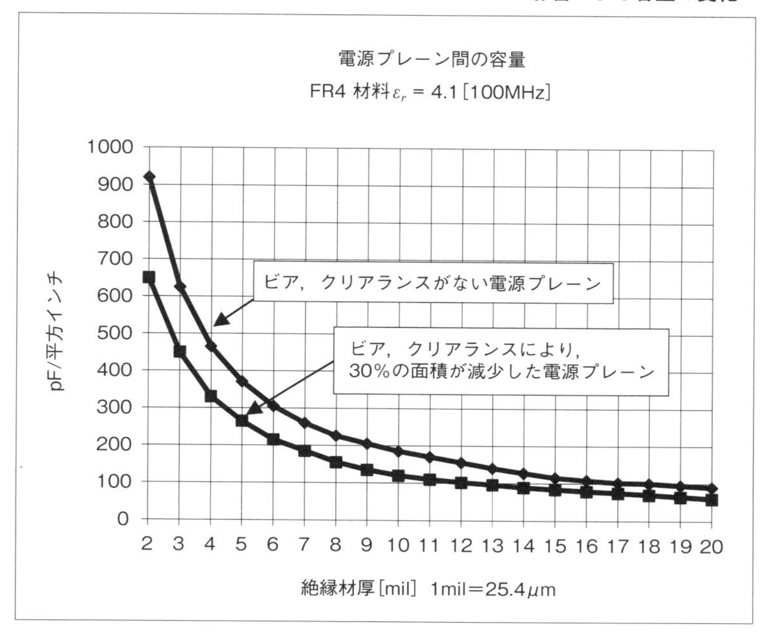

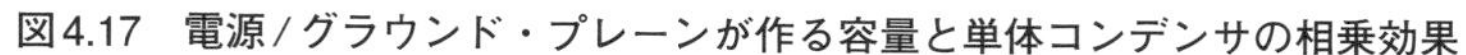

図4.17 電源/グラウンド・プレーンが作る容量と単体コンデンサの相乗効果

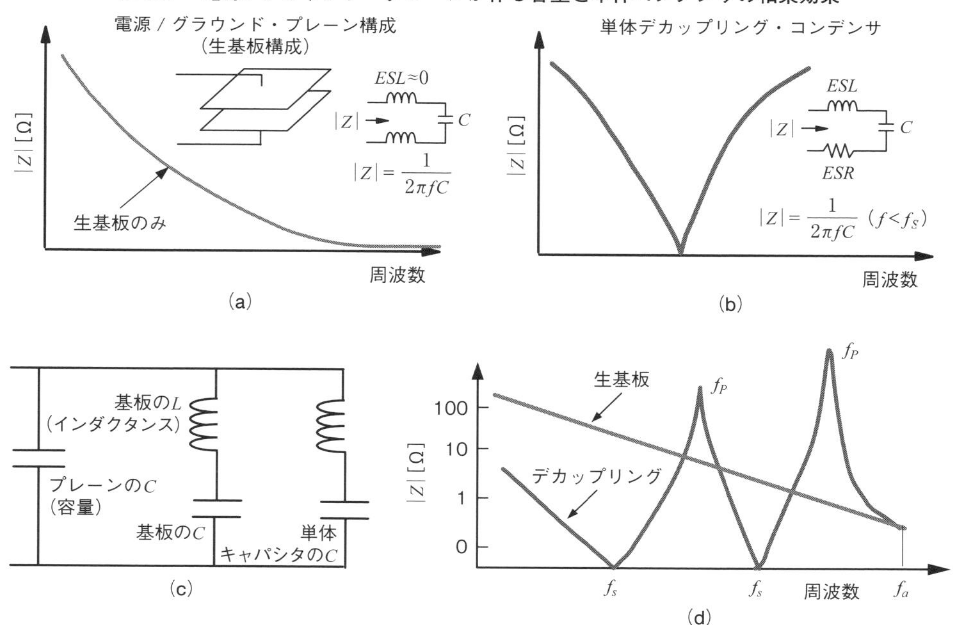

サが構成されて発生する反共振のメカニズムを説明するために，2個の単体容量だけで評価しました．しかし，**図4.17**は電源/グラウンド・プレーンの影響を考慮した並列コンデンサの特性を示しています．電源/グラウンド・プレーンが持つ容量は非常に小さく，*ESL*や*ESR*がほとんどないため，高周波領域においてRFノイズを最小限に抑えます．

単体コンデンサを多層基板で使う場合，電源プレーンによる容量と単体コンデンサの相乗効果を低周波数帯でも考慮しなければなりません．ここで言う低周波数帯とは，一般的に信号の立ち上がり時間が25MHz以下の遅い電子部品が使われる場合を示します．文献(3)に電源/グラウンド・プレーンと単体コンデンサの相乗効果の興味深い研究結果が示されています．

図4.17(a)では，部品が実装されていない"生基板"のインピーダンスが，理想的なデカップリング・コンデンサのインピーダンスに近いことを示しており，もし純粋なコンデンサだけなら，抵抗やインダクタンスの悪影響から解放された電源供給路を作れます．理想容量のインピーダンスは$Z=1/(2\pi fC_o)$の式で与えられます．

並列コンデンサは，それぞれのコンデンサが低インピーダンスとなる直列共振周波数f_sと，容量が並列接続された結果，無限大のインピーダンスとなる並列共振周波数f_pを持ちます．これらの共振周波数は，式(4.11)を使って簡単に計算できます．

$$f_s=\frac{1}{2\pi\sqrt{LC}} \qquad f_p=f_s\sqrt{1+\frac{nC_d}{C_o}} \qquad \cdots\cdots (4.11)$$

ここで，

n：単体コンデンサの数

C_d：単体コンデンサの容量

C_o：電源/グラウンド・プレーン間の容量

直列共振周波数f_s以下では，単体コンデンサは$Z=1/(2\pi fC)$で示される理想的なコンデンサとして振る舞います．直列共振周波数の近辺では，コンデンサのインピーダンスはコンデンサが持つインダクタンスとコンデンサが共振してヌルになるので，理想的なコンデンサが示す$Z=1/(2\pi fC)$より低くなります．

しかし，直列共振周波数f_sを超えるとインダクティブな振る舞いを示し，その結果コンデンサを使っているにも関わらずインダクタを使った場合と同じになります．周波数f_aにおけるインピーダンスは，**図4.17**(d)が示すように，単体コンデンサの有無にかかわらず生基板のインピーダンスと同じ値を示し，これは式(4.12)を使って計算できます(生基板のインピーダンスを示す線と，単体コンデンサと生基板の合成インピーダンスを示す線が周波数f_aで交わっている)．ここで，インピーダンスがもっとも低くなる直列共振周波数f_sは，ボード線図ではヌル，インピーダンスが無限大に大きくなる並列共振周波数は極(ポール)と呼ばれています．

$$f_a=f_s\sqrt{1+(nC_d-2C_o)} \qquad \cdots\cdots\cdots\cdots\cdots\cdots (4.12)$$

共鳴は，ボード線上の極に対応します．直列ポイント(f_s)はヌルまたはゼロで，並列コンデンサ(f_p)は極と呼ばれる反共振周波数を持っています．

複数のコンデンサを使用すると，極(並列共振)とヌル(直列共振)が交互に現れます．つまり，2つのコンデンサが存在すれば1つの並列共振(f_p)または2つのヌル(f_s)が存在します．言い換えれば，容量の異なる2つのコンデンサがあれば，2個のヌル(直列共振)と1つの極(並列共振)が存在します．容量の異なる3つのコンデンサがあれば，3個のヌルと2個の極が現れます．

電源/グラウンド・プレーンのインピーダンスが，周波数f_aより高い場合，すなわち単体コンデンサ(複数個使った場合)の自己共振時のインピーダンスより低くなる場合で，なおかつ，電子部品のスイッチング周波数が電源/グラウンド・プレーンでデカップリング可能な帯域であれば，単体コンデンサをさらに追加しても効果はありません．これは，すでに必要なターゲット・インピーダンスに基板のインピーダンスが達しているためです．

極となる並列共振周波数付近では基板のインピーダンスは非常に高くなり，デカップリング性能は非常に低下します．この解析は，ビアと配線の直列インダクタンスを最小限にすることが，広帯域にわたり理想的なコンデンサとして動作させるために極めて重要であることを示しています．単体コンデンサが低いインダクタンスで電源プレーンに接続されていれば，直列共振周波数と並列共振周波数は高い周波数に移動するため，理想的なコンデンサとして動作する帯域も広がります(6)．

5Vや3.3Vなどの複数の電源プレーンを持つプリント基板では，動作上の理由から電源/グラウンド・プレーンの間隔が異なる複数のデカップリング・コンデンサを持つことが可能です．適切な層構成では，低周波数と高周波数のデカップリングを，単体のコンデンサを使わずに電源/グラウンド・プレーンをコンデンサとして利用するだけで達成することが可能です．例外については，4.22項で詳細に述べます．

ちなみに，電源/グラウンド・プレーン間に存在するインダクタンスは非常に低く，ほぼpHオーダです．ビアのインダクタンスはおおむね1nH以内，配線のインダクタンスは通常1cm当たり2.5nHから10nHです(3)．

図4.18 100nFのコンデンサを使ったデカップリングにおける*ESL*の影響
〔AVX Corporation提供(7)〕

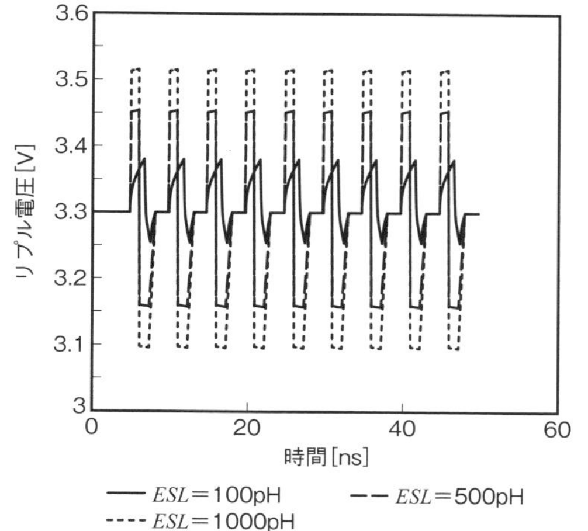

図4.19 100nFのコンデンサを使ったリプル電圧に関する*ESR*の効果
〔AVX Corporation提供(7)〕

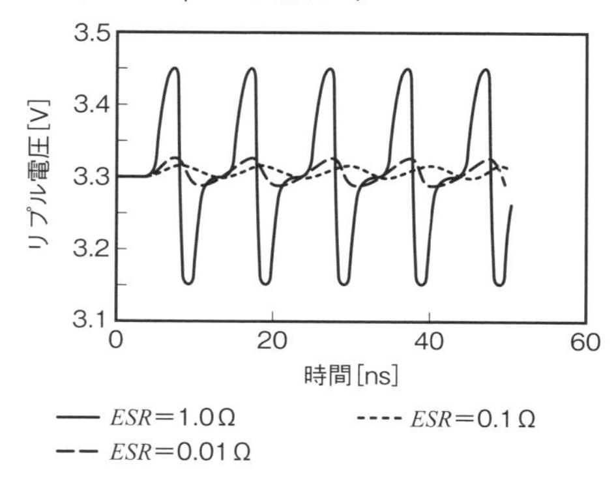

4.10 デカップリング用途における*ESR*と*ESL*の影響

等価直列インダクタンスと等価直列抵抗

デカップリング・コンデンサやPDNは素早く電荷を供給するという機能がありますが，その能力にもっとも影響を与える要素は*ESL*と*ESR*（等価直列インダクタンスと等価直列抵抗）です(7)．そして，相互接続によるインダクタンスを最小にするには，コンデンサから配線で引き出してビアでプレーンに接続するのではなく，パッドから直接プレーンに接続する必要があります．一方，*ESR*は誘電体の内部抵抗によって決まるため一定の値をとり，PDNへの接続とは関係ありません．

4.10.1 *ESL*の値による性能への影響

リプル電圧とノイズを最小にするために，*ESL*の値はどのくらい影響するのでしょうか？ **図4.18**にこれを示します．ここでは，100nF（0.1μF）のコンデンサと0.1Ωの*ESR*を2A/nsのスルーレートで使用した場合の*ESL*の影響を示しています．容量を固定して*ESL*を変化させインダクタンスを増加させた場合，リプル電圧は大きくなります．条件によっては，リプル電圧が多くのディジタル部品の電圧マージンを超えてしまうこともあります．

4.10.2 *ESR*の値による性能への影響

では次に，PDNにおける*ESR*値の影響を調べてみましょう．まず，コンデンサの値を0.1μFとします．**図4.19**は，PDN内部の*ESR*が大きいとリプル電圧が増加することを示しています．この変化は，コンデンサ本体内部の*RC*の時定数に直接関係しています．スイッチング電源の設計者は，回路内の抵抗によって機能が中断されることがなく，PDN内のノイズの発生を最小限に抑えるために*ESR*の値をできるだけ低く保つことが重要です．

もう1つの大切なことは，部品が消費する電流のスルーレートと周波数です．**図4.19**は，*ESR*が1Ωで，100nF（0.1μF）のコンデンサを使った場合のリプル電圧を表しています．このシミュレーションのための電流源は，立ち上がり時間がそれぞれ0.5，0.25，0.125A/ns，周波数はそれぞれ25，50，100MHzです(7)．前述したように，ノイズをあまり出さない低周波数のクロック・スピードにおいては*RC*の時定数が性能に影響します．

4.11 伝送線路のRFリターン経路としてのプレーン

プレーンは低インピーダンスなRFリターン経路になる

一般的な多層基板には，一組以上の電源プレーンとリターン・プレーンがあります．これらのプレーンは，低インダクタンスで接続でき，高エネルギーを保持するデカップリング・コンデンサの機能を持っています．言い換えると，これらのプレーンは，スイッチング素子から生成されるRF電流の発生を防ぎ，論理回路が設計通りの動作パラメータで機能するように働きます．

プレーンのもう1つの特徴は，電源配線の引き回しで苦労しなくてよいということです．また，第2章で述べたように，プレーンは隣接する層に配線された信号電流にとって低インピーダンスのRFリターン経路を提供します．

リターン・プレーンからシャーシ・グラウンドまたは0V基準まで複数で接続されることにより，回路間の電圧勾配を最小にします．この電圧勾配は，インピーダンスの不整合によって生成されるコモン・モード電磁界の主要因となるものです．また，この接続は望ましくないコモン・モードRFエネルギーをシャーシ・グラウンドへ迂回させ，スイッチング素子から遠ざけることになります．しかしながら，シャーシに複数のグラウンド・ステッチ接続をするのは実用的ではありません．このような状況では，RFループ電流が発生する可能性のある場所を注意深く分析して見つけなければなりません．

スイッチング・ノイズを起こす部品は，その電源変動によってPDNにRF電流を注入してしまいますが，信号層の隣のプレーンはそのRF電流を抑制するとともに，信号電流が作る磁束のキャンセルも促進します．イメージ・プレーンまたはRFリターン経路は，伝播層の隣の電源またはリターン電位のどちらかのベタ・プレーンです．ここで，プレーンの電位は関係ありません．その理由は，部品の電源とPDNは直流だからです．このように，スイッチング部品による交流ノイズは，周波数ドメインでの機能障害をもたらすので，コンデンサをデカップリング・モードで使って，低インピーダンスのRF伝送線路を作る必要があります．一般的には，異なる電位のプレーン間のRFエネルギーを迂回してノイズを除去するための低インピーダンスの経路が必要になります．設計通りに機能させるためには，すべての信号層はベタ・プレーンが物理的に隣接していなければなりません．このとき，ベタ・プレーンの電位は関係ありません．イメージ・プレーンの詳細な解説と，低インピーダンスのRFリターンの必要性については第2章で述べています．

4.12　多重極デカップリング

コンデンサのESRでQ値を下げる

広帯域のPDNを実現する別の方法として，サン・マイクロシステムズ(8)で開発された多重極デカップリングという概念があります．これは，グラフ上に描いたインピーダンス特性における「ビッグ-V」として知られている単一の値を持つコンデンサの概念とは異なります．おもな違いは，標準値ではないコンデンサを使用することです．

多重極デカップリングを適切に実装するためには，もっとも厳しい条件下で動作しているときのプリント基板のPDNのターゲット・インピーダンスを知ることが重要です．しかし，すべてのピンが最大の容量性負荷の下でスイッチングしているときの全電流量をデータシートで公開しているベンダはほとんどないので，その数値を知ることはほとんど不可能です．**図4.20(a)**に，さまざまな容量値を使った典型的な「ビッグ-V」曲線を示します．ここで，縦軸と横軸は**図4.11**と**図4.12**に示したような両対数のグラフです．わかりやすくするために，このグラフ内の「ビッグ-V」曲線は，100 MHz以下全般のデカップリングでほぼ共通して使われるコンデンサのうち，対数で100μ～10nFまでの離散的な値で計算しています．これらコンデンサは，どれも100MHzを超える周波数では最低限の機能しか提供しないことに注目してください．

図4.20(b)のグラフには，(a)のグラフと同じ自己共振周波数ですが，曲線ごとに同じ容量値のコンデンサを追加したときのインピーダンスを示します．容量が小さなコンデンサを使って容量が大きなコンデンサと同じ低インピーダンスを実現するためには，並列にたくさん配置する必要があります．**図4.11**と**図4.12**では，コンデンサの容量が小さいほど反共振周波数で高インピーダンスになるということを示しました．サン・マイクロシステムズによるこの解析の目的は，周波数スペクトル全体で1mΩのターゲット・インピーダンスを達成するために，プリント基板上に実装する必要なコンデンサの数を決定することでした(8)．**表4.6**は，**図4.20**の曲線を得るためのシミュレーション結果を示しています．このグラフは，多重極デカップリングを行うための基礎です．

多重極デカップリングは，直流から約80MHzの直流電源のスイッチング周波数に対して非常に広帯域の

図4.20 広帯域で低いターゲット・インピーダンスを実現する多重コンデンサのプロット
〔出典：(8)，(9)〕

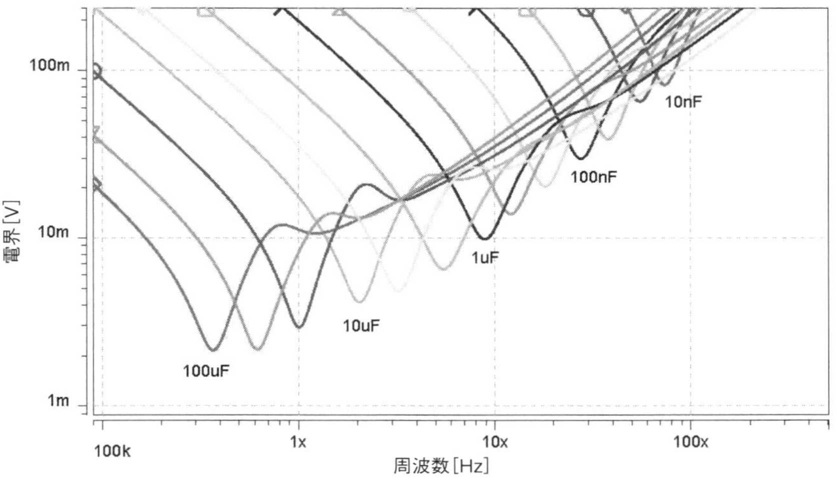

100m
10m
1m
10nF
100nF
1uF
10uF
100uF
電界[V]
100k 1x 10x 100x
周波数[Hz]

(a)

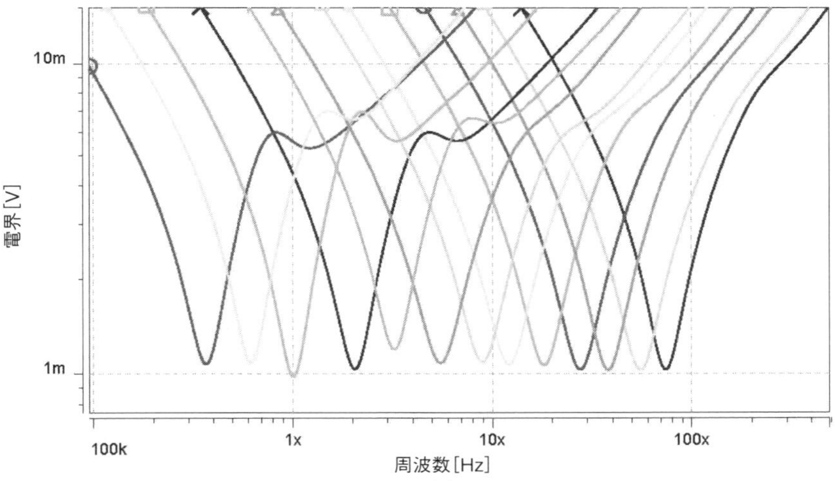

10m
1m
電界[V]
100k 1x 10x 100x
周波数[Hz]

(b)

デカップリングを実現する設計テクニックです．このテクニックの面白い所は，広帯域で低インピーダンスを実現するために，大きな値（すなわち，100μF）のコンデンサはほんの数個であり，小さい値（10nF）のコンデンサが数多く実装されているということです．10nF未満のコンデンサは，エネルギー蓄積容量に限界がある上に，数多く使う必要があるので，デカップリングにおいてあまり有効ではありません．また，たとえば複数の電圧条件を持っている1000ピン以上の大電源を必要とするようなFPGAなどに対して，小さな容量のコンデンサを何百も使ってデカップリングするのも現実的ではありません．

基本的な回路解析によると，多数のコンデンサを並列に実装したとき，*ESL*と*ESR*の値は実装したコンデンサの数に正比例して小さくなります（テブナンの定理）．**図4.20**（b）のグラフにおいて，100μFのコンデンサで1mΩを実現するためには並列に2つ設置する必要があります．高周波数で同様の低インピーダンスを実現するためには，多数のコンデンサが必要で，10nFのコンデンサなら60個が必要です．もし，高品質のPDNにおける最終目標が，広範囲の周波数にわたって低インピーダンスを提供することであれば，エネルギー

表4.6　1mΩのインピーダンスを実現するコンデンサの容量値と数

容量	部品サイズ	誘電体	容量測定値	*ESR* [mΩ]	内部インダクタンス[nH]	実装インダクタンス[nH]	*SRF*[MHz]	*Q*	1mΩ当たりの*ESR*	1mΩを実現するコンデンサの数
100μF	1812	X5R	80.3μF	1.8	2.112	0.600	0.341	0.7	2	2
47μF	1210	X5R	42.1μF	1.9	1.487	0.600	0.537	1.1	2	3
22μF	1210	X5R	17.1μF	2.5	1.300	0.600	0.867	1.3	3	7
10μF	0805	X5R	7.26μF	3.6	0.773	0.600	1.60	1.6	4	9
4.7μF	0805	X5R	4.12μF	4.2	0.544	0.600	2.32	2.1	4	5
2.2μF	0805	X5R	1.98μF	6.1	0.413	0.600	3.55	2.2	6	8
1.0μF	0603	X5R	0.79μF	9.1	0.391	0.600	5.69	2.3	9	12
470nF	0603	X5R	404nF	13	0.419	0.600	7.85	2.3	13	16
220nF	0603	X7R	172nF	19	0.438	0.600	11.9	2.3	19	28
100nF	0603	X7R	75nF	29	0.443	0.600	18.0	2.3	29	30
47nF	0603	X7R	39nF	38	0.451	0.600	24.7	2.4	38	40
22nF	0603	X7R	17nF	64	0.492	0.600	36.6	2.1	64	53
10nF	0603	X7R	8.9nF	80	0.518	0.600	50.4	2.4	80	60
						合計			27	273

注：容量とインダクタンスの測定値を，直列共振周波数，*Q*値，600nHの実装上のインダクタンスとともに記載．

図4.21　さまざまな容量値を持つ多重極デカップリングの概念
〔出典：(8)，(9)〕

	C[μF]	*ESR*[ohm]	*L*[nH]
R-L	-	0.01	2
C_1	33	0.006	1
C_2	3.6	0.006	1
C_3	1.3	0.006	1
C_4	0.75	0.006	0.8
C_5	0.56	0.006	0.5

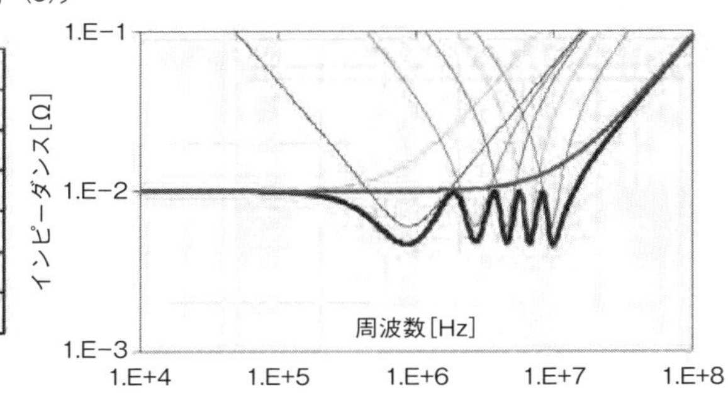

の蓄積のために多くの並列コンデンサが必要であり，これは部品コストや配線コストの増加につながります．PDNにおいて，このようにターゲット・インピーダンスを達成するために多くのコンデンサを使用すると，プリント基板のレイアウトでも実装場所をとってしまい，肝心の能動部品を置く場所がなくなってしまいます．

多重極デカップリングの考え方は，80MHz以下で広帯域の性能を実現するために優れています．「このテクニックを実際はどのように使えばよいでしょうか」という質問をよく受けますが，**図4.21**がその答えを示しています．この図は，異なる5つのコンデンサにおける「ビッグ-V」曲線を示しています．フラットな線で周波数の増加とともになだらかに上昇している線が，最適な性能を実現するターゲット・インピーダンスです．ターゲット・インピーダンス以下の狭帯域の曲線に対しては，コンデンサまたは実装プロセスに*ESR*を追加します．以前に述べたように，比較的高い*ESR*はコンデンサのインピーダンスを増加させてしまうので，ほとんどの場合望ましくありません．しかし，コンデンサに極めて小さな*ESR*を追加すると，コンデンサの自己共振周波数($Q = ESL/ESR$)に関連したQ値を低下させることができます．この理由により，*ESR*を少し増加させたコンデンサを作っているベンダもあります．ただし，単価は高くなります．このように，多重極デカップリングのテクニックを使うには，大きな*ESR*値を持つコンデンサが必要になります．直列抵抗を少し加える(または，高*ESR*のコンデンサを使う)ことによって，容量値に差のある2つのコンデンサが並列になって発生する反共振周波数を最小にするだけでなく，回路のQ値を減少させて広範囲にわたる動作が可能になります．

基本的に，「ビッグ-V」曲線のターゲット・インピーダンス以下の狭帯域の部分は，ターゲット・インピーダンス以下の広い帯域幅をカバーする大きな放物曲線に変換されます．また，小さな値のすべてのコンデンサ（すなわち，高い自己共振周波数を持ち，低いnFの範囲内のもの）は，（低い自己共振周波数で）大きな値のコンデンサがインダクティブになる前にターゲット・インピーダンス以下になるようにすることが重要です．さらに，小さな値のコンデンサがターゲット・インピーダンス以下になる周波数帯域が十分に広ければ，反共振も大きく起こらないことが保証されます．すべてのコンデンサのインピーダンスが，必要とされるターゲット・インピーダンスの下にある限り，すべてのコンデンサはデカップリング機能を果たします．**図4.21**の太線は，すべての単体コンデンサが反共振なしで，ターゲット・インピーダンス以下の容量性領域にとどまっていることを示しています．

〈例〉

もし，プリント基板のターゲット・インピーダンスが100mΩ，かつ「ビッグ-V」曲線の極小値が1mΩであるならば，ある部品のデカップリングは，設計値の±数MHzでのみ正常に機能します．そこに任意の直列抵抗（*ESR*）が追加されれば*Q*値［$Q = ESL/ESR$，式（4.2）］は減少し，コンデンサはより広範囲な帯域幅で機能します．ここで，この*ESR*によってインピーダンスは増加しますが，全帯域でターゲット・インピーダンスを下回るように*ESR*の値を計算する必要があります．

多重極デカップリングを行うためには，どの周波数で反共振が起こるかを調べるシミュレーションは必須です．そして，コンデンサの特性を考慮して，すべての素子の所望される動作帯域においてターゲット・インピーダンス以下になるようにしなければなりません．

4.13 最適なデカップリング実装の効果

スイッチング・ノイズ除去例

デカップリング・コンデンサを適切に実装することで，**図4.22**と**図4.23**に示すようにPDNに発生するスイッチングのノイズを十分に抑制することができます．**図4.22**のスパイクは，適切に設計されてない電源回路に接続された素子のディジタル信号のスイッチングによるものです．適切に配置したデカップリング・コンデンサにエネルギーを蓄積することで（**図4.23**），このスイッチング・ノイズを除去することができます．

4.14 コンデンサ・ブリッジの簡易モデル

容量成分によるリプル抑制

一般に技術者は，安定なPDNを設計するためにデカップリング・コンデンサとバルク・コンデンサを用

図4.22 電源（1.5V）端子間で観測した電源ノイズ（コンデンサなし）
（出典：Dr. Bruce Archambeault）

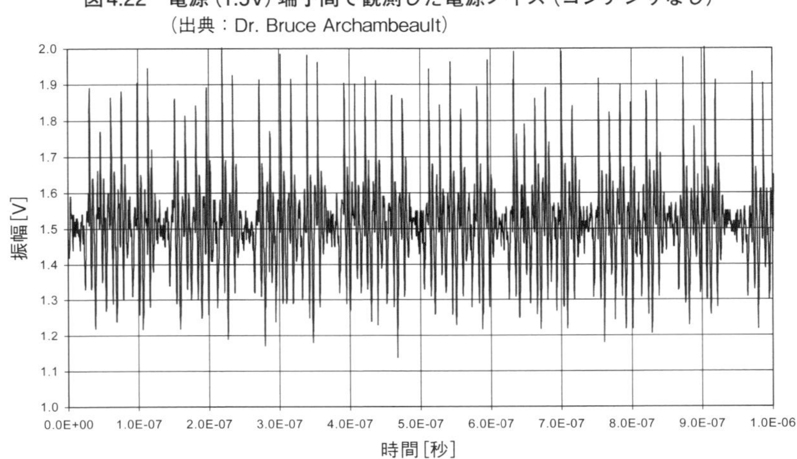

図4.23 電源(1.5V)端子間で観測した電源ノイズ(コンデンサあり)
(出典:Dr. Bruce Archambeault)

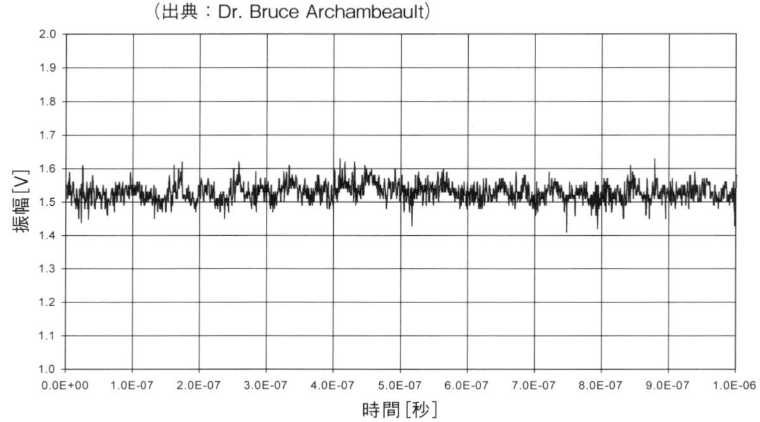

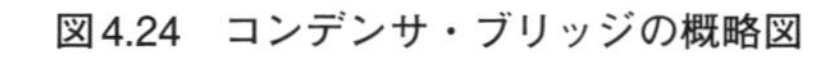
図4.24 コンデンサ・ブリッジの概略図
(出典:Elya Joffe)

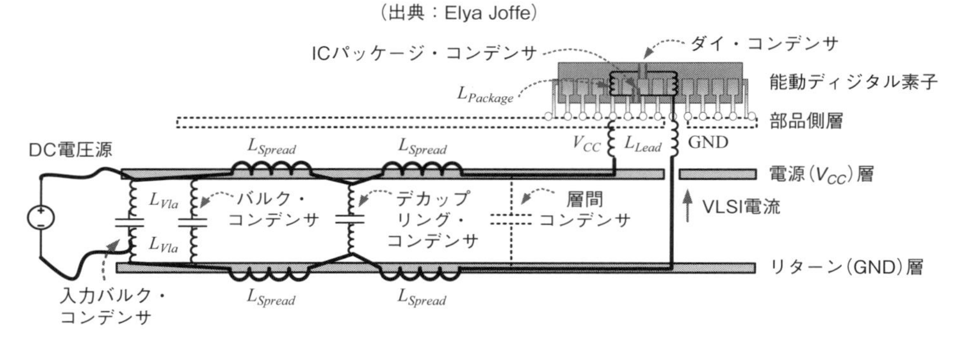

いることだけを考えがちです.これは間違いではありませんが,さまざまなタイプのコンデンサが基板上でどのように機能するかを考慮する必要があります.コンデンサは,接続されている回路のインダクタンスや誘電損によって決まる,限られた有効半径内の局所エリアにのみ電荷を供給することができます.

図4.24に,コンデンサ・ブリッジの構成を示します.これはPDN内において,ディジタル素子や回路が持つ容量成分によるリプル抑制のために用いられます.ここで注意する点は,個々の容量性素子がブリッジの次段素子を充電する速度です.この速度は,次段への電荷伝達の点では早い必要はありませんが,コンデンサが動作する有効半径内にある能動部品の電圧レベルを維持するためには,十分なエネルギー容量を持っている必要があります.

コンデンサ・ブリッジについて解説すると,

- 電流の第1サージは,ダイ上のゲート間容量によって発生します.
- ダイ上の容量は,シリコン・ウエハの内部電源層とリターン層から再充電されます.
- 内部ダイ上の電源層とリターン層は,内部パッケージの容量によって再充電されます.
- パッケージの容量は,PDNの電源層とリターン層から直接再充電されます.
- 部品のピン部のPDNは,さらに局所デカップリング・コンデンサによって再充電されます.
- 局所デカップリング・コンデンサは,層間容量によって再充電されます.
- 局所的な層間容量は,さらに遠方にあるバルク・コンデンサによって再充電されなければなりません.
- このバルク・コンデンサは,その近傍の層間容量によって再充電されなければなりません.
- PDNのこの部分にある層間容量は,部品からさらに遠方にある電源回路によって再充電されます.
- この電源はさらに,DCやACで給電された定電圧源によって再充電されます.

4.15 電圧レベルを維持するための有効半径

多数のコンデンサで効果が得られる

デカップリング・コンデンサによって供給される電流は，あたかも水面に投げ込まれた石によって波紋が広がるようにプレーン層間を放射状に充電し，同時に多くの素子にも供給されます．プリント基板上ではコンデンサの物理的な位置にはよらず，この波が波及する範囲に存在するすべての素子はその影響を受けることになります．デカップリング・コンデンサは，2つのプレーン層が存在する場合にその層間“のみ”を再充電します．したがって，片面基板や両面基板の場合には，この効果は現れません．アナログ素子やディジタル素子は，いずれもプレーン層から電流の供給を受けます．コンデンサが素子に直接電荷を供給するわけではありません．ただし，コンデンサと素子の間に配線が必ず存在する片面基板や両面基板の場合はこの限りではありません．

プリント基板上にコンデンサが多数配置された場合，ある限られた領域ではこの波紋が直流定電圧源のように振る舞います．これは，近接して配置された多くのコンデンサからの伝播波が同時に放射状に伝播することによるものです．x/y面上のある特定の位置では，これらの多くの伝播波の位相が加減されます．そして，数十，数百のコンデンサが非同期に充放電を繰り返し，それらが放射状に伝播することで電位が一定となり，その結果我々が必要とする直流電圧源になります．このように，多数の伝播波によって仮想の直流電圧源が形成されますが，これが不適切な容量値のデカップリング・コンデンサ(たとえば，GHzで動作する素子に対して100nFといったコンデンサを用いると不適切な動作帯域になる)を用いた場合でも，多数のコンデンサが存在すれば期待する効果が得られる最大の理由になります．

コンデンサの数を最小限にするには，個々の部品に2つのビアを配置し(これによって信号配線の引き回しに問題が生じる場合がある)，電源/グラウンド・プレーンを近接させて配置することにより，高周波域における個々のコンデンサの動作特性を改善させる必要があります．これは，通常コンデンサ部品はループ・インダクタンスによって250MHz以上では特性が低下してしまうからです．

図4.25 コンデンサから11.4mmの距離に配置したビアを介した500MHzにおける電源/リターン・プレーン間の容量性変位電流
(出典：Dr. Bruce Archambearult)

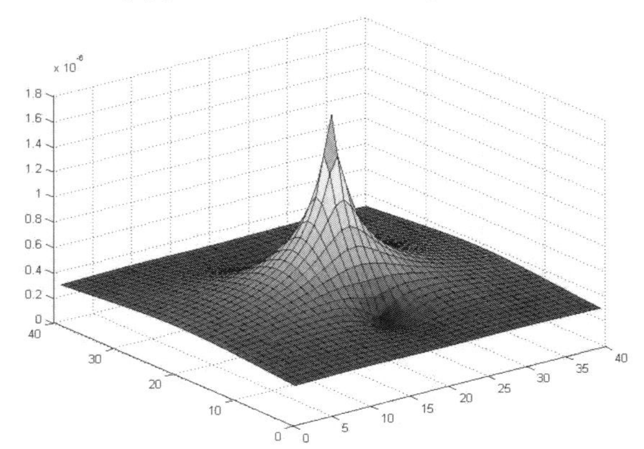

1つのコンデンサからの波紋効果のようすを図4.25に示します．

4.16 プリント基板の等価回路モデル

能動素子と寄生成分

デカップリング・コンデンサの配置について議論する前に，プリント基板の物理的な表現方法について考えてみましょう．図4.26に，能動素子と寄生成分を含めた等価回路を示します．

この図には，電源とリターン回路間に，配線インダクタンス，部品内部のワイヤ・ボンド，リード・フレーム，ソケット・ピン，部品の接続リード，デカップリング・コンデンサの端子などによって形成される電流ループがあります．効果的にデカップリングするためには，R_2，L_2，R_2'，L_2'，R_3，L_3，R_3'，L_3'，R_4，L_4，R_4'，L_4'を最小にする必要があります．IC内で電源/リターン・ピンを隣接して配置することにより，R_4，L_4，R_4'，L_4'を小さくすることができます．

PDNにおいては，オームの法則に従って流れる電流を維持するためにインピーダンスを最小にする必要があります．抵抗成分と誘導(インダクタンス)成分を最小とするもっとも簡単な方法は，密接して配置した個体プレーンを使用することです．プレーン間隔を小さくすることで，片面基板や両面基板に存在する誘導成分を除去することができます．シリコン・ダイをプリント基板上のプレーンに接続するリード・インダクタンス(すなわちR_4，L_4，R_4'，L_4')が小さい場合，特に内蔵能動素子を含むBGAやフリップ・チップ実装技術を用いた場合には，デカップリング・ループ全体のインダクタンスを小さくすることができます．

図4.26[(1)] は，EMIが入力電源部(ループ電流I_1)，プロセッサ部(ループ電流I_2)，出力回路への接続部(ループ電流I_3)を含むすべての部分からなるループ構造と周波数の関数であることを示しています．ループ電流I_4は，L_4とL_4'を最小化できるBGAやフリップ・チップ技術を用いることにより低減することができます．また同時に，構造全体が持つインダクタンスの大部分を最小化することができます．

図4.26のC_dで示した局所デカップリング・コンデンサを実装することで，電流ループI_2のインピーダンスを低減することができます．そしてこれは，コンデンサを配置した場所の等価プレーン・インピーダンスを低減させると同時に，電荷エネルギーの伝達に大きく寄与します．また，このコンデンサは，電源プレーンとリターン(グラウンド)プレーン間に発生する不要なACスイッチング・ノイズの短絡に寄与します．ただし，これはリターン・プレーンがシャーシ・グラウンドに接続されていることが前提になります．

デカップリング・ループ・インピーダンスは，他の電源供給部よりも十分に低いインピーダンスでなければなりません．十分に低いインピーダンスでない場合には，高周波のスイッチング・ノイズが除去されず局所的に残ってしまうため，電源の安定性が維持できず

図4.26　すべての寄生成分を含めたプリント基板の等価回路

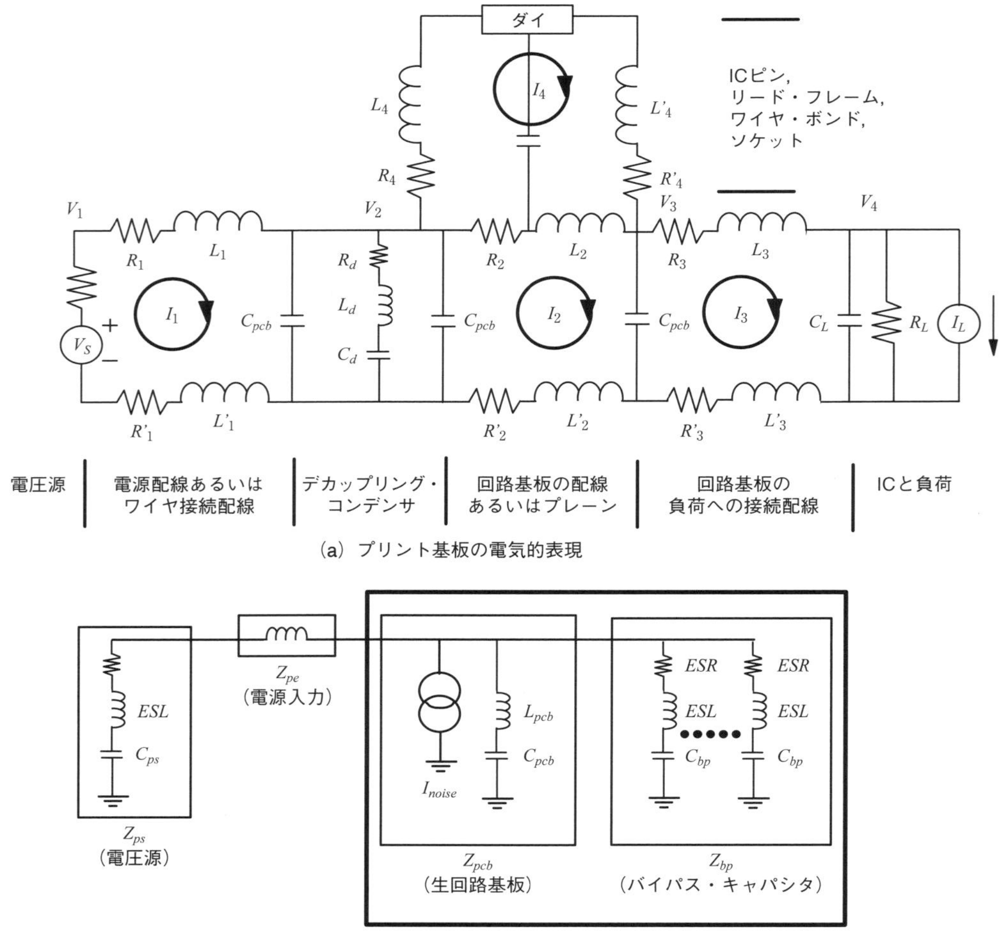

(a) プリント基板の電気的表現

(b) 回路基板の回路図表現

に素子に供給する電圧が動作マージンを超えて変動することで，機能障害を起こす可能性があります．

ある場所の局所的な電流ループ・インピーダンスが他の回路よりも小さい場合，何らかのRFエネルギーが，電源と素子間の電源供給回路によって構成される大きなループに伝播したり結合する可能性があります．このような場合，高周波スイッチング電流が外部からのイミュニティとしてこの大きな電流ループに注入され，有害な干渉を引き起こしてしまいます．この現象を，典型的なループ・インピーダンス（これは合計するとかなり大きな値となる）とともに**図4.27**に示します．$E = -L(dI/dt)$ の式によって，大きなループ・インダクタンスがコモン・モードRFノイズを発生・伝播させることがわかります[10]．

▶まとめ

デカップリング・コンデンサを使用する際にもっとも注意すべきことは，リードや接続配線のインダクタンスを最小化することと，両面基板を使用する場合にはコンデンサを素子のピンに可能な限り近くに配置することです．

コンデンサや素子が実装されているパッドがそれぞれ直接内層に接続されており，かつ両者を接続する配線を用いない場合には，必ずしもデカップリング・コンデンサを素子に対して物理的に近接させて配置する必要はありません．なぜなら，不要なコモン・モード電流はコンデンサと素子間を接続する配線インダクタンスによって発生するからです．

4.16.1 伝送線路（配線）インダクタンス

個別部品のコンデンサを用いてデカップリングの効果を最大限に引き出すためには，経験則ではなく，電磁気学に基づいた設計をする必要があります．そして，（ビアのインダクタンスを含めた）3次元的なループ・インダクタンスを最小にする必要があります．片面基板や両面基板といった特定の構成の基板においては，コンデンサのパッドからデバイス，電源とリターン回路に配線を接続することが機能要件です．このレイアウト手法のさまざまな組み合わせが，電源プレーンとリターン・プレーンの両方を含むアセンブリで**図4.28**に示されています[6], [10]．

コンデンサとディジタル素子間の配線インダクタンスに関するインピーダンス解析の結果を**表4.7**に示します．インダクタンス値は，配線が長くなるにつれて増大します．インダクタンス値が大きい場合，$E = -L(dI/dt)$ の式によって示される大きなコモン・モードRF電流がこの短い伝送線路上に発生します．

パッドからビア間までの配線長が片側12.7mmである場合（これは代表的なプリント基板における値），端子間の全配線長は25.4mmになります．一方，配線を用いずにビアをパッドの真横に配置した場合は，全ループ・インダクタンスは約1/2に小さくなります．

表4.7に示した現象を理解するために，**図4.28**を見てみましょう．部品の配置が適切でなく，素子からコンデンサへ配線を用いて接続した後にこれらを電源/リターン・プレーンに接続する構成となる場合には，ループ・インダクタンスが大きくなってしまいます．このときコンデンサは接続された素子の電流消費よりも速い速度で即座に電源配線を充電するため，コンデンサがループ回路の中で物理的にどこに配置されているかは問題ではありません．さらに回路に流れる電流のループ面積は，ビアを経由してプレーンに接続される回路に加えてコンデンサを経由してもう一方のプレーンにビアを経由して接続される回路があるため，想定以上に大きくなります．以上のまとめとして，コンデンサは素子の直近に配置し，4つのビア（2つはコ

図4.27 ループ領域のインピーダンスを計算するための電源供給モデル

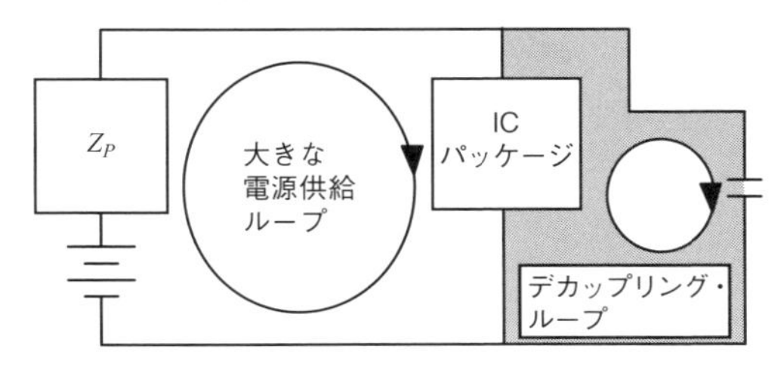

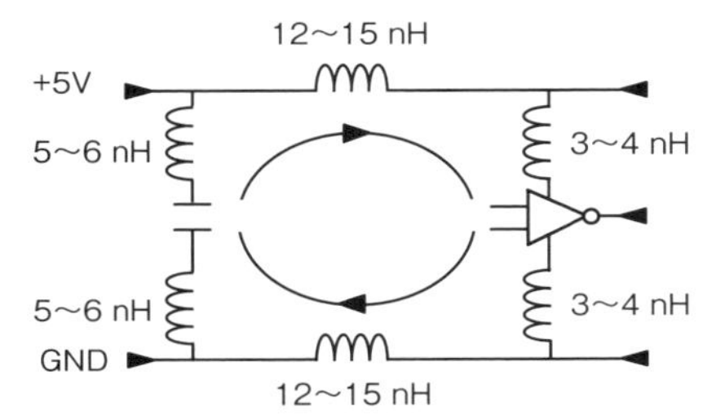

図4.28 さまざまな実装方法

好ましくない配置構成

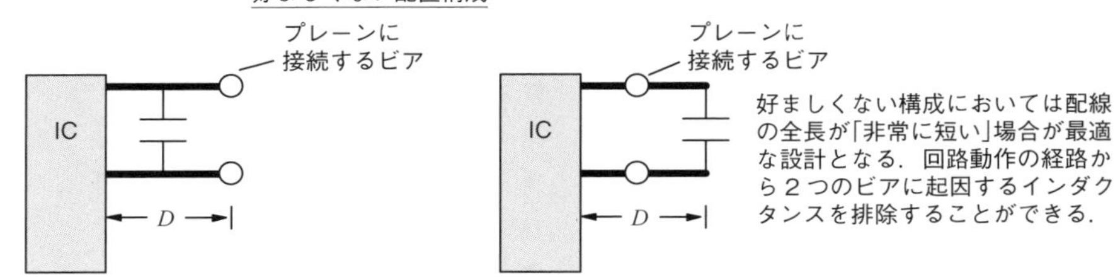

コンデンサと素子が2つのビアを共有．配置は異なっているが配線長は同じ．回路はいずれも2つの配線と2つのビアで構成されているため，回路のインダクタンスはどれも同じ．

好ましい構成

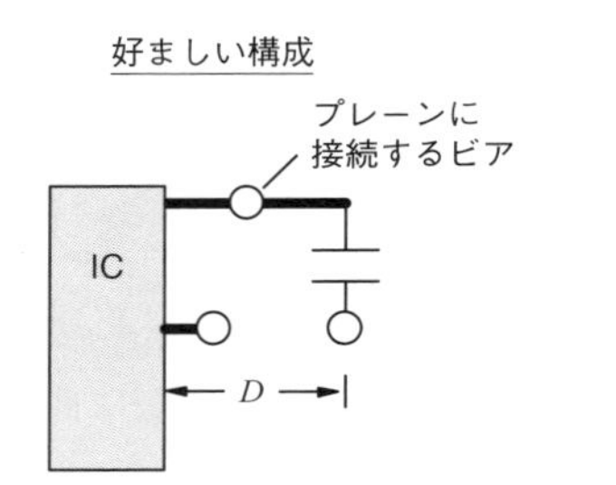

コンデンサと素子は１つのビアのみを共有．回路の全インダクタンスには１つの配線(いくらかのインダクタンス)に加えて２つのビアを含む．コンデンサを素子近くに配置した場合に有効．

優れた構成

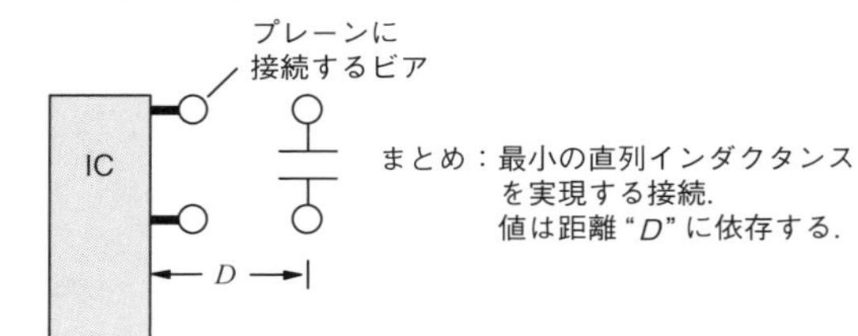

ループ・エリアのインダクタンスが最小となる．プレーンのインピーダンスは接続配線のものよりも小さくなる．
高密度配置の設計に推奨される．

表4.7 マイクロストリップ配線のインダクタンス
(ピンパッドごと，ビアのインダクタンスは含まない)

配線長	配線幅	基準面への距離	インダクタンス
2.54mm (0.100in.)	0.127mm (0.005in.)	0.127mm (0.005in.)	880pH
2.54mm (0.100in.)	0.200mm (0.008in.)	0.005mm (0.005in.)	733pH
2.54mm (0.100in.)	0.254mm (0.010in.)	0.005mm (0.005in.)	662pH
2.54mm (0.100in.)	0.127mm (0.005in.)	0.254mm (0.010in.)	1.2nH
2.54mm (0.100in.)	0.200mm (0.008in.)	0.010mm (0.010in.)	1.0nH
2.54mm (0.100in.)	0.010mm (0.010in.)	0.010mm (0.010in.)	945pH
12.6mm (0.500in.)	0.127mm (0.005in.)	0.005mm (0.005in.)	4.4nH
12.6mm (0.500in.)	0.200mm (0.008in.)	0.005mm (0.005in.)	3.7nH
12.6mm (0.500in.)	0.010mm (0.010in.)	0.005mm (0.005in.)	3.3nH
12.6mm (0.500in.)	0.127mm (0.005in.)	0.010mm (0.010in.)	5.9nH
12.6mm (0.500in.)	0.200mm (0.008in.)	0.010mm (0.010in.)	5.1nH
12.6mm (0.500in.)	0.010mm (0.010in.)	0.010mm (0.010in.)	4.7nH
25.4mm (1.00in.)	0.127mm (0.005in.)	0.005mm (0.005in.)	8.8nH
25.4mm (1.00in.)	0.200mm (0.008in.)	0.005mm (0.005in.)	7.3nH
25.4mm (1.00in.)	0.010mm (0.010in.)	0.005mm (0.005in.)	6.6nH
25.4mm (1.00in.)	0.127mm (0.005in.)	0.010mm (0.010in.)	11.8nH
25.4mm (1.00in.)	0.200mm (0.008in.)	0.010mm (0.010in.)	10.2nH
25.4mm (1.00in.)	0.010mm (0.010in.)	0.010mm (0.010in.)	9.4nH

ンデンサ接続用，残りの2つは素子の接続用として使用し，それぞれ並列に配置する）を用い，配線を使用せずに電源プレーンに接続する回路構成にする必要があります．これによって，短くても配線を使用した場合よりさらに小さなインダクタンスを実現することが可能になります(**表4.7**)．

4.17 プリント基板のデカップリングに関する相反するルール

不要輻射を最小限にするために

パスコンの使用に関する経験則はとても多く，ざっとあげても**図4.29**に示すほどあり，これ以外にもたくさん存在します．**図4.29**に挙げられた経験則が，どういった条件下で有効なのか，無効なのかを本章で検証していきます．しかし，どの経験則が最良の信号品質を確保するか，すなわちRFエネルギー（コモン・モード）あるいは不要輻射を最小化するのに有効で，最適値をもたらしてくれるか，ということは本当のところはきちんと工学的に分析してみなければわかりません．

図4.29に示された経験則のどれが本当に正しいかと問われれば，正しい答えは「場合によりけり」と答えるしかないでしょう．つまり，正しい答えは，用途や考え方や一般的な値として議論できないようなパラメータに依存してきます．よく似たルールでありながら相反するものがありますが，正しく適用する限り（ある範囲で）どれも間違いではありません．経験則はレイアウトをチェックする際に，どのような選択肢があるか思い浮かべる上では役に立ちますが，常にそうであると信じるのは危険です．

プリント基板の設計者やディジタル回路の設計者によく問われるのは，「パスコンはどこに配置するのがよいか」です．デカップリング，バイパス，バルクといった用途の違いによっても，機能を最大限に引き出すためには少し異なってきます．また，ルールは特定の条件下でのみ有効であって，条件を外れれば無効であるにもかかわらず，適用条件をよく確認せず経験則を適用しているケースも散見されます．

パスコンを正しい位置に配置するには，コンピュータを使って計算する必要があり，経験則は，特に高速回路に無条件に適用すべきではありません．**図4.29**に挙げた経験則から，電源バス配線のデカップリングに関する疑問を抜き出すと，以下のようなものが挙げられます．

(1) パスコンは電源ピンに寄せるのか，グラウンド・ピンに寄せるか，あるいはどちらでもよいのか？
(2) まったく部品が置かれていない場所にもパスコンは配置する必要があるのか？
(3) パスコンの寄生抵抗（*ESR*）は高いほうが良いのか，低いほうが良いのか？
(4) パスコンの容量は，外形サイズと関係があるのか？
(5) 電源とグラウンドのペアに1つずつパスコンを配置すべきか，同じ部品ではシェアしてよいか？

4.17.1 パスコンは電源ピンに寄せるのか，グラウンド・ピンに寄せるか，あるいはどちらでもよいのか？

パスコンをどこに置けば良いかという問いの答えは，「場合によりけり」です．3次元（X，Y，Z軸）で考えたループ面積によって最適な位置が決まります．Z方向は，基板を表から裏に貫くビアの軸方向の接続経路で

図4.29 相反するものも見られるパスコン配置に関する経験則
（IEEE EMC Society主催のレクチャーでDr.Todd Hubingが用いた資料から引用）

高周波のデカップリングには低容量のパスコンを使う

ローカルなデカップリングには0.01 μFを使う	電源/グラウンド・ペアに１つずつパスコンを使う
能動素子の電源ピン近くにパスコンを置く	*ESR*の小さいパスコンを使う
*ESR*の小さいパスコンは使わない	能動素子のグラウンド・ピンの近くにパスコンを置く
パスコンの位置との関連はない	ローカルなデカップリングには0.001 μFを使う
パスコンの引き出し配線を付けてはならない	指定サイズの最大容量を使う
100 pFから1 μFの範囲のパスコンを組み合わせてローカル・デカップリングとする	パスコンの数は特に重要ではない

図4.30 電源/グラウンド・ピンから直近のパスコンまでのループ面積

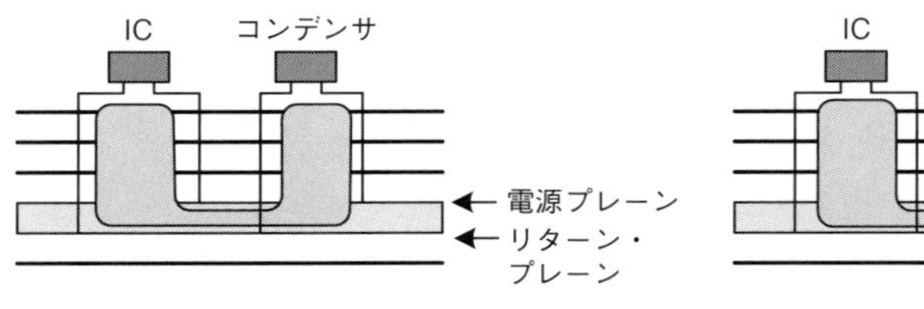

(a) プリント基板の底面付近の高インピーダンスのインダクタンス

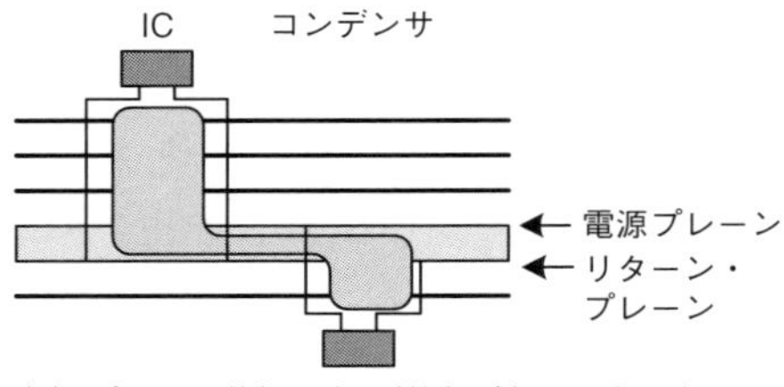

(b) プリント基板の底面付近の低インピーダンスのインダクタンス

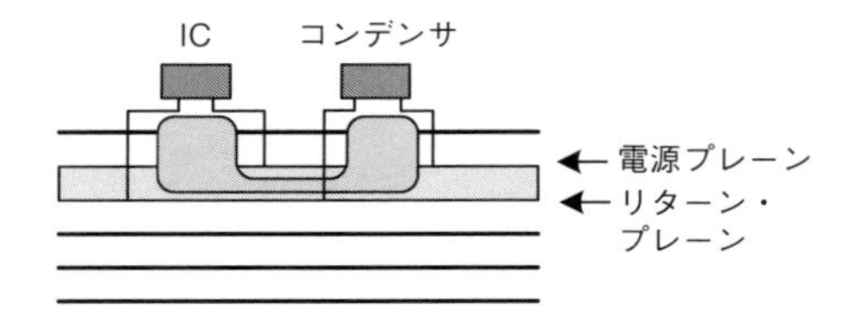

(c) プリント基板の上面付近のもっとも低いインピーダンスのインダクタンス

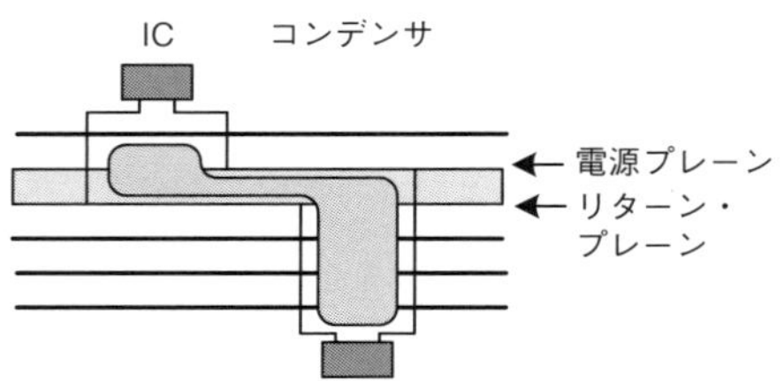

(d) プリント基板の上面付近のもっとも高いインピーダンスのインダクタンス

す．ビアを通る接続経路は，必ずインダクタンスを持ちます(**表4.7**)．重要なポイントは，インダクティブなビアに注意しながら全インダクタンスを低減することです．

図4.30に，部品とコンデンサが作る大きさが異なるループを示します．一見，これらは同じように見えますが，性能はまったく異なります．我々が実現したいのは最小のループ・インダクタンス，すなわち**図4.30(c)**に示す構造です．

(1) 電源ピンまたはグラウンド・ピンの隣に置く

コンデンサと部品が配線だけで接続されている場合を考えると，配線のインダクタンスがかなりの割合を占めます．配線を必ず使うものとすると，部品と隣り合っているプレーンの電位を知る必要があります．もし，L_2がリターン・プレーン(グラウンド・プレーン)なら，コンデンサは電源ピンの近くに置いたほうが物理形状から最小のループ・インダクタンスになります．もし，L_2が電源プレーンなら，リターン・ピンの隣が最小になります．したがって，答えは「場合によりけり」ということになるのです．

(2) デバイスの近くにパスコンを配置する

どのような場合にこの経験則を使えばよいか，またそれが有効かどうかを常に考えてみることが大切です．多層基板の第2，3層に電源/グラウンドがあって，パスコンと部品のどちらにもほぼ引き出し配線がなく，直にビアに接続されている(パッドオン・ビアのような状態)なら，ループ・インダクタンスを最小にすることができます．この場合，理にかなった距離までなら，パスコンをどこに置いてもかまいません．

この手法を用いてパスコンが効くのは数インチあるいは数センチまでですが，最適点というものがあるのでしょうか？ 答えは非常に簡単です．パスコンから部品に電荷が移動するには時間がかかるということを考えなければなりません．パスコンの電荷がコアやプリプレグを挟んだプレーン間を伝播する場合，材料の誘電率によって決まる速度で移動します．たとえば，パスコンが部品から数インチ離れている場合，誘電体によっては120psで伝播します．部品のスイッチング・レートが1nsとすると，部品のピン位置で電荷が必要になるタイミングより充分早いか，もしくは約8倍速く電荷が到着していることになります．コンデンサ・ブリッジごとの議論(4.14節)で考えると，すべての部品に引き出し配線がなく，直接ビアでプレーンに接続されているとすれば，コンデンサは部品ではなくプレーンを充電し，部品はプレーンの電荷を使うことになります．つまり，プレーンが充分に電荷を蓄えている限り，すべてうまくいくのです．また，多くのベンダのアプリケーション・ノートに書かれているように部品の近くにパスコンが配置されている場合，電荷は数psで供給され，ビアに直接接続された1nsでスイッチするデバイスが必要とするより何倍も速く供給されることになります．こんなに速い電荷の供給を必要とするデバイスはありません．つまり，パスコンを部品の近くに実装する必要があるのは，電荷の素早い供給を妨げる配線が存在するときに限られます．ベンダのアプリケーション・ノートは時代遅れの経験則であって，伝播速度のことを考えていません．

たとえば，2000ピンのFPGAを考えてみると数百の電源/グラウンド・ピンがあるので，慣例やアプリケーション・ノートが推奨するピンごとにパスコンを配置することは不可能です．遠くに置かざるを得なかったパスコンがそれでも効くのは，プレーン間の電子（電荷）が速く移動するからです．しかし，部品やパスコンに配線ループによるインダクタンスがあるなら，そのループ・インダクタンスは電流の流れを妨げ，伝送線路に電圧勾配を作り，結果として損失の大きさに応じたコモン・モードEMIが生じるので，パスコンはできるだけ近くに配置して性能を高めなければなりません．

4.17.2 まったく部品が置かれていない場所にもパスコンを配置する必要があるのか？

パスコンは，局所的に給電が必要な部品の隣や近くに配置しなければならないだけでなく，たとえ部品がないエリアがあっても基板全体に配置しなければなりません．しかし，このことはプリント基板の設計者の間ではよく知られていません．このことは，アナログ回路やディジタル回路の信号が遷移中で，特に大きな電流を必要としない低速のディジタル・デバイスに対してあてはまります．

なぜ，部品がない場所にパスコンを配置することが重要なのでしょう．それはデカップリングのためだけでなく，プレーン間のインピーダンスを下げ，物理的に遠くに配置された回路間の機能を破綻させないためにパスコンを配置しているのです．

大電流が流れる部品は，スイッチングするたびに電源/リターン・プレーンに電圧変動を起こすことが知られています[(11), (12)]．ここで，「リターン」と言っている点に着目します．第5章で述べますが，機器の中にはグラウンドといったものは存在しません．通常，0Vあるいはリターン・プレーンとして使っているにも関わらず，グラウンド・プレーンと呼ばれています．エンジニアはよくグラウンド・バウンスを気にしますが，電源バウンスも気にしているでしょうか？　機器がバッテリー駆動の場合は，電源プレーンとグラウンド・プレーンは同じように揺れるのでしょうか．交流2線で電力が供給され，第3線のグラウンド（安全用）がない機器の場合，グラウンドはどこになるのでしょうか．バッテリーのマイナス端子は，グラウンド電位あるいは0V基準になっているのでしょうか．

プレーンに発生するRFの揺れは，スイッチング素子から放射状に，電源プレーンにもグラウンド・プレーンにも同じように一定の距離まで広がり，他の部品にノイズとして影響します．パスコンは揺れのない直流電圧を提供することになっているものの，電圧リプルがディジタル部品や特にアナログ部品の許容範囲に入っているかどうかはわかりません．ディジタル部品は数mVのリプルを許容するものが多いのですが，アナログ部品は電源/リターン・プレーンのわずかな揺れに対しても敏感に反応します．スイッチング・ノイズがプレーンに乗ると，離れて配置された部品には良い状態で給電されないため，機能も最良の状態ではなくなります．

プレーン全体のインピーダンスが，どこでも一定の値ではないということも問題になります．プレーン間のインピーダンスは，動作周波数，アナログ部品や2次的な素子の数などによって変化するので，プレーンのインピーダンスを基板全域にわたってmΩレベルに収めることは至難の業です．パスコンは，プレーンのインピーダンスを下げてくれます（4.6節）．部品がない領域でも，高周波ではプレーンのインピーダンスは数百Ωに達することがあります．プレーンのインピーダンスが高い場所がリターンとなるように複数のデバイスを搭載するとプレーンに大きな揺れが生じ，オームの法則によって機能が破綻する恐れがあります．

文献(11)，(12)によると，プリント基板上の特定のx軸方向，y軸方向でプレーン・インピーダンスが低くなければ，コンピュータ解析を使用して，1V/1Aのソースから$120V_{DC}$以上のプレーン・バウンスが観測されています．プレーンのインピーダンスが，ある場所で120Ωだとすれば（S_{11}を調べればわかる），オームの法則により1Aのスイッチング・ノイズで120Vの揺れが生じることもあり得るのです．ただしこれは，「パスコンがまったくない理論上での話」と考えてください．

一体どうしてこのように大きな揺れが生じるのでしょうか．この数値は，デカップリング・コンデンサやバイパス・コンデンサを使ってプレーンのインピーダンスを下げる工夫をしないで設計された給電系でのものです.

このx軸方向, y軸方向の場所にパスコンを置けば,プレーンのインピーダンスは限られた動作帯域幅内でコンデンサのESR値まで下がり非常に低くなります.我々のシミュレーション例では,デカップリング・コンデンサを組み込んで,電磁適合性に関連した物理的な概念を理解するために理論的に最悪の動作状態で何が起こるかを調べる必要はありませんでした.

一般に, pF範囲の小容量のコンデンサをプリント基板全体に分散させなければなりません.これにより,部品が搭載されていないアセンブリ領域のプレーン・バウンスを最小限に抑えるように, RF信号のプレーン・インピーダンスが低下します.この特定領域内のスイッチング・ノイズがプリント基板の別の場所のVIAで反射すると,電源プレーンとリターン・プレーンの間のキャビティ内に発生するフェージング効果によって動作が損なわれる恐れがあります.配線を含めたコンデンサのインピーダンスを下げれば下げるほど,プレーンの揺れが小さくなり,給電性能もリターン特性もよくなります.

ディスクリート・コンデンサをデカップリング用途に使用する場合,せいぜい数100MHzまでしか効きません.スイッチング素子の周波数がMHzからGHzの範囲にある場合,ディスクリート・コンデンサは給電の役には立たないものの,小さなpF範囲のコンデンサは,プレーン・インピーダンスを下げるのにとても有効で,電源プレーンに発生するスイッチング・ノイズをシステム(0V)グラウンドあるいはシャーシ・グラウンドに押し込めてしまうことができます.これらのコンデンサは非常に高い自己共振周波数を持っていますが, ESRが高いほど電荷蓄積能力も小さくなります.

特に,この領域にバイパス・コンデンサやデカップリング・コンデンサがない場合や,そのための部品がない場合には, 2.54cm (1インチ)間隔で1nF (1000pF)のコンデンサを配置すると,高インピーダンスが原因で特定の場所に発生する可能性のある高周波スイッチング・ノイズをシャントするのに役立ちます.自己共振周波数が高い小さな値のコンデンサを配置して達成されることは,充電ではなくバイパスとして機能することであり,電源プレーンに発生するスイッチング・ノイズを,シャーシ・グラウンドと最終的にはアースに接続されているリターン・プレーンに迂回させることができます.アプリケーションによっては,プリント基板が複数の場所にある金属シャーシに接続されていると,すべての電源プレーンのノイズが仮想RFグラウンドまたはシャーシ・グラウンドに分岐されます[(11),(12)].

プリント基板を集中定数モデルで解析すると,高周波スイッチング・ノイズをシャントするだけでなく,わずかに電荷の供給を行ってデカップリングにも役立つことがわかります.こうした小容量コンデンサの効果を得るためには,スイッチング部品が必要とする総電荷を賄うだけの多くのコンデンサが必要になりますが,プリント基板の共振周波数によっては, 2.54cm間隔の領域に30～40pF程度でよいという報告もあります[(6),(13)].

電源プレーンとリターン・プレーンに接続されたコンデンサ(デカップリング・モード)は,プレーンの電圧変動を抑えるためにインピーダンスを下げるだけでなく,電源プレーンに発生したスイッチング・ノイズをリターン・プレーン経由でシャーシ・グラウンドにシャントする効果を持ちます.他に理由がなければ,これらの「バイパス」コンデンサは,プレーンまたは電源とリターンの間のキャビティ(実際にはダイポール・アンテナとして動作する伝送線路)の定在波を0V(グラウンド)にシャントし,ダイポール・アンテナの被駆動素子を非効率なラジエータにするため,コモン・モードEMIの発生を最小限に抑える設計の実現に大きなメリットをもたらします.

4.17.3 パスコンのESRは高いほうが良いのか,低いほうが良いのか?

4.12節の「多重極デカップリング」で示したように,すべてのデカップリング・コンデンサが希望するターゲット・インピーダンスを下回るなら,広帯域という利点が周波数の広いスペクトル帯域幅にわたって得られるので, ESRは非常に低くなければなりません.回路の用途やQの用途によっては,ごく狭い周波数範囲で非常に低いインピーダンスを持ち,高い反共振周波数となる特性,あるいはより高いESRを持つコンデンサを使用して,より低いQながらターゲット・インピーダンスを下回る特性を利用したりします.

アプリケーションによって,デカップリング効果が最大になるターゲット・インピーダンスがいくつで,どの周波数帯でそれが必要になるかを知っておく必要があります．*ESR*の高いコンデンサは高価ですが，特定の条件下では動作が向上します．

設計者が意図した使い方に対して最大の効果が得られるデカップリング方法が何なのかによるので，どういった*ESR*のコンデンサを使うのが良いかという問いに対する答えも「場合によりけり」ということになります．

4.17.4 コンデンサの容量値とパッケージ・サイズに関係はあるのか？

ある特定のアプリケーションに使うコンデンサを選定する場合に，設計者が考えなくてはならないことがあります．「決まったパッケージ・サイズなら可能な限り最大容量のものを選ぶ」という経験則が，常に正しいとは限りません．容量が大きい場合，長く引き回された配線のインダクタンスが大きいと，自己共振周波数が必要な帯域よりずっと低くなってしまうかもしれません．そもそもコンデンサは，共振周波数が特定の周波数あるいは帯域にあって，かつ必要な帯域全域にわたってインピーダンスが低いものを選ばなくてはなりません．

本章で何度も述べているように，大電力を消費するデバイスでは，配線のインダクタンスと抵抗にも注意を払わなければなりませんし，総インダクタンスは最大限に小さくしなければなりません．コンデンサのパッドとビア間の配線を長くしなければインダクタンスは小さくなりますが，こうした配線にも，ラジアル型や筒型のコンデンサに付きものの長いリードと同じように寄生インダクタンスが付随します．

*ESL*や*ESR*を低減することも重要です．コンデンサは，容量を構成する誘電体部分の組成で決まる内部*ESR*とわずかではあるものの避けられないパッケージのインダクタンスを持っています．この*ESL*や*ESR*を低減するために，縦横を逆転したコンデンサ（逆アスペクト比）がよく使われます．**図4.31**に，逆アスペクト比のコンデンサを示します．

図4.31 逆アスペクト比のコンデンサ

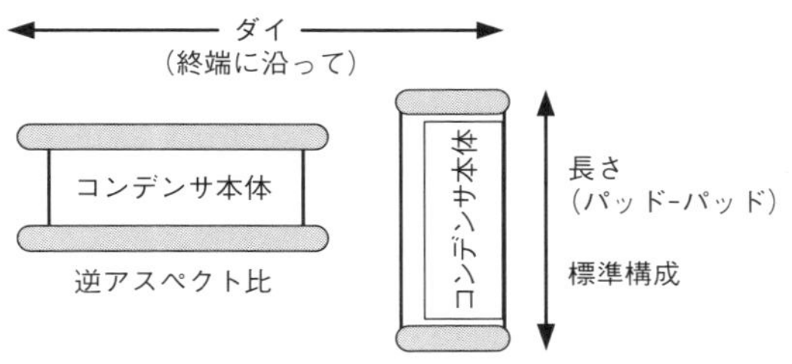

積層セラミック・コンデンサの*ESR*は，電極メッキや端子材料，電極と端子接続部の抵抗成分によって決まります．短く幅広の電極は，電極の抵抗を下げる効果があります．幅広の電極は端子との接触面を広げるので抵抗を下げ，コンデンサのインピーダンスを下げるのでデカップリング効果を高めることができます(7)．

4.17.5 電源とグラウンドのペアごとに1個ずつコンデンサを配置すべきか，同じ部品ではシェアしてよいか？

この経験則は，理論と現実が相反するのでよく論争の的になります．部品メーカのアプリケーション・ノートの多くは，設計者ではなくテクニカル・ライタによって書かれていることが多いこともこれを助長している要因でしょう．ほとんどと言ってよいほど，アプリケーション・ノートには，電源ピンとリターン・ピンのペア1つに，デカップリング・コンデンサは1個ずつ配置するよう書かれています．これは古い考えで間違った情報です．もし10ペアあったら，コンデンサが10個も必要になってしまいます．これではFPGAや大型BGAにみられるように，100ペアあったとしたらコンデンサも100個要ることになります．これは現実的でしょうか．ペアごとにコンデンサ1つと一般的に言われている経験則をそのまま採用したアプリケーション・ノートがそんなに正しいのでしょうか．部品の設計者によるエンジニアリング解析は行わなかったのでしょうか．効くからと言って，ただ伝わっているだけの経験則なのでしょうか．実際に適用するのはやり過ぎといえます．大型部品でも電源端子ごとにコンデンサ1つが本当に必要なのでしょうか．

4.15節の「電圧レベルを維持するための有効半径」のところで詳しく述べたように，コンデンサが電子を放電するか，電源プレーンとリターン・プレーンのペアを再充電する場合の動作は放射状になります．これは，デバイスを中心にしてある半径までの範囲のプレーンが完全に充電されるということです．これは，コンデンサと部品間に配線がなく，ループ・インダクタンスを下げるビアがプレーンに直接接続されているときだけ成り立つ法則です．

電源/リターンのピン・ペアが隣り合って2組ある場合は，どちらも同じデカップリング・コンデンサで充電されたプレーンから給電されます．デカップリン

図4.32　ピンと部品の間のデカップリング・コンデンサの共有

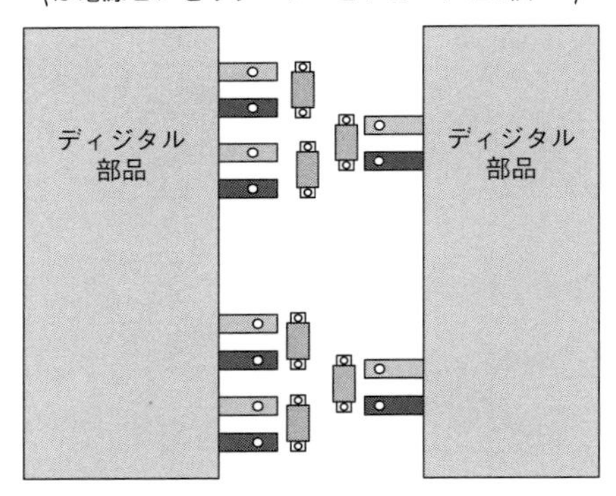

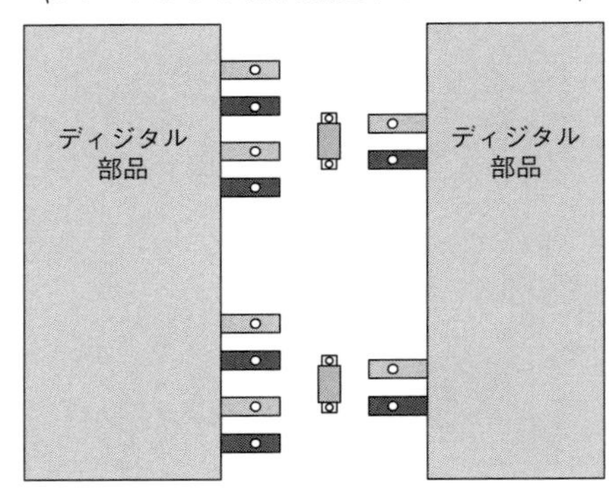

＝電源ピン
＝リターン・ピン
＝デカップリング・コンデンサ

注：このレイアウトは，すべての部品で消費される電流が，プレーンに直接接続されたデカップリング・コンデンサによって提供される総電荷量よりも小さい場合である．

図4.33　大規模部品のデカップリング・コンデンサの配置の簡素化
電源/リターン・ピン1ペア当たり1個のデカップリング・コンデンサは不要
(注：この単語を正しく適用するには「バイパス」を「デカップリング」とする)
〔図の引用：Micron Technology Inc.(16)〕

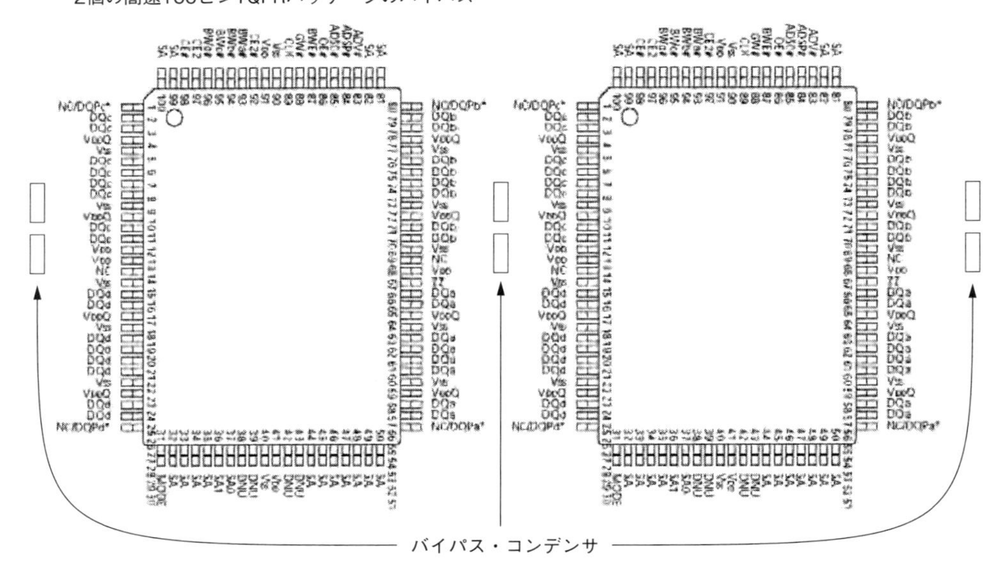

グ・コンデンサがプレーンに充分な電荷を供給し電圧変動が発生しない限り，プレーンは複数の電源/リターンのピン・ペアに充分な電流を同時に供給できます．コンデンサが10mAの電荷を供給でき，部品がピンごとに1mAの電流を消費するなら，このコンデンサは理論的に10ペアの電源/リターンのピン・ペアに電荷を供給できることになります．つまり，コンデンサを9個削減して，余分なビアを横切ることなく配線できるエリアを作り出すことができます．

ディジタル部品が隣り合って配置され，電源/リターンのピン・ペアが近い場合にも，この要求が別の形で見られます．つまり電源/リターンのピン・ペアごとにコンデンサを1つずつ配置するように多くのデータシートには書かれていますが，このような場合，2つの部品に1つのコンデンサで機能を損なうことなく，充分な電荷を供給できます．**図4.32**に示しているのは，大手半導体サプライヤのアプリケーション・ノートに書かれている要求(**図4.33**)が有効なことを裏付けています．

「電源/リターンのピン・ペアごとにコンデンサを1個ずつ配置するべきか」という質問をよく受けますが，答えはこれも「場合によりけり」です．つまり，コンデンサが電源/リターン・プレーンに電源変動を発生させずに安定な電圧を維持できるだけの電荷を供給できるか，ディジタル部品がどれだけ電流を消費するかに依存します．これを体感するには，プリント基板上のコンデンサの半数を削除して，信号品質やEMIを実測すればよいでしょう．

4.18 部品とコンデンサ用実装パッドのインダクタンス

配線長・パッドの大きさとVIA配置

一般に，複数のビアや長さが短い配線はコンデンサと部品間のインダクタンスを低減します．SMTパッドを大きくし，リファレンス・プレーンへのビアを増やすことでその効果は大きなものになりますが，特に高い周波数用途においてその効果は顕著になります．もし，ビアが実装パッド内に設けられた場合は，さらに効果が高まることが知られています．ただし，このビアに大きな電流が流れ込む場合，この設計をデカップリングの用途(**図4.34**)に用いるべきではありません．マイクロビアは，信号配線のみに最適だと言えます．

数値解析によると，インダクタンスの大きさは次の順になることがわかります．

- 表面配線のペア：10～15nH/インチ(25.4～38.1nH/cm)
- デカップリング・コンデンサ用のビア・ペア：0.40～1nH(それぞれ200～500pH)
- プレーン・インダクタンス：0.1nH

プレーン・インダクタンスに比べると配線やビアのインダクタンスは極めて大きくなり，電源配線のインダクタンスが機能障害の原因になることがわかります．

コンデンサから電源やグラウンド・プレーンにいたる配線の幅を広げることで，ループ・インダクタンスを低減することができます．伝送線路のインダクタンスに関して，配線の幅を広げるか狭くするかを決める際に，配線の幅を広くすればするほど，インダクタンスが低減するという事は正しい経験則であると言えます．同様のことが，部品のパッドを電源やグラウンド・プレーンに接続する際にも言えます．ビアが追加されるとインダクタンスは低下しますが，これは抵抗を並列に接続すると，そのノード間の抵抗が低下するのと同様な考え方です．多数のビアを用いることは技術的には望ましいのですが，追加するスルーホールを設けるための工数が増え，内部の配線層を通過するスルーホールによる配線の制約をもたらすので，通常は生産技術者や基板設計技術者などからは歓迎されないものです．

図4.35に，インダクタンスを低減し，デカップリング・コンデンサの性能を強化する多層基板で用いられるパターンを示します．小さなSMT部品では，実装パッド間にビアを打つのは実際的ではなく，この場合は内側の縁にビアを設けることは必須です．

▶デカップリング・コンデンサのループ・インダクタンスの下げ方

(1) 電源プレーンとリターン・プレーンは表面層の隣

図4.34 SMT部品の接続インダクタンスの比較

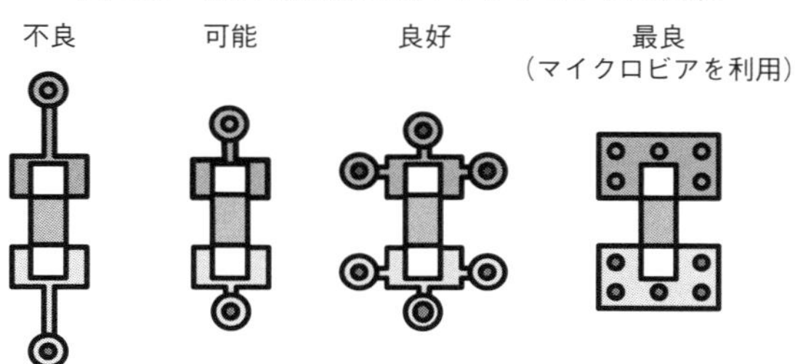

図4.35 SMT部品に対する接続インダクタンスの比較

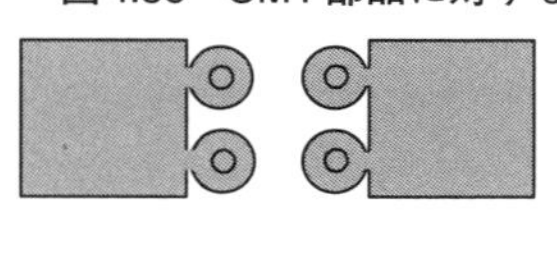

大きなタンタル・コンデンサ
- 4つのビア，中心距離50mil
- インダクタンス，約4nH

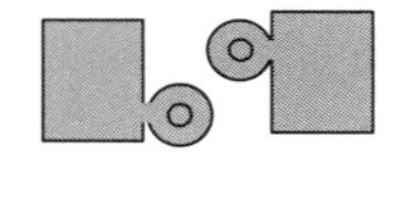

小さなタンタル・コンデンサ
- 2つのビア，中心距離50mil
- インダクタンス，約1nH

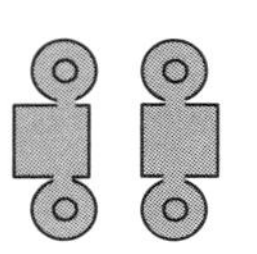

小さなセラミック・コンデンサ
- パッドの外側に4つのビア
- インダクタンス，約0.8nH

接層に配置する

(2) 可能な限り小さなパッケージを用いる（パッケージ・インダクタンスを最小化）

(3) コンデンサのパッドとビアの接続は極めて短くする

(4) 複数のコンデンサを並列に接続して用いる（*ESL*，*ESR* を低減）

(5) コンデンサ・パッド間に相互接続ビアを配置する（**図4.36**を参考）

ループ・インダクタンスをさらに低減する方法として，**図4.35**に基づいたものが**図4.36**です．物理的に可

図4.36　良好な性能を示す配置パターン（多層基板の実装）

高インダクタンス実装：L＝5nH

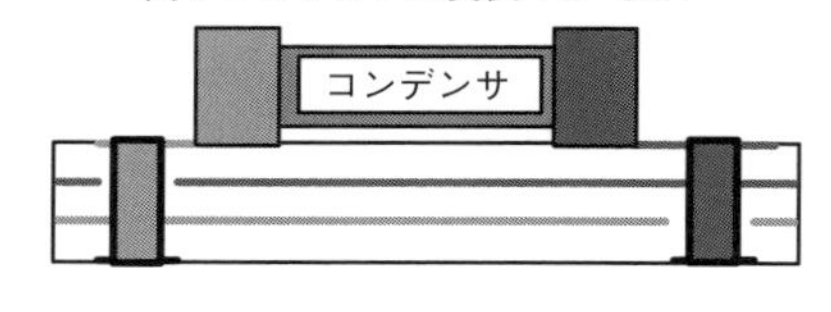

電源プレーン
リターン・プレーン（リファレンス・プレーン）

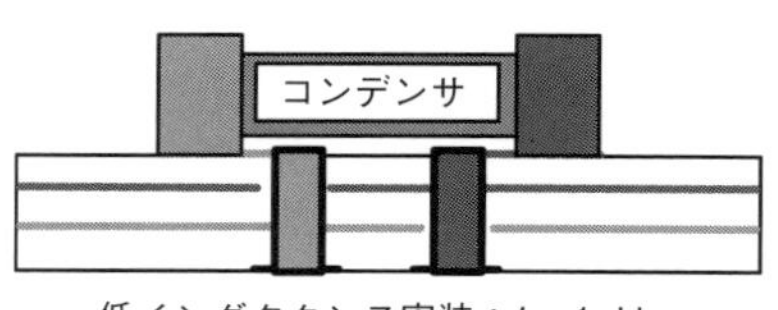

電源プレーン
リターン・プレーン（リファレンス・プレーン）

低インダクタンス実装：L＝1nH

図4.37　配線する際のループ・インダクタンスを示す推奨される配置

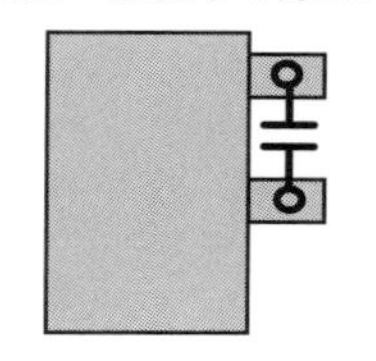

マイクロビア（あるいは等価な技術）を用いた最適レイアウト．基板の底面に配置したコンデンサは電源とグラウンド・ピンを共有する

配線を用いた場合の最適配置．配線長は最短となる

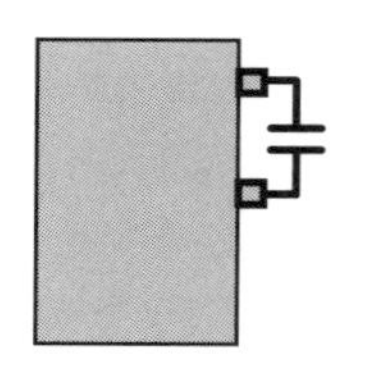

両面基板における最適配置

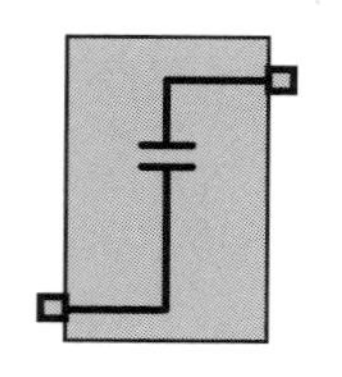

コンデンサを電源/グラウンド・ピンに隣接して配置できない場合に，もっとも良いとされるインピーダンスをもっとも低くできる配置

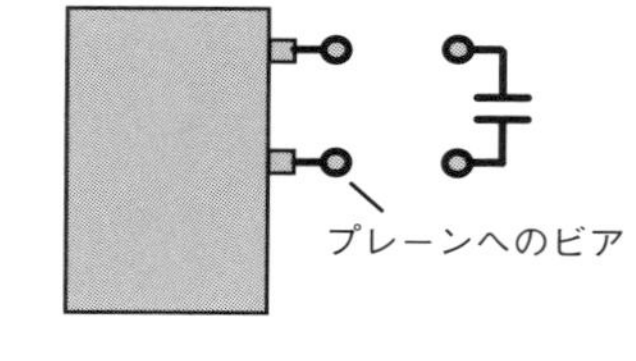

プレーンへのビア

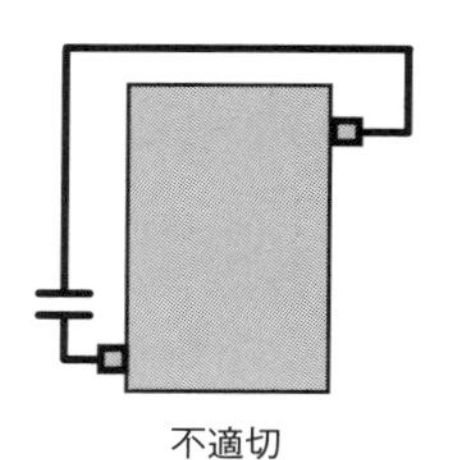

不適切

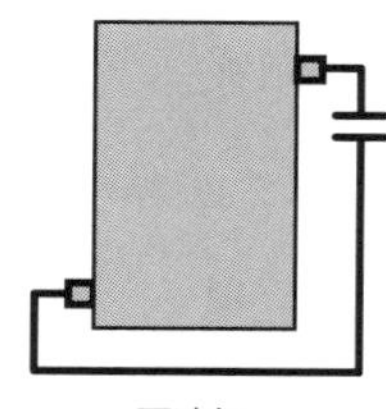

不適切

配線の長さは同じであるが，コンデンサが電源ピンやグラウンド・ピンに隣接して配置されたかどうかにかかわらず，デカップリングの性能に差は出ない

能であれば，実装パッド間にビアを打つことでループ面積を低減（ループ・インダクタンスを低減）することができます．

+5V/+3.3Vなどの電圧源を複数扱うシステムにおいて，電源プレーンやグラウンド・プレーンなどは最上部や最下部の層に隣接して配置されるべきです．これにより，デカップリング回路のループ・インダクタンスをもっとも小さくすることができます．デカップリングの機能以外に，コンデンサは信号電流の帰還経路を異なる電位のプレーンに設ける役目を担います．高いスペクトル成分を含んだ信号が存在する層に隣接した場所など，いわゆるクリティカルな場所でコンデンサを最適に配置することができれば，1組の電源プレーンとグラウンド・プレーンしかない多層基板において，同軸線路と等価な伝送線路を構築することで，大きな効果が期待されます．大事なことは，コンデンサの特別な容量値（たとえば1nF，100nF）そのものではなく，性能上必要な周波数帯においてそのインピーダンスを十分に低く抑えるということです．

さらに，**図4.37**にインダクタンスを小さくするためのデカップリング・コンデンサの配置方法を示します．プリント基板の複雑さに関係なく，配線用の線や相互接続ビア（パッドへのビアが理想）は，部品のリードやコンデンサの間に実装されなければなりません．この相互接続の実装は，ピン・エスケープ（pin-escape）と呼ばれます．配線は，信号，電源，リターン・プレーンに接続するために，部品に近接したビアに配線する必要があります．物理的に大きなビアを部品の実装パッドに埋め込むことは，製造上で賢明なことではありません．ビアにはんだが流れ込み，部品の接続を妨げる可能性がありますし，はんだブリッジなど他の製造に関わる問題を発生させる懸念もあります．

4.19 バイパス，デカップリング・コンデンサの容量計算

自己共振周波数は高く

電解コンデンサやタンタル・コンデンサ，高周波用途のモノリシックといったバルク・コンデンサは，すべてプリント基板や用途，周波数に基づいて使用します．モノリシックまたはセラミック・コンデンサは低インピーダンスで，低減が必要とされるクロックの高調波やスイッチング周波数よりも自己共振周波数は高くなければなりません．一般的には，エッジ・レートが2ns以下の回路では，自己共振周波数が10～30MHzの範囲のコンデンサを選択します．多くのプリント基板は，200～400MHzの範囲で自己共振することがあります．プリント基板（電源プレーンとリターン・プレーンは，1つの大きな容量のデカップリング・コンデンサとして働く）の自己共振周波数を知ったうえでデカップリング・コンデンサを適切に選択すると，それぞれのコンデンサが有効な最大周波数を超えた周波数域においてEMIを抑えることができます．本章の前半に掲載した**表4.4**には，個々の素子の自己共振周波数が示されています．表面実装コンデンサは高い自己共振周波数を有しますが，リードインダクタンスが小さいことから，その周波数は大体100倍程度高くなります．電解コンデンサは，高周波においては効果を発揮しません．もっぱら，電源の補助としての役割で用いられ，電源電圧の電圧降下を補償するフィルタなどの用途が一般的です．

特定のアプリケーション用のデカップリング・コンデンサは，クロックまたはプロセッサの第1高調波などを対象に選択するのが一般的な方法です．ときには，EMIノイズが強く観測される，第3高調波や第4高調波を対象に選ぶこともあります．100nFのコンデンサを利用した場合，50MHzを超える周波数ではインダクタンスの影響が強く，リード・インダクタンスやループ・インダクタンスのために電源/リターン・プレーン（グラウンド・プレーン）間に瞬時に電荷を供給し，必要な電流を得ることができません．

100nFのコンデンサはプリント基板のデカップリングとして，もっとも一般的に用いられる容量値です．設計者になぜこの値を用いたのかと尋ねても，彼らは「この値は以前から用いられている」という以外に明確な理由を挙げることはできません．この値が適切かどうかという技術的な解明を行うことさえ稀です．生産技術用のデータシートには，一般的な値（たとえば100nF）を使うように示されていますが，この値を使うことの正しさを保証するものは何でしょうか？この値は部品設計者などが計算したものでしょうか？それとも単に過去の実績に従っただけなのでしょうか？これが標準的なプロセスだとすれば，基板設計者がほとんどすべての設計の目安として利用すべきものなのでしょうか？あるいはこの値は，過去のテクニカル・ノートで常に用いられてきたために，あるテクニカル・ラ

イタによって根拠なく与えられたものでしょうか？部品メーカが最適な性能を得るために，ある条件のもとに推奨した値でしょうか？

歴史的な例では．1965年頃に米国空軍は航空機のある送信機に干渉の問題があることを発見しました．もし彼らが，この通信システムに適切なデカップリング・コンデンサを実装していれば，この航空機は新しい型の無線機を用いて通信を行うことができたでしょう．しかし，ここでは長いリード(大きな*ESL*と*ESR*)を有する0.1μF(100nF)の電解コンデンサを選択しました．この無線機の動作周波数は200kHzです．もし0.1μFが200kHzのシステムにとって有効であれば，200MHzや2GHzの機器に対しても有効ということになります！

最適な性能を得るための鍵は，機能上の理由から値を計算することです．どのようにして容量値が決定されたかを理解せずに，過去の使用実績に基づいて使用するコンデンサを決めてはいけません．100nFのコンデンサがデカップリングの用途で有効に機能しているときに，100nFのコンデンサを利用するなということではありません．その他の値や誘電特性など適切なものをさらに考える必要があるということです．

プリント基板上に部品を配置するとき，RFデカップリングの用意をする必要があります．選ばれたバイパス・コンデンサとデカップリング・コンデンサのすべてに対してその妥当性を適用用途から確かめなければなりません．このことは，クロック発生回路などにおいては必須と言えます．電源プレーンとリターン・プレーンの自己共振周波数は，抑制が必要となるすべての主要なクロック信号(一般に第5次高調波まで)を考慮する必要があります．容量性リアクタンス(自己共振点におけるリアクタンス．単位はΩ)は，式(4.13)で計算されます．

$$X_c = \frac{1}{2\pi fC} \qquad (4.13)$$

ここで，

X_c：容量性リアクタンス[Ω]

f：共振周波数[Hz]

C：容量[F]

最適な性能に必要とされる最小の容量値は，過渡電流によるコンデンサ両端の最大許容電圧降下によって決まります．この電圧降下は，すべての部品が最大の容量性負荷で動作するときもっとも悪化します．適切なデカップリング容量は，式(4.14)により簡単に計算することができます．

$$C = \frac{I\Delta t}{\Delta V} \qquad (4.14)$$

ここで，

C：容量[F]

I：機能を補償するのに必要な全電流[A]

Δt：過渡現象の期間[秒]

ΔV：許容電圧降下[V]

たとえば，入力過渡電流が20mA/10nsの部品の場合，ロジックの動作を保証するためには電圧降下は100mV以下でなければなりません．デカップリング・コンデンサの最適値は，式(4.14)を用いて，以下のように簡単に求めることができます．

$$C = \frac{20\text{mA} \times 10\text{ns}}{100\text{mV}} = 2\text{nF} \quad \text{または} \quad 0.002\mu\text{F}$$

公式を用いる際の問題は，流れる電荷の移動を最小限にする実際のリード・インダクタンスとループ・インダクタンスがわからないことにあります．電流が制限されるのに加えて，インダクタンスにまたがって電圧スパイクが発生します．どのような大きさのリプル・ノイズでも許容される直列インダクタンスの最大値は，式(4.15)によって求めることができます．

$$L = \frac{V\Delta t}{\Delta I} \qquad (4.15)$$

ここで，

L：閉回路のインダクタンス[H]

V：ノイズ・スパイクの最大値[V]

Δt：過渡現象期間[秒]

ΔI：デカップリング回路内の過渡電流[A]

先の例と同じ部品において，20mAの過渡電流と2nsのエッジ・レート(立ち上がり/立ち下がり時間)を仮定したとき，ノイズ・スパイクの最大値を100mVに抑えるインダクタンスの値は，次のように求めることができます．

$$L = \frac{100\text{mV} \times 2\text{ns}}{20\text{mA}} = 10\text{nH}$$

これは，リードと直列につながるインダクタンスの総計が10nH以下でなければならないことを意味しています．配線を部品とコンデンサの間に設ける必要がある場合，これはとても難しい課題になります．部品がボール・グリッド・アレイ(Ball Grid Array)やフリップ・チップ(flip chip)構造になっていない限り，部品の中の配線であるボンド・ワイヤのインダクタンスも考慮に入れる必要があることを忘れてはいけません．

4.20 信号配線におけるコンデンサの効果（波形成形）

信号のスルーレートを変化させる

アナログ回路やI/O回路において，差動信号やシングルエンド信号の波形を成形するためにコンデンサを用いることがあります．ただし，この方法をクロック配線に用いることはめったにありません．**図4.38**に示すように，コンデンサCを負荷に加えることで，信号が論理状態"0"から論理状態"1"に遷移するときの立ち上がり/立ち下がり波形を丸めて遅くすることができ，信号エッジ（スルーレート）を変化させることができます．

図4.38は，コンデンサ負荷によって信号のスルーレート（クロック・エッジ）がどのように変化するかを示しています．遷移が始まるポイントは変えていませんが，立ち上がり/立ち下がり時間t_rが異なることがわかります．この信号エッジの伸長や鈍化は，コンデンサが充電/放電されることによって起こります．この遷移時間の変化を，**図4.39**と図中の式によって記述することができます．なお，このテブナンの等価回路では負荷の部分を含めていません．また，電圧源V_bと直列インピーダンスR_sは，ドライバやクロック発振器の内部を記述しています．配線上のコンデンサ成分も，この回路中のコンデンサに含めてあります．

この信号（時間遷移）をフーリエ変換（時間ドメインから周波数ドメインへの変換）すると，コンデンサの挿入でRFスペクトラム分布が減少します．つまり，RFエネルギーが劇的に減少することがわかります．したがって，EMI特性を改善することができるのです．ただし，設計段階ではエッジ・レートを落とすことで，動作精能の低下やシグナル・インテグリティの悪化にならないように注意が必要です．そのためには，シミュレーションなどのコンピュータ解析を行って判断する

図4.38　クロック信号におけるコンデンサの効果

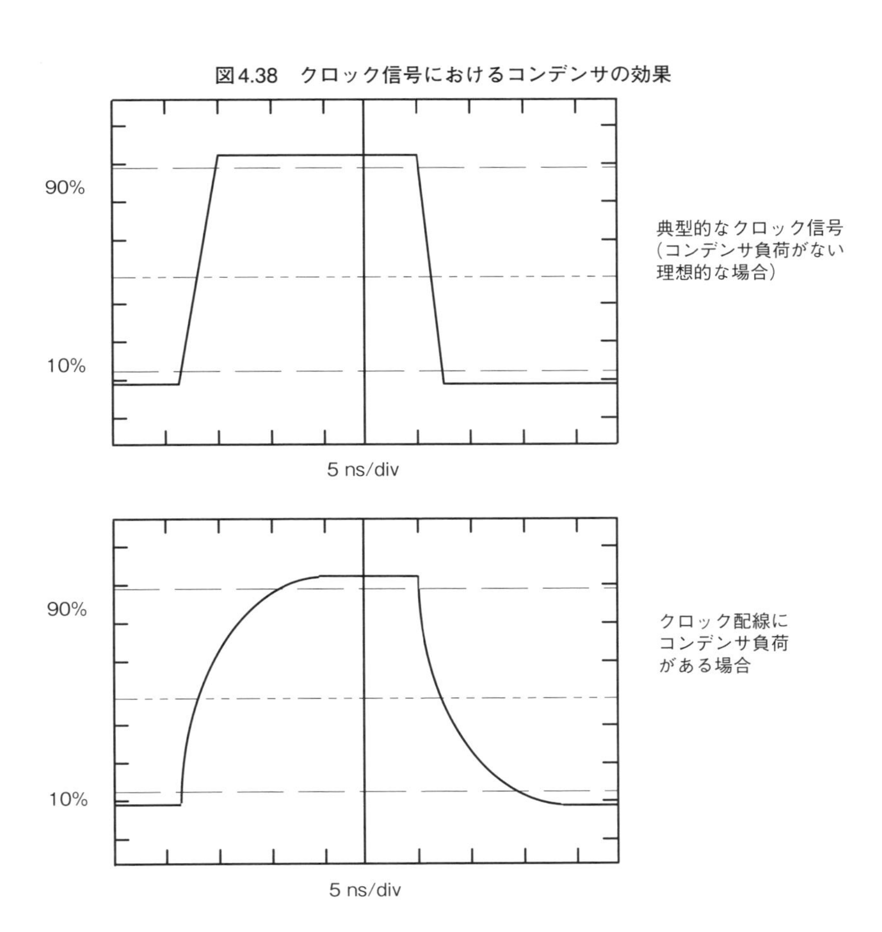

図4.39　コンデンサの充電/放電時のモデルと式

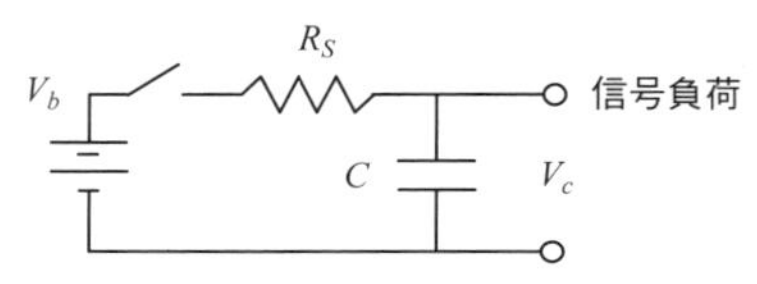

(a) コンデンサ充電時のモデル

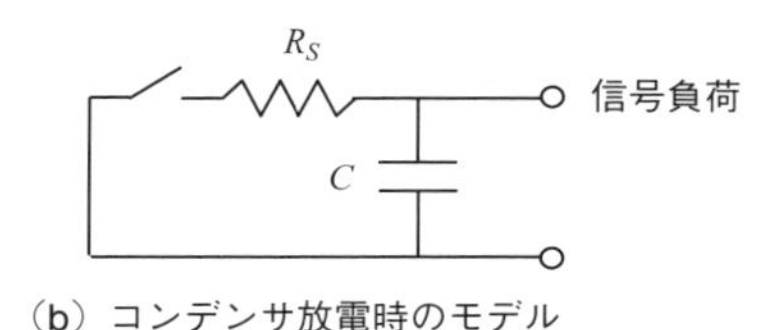

(b) コンデンサ放電時のモデル

充電時

$V_c(t) = V_b(1 - e^{-t/RC})$

$I(t) = \left(\frac{V_b}{R}\right) e^{-t/RC}$

放電時

$V_c(t) = V_b e^{-t/RC}$

$I(t) = \left(\frac{-V_b}{R}\right) e^{-t/RC}$

のがよいでしょう．

信号波形を変えるためのコンデンサの値は，次に示す2つの方法で計算することができます．コンデンサは，特定の共振周波数において最適な性能を出せるように選ばれますが，現実の基板においてはコンデンサの置き方，リードや配線の長さによるインダクタンス，それ以外の寄生パラメータなど，実装状態に依存してデバイスの共振周波数は変わってしまいます．特に，実装時の容量性リアクタンスの値は非常に重要です．なお，容量値は近似計算でも十分に実用的な精度を持っています．

信号を波形成形するフィルタ・コンデンサの値を選択する前に，回路のテブナン・インピーダンスがわかっていなければなりません．インピーダンスは，2つの抵抗を並列に接続したものと同じになります．たとえば，式(4.16)で示したテブナンの等価回路は，次のように計算します．ここでは，ソース・インピーダンスZ_S= 150Ω，負荷Z_L = 2.0kΩと仮定しています．

$$Z_t = \frac{Z_S \times Z_L}{Z_S + Z_L} = \frac{150 \times 2000}{2150} = 140\Omega \quad \cdots\cdots (4.16)$$

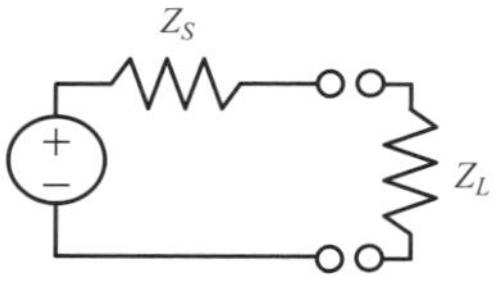

コンデンサは，信号が適切に機能するために許容できる立ち上がり時間/立ち下がり時間($t_r = 3.3R \times C$)になるように選択する必要があります．そうしなければ，基準電位の遷移が起こる可能性があります．基準電位の遷移とは，特定のデバイス・ファミリの論理“Low”や論理“High”として識別される定常電圧レベルを指します．ここで3.3という数字は，コンデンサが充電するときの時定数で，$\tau = RC$から求めることができます(詳細は本章の最初で述べた)．3つの時定数は，1つの立ち上がり時間にほぼ等しくなります．この容量の計算には1つの時定数だけが関与しているので，時定数周期$k = 1/3t_r$の値は，式($1/3t_r$の逆数)に組み込むと$3.3t_r$になります．

方法1

クロック信号のエッジ・レート(立ち上がり/立ち下がり時間)が既知の場合，波形成形のための最大のコンデンサの値は，式(4.17)で表すことができます．

$$t_r = k\,R_t\,C_{max} = 3.3\,R_t\,C_{max}$$

$$C_{max} = (0.3t_r)/R_t \quad \cdots\cdots (4.17)$$

ここで，

t_r：エッジ・レート(信号の立ち上がり/立ち下がり時間の速い方)[秒]

R_t：回路に含まれる全抵抗値[Ω]

C_{max}：用いるコンデンサの最大値[F]

k：時定数

(注) ここで，Cの単位がナノ・ファラッド[nF]の場合はt_rの単位はナノ秒[ns]であり，Cの単位がピコ・ファラッド[pF]の場合はt_rの単位はピコ秒[ps]になります．

たとえば，エッジ・レートが5ns，回路のインピーダンスが140Ωの場合，コンデンサCの最大値は式(4.18)で簡単に計算することができます．

$$C_{max} = (0.3 \times 5)/140 = 0.01\text{nF} \quad \text{または} \quad 10\text{pF} \quad \cdots\cdots (4.18)$$

ONの期間が8.33nsでOFFの期間も8.33nsの60MHz

のクロックで$R = 33\,\Omega$（これは終端していないTTL部品の典型的な場合である），許容立ち上がり／立ち下がり時間が$t_r = t_f = 2$ns（ONまたはOFFの期間の25%）の場合を考えると，次のようになります．

$$\left(C_{max} = \frac{0.3 \times t_r}{R_t}\right) \quad C_{max} = \frac{0.3 \times (2 \times 10^{-9})}{33} = 18\text{pF} \quad \cdots\cdots (4.19)$$

方法2

- 波形成形に際して，フィルタリングする最大周波数f_{max}を決めます．
- 差動配線では，それぞれの配線のコンデンサに対して最大許容値を決めます．

信号ひずみを最小化するために式（4.20）を用います．

$$C_{max} = \frac{100}{f_{max} \times R_t} \quad \cdots\cdots (4.20)$$

ただし，C，f，Rの単位は，それぞnF，MHz，Ωです．

$R_L = 140\Omega$で20MHzの信号をフィルタリングする，低ソース・インピーダンスZ_cのコンデンサの値は次のようになります．

$$C_{min} = \frac{100}{20 \times 140} = 0.036\text{nF} \quad \text{または} \quad 36\text{pF} \quad \cdots\cdots (4.21)$$

以上をまとめると，コンデンサを用いて信号の伝送特性を変える場合，次のことに注意しなければなりません．

- エッジ・レートを落とすことが許されるならば，コンデンサの値を計算値C_{max}の約3倍程度まで徐々に上げていき，タイミング・マージンを考慮して可能な限り大きな値のものを選びましょう．
- 用途に応じて適切な定格電圧と誘電体材料のコンデンサを選びましょう．
- 許容誤差が十分なレベルのコンデンサを選びましょう．+80%，−0%の許容差は電源フィルタには使えるかもしれませんが，高速信号には適切とはいえません．
- リード長と配線のインダクタンスが最小になるように実装しましょう．
- コンデンサを実装した場合は，回路動作をよく確認しましょう．コンデンサの値が大きすぎると信号品質が劣化する原因になります．

4.21 バルク・コンデンサの用途

容量不足はEMI発生の原因にも

バルク・コンデンサは，特に最大容量負荷で動作しているときにディジタル部品が大量のエネルギーを消費する場合には，常に十分な量の直流電力（電圧と電流）を供給できることを保証します．最大容量負荷で回路が動作するためには，部品のコアとI/Oの両方を駆動するトータル電流に加えて，信号配線を充電するためにも駆動電流が必要になります．多数の信号負荷を駆動する場合，かなりの量の電流がPDNを電流供給源とし，それぞれのデバイスを通して流れます．

PDNが貧弱な場合には，ディジタル論理でスイッチングする部品は電源／リターン・プレーンの揺れの原因となり，またPDN側に高周波スイッチング電流を流す要因にもなります．このような状況を時間ドメインでは同時スイッチング・ノイズ（SSN）と呼び，周波数ドメインではプレーン・バウンスと呼びます．プレーンに十分な電荷がない場合，バウンスのレベルが部品の電源レベル・マージンを超えてしまい，回路動作を保証できなくなるかもしれません．バルク・コンデンサはゆっくりとした動作に対して，プレーンのバウンスを最小化するためのエネルギーを供給するものです．非常に大きな容量タンクでプレーン全体が充電されれば，個々の部品の近傍に置かれたデカップリング・コンデンサで再充電することによって局所的な領域についても安定的なPDNを与えることができます．部品は，局所的な領域のプレーンからの電流を消費します．このことは4.14節（「コンデンサ・ブリッジの簡易モデル」）で詳しく述べています．

バルク・コンデンサ（たとえば，タンタル・コンデンサや電解コンデンサ）は，より高い自己共振周波数を持つデカップリング・コンデンサとともに安定した電源を与え，PDNでのRF共振を最小化するために必要です．バルク・コンデンサは電力を消費する回路ごとに，またスイッチング・レギュレータなどからプレーンに電圧を与える電源供給回路ごとに配置しなければなりません．経験則として「電源とリターンの端子ごとに1つのコンデンサを」というのがありますが，現実の用途ではあまり有効なルールとはいえません．

製造時にバルク・コンデンサが散らばってしまうことによって容量が不足し，これによってシグナル・インテグリティやEMIの問題を起こすことがあります．

これは，我々が(通常デカップリング・コンデンサに用いる100nFの)コンデンサだけを大量に用いて電源プレーンを充電させせようとしてしまうからです．もし，これらのコンデンサだけでプレーンをフル充電できなければ，安定したPDNにはなりません．通常は，必要以上のコンデンサを実装しがちなので，もしこれらの100nFのコンデンサのうちいくつかを取り除いたとしても，デバイスを充電するという電源の機能には大きな影響はないでしょう．多くの電源供給回路はスイッチングMOSFETを使います．これはPDNに大量の電流を供給する必要があるからですが，同時に，大きなスイッチング・ノイズも発生します．このMOSFETへの負担が小さければ，この電源供給回路部分からのEMI放射は小さくなります．電源供給用のスイッチング部品への負荷を下げるために，回路や基板を再設計することがありますが，それよりも標準的な値のデカップリング・コンデンサを半分ぐらい取り除いてバルク・コンデンサを挿入するほうが，EMI問題の解決には効果があります．

電源供給回路には，バルク・コンデンサを配置することに加えて，デカップリング・コンデンサに関しては次のような部分への配置などにも留意する必要があります．これらのコンデンサは，電源配線から0Vのリファレンス電位やシャーシ・グラウンドに流れる不要なコモン・モードのRFエネルギーをバイパスする役割もあるからです．つまり，1つのデバイス・コンデンサで，バイパスとデカップリングという2つの役割を果たすのです．

- 電源供給コネクタ
- ドータ・カードとの接続，バック・プレーンとの接続，周辺デバイス・コントローラや2次回路との接続における電源端子
- 電力消費量の大きいディジタル部品の近傍
- 電源供給コネクタからもっとも遠い部分の回路(回路のIRドロップによるプレーンのバウンスを最小にするため)
- 直流電源部分から離れた位置にある高密度に配置された回路
- クロック生成回路，バッファ，ドライバの近傍

バルク・コンデンサの耐圧に関しては，実際の電圧がメーカから提供されている耐圧の上限の50%以上にならないように注意して選択する必要があります．なぜなら，発熱によってサージ電圧が発生し，これによって素子自体が破壊してしまう可能性があるからです．たとえば，5Vの電源プレーンに対しては6.5Vの部品を使うことも実際にはよくあることなので，コンデンサの耐圧としては少なくとも10V以上のものを使う必要があります．

また，メモリ・アレイにはリフレッシュ・サイクルなど，特別な動作時に通常より大きな電流を必要とするため，バルク・コンデンサを追加する必要があります．

バルク・コンデンサの選定に際しては，過去の遅いデバイスの設計で用いた値を参考にしてはいけません．今日の技術は，以前より速い電源の供給を必要としています．バルク・コンデンサは十分な量のエネルギーを素早くPDN回路に供給することに加えて，スイッチング・デバイスだけではなくデカップリング・コンデンサにも充電する必要があります．また，コンデンサを選択する際には，バルクであってもデカップリングであっても，共振周波数，プリント基板への配置，リード長によるインダクタンス，電源/リターン・プレーンの存在などさまざまなことを考慮に入れる必要があります．

バルク・コンデンサの最適値を決めるには，次の例が参考になるでしょう[13]．

例1

(1) すべての部品が同じ電圧レベルを使うと仮定して，最大消費電流(ΔI)を計算します．すべてのゲートは同時にスイッチングし，ロジックの重複などで電源サージの効果があるとして通常以上の電流を消費すると仮定します．

(2) 事前にデバイスが許容できる電源ノイズ・マージン(ΔV)を調べておきます．

(3) 上記の(1)，(2)より決定されるコモン経路のインピーダンスの最大値を，次式によって計算します．

$$Z_{cm} = \Delta V / \Delta I \quad \cdots\cdots (4.22)$$

(4) ベタ面が使われているならば，電源プレーンとリターン・プレーンの間にインピーダンスZ_{cm}があるとみなします．

(5) もし得られるならば，電源供給回路からプリント基板へのケーブル配線のインピーダンス$Z_{cable}(R + j2\pi f L_{cable})$を計算します．これを$Z_{cm}$に加えて電源供給配線($Z_{total} = Z_{cm} + Z_{cable}$)

に適する周波数の上限を次式によって決定します.

$f = Z_{total} / (2\pi Z_{cable})$ ………………… (4.23)

(6) もしスイッチング周波数が式(4.23)で計算された周波数fよりも低ければ，電源供給配線には問題はありません．しかし，周波数f以上ではバルク・コンデンサC_{bulk}が必要になります．周波数fにおいて，インピーダンスZ_{total}に必要なバルク・コンデンサの値は式(4.24)で計算できます.

$C_{bulk} = 1/2\pi f Z_{total}$ ……………………… (4.24)

例2

プリント基板上に200個のCMOSゲート(G)が配置され，それぞれが5pF(C)の負荷で2nsの周期でスイッチングし，電源供給のインダクタンスが80nHの場合は次のようになります.

$$\Delta I = GC\frac{\Delta V}{\Delta t} = 200(5\text{pF})\frac{5\text{V}}{2\text{ns}} = 2.5\text{A}$$

(ピーク・サージのワースト・ケース)

$\Delta V = 0.200\text{V}$

(CMOSの設計ノイズ・マージンより)

$$Z_{total} = \frac{\Delta V}{\Delta I} = \frac{0.20}{2.5} = 0.08\Omega$$

$L_{cable} = 80\text{nH}$

$f_{ps} = Z_{total} / (2\pi Z_{cable}) = (0.08\Omega) / (2\pi 80\text{nH})$
$= 159\text{kHz}$

$C = 1/(2\pi f_{ps} Z_{total}) = 12.5\mu\text{F}$

なお，プリント基板上で通常よく見られるバルク・コンデンサの値は，おおよそ4.7μFから100μFぐらいです.

4.22 埋め込みキャパシタンス

スイッチング部品に大量の電流を供給できる

埋め込みキャパシタンスは，電源とグラウンドの2つのプレーンを極めて薄い高誘電率の材料によって互いに分離した構造をしています．埋め込みキャパシタンス構造のメリットは，デカップリング・ループのインダクタンスが最小になるため，スイッチング部品に

図4.40 バックドリル・ビアの構造

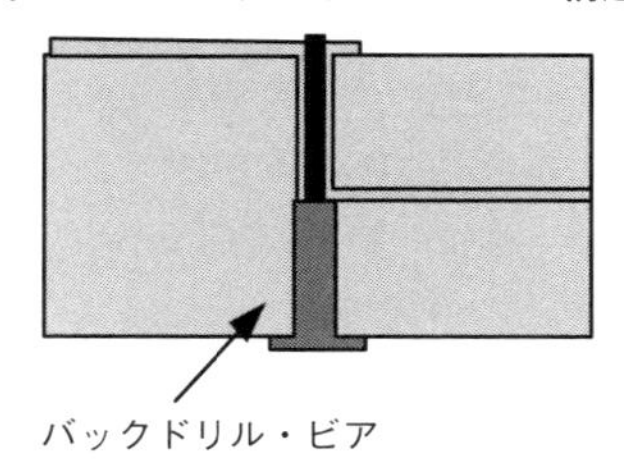

極めて大量の電流を供給できるところにあります．ビアと各層の間のインダクタンスは常時，極めて小さく保っておく必要があります．多層構造のプリント基板では，配線が第2層と第3層に配置されているような場合，超高速の信号線路のシグナル・インテグリティを向上させるため，底面から配線層までの層部分のビアの金属をバックドリルによってインダクタンスを極めて小さくします.

バックドリルとは，多層構造を製作した後で，部品を配置する前に基板の裏側からドリルを用いて，配線が接続されている層から下にある不要な部分のビアの金属を取り除く手法です．表面と裏面の双方に信号パターンが配線されており，これらの配線を接続するために基板の縦方向全体を貫くようにビアを設けなければならないような場合にはバックドリルを用いることはできません．バックドリル手法を**図4.40**に示します．この手法は一般には高周波の信号配線に適用され，また極めて高速な信号配線におけるスタブ効果を抑えるためにも用いられます.

コンデンサ部品は，200MHz以下の周波数帯で効果があります．さらに高い周波数帯ではループ・インダクタンスの影響によって，どのような値のコンデンサ部品を用いても，電源供給プレーンの電荷を蓄積する機能を強化することはできません．この電荷蓄積の効果を高めるために，電源プレーンとグラウンド・プレーン間に薄いラミネートを設けます．「埋め込みキャパシタンスを用いると，デカップリング・コンデンサの数を大幅に減らすことができますか？」と多くの方から質問を受けます．答えは「Yes」です．ただし，これは薄いラミネートを用いることで本質的に容量が増えるのではなく，直列共振より高い周波数帯において，コンデンサ部品とプレーン・コンデンサの組み合わせにより生じる総合的なインダクタンスを低減でき，その結果として高速での電荷の蓄積が可能となるのです.

埋め込みキャパシタンスは，いくつかの個別部品とその実装にともなうコストを低減できますが，この技術を適用するには取り除いたコンデンサのそれをはるかに超える難しさがあります．

図4.41に，埋め込みキャパシティブ層の作製手法の詳細を示します．この構造は，電源層とグラウンド層を極めて薄い(2mil，もしくは20μm以下)コアによって挟んだ構造になっています．埋め込みキャパシタンスの製造工程には，アートワークもしくはフィルムを用いて構成した電源/グラウンド・プレーンを材料として基板上に構成していく特殊なプロセスが含まれています．この薄層化の過程は，基板を製造する上で不可欠なパートを占めています．

図4.42に埋め込みキャパシタンスの層構成を示しま

図4.41　埋め込みキャパシタンスの構造
(出典：National Center for Manufacturing Sciences「NCMS埋め込みキャパシタンスプロジェクトの概要」)

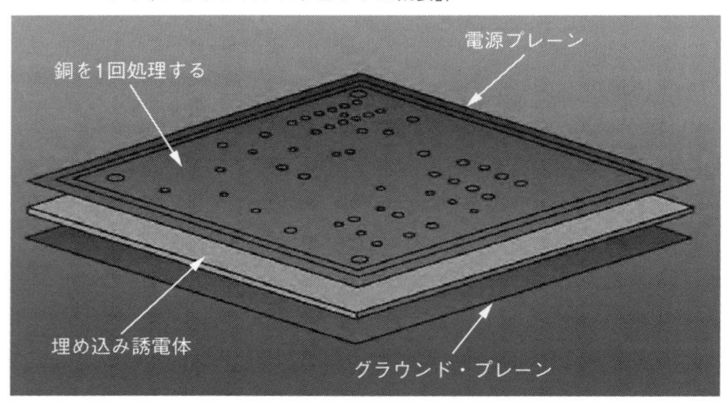

図4.42　10層基板における埋め込みキャパシタンスの構造

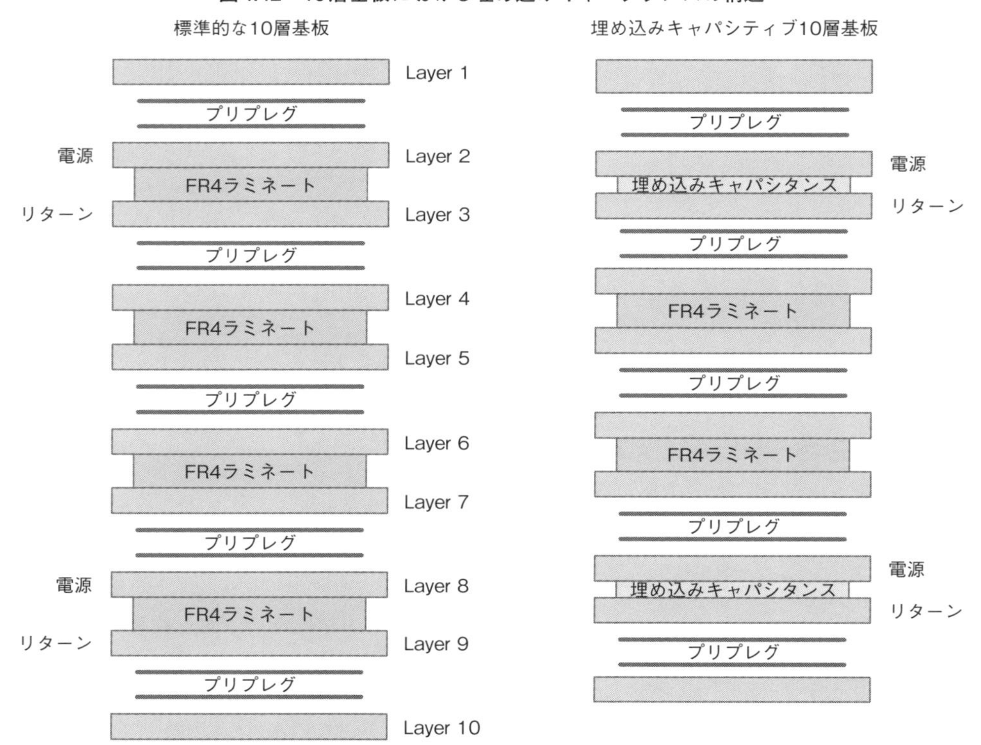

す．埋め込みキャパシティブ層を適用することにより，基板全体の厚さをわずかながら薄くすることができます．基板全体に埋め込みキャパシタンスを適用する前の厚さと等しくする必要がある場合には，コアやプリプレグを追加して厚さを調整することができます．

▶デカップリング用途で個別のコンデンサ部品に対する埋め込みキャパシタンスの利点

- 部品を増やすことが可能（マイクロストリップ線路の層のみ）

(1) 個別のコンデンサ部品で占められている領域が解放されます．

(2) 基板の層数（コスト）を削減できる可能性があります．

- 低い接続インダクタンス

(1) 電気的な性能の改善（シグナル・インテグリティ）

(2) PDNのノイズとコモン・モードEMIの低減

- 品質と信頼性の向上

(1) 通常，使用される個別部品の部品数を削減

(2) はんだ接合と機械的な処理工数の削減

▶埋め込みキャパシタンスを適用する利点

(1) コスト：個別部品の点数とビア数（穴開け工数）が削減できることによる実装コストの削減

注：材料を含む全体のコストは個別部品の削減による低減コストより高くなるかもしれません．

(2) 品質と信頼性：部品点数が減り，メッキを必要とするビアやはんだ接合の数が減るので基板の信頼性は向上します．

(3) 実装密度：個別のコンデンサの数が減るので，基板上の実装スペースが増加するとともに配線がしやすくなります．

(4) 設計効率：部品点数が低減されるので，基板のレイアウトや部品の配置に要する設計時間が短縮できます．

(5) 既存の設計に容易に適用可能．既存のアートワークをそのままコピーし，既存の電源－グラウンド・ペアを全体の層構成はそのままに埋め込み型の設計に単純に置き換えるだけです（全体の基板厚さは維持される）．

注：この場合，伝送線路の特性インピーダンスが変わることがあります．シグナル・インテグリティが劣化する場合には再度，解析をしなければなりません．

▶高速ディジタル回路にはプレーン・キャパシタンスが必要

(1) 大容量の分布容量を設けることによって．あらゆる部品に同時に電荷を素早く供給することができます．

(2) デカップリング・ループによるインダクタンスが小さくなるので，性能が向上します．

(3) 動作周波数に制限がなく，特定の自己共振周波数が存在しません．

(4) 個別のコンデンサ部品が機能する周波数よりも高い領域（たとえば，GHz帯）でのデカップリング機能が強化されます．

埋め込みキャパシタンスの概念をよりよく理解するためには，電源プレーンとリターン・プレーンはインダクタンスをほとんどともなわずに，より高い周波数で動作する高容量のエネルギー貯蔵源と考えるべきです．電源プレーンもグラウンド・プレーンも直流的なわずかの電圧降下を除くと電圧勾配が存在しません．本構造の容量は式（4.9）に示すように，単純に面積を厚さで割り，誘電材料の誘電率を掛けた値になります．一辺が25.4cm（1インチ）の正方形の基板の場合，FR-4材（$\varepsilon_r=4.1$）による層の厚さが0.0254mm（1mil）の基板の容量は9.2nF（9200pF）になります

表4.8に同じ基板のサイズで電源プレーンとグラウンド・プレーンの間の層の厚さを変えたときの容量の変化を以下に示す式（4.9）を用いて計算した結果をまとめました．

$$C_{pp}=k\frac{\varepsilon_r A}{D} \quad \cdots\cdots (4.9)\text{再掲}$$

ここで，

C_{pp}：平行平板の容量［pF］

ε_r：基板材料の誘電率

A：平行平板の重なる部分の面積（インチ^{2}もしくはcm^2）

D：平板間の距離（インチもしくはcm）

k：変換定数（インチの場合は0.2249，cmの場合は0.8849）

ビアが存在すると，その部分はプレーンから銅が取り除かれることになるので，全体としてみれば容量が低下する要因になります．ただし，この影響は非常に複雑で，極めて高速のスイッチング電流が大量に流れるような超高速システムを除き，大半の基板に対して

表4.8　平行平板の容量〔一辺が10インチ(25.4cm)の正方形構造，ε_r＝4.1〕

プレーン間距離	プレーン間の総容量	単位平方インチ当たりの総合容量	単位平方センチメートル当たりの総合容量
1mils [0.025mm]	9.2nF	920pF	2.34nF
2mils [0.051mm]	4.6nF	460pF	1.17nF
4mils [0.102mm]	2.3nF	230pF	584pF
5mils [0.127mm]	1.8nF	180pF	457pF
10mils [0.254mm]	921pF	92pF	233pF
15mils [0.381mm]	614pF	61pF	155pF
20mils [0.508mm]	460pF	46pF	116pF
40mils [1.02mm]	230pF	23pF	58pF

は無視できる程度です．

(埋め込みキャパシタンスにおける)デカップリング容量は，記号(d)で示される2つのプレーン間の距離を極端に小さくすることによって増大します．電源とグラウンドの両プレーンは配線インダクタンスが非常に低いため，各部品への電力の供給を素早く行います．誘電体の厚さを薄くすることによって，高周波でのデカップリングとしての機能を高くすることができます．さらに，2つのプレーンを互いに物理的に接近させることによって大きくなる表皮効果による損失のため，あらゆる共振を低減することができます．

埋め込みキャパシタンスを利用した場合には，個別のコンデンサは必要なくなるかもしれません．個別コンデンサの数を削減できれば，これらのコンデンサを充電するための突入電流が低下するので，ほとんどの製品で基板に誘起するノイズ電圧やグラウンド・バウンス，コモン・モード・ノイズを最小限に抑えることができます．

電源に含まれる部品の数が少なくなればスイッチング電流が減少するので，伝導性エミッション試験で有利になります．

▶埋め込みキャパシタンスのガイドライン

埋め込みキャパシタンスは，式(4.25)で示される要求を満たす設計となっている場合に効果的に作用し，さらには30MHz以上の周波数帯でそれほど大きな電流の要求がなく，立ち上がり時間の短い場合に重宝されます．

$$\frac{R_t \cdot I_{tr}}{A} \leq 12.7\ (\mathrm{cm}^2) \quad \text{または} \quad 5\ (\text{インチ}^2) \quad \cdots\cdots (4.25)$$

ここで，

R_t：主要なディジタル・クロック・パルスの立ち上がり時間(ナノ秒からピコ秒)

I_{tr}：ピーク突入電流[mA]

A：プレーンの面積(インチ^{2}またはcm^2)

4.23 PDNのガイドラインの要約

電源分配ネットワーク設計の基本

(1) 基板のインピーダンス仕様の決定

性能を最大限に引き出すために，プレーン・インピーダンスはあらかじめ設定されたレベル以下にしなければなりません．アクティブ・デバイスに必要な全電流を見積もり，その値を許容可能な最大のノイズ・マージンに割り振ることでこの値を計算します．

(2) 必要な総容量の設定

容量が大きくなるとバスのインピーダンスは低くなりますが，コンデンサが動作する特定の動作帯域幅内においてのみ，このターゲット・インピーダンスより低くなります．すでに個別のコンデンサが適用されていて，このコンデンサに換えて埋め込みキャパシタンスを適用する際には，すべての容量の和に等しいかそれ以上の容量にしなければなりません．埋め込みキャパシタンスを構成するプレーンは，通常はいくつかの個別コンデンサに置き換えることができます(そのときの容量値は埋め込みキャパシタンスの容量10nFあるいは0.01μFかそれ以下になる)．

(3) 共振が抑制されていることを確認

基板のサイズが半波長を超えるような場合には，PDNの共振が発生してEMIやシグナル・インテグリティが悪化することが懸念されます．こうした共振は抵抗性のある部品で減衰させるか，電源プレーンとグラウンド・プレーン間の距離を10ミル(0.254mm)以下の間隔にします．基板全体に容量の小さなコンデンサ

図4.43 ビア間のループ面積による相互インダクタンス結合

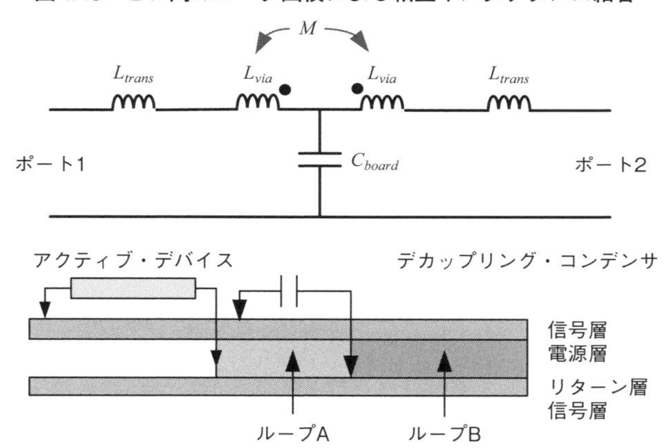

を分散して搭載するのも共振を抑制する一手法です．

(4) 基板の総インピーダンスの見積もり

基板インピーダンスは，洗練された複雑な数値モデルを解析できるソフトウェアを用いて求めます．プレーンは，有限の放射状の伝送線路としてモデル化しなければなりません．

●PDNのデカップリング指針：プレーン間隔が狭い場合（<0.254mm or 10mil）

(1) 基板の仕様を満たすバルク・コンデンサを使う．

(2) 基板の仕様を満たすローカル・デカップリング・コンデンサを使う．

(3) ローカル・デカップリング・コンデンサを都合のよい位置，またリードのインダクタンスが少なくなるように搭載する．

(4) 信号配線をコンデンサのパッドや引き出し線部に置かないこと．

(5) 容量値が大きすぎるのはOK．

(6) インダクタンスが大きすぎるのはNG．

(7) 個々のデカップリング・コンデンサの位置は，そのコンデンサとプレーンが配線ではなくビアによって直接接続されている限りはさほど重要ではない．

(8) ローカル・デカップリング・コンデンサの値はさほど重要ではないが，内部プレーン間の総容量より大きい必要がある．

(9) デカップリング・コンデンサを用いる場合，接続のインダクタンスはもっとも重要なパラメータであり，できる限り小さくする必要がある．

(10) ローカル・デカップリング・コンデンサは，一般に数100MHzより高い周波数では無効である．

(11) ローカル・デカップリング・コンデンサは，ディジタル部品のロジック遷移の最初の数ナノ秒の間は十分な電荷供給をすることができない．こうした瞬時のスイッチングに必要な電荷は，デバイスのパッケージ内やチップ内のコンデンサに依存することになる．

●PDNのデカップリング指針：プレーン間隔が広い場合（>0.75mm or 30mil）

プレーンのインダクタンスは無視できないか，あるのが当然となります．特に，アクティブ・デバイスのビアとデカップリング・コンデンサのループとの間の相互インダクタンスは，最適な性能とするために重要です．電流のスペクトル帯域幅に依存しますが，相互インダクタンスによって電流の大部分は電源プレーンからではなくもっとも近接するデカップリング・コンデンサから供給される傾向があります（**図4.43**）．

(1) ローカル・デカップリング・コンデンサは，アクティブ・デバイスにできるだけ近く（もっとも遠いプレーンに取り付けられたピンの近く）に配置する．

(2) ローカル・デカップリング・コンデンサの値は，10nF（0,01μF）以上にする必要がある．

(3) 接続インダクタンスは，もっとも考慮しなければならないパラメータである．

(4) ローカル・デカップリング・コンデンサは，ループ・インダクタンスを最小限に抑えて適切に接続すると，最大1GHzの周波数まで有効にすることができる．

◆ 参考文献 ◆

(1) Montrose, M. I. ; 1999, EMC and the Printed Circuit Board-Design, Theory and Layout Made Simple, Hoboken, NJ: John Wiley & Sons/IEEE Press.

(2) Paul, C. R.; 1992, "Effectiveness of Multiple Decoupling Capacitors", IEEE Transactions on Electromagnetic Compatibility, Vol. 34 (2) , pp. 130-133.

(3) T. P. Van Doren, J. Drewniak, & T. H. Hubing; 1992, "Printed Circuit Board Response to the Addition of Decoupling Capacitors", Tech. Rep. TR92-4-007, University of Missouri, Rolla EMC Lab.

(4) Radu, S., R. E. DuBroff, T. H. Hubing, & T. P. Van Doren; 1998, "Designing Power Bus Decoupling for CMOS Devices", Proceedings of the IEEE International Symposium on Electromagnetic Compatibility, pp. 175-379.

(5) Montrose, M.; 1996, "Analysis on the Effectiveness of Image Planes within a Printed Circuit Board", Proceedings of the IEEE International Symposium on Electromagnetic Compatibility, pp. 326-331.

(6) Drewniak, J. L., T. H. Hubing, T. P. Van Doren, and D. M. Hockanson; 1995, "Power Bus Decoupling on Multilayer Printed Circuit Boards", IEEE Transactions on Electromagnetic Compatibility, 37 (2) , pp. 155-166.

(7) Cain, J.; "The Effects of ESR and ESL in Digital Decoupling Applications", AVX Corp.

(8) Novak, I., et. Al.; "Comparison of Power Distribution Network Design Methods: Bypass Capacitor Selection Based on Time Domain and Frequency Domain Performances", DesignCon 2006.

(9) Weir, S.; "Bypass Filter Design Considerations for Modern Digital Systems, A Comparative Evaluation of the Big "V," Multi-pole, and Many Pole Bypass Strategies", DesignCon 2006.

(10) Montrose, M. I.; 1999, "Analysis on Trace Area Loop Radiated Emissions from Decoupling Capacitor Placement on Printed Circuit Boards", Proceedings of the IEEE International Symposium on Electromagnetic Compatibility, pp. 423-428.

(11) Montrose, M. I.; 2007, "Power and Ground Bounce Effects on Component Performance Based on Printed Circuit Board Edge Termination Methodologies", Proceedings of the IEEE International Symposium on Electromagnetic Compatibility.

(12) Montrose, M. I.; 2012, "Analysis on Decoupling Capacitor Placements Associated with Power and Return Plane Bounce", Proceedings of the Asia-Pacific International Symposium on Electromagnetic Compatibility, pp. 425-428.

(13) Johnson, H. W., & M. Graham; 1993, High Speed Digital Design, Englewood Cliffs, NJ: Prentice Hall.

(14) Montrose, M.; 2000, Printed Circuit Board Design Techniques for EMC Compliance-A Handbook for Designers, Hoboken, NJ: Wiley/IEEE Press.

(15) Van Doren, T., J. Drewniak, T. Hubing; 1992, "Printed Circuit Board Response to the Addition of Decoupling Capacitors", Tech. Rep. #TR92-4-007, UMR EMC Lab.

(16) Micron Technology Inc., Application Note TN-00-06, Bypass Capacitor Selection for High-Speed Designs.

(17) Xu, M., T. Hubing, J. Chen, T. Van Doren, J. Drewniak, & R. DuBroff; "Power-Bus Decoupling With Embedded Capacitance in Printed Circuit Board Design", IEEE Transactions on Electromagnetic Compatibility, Vol. 45, No.1, February 2003, pp.22-30.

(18) Ricchuti, V.; "Power-Supply Decoupling on Fully Populated High-Speed Digital PCBs", IEEE Transactions on Electromagnetic Compatibility, Vol. 43, No. 4, November 2001, pp. 671-676.

(19) Erdin, I; 2003, "Delta-I Noise Suppression Techniques in Printed Circuit Boards, for Clock Frequencies Over 50 MHz", IEEE Symposium on Electromagnetic Compatibility, Boston, MA, pp. 1132-1134.

(20) T. Zeef and T. Hubing; "Reducing power bus impedance at resonance with lossy components", IEEE Transactions on Electromagnetic Compatibility, Vol-37, No. 2, May 1995. pp. 307-310.

第5章 やさしく学ぶリファレンス接続（グラウンド接続）

5.1 リファレンス接続（グラウンド接続）の概要

回路の基準点はどこにある？

用途やアプリケーションに関係なく，すべての電子機器において基準電位（ここではリファレンスと呼ぶ）が必要です．その理由は簡単で，アナログ回路やディジタル回路はすべて，正弦波（アナログの場合）や極めて速い交流信号（つまり交流の立ち上がり／立ち下がりエッジを使うディジタル波形）を使いますが，このとき，回路はリファレンスと呼ばれる特定の電位との比較で論理状態を決定しているからです．これは，信号の電圧レベルと0Vまたは適切なリファレンスとの電位差に基づいて，信号の論理状態を決めているということです．このリファレンスは，一般に「グラウンド」と呼ばれます．本章では，もし電気製品にグラウンドのようなものがなかったらどうなるかについても議論します．

3.3V系のようなディジタル信号では，論理状態“1”の電圧レベルはリファレンス・レベルである0Vより3.3V高い電圧になります．ここで重要視しなければならないことは，リファレンスを安定させ，基準値から外れたり変動したりしないように，その電位を維持することです．基準値からのズレはシグナル・インテグリティの問題を引き起こします．たとえば，リファレンスの電圧が基準値からずれた場合は，コモン・モード電流が発生します．プレーン上のリプルや電圧変動は，「グラウンド・バウンス」と呼ばれます．実際これは，プレーン上の電圧やリターン電位がバウンスする（弾む）現象です．

設計技術者は，グラウンド・プレーン，グラウンド配線，安全グラウンド，シャーシ・グラウンド，あるいはその他の単語と一緒に「グラウンド」という単語を使います．しかし，電子機器の中には，実際はそのようなものはありません．

一般に「グラウンド」は，伝送線路において信号のためのRF電流のリターン経路を提供するものと混同されがちです．RFリターン電流は，信号源にその（RF）電流を流すためのものであって，電源リファレンスまたはグラウンド・リファレンスである必要はありません．また，RF電流は，電位と関連することなく，自由空間やすべての金属導体を通して伝わることができます．

一方，「リファレンス接続」という単語は，しばしばプリント基板上の部品の動作と関連して用いられます．なぜならば，（回路によって異なりますが）部品は通常，アース・グラウンドとは切り離して使われているからです．もし，ある回路部品が電池の電力で動作するとすれば，アース・グラウンドはどこにあると言うのでしょうか？

「リファレンス」という単語は製品設計において極めて重要であるにもかかわらず，その概念を十分理解できていない電気電子技術者が多くいます．リファレンス接続を直感的にとらえて理解することは容易ではありません．また，多くのコントロールできない要因（特に寄生的な要因）があるときは，直接的なモデリングや分析は簡単ではありません．すべての回路は最終的に共通の点を基準にして動作しているので，これを無視することはできません．したがって，リファレンスはシステムの最初に設計されなければならないということです．なお，絶対的に安定した0V（信号リターンのイメージ）のリファレンスが存在すると思ってはいけません．また，機器設計において次のような事柄を事前に十分に考えておかなければ，要求する性能を簡単に達成することはできません．

- シャーシ・グラウンドはどうなっているのか？
- 電池駆動なのかAC電源駆動なのか？

- その電源配線にはグラウンド用の3本目のワイヤがあるのか？
- このシステムのシャーシ・グラウンドまたはアース・グラウンドはどこにあるのか？

リファレンス接続やグラウンド接続を最適化することにより，不要なノイズを拾わないようにすることができます．0Vリファレンス（0Vの参照電位）またはシャーシ・グラウンドへのプリント基板のリファレンスと接合ケーブル・シールドの適切な実装は，コモン・モードRFノイズの発生を抑え，信号品質を向上させます．上手に設計されたリファレンス・システムは，余計な部品を追加せずに基本的にゼロに近いコストで，不要な干渉と輻射から保護することができます．

ここで，本章の議論を進めていくにあたって，「リファレンス接続」と「グラウンド接続」を互換性のある単語として使っていきます．ただし，内容によっては「グラウンド」という表現が適切でない場合もあるので，注意してください．

5.2　用語の定義

グラウンドには異なるさまざまな定義がある

「グラウンド接続」という単語は漠然としていて，さまざまな意味があります．ロジック回路設計者にとっては，「グラウンド」はロジック回路と部品のためのリファレンス・レベルを指しています．システム技術者と製品技術者にとっては，「グラウンド」は金属筐体やシャーシのことです．電気技術者にとっては，「グラウンド」は国ごとの電気規制によって指定される第3のワイヤによる安全な接続を指しています．飛行機のパイロットにとっては「グラウンド」は空中以外で飛行機を留めておく場所を指していますし，農家の方にとっては「グラウンド」は食料を育てる場所のことですし，野球選手やサッカー選手にとっては競技する場所のことです．それでは，グラウンドの正しい定義とは何でしょうか？その答えは，だれが何をしている場合なのか，またはだれが尋ねているのかによって変わってきます．

では，だれかが「プリント基板上にグラウンド・プレーンがある」と言ったとき，それはアナログ・グラウンド，ディジタル・グラウンド，信号グラウンド，シャーシ・グラウンド，熱グラウンド，共通グラウンド，1点グラウンド，多点グラウンド，その他のどれを指しているのでしょうか？本章では，これらの用語を次のように定義します．

- ボンディング（結合）

2つ以上の金属間を低インピーダンスで電気的に結合すること．

- 回路

信号源インピーダンスと負荷インピーダンスの間を接続する複数の素子のこと．ディジタル部品においては，複数の信号源と負荷はすべての部品が同じ点を基準にしています．または，共通のリターン導体を使用している回路の一部である場合があります．EMCの世界では，回路は必ずある場所（信号源ドライバ）から始まり，どこか（負荷）に終端しています．

- 回路リファレンス接続

信号を伝送する回路に共通する0Vリファレンス（0Vの参照電位）を提供することを言います．回路リファレンス接続は，機器を機能させるために非常に重要です．なお，このリファレンスというのはRF電磁波を伝播させるためだけのものであり，電力や電力リターンのような電流を流すものではありません．

- アーシング（接地）

安全のためのグラウンド・ワイヤを接続することであり，グラウンド棒を土の中深くに入れることで実現しています．

- 等電位リファレンス・プレーン

電力や信号のリファレンス接続において，共通の接続先として使用される金属プレーンのことです．このプレーンは，電気的に大きなサイズで自己インピーダンスに関連するため，高周波ではこのプレーンは必ずしも等電位ではないことがあります．

- リファレンス（グラウンド）ループ

0V電位（グラウンド）とみなせる導電性の要素（プレーン，配線，ワイヤなど）を含む回路を指します．回路には，少なくとも1つのリファレンス・ループが存在しなければなりません．（信号のリターンとしての）リファレンス・ループは機能上必要とされますが，ループを流れるRF電流は，しばしばシステムの誤動作の要因となります．

- グラウンド接続

この用語は，技術者の数だけ定義があるといってもよいでしょう．この用語を使うためには，技術的意味合い（すなわち，グラウンド接続とは何か？）をまず明確にしなければなりません．

- グラウンド接続方法論

意図した用途にあらかじめ定義された適切な方法で，リターン電流を流すための方法論です．

- グラウンド・スティッチ・ロケーション

使用される方法にかかわらず，システム全体のリファレンス接続を提供する目的で，プリント基板から金属構造へ強固な接続をするプロセスです．

- 神聖なグラウンド(Holy Ground)

(1点グラウンドを参照)

0Vリファレンス接続における実際の場所を指すことが多いのですが，どのような使い方をされても非常にがっかりさせられる用語です．

- 複合グラウンド

1点グラウンド接続と多点グラウンド接続の両方のアースを結合する方法論のことで，回路の機能とその周波数によって接続方法が決まります．

- 多点グラウンド

共通の等電位点やリファレンス点に異なる回路を一緒にしてリファレンス接続する方法です．接続は，必要とされる場所で可能な任意の方法で行うことができます．ただし，「多点グラウンド接続」という用語は電気工学においては使われず，技術的には「単一リファレンスへの多点接続」というべきです(ここで，共通の低インピーダンスのプレーン構造がそのリファレンス点になる)．

- リファレンス接続

0Vの電位を同一にすることができる2つの回路の電気的な接続やボンディングを行うプロセスです．

- RFグラウンド

一般的に金属筐体やプレーンを用いて，RF電流を移動させるためのリファレンスを提供することです．RF電流源にしっかりとした0V電位(グラウンド)を与えることによって，高い信号品質とEMC規格を満足する製品設計が可能になります．

- 安全グラウンド

感電の危険を防止するために，リターン経路を地面に接続することです．低インピーダンスで適正な絶縁容量をもつ導体を常時，連続的に接続する必要があります．

- 遮蔽グラウンド

金属筐体に接続するケーブルのために，0Vリファレンスまたは電磁遮蔽を与えることです．

- 1点グラウンド

物理的に長い導体を使って，多くの回路をまとめて一緒にリファレンス接続する方法のことです．これによって，すべての信号は同じ場所にリファレンスされることになります．その場所は，非常に低インピーダンスな構造になるかもしれません．

繰り返しになりますが，グラウンドという単語を使うとき(たとえば，信号グラウンド，シャーシ・グラウンド，安全グラウンド，ディジタル・グラウンド，アナログ・グラウンドなど)，我々が使っているリファレンス・システムの種類が何であるかを明確に定義することが必要です．

5.3　グラウンド接続システムに関するさまざまな定義

グラウンドの「つなぎ方」にもさまざまな定義がある

システム設計におけるグラウンドの構造には，さまざまなバリエーションがあります．以下にそのいくつかを列挙します．これがすべてではありせんが，よく目にするようなグラウンド接続システムの大半を示します．

▶電力/安全グラウンド

- 50/60/400Hzのシステムで感電や異常故障が発生するのを防止するために設けられる接地用グラウンドです．伝送経路の漏洩電流がマイクロ・アンペアからミリ・アンペア以上の大きさになると，怪我やときには死亡をもたらすことがあります．
- 通常，緑色または緑色と黄色の縞状に色づけたワイヤを使うのが一般的ですが，編組線を熱収縮チューブ(ヒート・シュリンク・チューブ)や他の手段で保護した形で作ることも可能です．
- 安全グラウンドは，どのような使用状況であってもこの低インピーダンスにつないだ接続が破られることがないように，永続的に保証しなければなりません．

▶雷放電グラウンド(避雷針)

- 地中深くに非常に大きな棒や金属構造物を埋め込み，この構造物を経路として地面へ放電します．
- 放電は，通常1MHz程度の現象で，時に100kA/msに到達します．
- 放電グラウンドは，地中に埋め込まれた接地棒に「低インピーダンス」で接続されている必要があります.

- 一般的な(米国の)ビルでは, ビルの外側の一部へエネルギーをそらす接地棒をビルのすべての角に備えています. その結果, ビルはファラデー・ケージ構造を形成することになり, 高エネルギー過渡電流のビル内への進入が阻止されるわけです.

▶ RFグラウンド

- 一般に, 仮想的(実質的な)グラウンドを意味し, 表皮効果によりRF電磁界の伝播を捕捉するような金属構造物のことを指します.
- RFグラウンドは, 直流から日光の周波数まで, マイクロ・アンペアからアンペアの大きさのRF電磁波に対して働きます.
- 仮想的接続を作るには, 筐体とシャーシ・グラウンドの接続をもっとも低いインピーダンスで行い, もう一方を電池の0V電位(一般に負電極と呼ばれる)に接続します.
- RFのリターン電磁波を信号源に伝播させるためにRFグラウンドが用いられます. 通常, これは寄生容量を通して伝播されます.
- 一般に, 寄生容量を介して電磁波がその信号源へ戻るためのRFリターン経路を提供します.
- 対象とする周波数スペクトルをカバーします.
- 電流, 磁束を最大に補足して流すために, 可能な限り低いインピーダンスにする必要があります.

▶ ESD(静電気)グラウンド

- プリント基板に注入されるエネルギーをESD電流としてシャーシ・グラウンドや主要な0Vリファレンスに逃がす経路を提供します.
- 一般に, プリント基板上にガードバンド(guard band)を設けたり, 多層基板の最上層(トップ層)や最下層(ボトム層)にベタ・パターンを設けシャーシ・グラウンドや0Vリファレンスとの接続専用にしたりすることがあります.
- ESD現象は, 一般に, 立ち上がり時間が0.7～3.0ns(0.2nsより速いこともある)で, 100～300MHz, 10～50Aです.

▶ 回路/信号リファレンス(グラウンドではありません!)

- 意図された信号の交流/直流電源リターンのための経路を提供します. 電流の大きさはミリ・アンペアからアンペアです.
- 電圧, 電流を最大に伝達するために, 経路は最小のインピーダンスにする必要があります.
- 一般に, プリント基板ではプレーンやグリッドとして実現されます.
- ディジタル回路とアナログ回路は, シャーシ・グラウンドではなく, このリファレンスを用いて動作します. 用途によっては, このシャーシとリファレンスを接続することで1点リファレンスを形成することができます.

5.4 共通グラウンド接続の記号

グラウンドの記号も使い分けよう

実際のプリント基板上には真の意味でのグラウンドというものはありませんが, 回路図を書くときにはグラウンドを意味するシンボルを使います. それが「0Vリファレンス」です. 回路ではディジタルとアナログの両方またはどちらか一方を分割することがあります.

図5.1 プリント基板でよく見られる典型的なグラウンドのシンボル

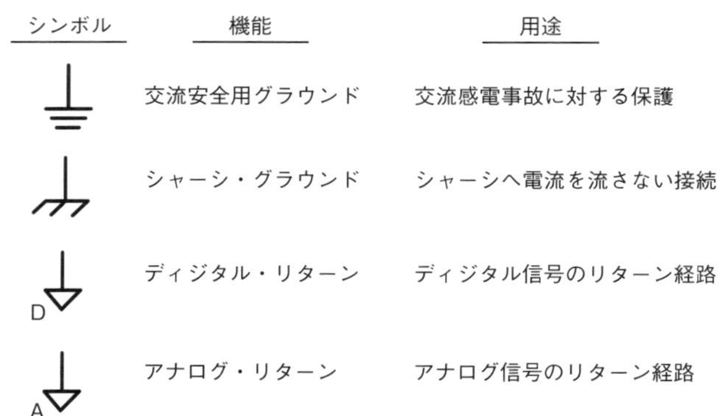

このとき，設計者はプリント基板の機能的領域を明確にし，物理的な分割領域を明確にする必要があります．ここで，グラウンドは1つのシンボルまたは2つのシンボルのどちらを使うべきでしょうか？現実には，それらは同じリファレンスでしょうか，または違うリファレンスなのでしょうか？この2つのプレーンは，どこかで配線（0Ω）またはフェライト・ビーズ（一般に直流ではほぼ0Ω）を介して接続されていなければならないのですが，これは電磁気的に同じ電位なのでしょうか？それとも別の電位なのでしょうか？

これらについては，どんな回路図でもリファレンスのシンボルは1つだけ使うことを強く勧めます．ただし，機器や設計が特別な動作上の理由（たとえば，アナログ回路とディジタル回路の分離）やシャーシ・グラウンドやESDグラウンドを0Vリファレンスと機能的に明確に分けたい場合は別です．しかしながら，**図5.1**のすべてのシンボルは，必ずどこかで接続されていなければなりません．もし，回路図上のグラウンド・シンボルが1つ以上あったとしたら，その設計にはEMCの高度な問題が必要であり，EMC技術者のために安定した仕事があるということです！

図5.1に示したのは，グラウンドを意味するのによく使われるシンボルです．なお，ディジタル・グラウンドとアナログ・グラウンドについては，本章ではグラウンドの代わりにリターンという用語を使います．

5.5 0Vリファレンス接続の異なるタイプ

設計者がよく使う「××グラウンド」

以下のグラウンドは，製品設計でよく見かけるものです．使用するほとんどの機器で，それらは同一の意味です．

さまざまな機器において，0Vリファレンスはしばしば複数必要とされることがあります．すべてのリファレンス・システムは同時に存在できますが，最終的にそれらは一箇所にまとめなければなりません．どのようにしてこの一箇所を決めるかについては，本章の後半で述べます．

- 信号グラウンド
- 静的グラウンド
- 共通グラウンド
- アース・グラウンド
- アナログ・グラウンド
- ハードウェア・グラウンド
- ディジタル・グラウンド
- 1点グラウンド
- 安全グラウンド
- 多点グラウンド
- ノイズ・グラウンド
- 遮蔽グラウンド

▶ RFグラウンドとは何でしょうか？

我々が図面上で使うRFグラウンドのシンボルにはどのような種類があるでしょうか？（RFグラウンドは，通常は信号イメージ・リターンです）

5.6 基本的なグラウンド接続の概念

それはなんのためのグラウンドですか？

いくつかの基本的なグラウンド接続の概念を，本章で説明します．それぞれの概念を理解することで，プリント基板とシステムの両方の設計を理解しやすくなります．しかしながら，グラウンド接続かリファレンス接続かについては，多くの誤解や間違った考え方が存在しています．システム設計を成功させるために，重要な正しい方法論を選択するようにしましょう．

5.6.1 グラウンド接続の誤解

グラウンド接続の概念について通説と実態の両方を紹介しましょう．先に述べたように，「グラウンド」という単語を単体で用いることは電気工学的には適切ではありません．これらリファレンス・システムやグラウンド・システムが何を対象としているのかを示す形容詞をこの単語の前に付けるべきなのです．

ほとんどの技術者は「グラウンド」はリターン電流の経路であり，よいグラウンドは回路のノイズを低減すると認識しています．この考えは，多くの人にノイズ電流を，たとえば建物の電源グラウンド設備を通して地球へ流し込むことができるという見方をさせてしまうかもしれません．もし，信号電圧のリファレンス接続のことではなく，感電の危険を防止するような安全なグラウンド接続について議論するならば，これはこれで意味のあることです．しかし，このようなグラウンドの説明では，宇宙船内の電子機器の動作を正しく説明することはできません．

以下に，グラウンド接続において一般的な誤解を示します[7]. リファレンス接続についてではありません.

▶通説

- グラウンドは, 常に信号のためのリターン電流経路となります(イメージのリターン).
- 「よいグラウンド」というのは, ノイズ電流をアースに落とすことによってシステム動作上のノイズを低減します.
- グラウンド接続は建物の鉄骨ではなく「低ノイズ・グラウンド・リファレンス」へ接続するべきです.

▶事実-真の電気的グラウンドとは何か?

- 0Vリファレンスへ接続する上質の低インピーダンス導体である.
- 相互接続に起因するループ・インダクタンスを最小にするように物理的にシステムの近くにあって表面積が大きい.
- 信号リターン電流経路の一部「ではない」.

5.7 グラウンド接続とリファレンス接続の問題に関して最初に考慮すべきこと

そのグラウンドは安全のため? 回路動作のため?

グラウンド接続とリファレンス接続には, 2つの面で重要なことがあります.

(1) 製品安全のためのグラウンド接続(雷と静電放電の影響からの保護を含む).

(2) コンポーネントのための信号リファレンス接続(交流信号またはRF電流).

ではまず, 安全グラウンドについて説明し, その次に信号リファレンス接続について説明します.

5.7.1 製品安全のためのグラウンド接続

グラウンドが大地へ低インピーダンスな経路で接続されている場合, これは一般に「安全グラウンド接続」と呼ばれています. 一方, 信号や0Vリファレンスはアース電位に接続されていることもありますし, 接続されていないこともあります. 異なるグラウンドへの接続は, 感電の危険がない場合でも特定の機器に対して不適切なことがありますし, EMC問題を悪化させることもあります.

安全グラウンド接続は, 露出した導体間の電圧差を小さくし, 電気的に通電状態になることを防止します. 電圧差を極端に低く抑えるために使用できる導体が多くなればなるほど, 感電の危険が少なくなります.

安全グラウンドに関して一番重要なことは, 感電の危険から人やペットなどを守ることです. 機器が危険な電圧レベルになると, 深刻な怪我や死を招くことがあります.

システムが, 以下に定義される一定の振幅レベル以上の交流電圧源によって供給される場合, 露出した金属は, 交流電源コードに一般的に設けられている「緑色または緑色/黄色のストライプ」色のワイヤに接続しなければなりません. この要件は, 電力変換回路が外部モジュールに内蔵されている場合や, 交流電源で駆動されるプリント基板上に物理的に配置されている場合は, バッテリ駆動デバイスにも適用されます. 装置が直流電圧源で駆動する場合でも, 外部電源や壁に接続したアダプタ・アセンブリだけは対応が必要です. EMC規制と製品安全性の間に矛盾が生じた場合は, 必ず安全性を優先します. 例外はありません. 安全第一です.

電流が体を通ると感電します. 数ミリ・アンペアの電流でも良好な健康状態の人に反応を引き起こし, 不慮の反応により生物学的なダメージを引き起こす可能性があります. 大電流の場合は, さらに被害が大きくなります. システム上で42.4V以下の交流電圧や60V以下の直流電圧は, 一般に乾燥した環境下では危険とみなされません. しかし, 体に触れたり手にとったりすることのある電気部品は, アースを施し, 感電を防ぐように適切に絶縁や分離をすべきです[注4].

通常の条件下では, プリント基板(またはシステム)上のピーク電圧が42.4V以上の交流電圧や60V以上の直流電圧は危険であるとみなされ, EMCやプリント基板のレイアウト設計者と協力して製品安全遵守技術者が特に注意する必要があります. 医療用機器は, さらに厳重なレベルの注意が必要です.

どのようなときにプリント基板上で危険な電圧が使われるのでしょうか? 電話用の回路は, ±48Vの直流を使います. 電源は, 交流電圧に接続されたプリント基板に実装され, ケーブルや伝送線路を通して2次電源に接続されることがあります. ソレノイドは, 一般

注4: 感電の危険性についてのこの説明は, 電気ビジネス機器に含まれる国際的な製品安全標準IEC/EN 60950情報技術機器の安全規定を参照したものです.

図5.2 電圧源からシャーシ・グラウンドまでの回路の浮遊インピーダンス

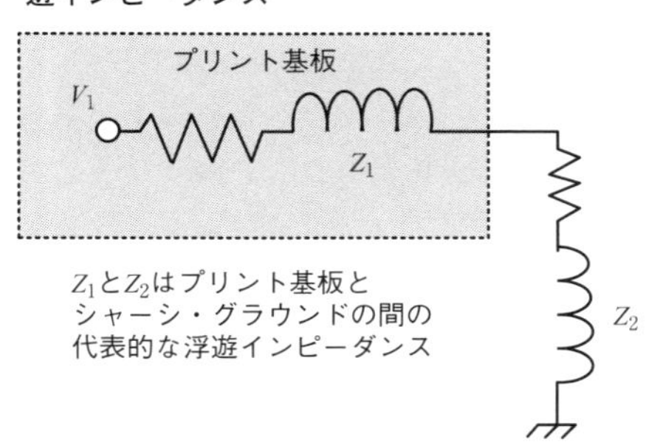

図5.3 交流ライン・フィルタの構成

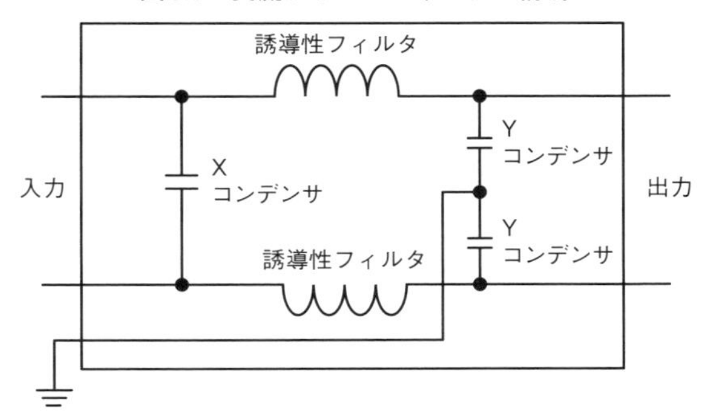

に直流78V，交流100～120Vや230Vで動作します．プロセス制御装置は，一般に最大交流42.4Vをはるかに超えた電圧を使います．これらは，危険な電圧を使用する回路の一例です．

図5.2では，電圧V_1でシャーシ間の接続インピーダンスをZ_1としています．シャーシとアース・グラウンド間の浮遊インピーダンスはZ_2です．このとき，シャーシの全電位はインピーダンスZ_1とZ_2の分圧がかかるので，シャーシ電位は式(5.1)で計算できます．この電位は，感電する原因としては十分危険なレベルになります．

$$V_{chassis} = \left(\frac{Z_2}{Z_1 + Z_2} \right) V_L \quad \cdots\cdots (5.1)$$

適切な手段でアース・グラウンドに接続してさえいれば(緑/黄のワイヤ，組みひもストラップまたは同様のもので接続)，問題がすべて解決すると考えてはいけません．このグラウンド接続は，結合の品質に応じて周波数が上がるとともに増大し，グラウンド接続の品質に依存する有限のインピーダンスを持ちます．一般に，安全アース・グラウンドはEMC規制のために必要ではありません．金属シャーシは，RFリファレンスや他の構造に低インピーダンスの結合を提供します．多くの場合，この結合は交流主電源に接続されたデバイスの安全アース・グラウンドと並行して接続しなければなりません．

もし電源コードからコモン・モード放射が発生するのを観測した場合は，アプリケーションに応じて安全アース・グラウンド接続が必要になるかもしれません．主電源の入口に取り付けられたライン・フィルタは，安全とコモン・モードの両方に有害な電流を取り除きます．**図5.3**のライン・フィルタの内部にある「Yコンデンサ」はコモン・モード・ノイズを取り除くためのもので，電源電位(ホット/ニュートラル，またはホット/ホット)とシャーシ・グラウンドの間に挿入されています．「Xコンデンサ」は，グラウンドと接続せずに両方の電源ライン間に挿入されており，ディファレンシャル・モード信号の伝播をバランスさせています．Yコンデンサを使うとき，もしアース・グラウンド配線がなければ，危険なリーク電流が金属筐体に流れます．これはYコンデンサの値が大きいときに起こりやすい問題です．そのため，Yコンデンサは安全機関に承認されているものでなければならず，また，感電のためのリーク電流と電位を最小化するために非常に小さな静電容量に制限されています．Xコンデンサも同様に安全機関で承認されたものであり，故障時にはオープンになるものでなければなりません．これは，2つの交流主電圧間を直接接続するため，短絡事故を起こさないようにするためです．

図5.3に，両方の種類のコンデンサを含むライン・フィルタを示します．

ときにはEMC試験の際，安全アース・グラウンド経路を取り除く必要があります．この要件をクリアするために，テストする間，外部のアース・リターン・ワイヤとボックスの間に直列に誘導コイルを挿入する方法があります(4)．このインダクタの働きは，RF漏れ電流がシステム内に残留し，外部の装置には注入されないことを保証します．また，RF電流による外部環境への放射も，ファラデー・シールドやガウス構造(すなわち，金属筐体シート)のような2次構造物によって防止されます．

安全グラウンド接続は，露出した導電要素間の電圧差を最小化し，感電を防ぎます．筐体と地面の間の接続を増やして低インダクタンス(並列なインピーダンスのテブナン等価回路)の結合にすることで，電圧差を大きく減少させることができます．そして，低インピーダンス化することによって，感電のリスクも小さくなります．

「信号電圧のグラウンドに対するリファレンス」と「安全グラウンド接続」はまったく異なる重要性を持っていますが，因果関係もあります．信号リファレンス接続の場合，電圧差は通常数ミリ・ボルト以下でなければなりません．安全グラウンド接続では，数ミリ・ボルトが存在すると，〔$E=-L(dI/dt)$〕で表されるグラウンド経路のインダクタンスによって，重大なショックの危険が生じる恐れがあります．固定インピーダンス(オームの法則)にはわずかな電圧しかかかりませんが，死にいたるまで数mAを持続するので，この電流レベルは相当なものになります．

電流の閉ループ回路を完成させるためにはリターン経路が必要です．我々は電源回路では通常，RFリターンではなく，交流電流や直流電流の経路だけを考えます．なぜなら，RFリターンは信号線のために確保されているものであって，電源のためではないからです．リターン経路は必須ですが，それは交流電源のグラウンド電位である必要はありません．アナログ・グラウンドは，高感度な回路への混入を防止するためにディジタル・グラウンドやシャーシ・グラウンドから分離する必要がありますし，交流シャーシ・グラウンドをリファレンスとする必要もありません．システム内のすべての電流が，低電圧の電池で動く素子などのように，安全グラウンドや信号電圧リファレンスを要求するわけではありません．低電圧回路では感電の心配がないからです．

設計時に要求されるスペックの下で性能を保証するためには，システムが仮定している特定の使用条件以外では，信号や0VがAC/DCのリターン電流とは異なる場合もあります．たとえば，ポンプとモータのための交流制御装置のような場合です．しかし，安全リファレンス接続用なのか信号リファレンス接続用なのかに関わらず，我々は2つの回路間のいかなるグラウンド電圧差も減らさなければなりません．そして，電位差が一切ないようにしなければなりません．

本書はEMCとプリント基板について書かれていますが，なぜ安全グラウンドについて説明する必要があるのでしょうか？その理由は明らかです．多くのプリント基板は危険な電圧を含んでいるからです．電源アセンブリ，テレコミュニケーション・ネットワーク，リレー・ドライブ計装制御ユニット，電力スイッチ・モジュールなどの製品は危険な電圧を含んでいます．ユーザの安全を無視してEMCの要件を語ることはできません．放射とイミュニティを保護するEMCの制限と同様に，製品安全性(各国の電気安全基準や電気安全法)についても規制を遵守する必要があります．

製品安全の合格マークを取得する際，製品安全基準では，電源回路間での電気ショックが起こらないように沿面距離と空間距離を規定しています．製品安全基準には，UL (Underwriters Laboratories)，NRTL (北米全国認定試験所)，CSA (カナダ規格協会)，欧州低電圧規格に準拠したCEマークなどの第三者認証機関が含まれ，企業は製品安全指令と世界各国の法的管轄権を有するこれらの機関からマークの適用を受けます．危険な電圧における要素間の2つの距離が安全基準の中に記述されています．この距離のことを沿面距離と空間距離と呼びます．

沿面距離と空間距離は重要な項目です．なぜなら，安全なレベル以上の高電圧がかかる伝送線路や回路は，異常な故障を引き起こすかもしれないからです．このような故障は，プライマリ(1次側)からグラウンド，プライマリからセコンダリ(2次側)，セコンダリからグラウンドにおいて発生する可能性があります．絶縁体や部品の予期せぬ破壊によるこのような感電を防止するためには，配線や伝送線路においては，高エネルギー(電圧)と2次回路やグラウンド回路を特定の値の物理的な空間(距離)で配線しなければなりません．この要件は，電源と関連した回路において特に重要であり，すべての製品安全基準において指定されています．

交流や高電圧を配線するときには，電流容量と放熱だけでなく，安全基準で規定された沿面距離と空間距離を満足する配線幅と間隔を用いなければなりません．以下に示す沿面距離と空間距離の定義は，国際的な製品安全基準と同じものです．**図5.4**に，沿面距離と空間距離の測り方を示します．

◇沿面距離とは，絶縁体の表面に沿って測定された2つの導電部(または導体部品と機器の結合面)のもっとも短い経路の長さです．

◇空間距離とは，絶縁体を避けた自由空間上で2つの導電部(または導体部品と機器の結合面)のもっとも短い距離のことです．

◇ボンディング面とは，金属筐体の外表面のことですが，絶縁体材料の表面に接触するようにプレスされた金属箔と考えることができます．

図5.4 国際規格で定義されている導体間の沿面距離と空間距離の測り方

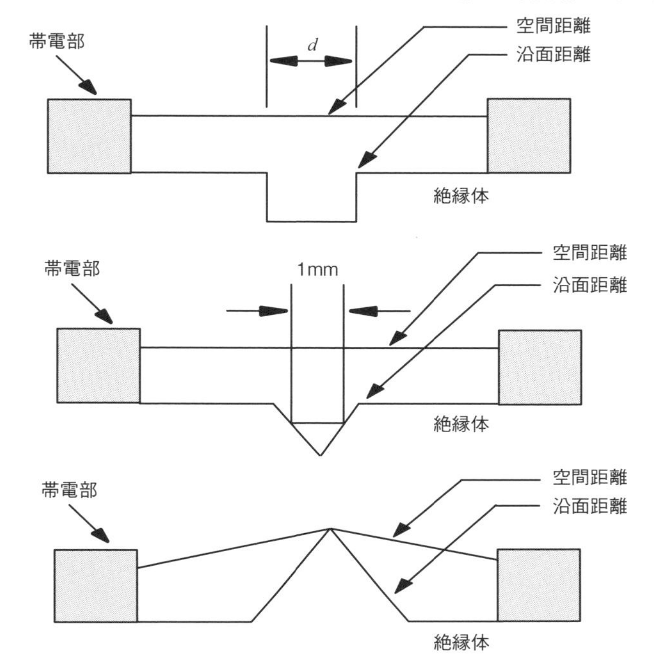

グラウンド電流を扱うとき，いくつかの基本的な概念を覚えておかなければなりません．

- 電流が有限のインピーダンスを横切って流れるたびに，有限の電圧降下が発生します．現実の世界では，オームの法則によって電位差が「0ボルト」になることはありません．単位（電圧や電流）は，ピコやフェムトのオーダかもしれませんが，それでも有限の値です．
- 電流は，常にその電流源に戻らなければなりません．このリターン電流はさまざまな経路を辿り，その経路の持つ有限のインピーダンスに比例して有限の電位を持っています（アンペールの法則）．このような電流は，人やペットを危険な感電にさらすような意図していない経路を進むこともあります．

以上をまとめると，危険なレベルの電圧は，システム上で人がうっかり接触するかもしれない場所に存在してはいけません．異常な故障や電気的な短絡を起こすと，高電圧を保持しているプリント基板は金属筐体に高エネルギーを与え，この金属筐体は非常に高い電位をもつようになります．その結果，感電したり最悪の場合には死にいたる事故が起きてしまうかもしれません．

5.7.2 部品への信号リファレンス接続（交流信号またはRFリターン電流）

EMC規制に関連した設計上の懸案事項の大部分は，相互に回路をリファレンス接続することにあります．回路がきちんと機能するためには，信号源と負荷は両方とも同じリファレンス（基準電圧）に接続されていなければなりません．プリント基板に関しては，部品はロジック回路の有効な状態（ハイレベルまたはローレベル）を決定するために共通のポイント（通常はプレーン）にリファレンスされなければなりません．もし，2つの回路間のリファレンス・レベルが同じでなければ，ロジックを切り替える際のノイズ・マージンやスレッショルド・レベルの浸食という機能的な懸念が生じます．この懸念に加えて，グラウンド・ノイズ電圧が発生するかもしれません．グラウンド・ノイズ電圧はコモン・モード電流の原因になり，このコモン・モード電流は設計者がもっとも望まない，放射ノイズや伝導ノイズを引き起こします．

伝送線路（すなわちプリント基板のパターン）の信号が部品間を伝達するとき，電源プレーンやリターン・プレーンのいずれかがRFリターン経路として働きます．ここで，グラウンド・プレーンの代わりにリターン・プレーンという用語を使っていることに注意して

図5.5　部品間で機能的に信号伝播するためのリファレンス接続

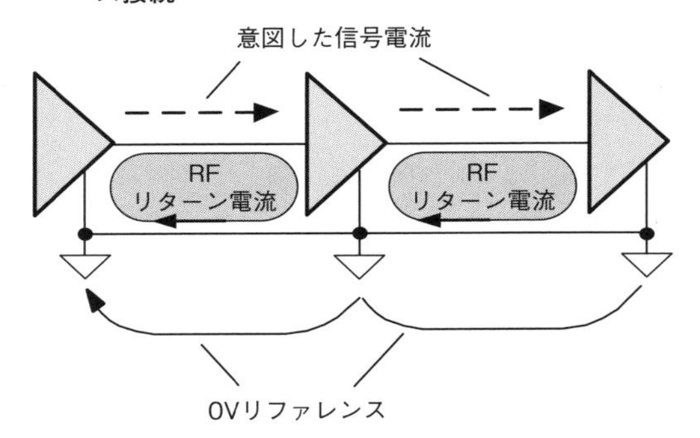

図5.6　典型的な回路間のグラウンド接続

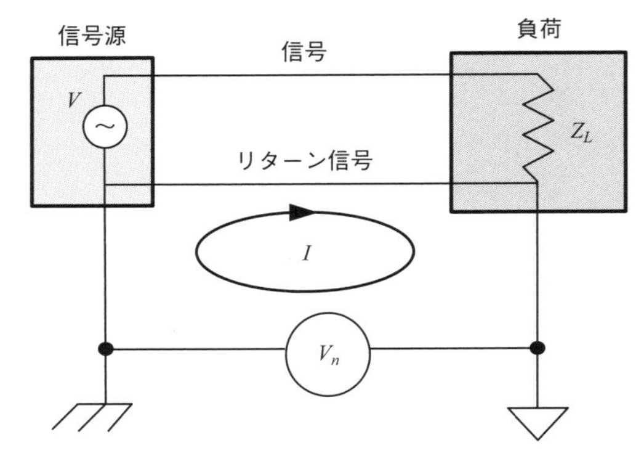

ください．RFリターン電流にとっては，プレーンの電位は関係ありません．しかし，それなら我々はなぜいつもグラウンド・プレーンをRFリターン経路としているのでしょうか？電源プレーンでもよいはずです．この理由を**図5.5**に示します．グラウンド・ピンだけが機能的な理由のためにリファレンス経路を使うことになっているのです．もし，これが電池駆動のデバイスならば，どこにアース・グラウンドがあるのでしょうか？直流電流はアース・グラウンドを必要とするのでしょうか？それとも電池のプラス端子からマイナス端子へ進む電子の流れのためにリターン経路だけがあればよいのでしょうか？

「グラウンド」という単語は，通常，部品間のリファレンス電位に使う等電位点と説明されて使われていますが，これはこの単語の間違った使い方です．正しくは「0V電位」であるはずです．「グラウンド」という単語は実際の機器でのリファレンスを表していません．たとえば，ディジタル・グラウンドとアナログ・グラウンドはまったく違いますし，またシャーシ・グラウンドとも違っています．我々はどのグラウンドを基準にすればよいのでしょうか？グラウンドは，RF電流が必ず通るリターン経路ではありません．なぜなら，RF電流は電磁界の一種であり，直流電位ではないからです．「グラウンド」という単語は，この事実をまったく無視しています！

ノイズの大きい回路とグラウンドやリファレンスの場所の間のインダクタンスは，等電位点との接続のインダクタンスより小さいことがあります．RF電流は，いつも「インピーダンスが最小」となる経路を通ります．$R>>\omega L$となる低周波数では抵抗が支配的なので，電流は抵抗が最小となる経路を通ります．$R<<\omega L$となる高周波数では，インダクタンスは$Z=R+2\pi fL$という式の中の$X_L=2\pi fL$に支配されるので，インダクタンスが最小となる経路を通ります．

リターン信号のよりよい定義は，RF電流がその電流源に戻るために低インピーダンスな伝送経路であることです．これはすべての機器について言えることです．考慮すべき事項はRF電圧ではなくRF電流です．もし，電圧差が有限のインピーダンスを介して2つの部品間に存在していれば，電流は交流と直流のどちらでもオームの法則で求めることができます．RFリターン経路の電流は，回路間の磁気結合器の大きさを決定します．なぜなら，RF信号の伝播とは，閉ループ経路の誘電体内の電磁界伝播のことだからです（第1章）．輻射の周波数は，ループ領域の物質的な大きさで決まります．

RF信号のリターン経路は，製品設計のタイプ，動作周波数，使用するロジック・デバイス，I/O相互接続，アナログ回路とディジタル回路，製品の安全要件（感電の危険）などによって決まります．

信号グラウンドの概念を説明する際に使用される典型的なグラウンド接続方法を**図5.6**に示します．ここでは，負荷が1つのグラウンド・リファレンスともう1つの信号源に接続されています．グラウンド・ノイズ電圧V_nは，2つの異なるリファレンス間のリターン経路ループでの誘導損失によって発生しています．

この基本的な概念をさらに説明するために，**図5.7**にはより良い名前がないためやリターン経路をどのように呼べばよいか理解するためにグラウンドと呼んでいる金属プレートやシャーシ，その他の金属製のアイテムに接続された2つのサブシステムを示しています．これらのサブシステムは，アナログ回路やディジタル回路の場合もありますし，何か別の信号源の場合もあ

図5.7(a) グラウンド内やリターン構造内の共通インピーダンス結合

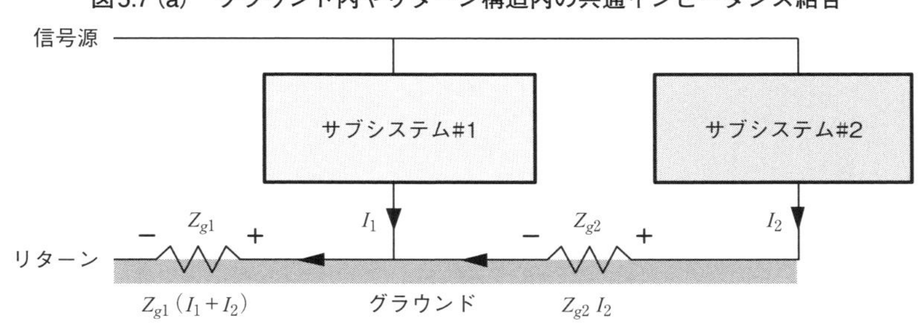

図5.7(b) 外部経路を伴うグラウンド・ノイズの導電性結合

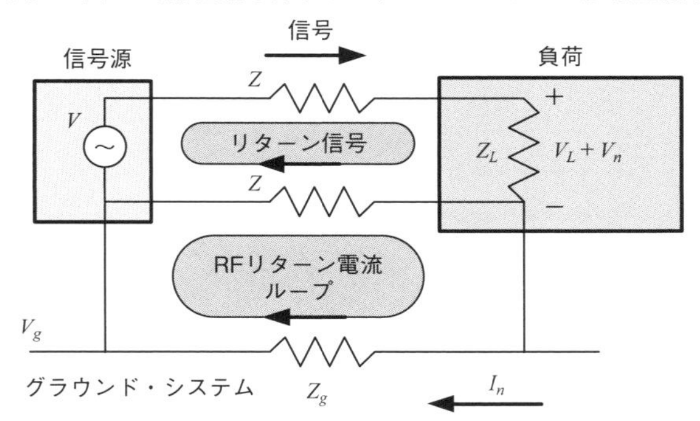

ります．もし，部品がディジタルならば，このときの電源は，あらかじめ定義された伝播路を通して電源プレーン(伝送線路)を基準としている電圧源に戻ります．直流電流は，素子のスイッチングによって電源側から吸い込まれるかグラウンド側に流すかが定常的に変化します．アナログ回路では，リターン電流には低周波や高周波，狭帯域信号や広帯域信号を含んでいることがあります．一般的にアナログ信号は，機器を動作させるための電圧マージンが小さいので，ディジタル・デバイスとは異なる「アナログ・グラウンド」を持っています．

図5.7(a)では，サブシステム#2のRFリターン電流の経路は，サブシステム#1と同じリターン線路を通っています．そして，2つの電流は電源で加算されます．リターン経路は有限のインピーダンスである抵抗やインダクタンスを持っているので，2つのサブシステム間に電位差が発生します．サブシステム#1のグラウンド点は，サブシステム#2内のスイッチング信号に比例したレートで変化します．共通インピーダンスを介して結合することによって，電源には同時に2つの別々の電圧電位の影響が見えてしまっています．

これはグラウンド・ノイズ電圧の問題だと言う人がいますが，この用語の使い方もまた間違っています．このとき負荷側では，どのような電圧が観測されているのでしょうか？サブシステム#2におけるリターン点の電圧は，$Z_{g1}I_1+(Z_{g1}+Z_{g2})I_2$です．サブシステム#2では，それ自身の信号に加えてZ_{g1}を通したサブシステム#1の信号を含んでいます．これは共通インピーダンス結合と呼ばれています．

図5.7(b)は，データ通信システムによく見られる共通の接続を示しています．ここで，信号(たとえばRS-232)は信号リターンを使ったりシールドを使ったりします．なお，信号源はコンピュータであり，負荷は少し離れたところに位置する周辺装置と仮定します．

リファレンス(Z_g)は両方のデバイス(信号源と負荷)に共通ですが，AC電源の安全グラウンド接続(ビルの主配線に接続されているもの)やシールド・ケーブル(DCのリターン信号とは無関係で接続もされていないもの)もリファレンスとなる場合があります．このような接続ケーブルは，感電のリスクを防止するために機能安全で必要とされます．電源の安全グラウンド・コードは，高周波では高インピーダンスになります．この状況で，外部の周辺装置からの伝送線路内のすべてのRFエネルギーは，ノイズ電流I_nとなって安全グラウンド・システムへ流れます．負荷のインピーダンスZ_Lは，リターン・ワイヤのインピーダンスZと交流グラウンド・ワイヤのインピーダンスZ_gよりも大きいと仮定します．リターン・ワイヤ上に広がるグラウンド・ノイズ電圧は，負荷の信号電圧に追加されます．そして，有害な放射や導電のノイズを起こす可能性のある電圧V_nは，式(5.2)で計算されます．

$$V_n = \frac{Z - Z_g}{Z + Z_g} \cdot V_g \quad \cdots\cdots (5.2)$$

グラウンド・インピーダンスについての誤解は，このようなインピーダンスの存在です．ほとんどの技術者は，グラウンドは直流電位にあるか低抵抗であると仮定しています．100kHz以上の高い周波数においては，主要なインピーダンス要素は抵抗ではなくインダクタンスです(第2章)．表皮効果によって追加される損失は，一般的には1GHz以上の高周波で顕著になり始めます．しかし表皮効果の損失は，低周波においては誘導損失に比べると無視できる程度です．インダクタンスは，プリント基板上を通る0.508cm (0.020インチ)の伝送線路では概算すると約15nHです．100MHzにおいて$X_L = 2\pi fL$を計算すると，誘導リアクタンスは24Ω/cm (9.43Ω/インチ)になります．#28AWGのワイヤ(半径6.3ミル)の場合では，65.9×10^{-3}Ω/インチの誘導リアクタンスになります．実際に測定してみると，100MHzにおける抵抗値とインダクタンス値の間には非常に大きな差があることがわかります．抵抗が伝送線路における高周波で問題にならないのはこのためです．

設計者は，プリント基板のレイアウト時に，RFリターン電流の経路を作るように心がけなければなりません．また，SPICEなどで機能シミュレーションをする際には，リターン経路のことまで配慮していません．回路設計者とプリント基板のレイアウト担当者は部品配置を行う際，協力してRFリターン電流の経路を決めなければなりません．考えなければならない問題は，「我々がグラウンドと呼んでいるものとは関係なく，RF電流はどこを流れるか？」ということです．なぜなら，プリント基板上にはそもそもグラウンドなど存在しないからです．すべての導体は，オームの法則に従って電流に対応した電圧降下を起こします．そして，この電流はほとんどの場合RF電流です．なぜならば，ほとんどのシステムはディジタル部品を含んでおり，この部品が論理状態を切り替えるときに，電源プレーンとリターン・プレーンの両方をほぼ同時にバウンスさせているからです．

設計において，実装する前にグラウンド接続やリファレンス接続を考慮すれば，コスト低減を実現することができます．上手に設計されたグラウンド/リファレンス・システムは，プリント基板だけでなくシステム全体に対して，放射の改善とイミュニティ防御の両方の性能を提供します．逆に，設計中にこれらが考慮されなかったり，従来製品から(再設計で一度動作したので)再利用された長いリターン信号をもつ伝送線路システムは，システムの性能やEMC規制への対応などで苦労することになるでしょう．

以下に，考慮すべき重要な項目を示します[(1)，(2)，(3)]．

- RFリターン経路と呼ばれる電流ループを最小化するように，高周波部品の配置を慎重に行う．
- プリント基板の領域分割を行って，広帯域のノイズを発生する回路とノイズの影響を受けやすい低周波の回路を分離する．これは，プレーンを分割することによって容易に達成できる．
- 妨害電流が共通リターン経路などに影響しないように，プリント基板やシステムを設計する．ここで共通リターン経路というのは実際の配線経路だけでなく，寄生パラメータによる経路も含む．
- 回路のループ電流，グラウンド・インピーダンス，伝播インピーダンスを最小化するようなグラウンドや0V点を選ぶ．
- グラウンド/リファレンス・システムを流れるノイズ電流を考慮する．このノイズ電流は他の回路から注入される場合もあるし，他の回路に流れ出るものもある．
- 非常に感受性の高い(ノイズ・マージンの低い)回路は，安定した0Vリファレンスに接続する．

5.8　グラウンド接続の手法

1点グラウンドと多点グラウンドの使い分け

プリント基板にグラウンド接続回路やリファレンス接続回路を作成するにはさまざまな手法があり，それぞれ単体あるいは組み合わせて使われます．異なった手法を組み合わせて用いるのは，電流の流れやそのリターン経路を理解した設計者がRFリターンと安全(あるいはシャーシ)グラウンドを区別しようとする場合に限られます．

回路図には，さまざまな名前のグラウンドが用いられます．すなわち，ディジタル，アナログ，安全，信号，ノイズの多い，静かな，アース，1点，多点などがありますが，RFグラウンドという名前は用いられません．これは，この名前がシールド筐体内部にある金属ケースを持つ能動素子がEMCテストにパスするために必要な仮想接続を意味するからです．このとき，シールドがRF放射界をシャーシあるいはアース・グラウンドに何らかの方法で流したり，あるいは内部でこのエネルギーを吸収・減衰させたりします（第6章）．

グラウンド接続（リファレンス接続）手法は，過去の経験に基づいた偶然や幸運に頼るのではなく，製品の企画段階において定義した上で設計に組み込む必要があります．最適なグラウンド接続回路やリファレンス接続回路を設計することは，プリント基板の改版が少なくなるという点で製品コストの低減にも効果があります．プリント基板の設計においては，1点あるいは多点という基本概念のいずれかを選択する必要があります．ただし，事前に電流経路と誘導性ループの検討を行った上でグラウンド接続を設計する場合には，双方を融合させることもあります．グラウンド接続手法やリファレンス接続手法の設計方針は，製品の用途によって選択すべきです．

ここで注意することは，もし1点グラウンド接続手法を選択した場合には，その製品においては一貫してその手法を用いる必要があるということです．つまり，同一製品内に複数の帰還電流経路を形成させないように注意しなければなりません．これは多点グラウンドについても同様です．設計上，プレーンを機能上の小区画に分離することが許される場合を除いて，多点グラウンド接続手法と1点グラウンド接続手法を混在させてはいけません．

以降では，3つの主要なグラウンド接続手法について取り扱います．すなわち，1点，多点，そしてそれらの組み合わせの3つになります．以下の議論において，グラウンドという用語を用いますが，プリント基板上での設計や用途について議論する場合，プリント基板の直流リターンがシャーシ・グラウンドに仮想的あるいは直接的に接続されていない限りは，実際には“リファレンス”という用語に置き換えるべきです．

5.8.1 1点グラウンド接続手法

1点グラウンド接続手法では，すべてのリターンを共通のリファレンス・ポイントに接続します．この方法によって，異なった電圧や基準レベルで動作している他の回路へのRF電流の伝播を抑制することができます．また同時に，不要なRF電流によるコモン・モード・インピーダンス・カップリングの原因となる，共通のリターン経路も排除できます．

1点グラウンド接続手法は，素子，回路，相互接続などが，一般に100kHz以下で動作するような場合に有効と言えます．これはノイズの伝送インピーダンスが最小で，誘導性リアクタンスが抵抗成分より小さいからです（第2章）．一方，高い周波数においては，電源/リターン・プレーンや相互接続を含むリターン経路のインダクタンスが無視できなくなり，伝送線路（いわゆる配線）の長さが周期信号のエッジ・レートの1/4波長の整数倍となる場合には，その高いインピーダンスによってEMIが発生します．これはRFリターン電流経路の有限のインピーダンスに不要なコモン・モード電流が流れることによって電位差が発生するためです．

一般に，100kHzより高い周波数ではインピーダンスが高くなるため，伝送線路やリターン導体が，その物理的構造と大きさに起因してループ・アンテナのように動作します．たとえ折り畳まれていたとしても，その形に関係なくループとして機能することに変わりはありません．一般に，1MHz以上の周波数域では，1点グラウンド接続は使われません．これは，誘導性リアクタンスが抵抗成分より大きくなるためです．ただし，例外として設計者がこのことを把握した上で専門的かつ先進的なグラウンド技術を駆使して設計を行うことは可能です．

図5.8に，1点グラウンド接続手法の2つの方式，すなわち直列接続と並列接続を示します．直列接続とは，デイジーチェイン構成のことで，ボックス間に図に表示されていない接続が存在する場合には各回路間にコモン・インピーダンス・カップリングが発生します．それぞれの要素や共通のリファレンス（グラウンド）間に有限のインダクタンスが存在し，そのすべてが順番に直列接続され，そしてシャーシ・グラウンドとの交流接続点に1点接続されます．また，回路間には1点リファレンスの分布容量や寄生容量も存在します．この図で網掛けされたリファレンスは位置によらず同電位で，接続回路のインダクタンスよりインピーダンスが小さくなっています．一般に，物理的なワイヤに

図5.8　1点グラウンド接続方式
注：一般に100k～1MHzを超える高周波では適切ではない

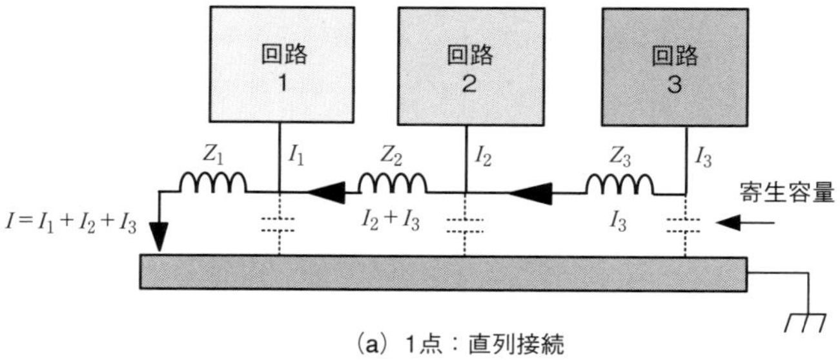

(a) 1点：直列接続

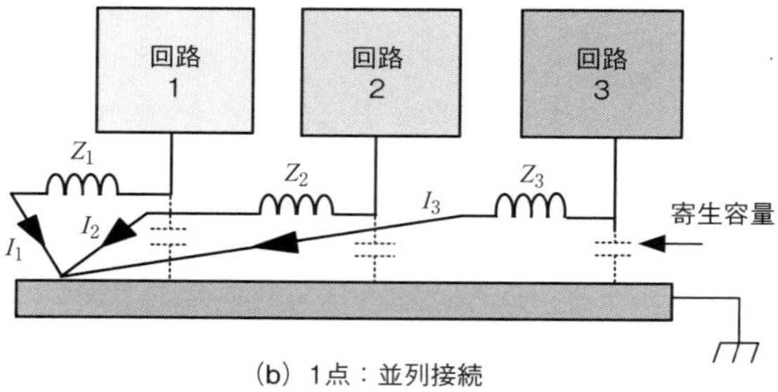

(b) 1点：並列接続

起因するインダクタンスと寄生容量によって，スイッチング周波数によっては共振が発生することがあります．本構成においては，3つの異なった共振が発生する可能性があります．またその結果，個々のワイヤがもつ一定のインピーダンスにコモン・モード電流が流れ，このためEMIが発生する可能性もあります．

図5.8(a)の接続を用いた場合，シャーシ(交流)グラウンドに流入する全電流は合計して$I_1+I_2+I_3$になります．各接続インピーダンスの持つインダクタンス成分(L_1，L_2，L_3)によって，各回路やシャーシ・グラウンド間に電位差が発生します．これは，式(5.3)と式(5.4)で求めることができます．ここで，$\omega=2\pi f$.

$$V_A=(I_1+I_2+I_3)\omega L_1 \quad \cdots\cdots (5.3)$$

$$V_C=(I_1+I_2+I_3)\omega L_1+(I_2+I_3)\omega L_2+I_3\omega(L_3) \quad \cdots\cdots (5.4)$$

この構成においては，接続インピーダンスに大きな電流が流れることで回路間に大きな電位差が発生します．回路とシャーシ・グラウンド間に発生する電位差は，EMIを発生させるのに十分大きくなる可能性があります．設計者は，直列接続(デイジーチェイン)を用いた場合に発生する電位差が持つ潜在的問題点を知っておく必要があります．

また，この構成は大きく異なった電力消費量をもつ回路がある場合にも使用するべきではありません．なぜなら，大きな電力を消費する回路では大きなグラウンド電流が発生するため，他の伝送線路へのカップリングによってクロストークやRFノイズが発生するからです．大きなグラウンド電流は，低電圧のアナログ回路にも影響を与えます．この構成を用いる必要がある場合には，高感度な回路や部品は入力電源コネクタに物理的に近接させて配置し，さらにリファレンス・プレーンを変動させる可能性のある高電力消費回路や部品からは遠ざけて配置する必要があります．

より好ましい1点グラウンド接続手法は，**図5.8**(b)に示した並列接続です．この方法も直列接続と同様に，それぞれのRF電流のリターン経路が異なったインピーダンスを持ち得るという不利な点を持っています．最終製品において，2つ以上のプリント基板を用いたり，さまざまなサブシステムを組み合わせて用いたりする場合には，それぞれに接続されたRFリターン経路が物理的に長くなってしまいます．このため，接続経路が大きなインピーダンスを持ち，結果としてシャーシ・グラウンドに対して低インピーダンスのリファレンス接続ができなくなります．このため，1点接続がRFリターン電流の問題解決に有効であると信じて，複数のプリント基板を並列に接続する構成とした製品が放射試験に不適合となる場合が多々あります．

また，直列接続の場合と同様に，個々の回路とグラウンドとの間には分布容量が存在するため，各回路とシャーシ・グラウンドの間の接続インダクタンスを最小にする必要があります．しかしながら，この構成には長いワイヤや専用の配線を必要とするためインダクタンスを小さくすることは容易ではありません．また構造上，各回路間の共振周波数が近接してしまうことも多く，その結果回路動作に影響を与えかねません．

物理的なワイヤを用いた1点グラウンド接続手法を用いた場合のもう1つの問題は，放射カップリングです．このカップリングは，伝送線路（ワイヤ）間や伝送線路とプリント基板の間，あるいはワイヤとシャーシ・ケースとの間に発生する可能性があります．この放射カップリングに加えて，ノイズ源とRF電流のリターン経路間の物理的な距離によってはクロストーク・ノイズが発生することもあります．

カップリングは，容量性結合と誘導性結合のいずれによっても発生します．コモン・インピーダンスによるカップリングの大きさはRFリターン信号の周波数成分に依存します．一般に用いられるワイヤは短く設計されることから，高周波において効率の良いアンテナとなるため，高周波の素子は低周波の素子に比べて大きな放射を示します．

1点グラウンド接続は，一般に低周波で振幅感度の高い回路，たとえばオーディオやアナログ回路，50/60/400HzおよびDC電源など，さらにプラスチック筐体をもつ製品などで用いられます．また，低周波回路以外でも高周波で動作するサブシステム間で通信を行う場合にも用いられることがあります．これは，グラウンド・ループを抑制（あるいは最小限に）する必要があるためです．このような高周波用途に用いる場合には，採用したグラウンド・リターン構造がもつインダクタンスによって生じるすべての問題を設計者が理解している必要があります．

一方で，1点グラウンド接続を実装することがほとんど不可能な製品もあります．それは金属シャーシを持ち，その中の個々のサブシステムや周辺機器を金属シャーシに直接接続しなければならない製品です．金属シャーシとプリント基板間には必ず分布インピーダンスが存在するため，結果としてループ構造が発生します．もし並列1点グラウンド接続を用いることができれば，これらの高周波ループによる問題を最小にするように配置することができます（すなわち，ループ構造をコントロールして不用意にエネルギーを伝播させないように設計することができる）．

1点グラウンド接続の不適切な実装例を**図5.9**に示します．図の左端においてアナログ・グラウンドとディジタル・グラウンドが接続されていなければ，プリント基板の右側にあるアナログ・グラウンドとディジタル・グラウンドの接続点（橋渡し）が最適な1点接続になるという前提でA-Dコンバータの0Vリファレンスがそれぞれアナログ領域とディジタル領域に存在します．しかし，残念ながらA-Dコンバータの下部にあるグラウンド分離用のギャップをまたいで（A-Dコンバータの左側で）シングルエンドの信号が複数接続されてい

図5.9　1点（接続）リファレンス接続の不適切な実装例

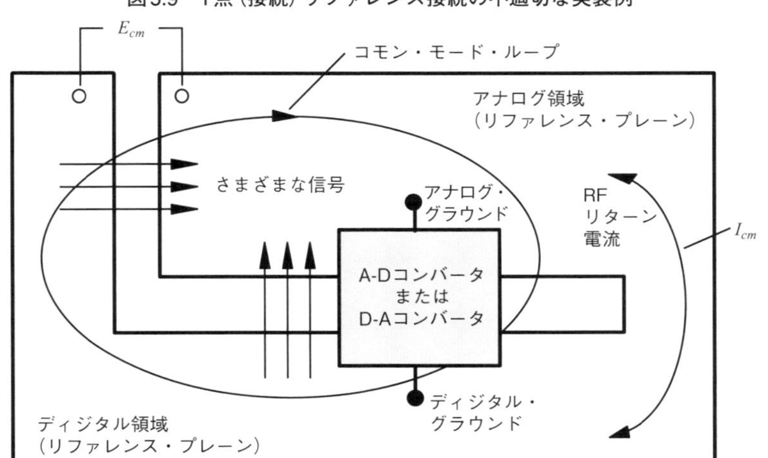

図5.10 1点リファレンス接続手法の不適切な実装

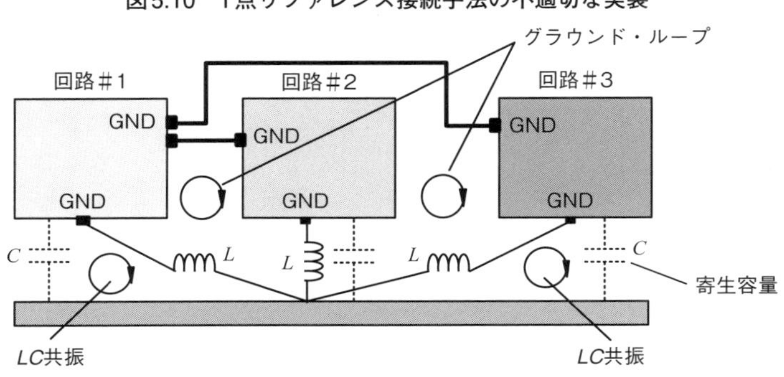

接続配線は，他の回路ではなく1点に接続しなければならない

ます．

もし，低周波(kHz)のノイズが問題ではない場合は，A-D変換素子の可能な限り近くに0Vリファレンスの接続点を配置する必要があります．また，アナログ電源やディジタル電源は，ディジタル・ノイズがアナログ回路にカップリングすることを避けるために，適切なフィルタを用いて相互に分離しておかなければなりません．

図5.9の左上の角には掘(分離プレーン)があり，電位差がE_{cm}となっています．ここがコモン・モード電圧の発生している場所です．このコモン・モード電圧は，RFリターン電流が高インピーダンスの接続を経由して戻ったり，分離領域をまたぐ信号線付近の自由空間を経由して戻ったりすることによって発生します．オームの法則によれば，定インピーダンスを経由するRF電流によってRF電圧が発生し，ダイポール・アンテナを励振することになります．このダイポール・アンテナの構造は，プリント基板のプレーン層で構成される可能性もあります．なぜなら，プレーン層が実際の伝送線路となるからです．また，基板端放射も発生する可能性があります．

図5.9の中には，さまざまな電流/電圧源が存在します．RFリターン電流のほとんどは，ブリッジを経由して流れます．ブリッジとは図中の右側の部分を言い，ディジタル部からアナログ部に伝送される信号や溝を渡って伝送される信号にとっては低インピーダンスのRFリターン経路になります．信号が伝送されるためには，必ず閉ループ経路が必要であるため，溝を渡るRFエネルギーはブリッジを経由して戻ってくる必要があります．このRF電流は，図中にI_{cm}として示されています．左上部の溝を渡る配線にとってのリターン経路は物理的に長くなり，発生する磁束がキャンセルされない限りEMIを発生させる確率が高くなります．

このように，溝が存在するためにコモン・モード電圧が発生しますが，その最大値はブリッジから一番離れた位置で観測されます．2つの電源間のインピーダンスは，電源プレーンとリターン・プレーンのもつインダクタンスによって異なります．コモン・モード電圧とリターン経路の一定のインピーダンスによってコモン・モードRF電流が発生して，ディジタル部とアナログ部を伝播します．ひとたびRFエネルギーのループが形成されれば，磁界，場合によってはRF放射が発生します．

複数の回路を持つシステムにおける1点リファレンス接続手法のもう1つの好ましくない実装方法を**図5.10**に示します．このときのグラウンド・ワイヤは，電流伝達導体(RFリターン)ではありません．回路設計者は，回路間の接続(回路＃1から回路＃2，回路＃1から回路＃3)を回路図上にGNDと記述します．これらの接続は，実際には回路間を伝送する信号のリターン経路になります．しかしながら，このGNDという名前からはACあるいはDCいずれの電流が流れているかは判断できません．いずれにせよ，この接続によって電流ループが形成され，伝送線路の自己インダクタンスが増大し，回路と0Vリファレンス点との間に浮遊磁場を発生させます．加えて図に示すように共通リターンと回路＃1，回路＃2，回路＃3の間に寄生容量CとインダクタンスLが存在しますが，このLC回路による共振周波数が特定の発振器の基本や高次の周波数と重なり，システム全体に影響する問題になる可能性があり

図5.11 1点とスター構成の接続例（不適切な設計方法）

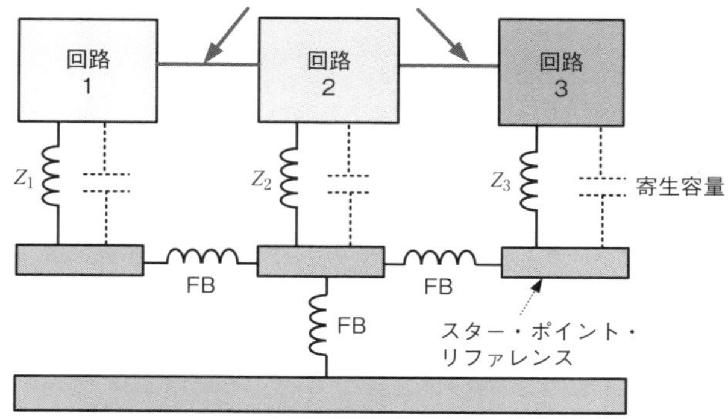

ます．

まとめとして，1点グラウンド接続手法は寄生容量やインダクタンスを持つため100kHzを超える周波数を扱う回路には適切ではありません．長いワイヤは大きな誘導性リアクタンスを持ちます．インダクタンスのみを考慮した場合，発生する電圧は簡単に$E=-L(dI/dt)$で計算することができ，この大きなインダクタンスによって大きなコモン・モード電流が発生します．$X_L=2\pi fL$という式からわかるように，周波数が高くなるにつれて誘導性リアクタンスは大きくなり，結果として両端に発生する電位差が大きくなります．この電位差もまたコモン・モード電流の発生要因になります．

3つ目のシステム・レベルでの不適切な構成例は，“1点アーシング/グラウンド接続”，場合によっては“スター・アーシング/グラウンド接続”と呼ばれるものです（**図5.11**）．これらの構成では，0Vリターン・プレーンが分割されています．この手法は，各回路のリターン電流を特定の回路領域に閉じ込めておくように意図したものです．また，（たとえばディジタル回路からアナログ回路への）クロストークを抑制するためにも用いられますが，その場合でもこれらのプレーンは図中のフェライト・ビーズで示されているように，どこかで1点にまとめて接続する必要があります．この方法は，数十kHz以下の帯域では良好に機能します．

キルヒホッフの法則とアンペールの法則を満足するRFリターン電流の経路を経由するように0Vプレーンを分離したとしても，電流は接続されたさまざまな回路（寄生経路を含む）のアドミッタンスに従って分配されるので，最終的にはすべてがそれぞれのソースに戻る必要があります．ここでいう寄生経路とは，自由空間や金属による接続（ワイヤや配線）である可能性もあります．

マイクロプロセッサやスイッチング・レギュレータは，新たな電源プレーンやリターン・プレーンをできるだけ使わないようにするために，一般にこのスター・ポイント・リファレンス方式を使用します．なぜなら，電源プレーンやリターン・プレーンを追加することは，シグナル・インテグリティやパワー・インテグリティ，EMCの観点からは適切ではないからです．

プリント基板内の0Vリファレンス・プレーンは面構造，つまり連続な層でなければなりませんが，低周波のオーディオ回路に広帯域のビデオ回路が近接している，といった特別な場合はその限りではありません．このような場合には，リファレンス・プレーンを分離することが非常に有効です．しかしながら，この分離部分を配線が横切らないように細心の注意を払う必要があります．詳細は，第2章を参照してください．

コモン・モードRF電流は，差動信号のリターンが不適切な場合，つまり十分に磁界がキャンセルされない場合に発生します．特別な用途のために，0V（グラウンド）プレーンを分離した場合は，コモン・モード電流を発生させないために，分離箇所をまたいで配線を実装してはいけません．面構造の0Vリファレンスを使用する最大の理由は，すべてのRF電流の低インピーダンス（高アドミッタンス）リターン経路を確保するためで，これにより，誤って分離箇所をまたぐことによってグラウンド・ノイズが発生するのを防ぐことができます．

図5.12 1点リファレンスへの多点接続手法(別名は多点グラウンド接続)

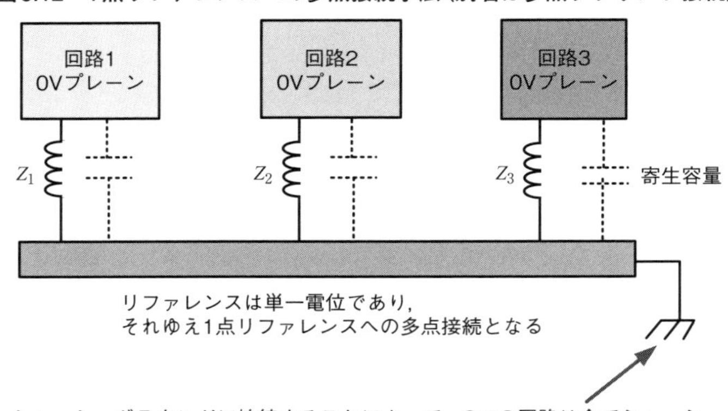

5.8.2 1点リファレンスへの多点接続（別名は多点グラウンド接続）

高周波のプリント基板では一般に，その0Vリファレンス・プレーンを金属シャーシや筐体といった共通リファレンスに接続する必要があります．多点グラウンド接続の正しい定義は，1点リファレンスへの多点接続であると言えます．この定義について，以下に詳しく解説します．

1つのリファレンスへの多点接続，あるいは多点グラウンド接続では，RF電流のリターン経路にワイヤや物理的に長い接続を用いないので，プレーン・インピーダンスを最小化することができます．また，この手法が数10kHz以上では効果がなくなってしまうことの主要因となるループ・インダクタンスも最小にすることができます．0Vリファレンス・プレーンと金属筐体を接続した場合，実質的に全システムが**図5.12**の右下に示すシャーシ・グラウンド記号のような，1つの基準電位を持つことになります．回路図上で，ディジタル・グラウンドやアナログ・グラウンド，シャーシ・グラウンド，ESDグラウンドなどの記号を用いて表現される回路がいくつあっても，最終的にはシステムには1つの基準点，言い換えれば1点リファレンスに接続されます．このように，シグナル・インテグリティやEMCの観点においては，異なったグラウンドや基準電位を適切に接続することが大切な要素といえます．

この手法を用いてプリント基板と1点リファレンスを接続することにより，RF電流のループ構造を物理的に小さくし，そしてプレーンを効率の悪いダイポール・アンテナにすることができます．

1点リファレンスに多点接続の手法を使用することによるもう1つの非常に有利な点は，RFコモン・モード電流が存在した場合でも，プレーンが効率の良いダイポール・アンテナになることを阻止できることにあります．前章で述べたように，プレーンはドライブ回路に接続された伝送線路やリターンとしても用いられます．そのため，この一組の伝送線路がダイポール・アンテナになります．プリント基板上の伝送線路（あるいは配線）とプレーンとの唯一の違いは，物理的な形状のみです．信号線の幅を無限に広くするとプレーンになり，電源プレーンやリターン・プレーンの幅を狭くすると配線になります．片面プリント配線基板における電源とリターンは配線のみですが，アンペールの法則によればこれらは電源と負荷インピーダンスを含めた閉ループを構成しなければならないため，この電源供給回路が非常に大きなループ面積を持つ可能性があります．

図5.13に，2つの構成のダイポール・アンテナを示します．2つのエレメントの間の媒質はコア素材（ファイバー・グラス），プリプレグ（グルー）などの誘電体あるいは空気になります〔**図5.13 (a)**〕．RFエネルギーは，励振エレメントからリターン・エレメントに向かって2つのエレメント間の容量を経由して伝播します［p.23 **図1.7 (a)** 参照］．ダイポール・アンテナが効率良く放射するのは，アンテナ長が1/2波長と等しくなる周波数から1/20波長となるまでの周波数になります．高速信号では，10次高調波まで考慮すべきです（周波数ではなく立ち上がり/立ち下がり時間を意味するエッジ・レートに注意．フーリエ変換で，存在しうるもっ

とも高い周波数を確認できる). 非常に短くても, 高周波ではダイポール・アンテナとして効率の良い放射体となる可能性があるのです.

1点リファレンスへの多点接続を用いることによって, ダイポール・アンテナのグラウンド・エレメントを分割することができ, その結果アンテナの放射効率を低減することができます〔**図5.13 (b)**〕. 多点接続, すなわち(グラウンド側の)エレメントを接地することで, 電源プレーンとリターン・プレーンで構成される空洞に発生するRFエネルギーを最小にすることができます. ディジタル・スイッチングによる信号が, この空洞内に存在する部品とビアの間で振動(反射)したり, プリント基板の物理的な端で反射して基板の中央に戻ることによって, 基板端部からの放射や深刻な機能上の問題を引き起こすことがあります. また, 伝播波は空洞内の他の反射波と位相が加算され, 電源やリターン, またはその両方に深刻な振動を引き起こす可能性もあります.

ソリッド・プレーンが持つ低インダクタンス特性, あるいはシャーシ・リファレンス点への複数の多点低インピーダンス接続によるインダクタンスの低減効果(回路解析における並列インピーダンスの特性)によって, プレーン・インピーダンスは小さくなります. ソリッド・プレーンでは, インダクタンスのみが考慮されるべき成分になります. ソリッド・プレーンが対向する逆極性電位をもつ他のプレーンと共に用いられたときには, その内部にデカップリング・コンデンサ(内部容量)が作られ, 信号伝播速度に影響を及ぼすことがありますが, ここでは容量については考えないこととします.

ここで用いる銅のインダクタンスLは, プレーン・インピーダンスに関する知識によって求めることができます. 10×10平方インチ(25.4×25.4平方センチ)のプレーン・インピーダンスの代表値を**表5.1**に示します. 厳密な値を求める理論式については, 本論の範囲を超えるため, ここでは取り扱わないことにします.

多点グラウンド接続手法を用いることで, **図5.12**に示すようにRF電流が回路からシャーシ・グラウンドに分流されて, 結果的に電源回路のグラウンド・インピーダンスを最小にすることができます. これは, 高周波回路においてはプリント基板上の伝送線路(配線)やワイヤはその構造から大きなインピーダンスを持つのに対して, 大きなソリッド・プレーン(あるいは伝送線路)はその構造によりインダクタンスが低くなるか

図5.13 (a) ダイポール・アンテナの表現

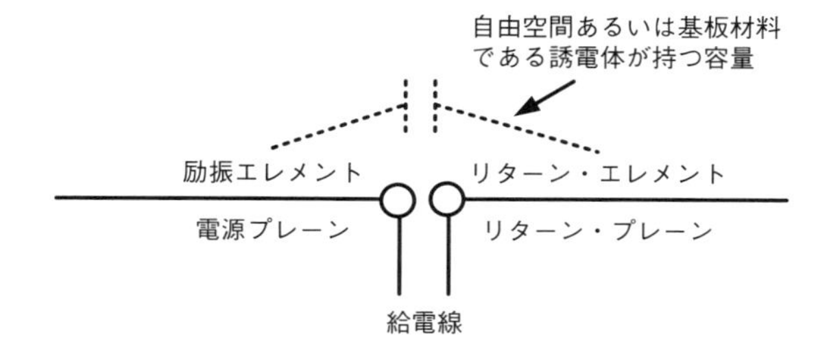

表5.1 10×10inch (25.4×25.4cm) の銅プレーンのインピーダンス

周波数 (MHz)	表皮の深さ (cm)	インピーダンス (Ω/平方)
1MHz	6.6×10^{-3}	0.00026
10MHz	2.1×10^{-3}	0.00082
100MHz	6.6×10^{-4}	0.0026
1GHz	2.1×10^{-4}	0.0082

図5.13 (b) 複数の接地点を持つプリント基板内のプレーンのダイポール表現
(グラウンド端子が短絡された低効率放射エレメント)

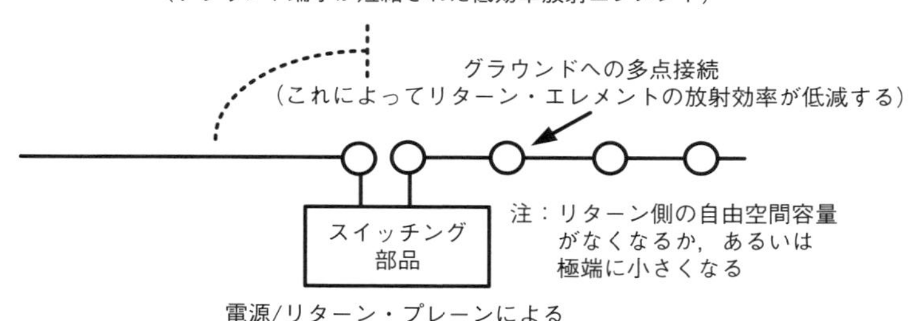

らです．高周波回路において，ビアを経由して内層に接続するために引き出し線を用いる場合は，特にループ・インピーダンスを最小にするために素子の電源やリターンのリードの長さを最短にする必要があります．これは，いかなる接続ループも必ずインピーダンスを持ち，その接続の両端に電位差を発生させるため，その結果コモン・モード電流が発生するからです．

もし，配線をプリント基板の最上面や最下面ではなく内層に実装することができれば，BGA構成やフリップチップと同様にループ・インダクタンスを十分に小さくすることができます．

一方，低周波の部品を用いる場合には，多点接続法は避けなければなりません．なぜなら，すべての回路で発生するRF電流が，コモン・グラウンドや0Vリファレンスを経由して流れてしまうからです．リファレンス・プレーンのコモン・インピーダンスは，材料表面に特別なメッキ処理を施すことで低減することが可能です(7)．これはRF電流が表皮，すなわち材料の表面を流れるからです．また，プレーンの厚さを増してもインピーダンスを低減することはできません．しかしながら，銅プレーン厚の増加は，おもに電流許容量や熱の散逸する大きさ，伝送線路インピーダンスなどに影響を与えます．

一般的な経験則として，多くの場合100kHz以下の周波数では1点グラウンド接続手法が最善のグラウンド接続手法になります．100kHzから1MHzの間は，もっとも長い配線長が1/20波長より短く，かつエッジ・レートが低速で高周波数成分を持たない場合，つまり各接続間に深刻な影響がない場合にのみ，1点グラウンド接続手法が用いられます．

一方，多点グラウンド接続手法を用いれば，ノイズの発生回路と0Vリファレンス点との間のインダクタンスを最小にすることができます．これは，**図5.12**に示すようにRF電流のリターン経路を並列して設けることができるからです．ただし，0Vリファレンスに並列な接続を設けたとしても，回路にはグラウンド・ループが形成されます．伝送線路がプリント基板の外層に配線された場合には，グラウンド・ループがESDエネルギーによる磁束の影響を受けやすく，そのためディファレンシャル・モード・ループのインダクタンスに起因して発生するコモン・モード電流によってEMI放射が発生します．これは，一般にはビアから観測されます．

非常に高い周波数の回路においては，素子のグラウンド・リード長は可能な限り短くしなければなりませ

図5.14　ハイブリッド・グラウンド接続手法

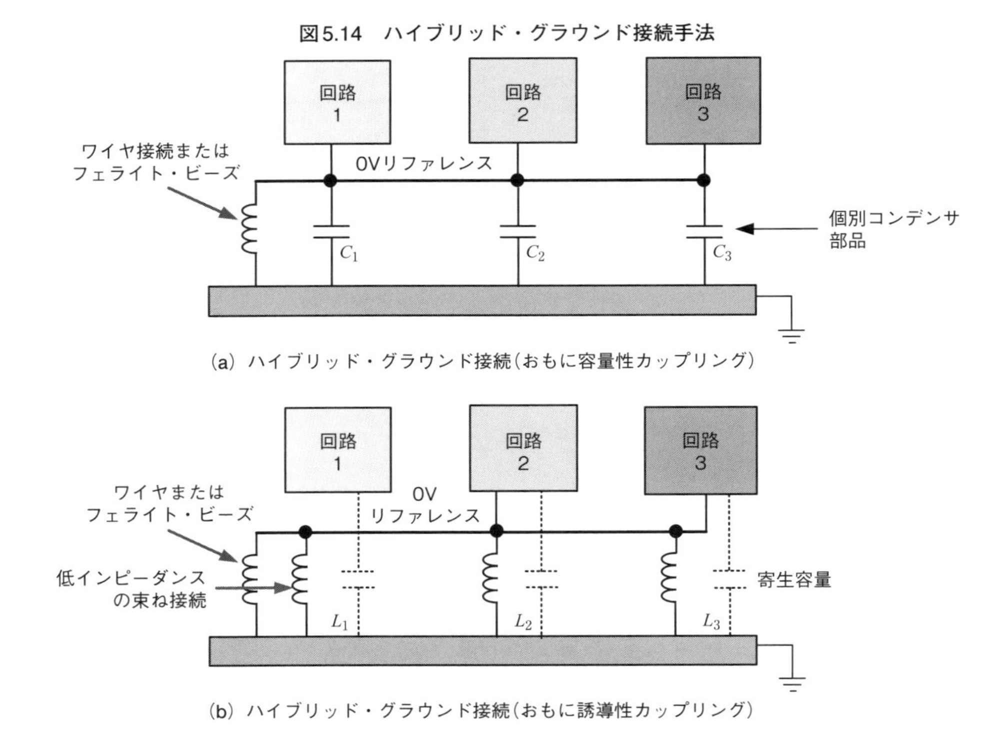

ん．なぜなら，そのインダクタンスによって電位差が生じ，コモン・モード電流が発生するからです．配線長が0.02インチ(0.5mm)の伝送線路は，配線幅にもよりますが，1インチ当たり約15～20nH(5～7nH/cm)のインダクタンスを持ちます．このインダクタンスは，リファレンス・プレーンとシャーシ・グラウンド間の分布容量と共振回路を形成し，共振が発生することがあります．この容量Cは，実際の，つまり真のインダクタンス値がわかれば式(5.5)によって求めることができます．

$$Z=\frac{1}{2\pi\sqrt{LC}} \quad \cdots\cdots\cdots\cdots \quad (5.5)$$

ここで，

Z：インピーダンス［Ω］
f：共振周波数［Hz］
L：回路のインダクタンス［H］
C：回路の容量［F］

5.8.3 ハイブリッド・グラウンド接続

ハイブリッド・グラウンド接続は，1つのリファレンスへの1点および多点接続(多点グラウンド接続)の組み合わせとなります．この構成はさまざまな周波数で動作する回路が混在する場合に用いられます．**図5.14**に2つのハイブリッド接続の形態を示します．1つ

図5.15 ハイブリッド・グラウンド接続手法を用いた一般的なキャビネット構成

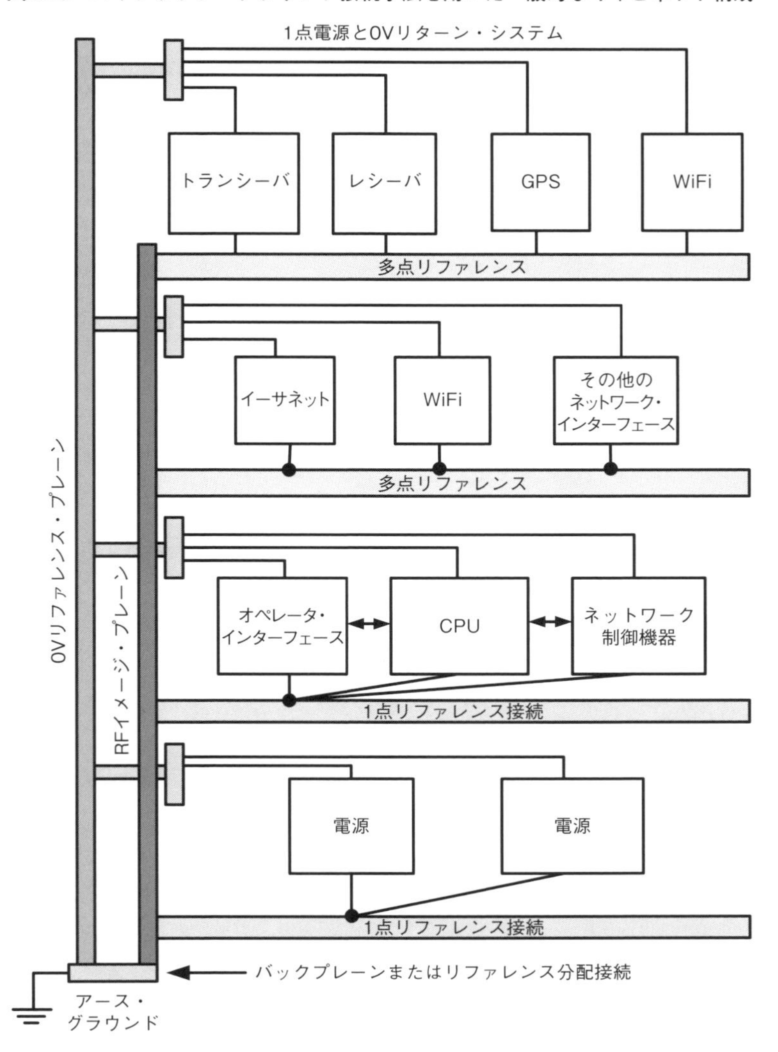

目は容量性カップリング方式です．この方式では，低周波数向けには1点接続構成として機能し，高周波においては多点接続構成が優位となります．これは，高周波数域で1点接続の回路が誘導性となった後は，RF電流がコンデンサを経由してグラウンドに分流するためです．ここで大切なことは，どのような周波数成分が存在するかを把握し，それぞれに適切なリターン電流の経路を正しく設計することです．

2つ目は誘導性カップリング方式です．こちらは安全の理由，および低周波数用の接続を設けるためにそれぞれの回路を多点でリファレンスに接続しなければならない場合に用いられます．注意すべき点は，このとき存在する寄生容量とインダクタンス成分が共振することで流れるループ電流によって不要なEMI問題が発生する可能性があるということです．これら多点接続にはL_1-L_3（たとえばフェライト・ビーズ）のような部品を用いることができます．そうすることでRF電流のリファレンス・プレーンからプリント基板への伝播を妨ぐことができます．その結果，各回路の基準電位がそれぞれの基準となる0V点に維持されるため，回路を確実に動作させることができます．

L_1～L_3をフェライト・ビーズとした場合，プリント基板で発生した高周波RF電流はリファレンス・プレーンには伝播せず，グラウンド・ループを最小にすることができます．このようなグラウンド手法は，限られた状況や用途にのみ用いられます．

グラウンド・トポロジにコンデンサやインダクタを用いてループ面積が最小となるように制御することができれば，信号の機能に最適な方法でRFリターン電流をある方向に導くことができます．すべてのRF電流が通る可能性のある経路を決めることによって，プリント基板の配置を設計しなければなりません．このときすべての電流経路を考慮できなかった場合には，放射あるいはイミュニティ問題が発生する可能性があります．

ハイブリッド・グラウンド・システムの別の例（**図5.15**）は，4つの異なった回路機能を持つキャビネット・ラックを示しています．個々の回路はさまざまな機能を持っています．たとえば，(1)通信システム，(2)ネットワーク・システム，(3)制御/表示装置，(4)アドオン・アダプタ・カード用モジュール，(5)電源システムなどです．これは，多くの工業製品に共通する構成です．

5.9　伝送線路間のコモン・モード・インピーダンスのカップリング制御

システム間を伝播していくコモン・モード・ノイズを抑える

2つの伝送線路が1つのRFリターン経路を共有する場合に，コモン・モード・インピーダンス・カップリングが発生することがあります．このカップリングの強さがある閾値以上になると，EMIや機能上の障害が発生する懸念が生じます．コモン・モード・インピーダンス・カップリングは，以下の3つの方法で抑制することができます．

- コモン・モード・インピーダンスを最小にする
- 最初からコモン・モード・インピーダンス経路を避ける
- グラウンド・インダクタンスを最小にする

5.9.1　コモン・モード・インピーダンス経路のインダクタンス低減法

グラウンドやリファレンス・システムには，金属の伝送線路を使用します．すなわち，配線やワイヤ，ストラップ，シャーシ，プレーンなどを使用します．すべての導体には，式(5.6)に示す直流抵抗に加えて，材質や構造に起因する周波数特性があります．

$$R = \frac{\rho \ell}{A} \quad [\Omega] \qquad \cdots\cdots (5.6)$$

ここで，

R：直流抵抗[Ω]

ρ：材質の抵抗率[Ω･mm^2/m]

ℓ：電流方向の導体の長さ[m]

A：電流方向と直交する面の断面積[mm^2]

さまざまな材質の抵抗率ρ

銅　：1.7×10^{-3} [Ω･mm^2/m]

図5.16　導体内の電流(表皮効果)

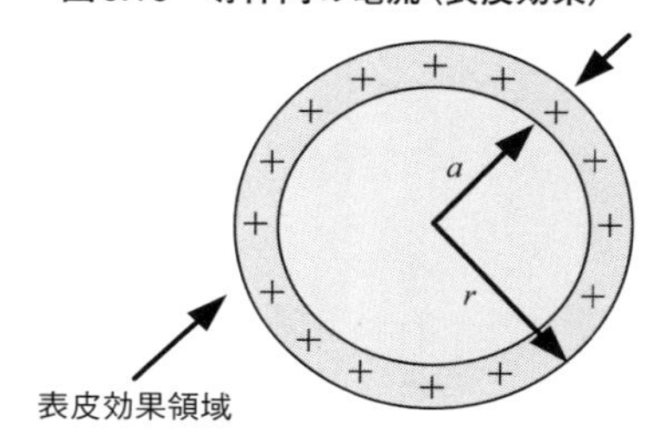

アルミニウム：2.8×10^{-3} [Ω・mm^2/m]
鉄　　　　　：1.7×10^{-2} [Ω・mm^2/m]

円形導体を用いた伝送線路の表皮電流の分布を**図5.16**に示します．一般に，1GHzを超える非常に高い周波数では，伝送線路内の時間変化で伝播する電子のほとんどすべてが互いに空間を移動してぶつかり合います．そして，電子の流れを確保するために十分な表皮の厚さが確保できない場合には伝送損失が発生し，発生源から負荷までの総エネルギー量を最小にしてしまいます．この損失は，シグナル・インテグリティ問題を引き起こしたり，差動線路における信号の不平衡によりコモン・モード電流が発生するのに十分な大きさとなる可能性があります．

導体は，システム全体のインダクタンスとは異なったインダクタンス値を持ちます．このインダクタンスは外部インダクタンスと呼ばれ，導体に囲まれたループ面積の関数になります．一方，内部インダクタンスはループ面積の関数ではありません．円形断面の導体の場合の内部インダクタンスは，式(5.7)で表されます．

$$L=0.2\times\ell\left\{\log_e\left(\frac{4\ell}{d}\right)-1\right\} \quad\cdots\cdots\cdots\cdots\cdots\cdots (5.7)$$

ここで，

L：内部インダクタンス[μH]
ℓ：導体長[m]
d：導体半径[m]

式(5.7)によれば，インダクタンスLは長さℓとともに一様に増加します．一方，半径dが大きくなると対数関数的に減少します（一部の領域では比例的になる）．長方形のストラップと多層電源プレーンの単位長さ当たりのインダクタンスは，円形ワイヤに比べると小さな値になります．これは同じ断面積をもつ場合でも，平面ストラップ（広義にはグラウンド・プレーンも含む）のほうが円形ワイヤより沿面が長くなるためです．グラウンド・ストラップのインダクタンスは，式(5.8)で求めることができます．

$$L=0.2\times s\left\{\log_e\frac{2s}{w}+0.5+0.2\frac{w}{s}\right\} \quad\cdots\cdots\cdots (5.8)$$

ここで，

L：グラウンド・ストラップのインダクタンス[μH]
s：ストラップ長[m]
w：ストラップ幅[m]〔厚さの10倍以上であること〕

$s/w>4$（長さと幅の比）の場合は，式(5.8)は以下のように近似することができます．

$$L=0.2s\log_e\frac{2s}{w} \quad\cdots\cdots\cdots\cdots\cdots\cdots\cdots\cdots\cdots\cdots (5.9)$$

式(5.9)は，平面ストラップの方が円形ワイヤより低いインダクタンスをもち，より高い周波数において低いインピーダンスのグラウンド接地を提供する方法として適していることを明らかに示しています．さらに，プリント基板の内部にある物理的に大きな内層ソリッド・プレーンは，ビア周囲の円形アンチパッドによるムラがあるものの，ワイヤやストラップに比べると何桁も小さいインピーダンスであることがわかります．これが，プレーンが高周波領域においてもコモン・モード・インピーダンスのカップリングを最小にできる理由です．

5.9.2 最初からコモン・モード・インピーダンス経路を避ける

コモン・モード・インピーダンスのカップリングを効率良く抑制するには，設計段階ですべてのリターン経路を特定した上で，それぞれのシステムから1点リファレンスへの接続を，専用かつ分離して設計する必要があります．

電源とリターンを複数のサブシステムに供給するためのスター構成を**図5.17**に示します．この実装技術を実現するには，追加のワイヤや接続ハードウェア，追加の費用が必要になることは言うまでもありません．

改良型のコモン・モード・インピーダンス・グラウンド接続手法を実現するためには，回路の機能をそれぞれのロジック回路が必要とする0Vリファレンスと電源供給回路で分離する必要があります．これは，回路をロジック機能ごとに分離する必要があることを意味しています．ここで言うロジック機能は以下の項目に示したもので，それぞれの0Vリファレンスを含みますが，機能ごとに必要となる特別な回路は含みません．

- ディジタル
- I/O相互接続
- アナログ
- 制御ロジック
- オーディオ
- 電源
- ビデオ
- ネットワーク・コントローラ

コモン・モード・インピーダンスのカップリングを回避するためにノイズの発生回路を分離した場合には，

図5.17　コモン・モード・インピーダンスのカップリングを避けるためのグラウンドの分離

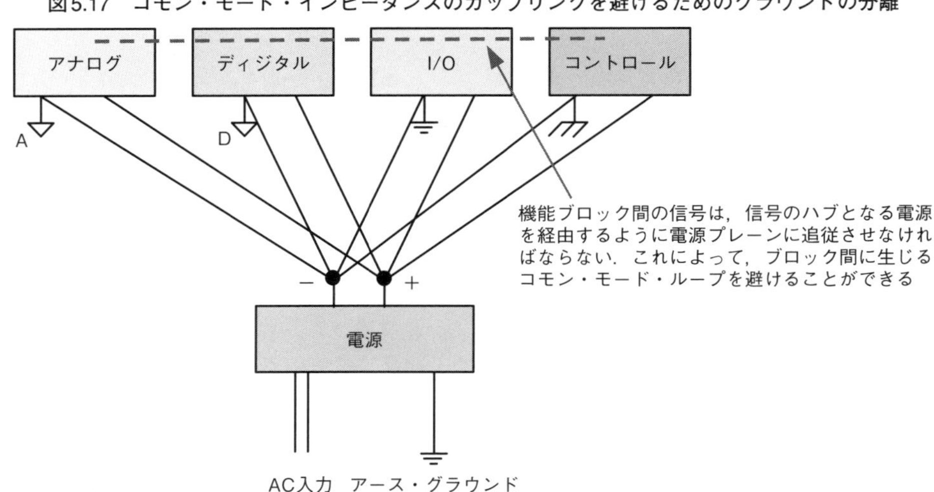

回路の相互接続がない限りにおいてはセクション間のノイズ耐性も改善することができます．それぞれの領域は1次0Vリファレンスに，そして一般には続けて安全グラウンドやアース・グラウンドに接続しなければなりません．これは実際にはシステム全体としてのグラウンド手法としては一種類，すなわち1点接続手法しか存在しないことを示しています．

この1点グラウンド接続手法が，コモン・モード・インピーダンスのカップリングを避けるための最善の方法であるといえます．ただし，実際にはこの方法は選択肢にはならないでしょう．次節で議論するように，1点グラウンド接続手法は信号が100kHzやそれ以下の周波数成分を持つ場合には最善の手法になります．しかしながら，RF信号においてコモン・モード電流を最小にするためには，ループ面積を最小にする必要があるため，多点接続が好ましい手法になります．

では実際の製品において，多点グラウンド接続が必須であり，しかもコモン・モード・インピーダンスのカップリングを抑制したい場合にはどのようにすればよいでしょうか？　**図5.18**に示すシステムにおいて，機器は1点グラウンド接続が必要となる低周波で動作しているものの，I/O接続のケーブル・シールドにRFノイズを持つ場合，それが外部に露出すれば高いエネルギーの放射ノイズを発生させてしまいます．動作周波数が100kHz以下であれば，ケーブル・シールドは1点でグラウンドに接続させる必要がありますが，1MHzを超えるRF信号の場合は，用途によってはケーブルの両端でシールドを0Vリファレンスやシャーシ・グラウンドに接続する必要があります．ここで述べた周波数範囲はあくまで参考として示したもので，用途や信号のエッジ・レート，通信に必要な周波数，その他に励振源，負荷のいずれかが絶縁されたグラウンド・システム，アース・グラウンドに接続されているかなどの要因によって異なる場合があります．このような，考慮すべき項目や要因については，参考文献(3)に詳しく述べられています．また，ケーブル・シールドを一端接続と両端接続の何れにする必要があるか，といったシステム全体の設計については，第6章で詳しく議論します．

実際は1点グラウンドでありながら，多点グラウンドのケーブルとみなせるようにするためのケーブル・リターン・ワイヤやシールドの仮想グラウンド接続の実装方法として，シールドとシャーシの間にバイパス・コンデンサを実装する方法があります．ただし，これは一般的に容易ではありません．このコンデンサの値は対象とする特定の周波数範囲に最適となるように計算し，ケーブル・シールドの端部とシャーシ・グラウンド・リファレンス（**図5.18**のシステム1）との間に低インピーダンス（短い接続で）実装する必要があります．この設計手法は，製造の難易度が高いのでできるだけ避けるべきです．

1点グラウンド接続手法を用いる以外にも，コモン・モード・インピーダンスのカップリングを避けられる手法があります．すなわち，絶縁トランスやコモン・

図5.18 低周波用1点グラウンド接続と高周波用多点グラウンド接続

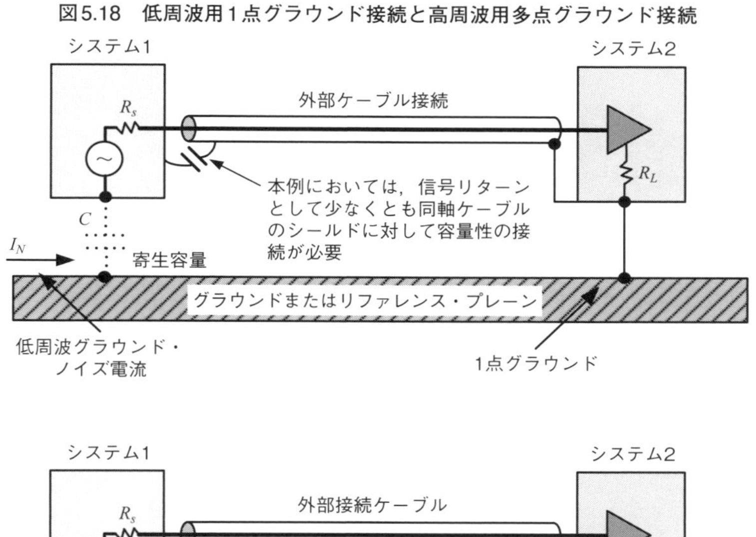

モード・チョーク，光絶縁素子，平衡回路などを用いる手法です．これらの手法は，5.11節の「グラウンド・ループの回避」で評価します．

5.9.3 グラウンド・インダクタンスの最小化

電源とリターン（グラウンド）の伝送線路に不平衡を発生させるインダクタンスがコモン・モード電流の主原因となり，それが不要なEMI放射を発生します．このインダクタンスを低減するためには，伝送線路を可能な限り短くするか，物理的な幅を広くする必要があります．これは，式(5.10)の第1式における幅wから明らかです．もう1つの要因は，配線長(ℓ)ではなくループ領域の物理的な大きさです．伝送線路が物理的にリファレンス・プレーンの隣接層に存在する場合には，構造上両者は常に有限の距離，すなわち式(5.10)の変数hで表される距離だけ離れて存在することになり，ワイヤとプレーン間の距離が近ければ近いほどインダクタンスは小さくなります．

式(5.10)と式(5.11)を用いることで，電流ループのインダクタンスを簡単に求めることができます．最適なシグナル・インテグリティとEMCを実現するためには，該当するそれぞれのループについて全インダクタンスを最小にする必要があります．導体幅は対数で含まれているため，大きくしても全インダクタンスの低減に大きくは寄与しません．すなわち幅を100%大きくしてもインダクタンスは20%しか減少しません．したがって，グラウンド・インダクタンスを最小にするための解決策としては，多点並列経路を用いることになります．

$$L_{ground} = \mu_0 \frac{\ell}{2\pi}\left\{\log_e\left(\frac{8\ell}{w}\right) - 1\right\} \quad [\mu\mathrm{H}]$$

$$L_{ground} = \mu_0 \frac{1}{2\pi}\left\{\log_e\left(\frac{2\pi h}{w}\right)\right\} \quad \cdots\cdots\cdots\cdots\cdots (5.10)$$

ここで，

ℓ：配線長

w：配線幅

h：リターン電流経路からの高さ

グラウンド・インダクタンスを評価する際に，「インダクタンスはゼロにすることができるだろうか？」という疑問が生じます．残念ながら，答えは「ノー」です．

図5.19　並行な2つの伝送線路間の相互インダクタンス

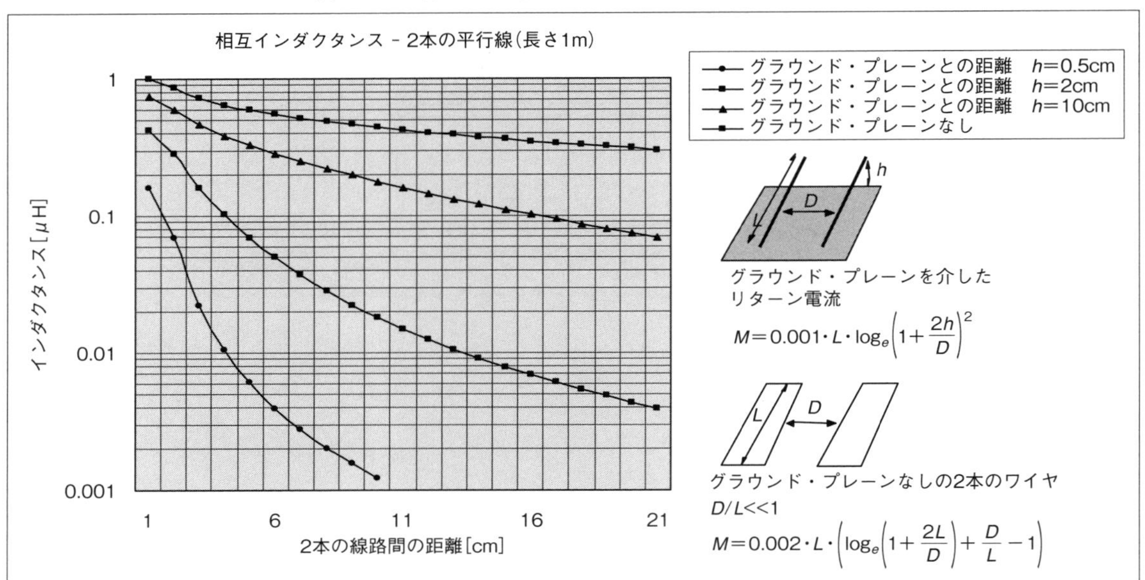

図5.20　並行な2つの伝送線路間の相互容量

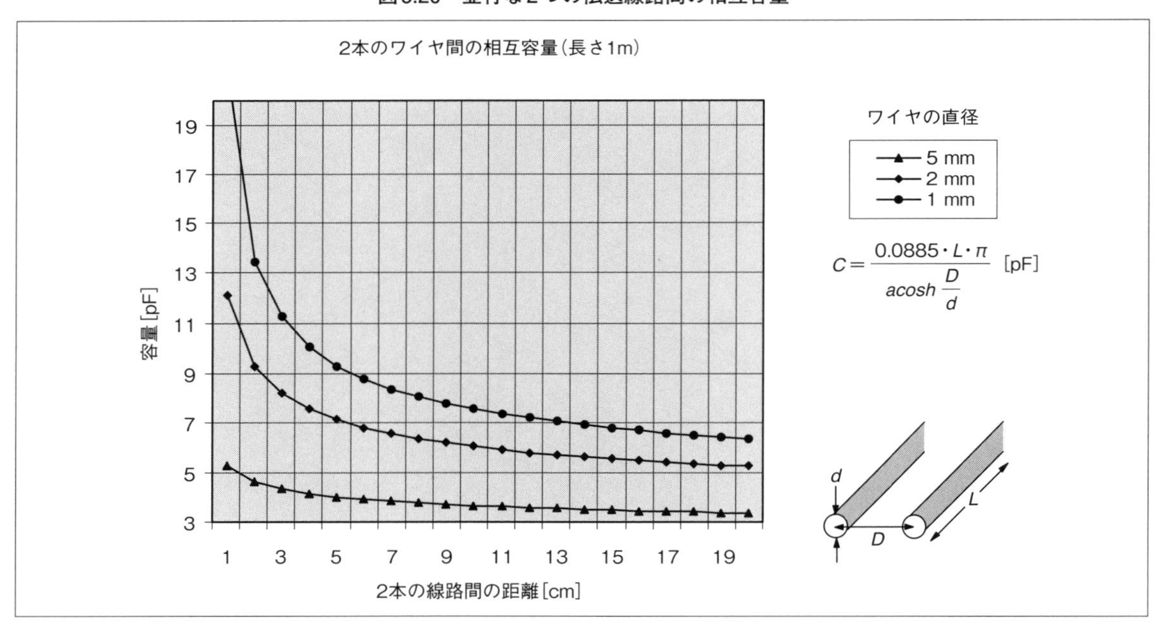

つまり，実際にはインダクタンスをゼロにすることはできません．電磁波が伝送線路を伝播する場合の全インダクタンスは，有限の間隔で存在する2本の伝送線路間の相互インダクタンス(M)によって制限されます．逆方向に電流が流れる2本の導体間の全インダクタンスは，式(5.11)で与えられます．

$$L_1 = \frac{L_1 L_2 - M^2}{L_1 + L_2 - 2M} \quad \cdots\cdots (5.11)$$

2本の導体寸法が同一の場合，つまり$L_1 = L_2$の場合は$L_1 \propto$長さと$M \propto$間隔になります．インダクタンスはまた，導体間のループ面積に依存します．導体が物理的に近接している場合は，

$$L_1 \approx M \Rightarrow L_1 \approx L_2$$

となります.

伝送線路間の相互インダクタンスと容量を検討する場合，**図5.19**と**図5.20**はリファレンス・プレーンと伝送線路間の距離の影響を示す優れた図になります．プレーンの電位は関係ありません．また，図中にそれぞれの曲線を求めるために使用した式を示してあります．

5.10 電源/リターン・プレーン内のコモン・モード・インピーダンス・カップリングの制御

まず複数のグラウンド間を伝播するノイズを抑えよう

大きく異なる電圧と電流のスイングで同時にスイッチングする回路が多数ある場合，同じ電源から電力を得るロジック回路では，素子とプレーン間でRF電流のカップリングが生じることがあります．

アクティブなロジック・デバイスによって消費される電流に加えて，プレーン内に有限のインピーダンスがあると，素子間に電圧降下が発生します．この電圧降下がコモン・モードとなるグラウンド・ノイズを生成し，不要なコモン・モードRFエネルギーが発生する原因になります．なぜなら，プレーンはプリント基板全体で共通なので，ある箇所に発生したグラウンド・ノイズ電圧は基板の他の箇所へ伝播し，他の素子に対して信号品質とEMC問題の両方を引き起こすからです．

図5.21 電源/リターン・プレーン構造におけるコモン・インピーダンス・カップリング

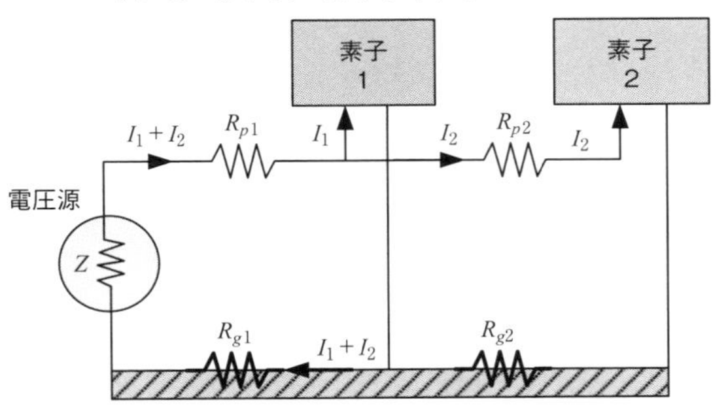

図5.21は，電源プレーンとリターン・プレーンのコモン・モード・インピーダンス・カップリングの概念を示しています．素子1のリファレンス・プレーンからのRFノイズは，式(5.12)で記述できます．

$$V_{noise} = (I_1 + I_2)(R_{p1} + R_{g1} + Z) \quad \cdots\cdots (5.12)$$

さらに，電圧源の出力インピーダンスが無視できるほど小さくて，素子2が素子1よりも多くの電流を消費するような場合は，素子1の両端に現れるRFノイズ電圧の大きさを式(5.13)から簡単に求めることができます．もし，素子1が動作電圧の低いアナログ・システムで電圧変動に弱い場合には，重大な事態が発生する懸念があります．

$$V_{noise} = I_2(R_{p1} + R_{g1}) \quad \cdots\cdots (5.13)$$

任意の配電システムでコモン・モード・インピーダンス・カップリングを最小にしようとするとき，寄生容量が不明でパラメータが不足しているため，すべてのロジック回路に与えるその配電ネットワークのインピーダンスを考慮する必要があります．多層プリント基板のプレーン配置の設計などに依存しますが，実装される電源やリターンの配線は断面を円形や直方形にすることが可能です．式(5.14)に，さまざまな配線構成における(伝送線路の)インダクタンスを示します．伝送線路のインダクタンスがわかれば，ある素子が生成したRFノイズがなぜ有害な干渉を引き起こすのかを理解するのに役立ちます．**表5.2**に，1MHz動作時の導体のインダクタンスを示します[8]．

断面が円形の導体

$$L_{o(round)} = \frac{\mu_o s}{2\pi}\left\{\log_e\left(\frac{4s}{d}\right) - 1\right\}$$

プレーン上にある断面が円形の導体

$$L_{o'(round)} = \frac{\mu_o s}{2\pi}\log_e\left(\frac{4s}{d}\right)$$

断面が直方形状の導体(フラット・ストライプ)

表5.2 1MHzにおけるさまざまな導体のインダクタンス

導体形状	幅 [mm]	長さ [m]	直径 [mm]	高さ [cm]	インダクタンス [μH]	リアクタンス [Ω]
円形	—	1	1	—	1.7	11
プレーン上円形	—	1	1	1	0.7	4
フラット	10	1	—	—	1.3	8
プレーン上フラット	10	1	—	1	0.37	2

$$L_{o(flat)} = \frac{\mu_o s}{2\pi}\left\{\log_e\left(\frac{8s}{w}\right)-1\right\}$$

プレーン上にあるフラット・ストライプ

$$L_{o}'{}_{(flat)} = \frac{\mu_o s}{2\pi}\log_e\left(\frac{2\pi h}{w}\right)$$

……………………… (5.14)

ここで，

s：導体の長さ［m］

w：導体の幅［mm］

h：グラウンド・プレーン上の高さ［cm］

d：導体の直径［mm］

L：インダクタンス［H］

μ_o：$4\pi\times10^{-7}$［H/m］

インダクタンスは長さに比例して増加し，幅が大きくなると減少するので，インダクタンスを最小にするためには，導体の長さをできるだけ短く（できるだけ幅を広く）することが重要になります．伝送線路も物理的な線路幅を広くすればするほどインダクタンスは低くなるので，プレーンの構造はインダクタンスが極めて小さいものになります．

配電システムのコモン・モード・インピーダンス・カップリングを最小にするもっとも有効な方法は，ある回路ごとに電源とリターンをそれぞれ分離して供給することです．これは，片面や両面構造のプリント基板で有効です．多層構造の電源/リターン・プレーンでは，配電システムのインピーダンスが極めて低くなるため，コモン・モード・インピーダンス・カップリングは最小化されます．

5.11　グラウンド・ループの回避

グラウンドを介する大きな電流ループを切る方法

RFノイズのおもな発生源はグラウンド・ループになりますが，多点接地においてそれぞれの接地点の間隔が大きい（波長の1/20より大）場合に発生します．接地に用いるリファレンスは，通常，交流電位またはシャーシ電位です．また，低レベルのアナログ回路もRFループを作ります．ループが形成された場合には，ある回路から他の回路にRFエネルギーが伝達するのを阻止する必要があります．ループは，信号経路とリターン/グラウンドの一部，および寄生素子が作る経路からなります．

図5.22は，金属シャーシに実装されたプリント基板内のグラウンド・ループについて説明しています．ここでV_nは，コモン・モード・リターン損失を意味します．I_{cm}はRFリターン経路のインピーダンスにより生じたV_nによるシャント電流を表しています（オームの法則）．2つの異なるグラウンドが，共通のリファレンスに接続されています．それぞれの回路に対して1つのグラウンドが用いられています．このとき，グラウンド・リファレンス内における差が回路間に現れます．これは，伝送線路がインダクタンスを有するためです．この相互接続の結果として，一方の回路からの不要なノイズがもう一方の回路に注入されることがあります．回路の信号電圧の大きさに対するグラウンド・ノイズ電圧の大きさはとても重要なポイントですが，必要な

図5.22　2つの回路間のグラウンド・ループ

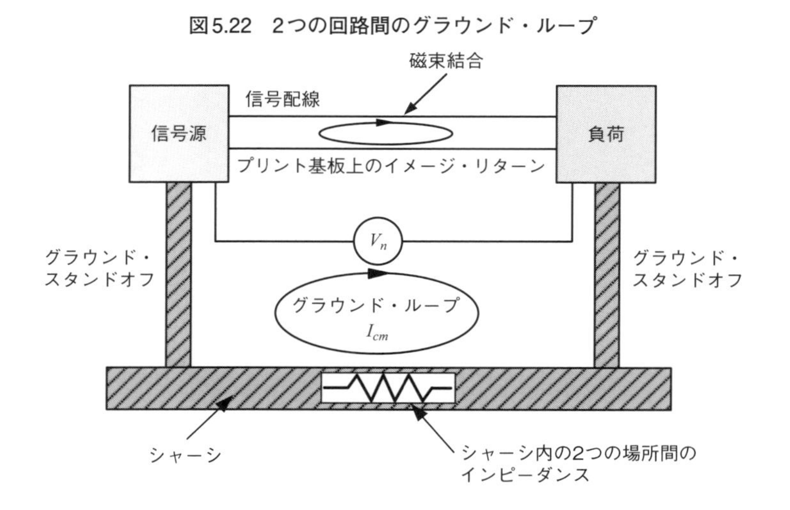

図5.23　トランスを使ったグラウンド・ループの分離

トランスによる分離

コモン・モード・ノイズV_nはトランスの巻き線間に現れる

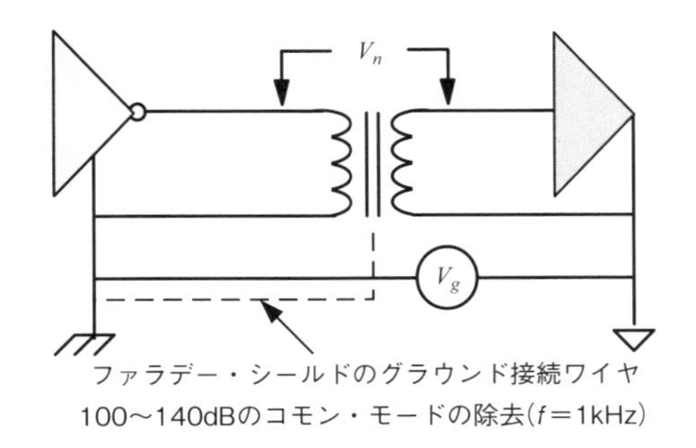

図5.24　光によるグラウンド・ループの分離

光アイソレーション

フォト・ダイオードとフォト・トランジスタの間にコモン・モード・ノイズが現れる．信号伝播の中で取り除かれる

V_n

V_g

60〜80dBのコモン・モードの除去

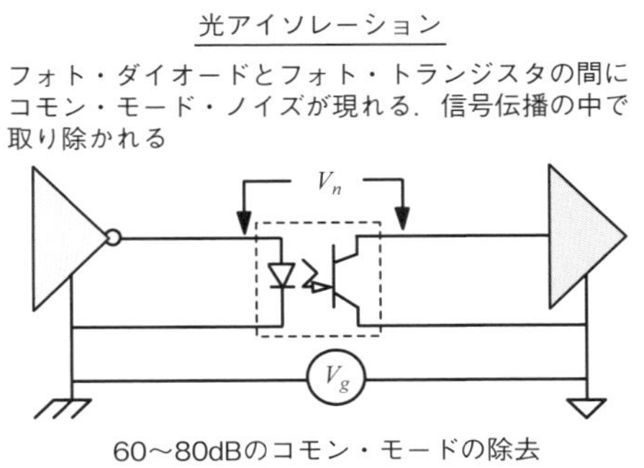

信号対ノイズ・マージンに影響を及ぼすレベルであれば，適切な回路動作を保証するための設計技術を取り入れる必要があります．これには伝送線路全体のインダクタンスを低減させることも含まれます．部品は0Vの位置にしっかり接続し，ロジック素子の動作電圧を適切に保つことが大切です．特別な用途に用いる部品や回路では，グラウンド・ループが発生しないように，シャーシ・グラウンドから分離することも必要になります．

0Vリファレンス内に差が存在するとき，どうすればグラウンド・ループを避けられるのでしょうか？プリント基板のレイアウト時や設計時にグラウンド・ループの発生を防ぐという観点からは，以下に示す2つの基本的な設計方法が考えられます．また，グラウンド・ループは，低周波で問題とされることが多いと言えます．

◇グラウンド接続の1つを取り除く

◇次のいずれかの方法で回路を分離する

- トランスによる分離
- 光を用いた分離
- コモン・モード・チョークによる分離
- 平衡回路による分離

5.11.1　トランスによる分離

図5.23は，**図5.22**を電気的に説明したものです．トランスを使用するとき，グラウンド・ノイズ電圧はトランスの片側だけに現れます．入力と出力との間に生じるノイズ・カップリングは，巻き線間の寄生容量の結果です．寄生容量により一方の側から他方の側へノイズをカップリングするのを防ぐには，トランスの1次側と2次側の間に構築したファラデー・シールドを使用すると，センタータップをメインACリファレンス・ポイントやシャーシ・グラウンドに接続すればこのループを破壊できます．ファラデー・シールド付きのトランスの課題は，通常のトランスに比べてコストが高いことと，さらにその大きさのため広い基板スペースが必要となることがあります．また，複数の信号が分離された領域間で伝送される場合は，トランスは信号線の数だけ必要になります．

◇メリット

- 低周波回路（オーディオや交流電源）には理想的だが，1MHzが使用限度である（たとえば，RS-422データ・バス）．

◇デメリット

- 大きい，高価格，周波数に制限がある（寄生容量のため）．場合によっては静電シールドが必要になる．
- 直流電源回路では使用できない．

5.11.2　光を用いた分離

光を用いた分離技術（光アイソレータ）によりグラウンド・ループが形成されるのを防ぎ，I_{cm}を最小にすることが可能です（**図5.24**）．光アイソレータによって伝送経路が完全に切断されるので，回路間の金属的な接続を断つことができます．アイソレータは，回路間に大きなリファレンス電位の差があり，他にこれを除去する手段がない場合にもっとも適した技術と言えます．グラウンド・ノイズ電圧は，光トランスミッタの入力にだけ現れます．したがって，アナログ回路が混在するとき，アイソレータの非線形性のためにディジタル論理回路設計には適した技術と言えます．

◇メリット

- 比較的高い電位差があってもデータ/ディジタル回

図5.25　コモン・モード・チョークを使ったグラウンド・ループの分離

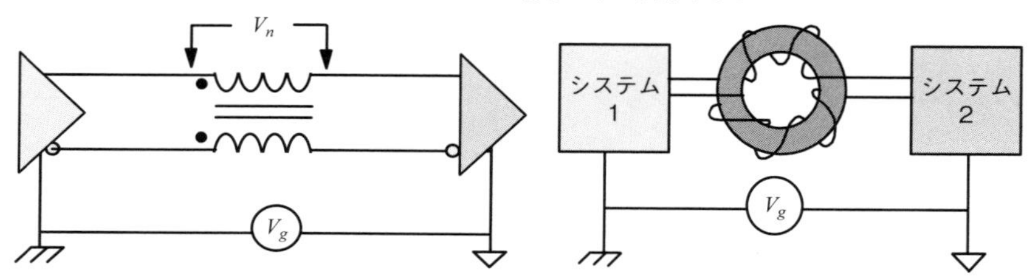

路には理想的である．

- 小型で安価．

◇デメリット

- 相対的に大きな寄生容量(～2pF)があるので，高い周波数での性能が制限される．
  エッジ・レートの丸めや信号伝播時間の増加など，信号の伝播やパラメータの要件が影響を受けるため．
- 非線形性のためにおもにディジタル回路で使用される．
- 電源ライン(ACまたはDC)では使用できない．

5.11.3　コモン・モード・チョークによる分離

コモン・モード・チョークは，回路間のRFループ電流を分断するための技術です(**図5.25**)．コモン・モード・チョークを利用するメリットは，平衡差動伝送線路上の不要なコモン・モード・エネルギーを除去することです．コモン・モード・チョークは必要とされる直流レベルの差動信号は通しますが，伝送線路内に存在するRF成分は減少させます．コモン・モード・チョークは，信号伝播に必要な差動モードには影響を及ぼしません．複数の巻き線を同じコアに重ねて巻くことでインピーダンスを増加させることができますが，周波数の帯域幅は狭くなります．

コモン・モード・チョークは，一般に差動信号がI/O相互接続のような境界を越えて伝播するときに使用されます．差動信号に小さな不平衡が生じると，ある程度のコモン・モードRF電流が発生しますが，コモン・モード・チョークを用いることで，この不要な電流を除去することが可能です．

◇メリット

- 差動モードの信号伝送に影響を与えない．
- ケーブルのI/O回路に一般に使用される．

図5.26　平衡回路を使ったグラウンド・ループの分離

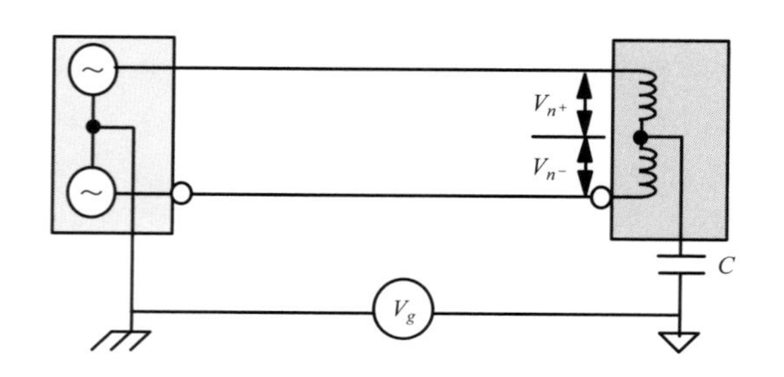

- 多彩な周波数特性をもつ．
- ほとんどの構成タイプやアプリケーションで使用可能．

◇デメリット

- 物理的に大きくてかさばる可能性がある．
- プリント基板上の場所を取り，コストがアップする．
- 存在するすべての同相ノイズを除去するのに十分な挿入損失がない可能性がある．

5.11.4　平衡回路による分離

平衡回路では，回路間の信号伝送に差動伝送線路を用います．差動線路のそれぞれの線路の駆動電流は互いに等しくなければなりません(**図5.26**)．差動信号を使うおもなメリットは，共通の0Vリファレンスを持たず，異なる0V電位を持つような2つのシステムの間を伝送線路でつなぐときに生まれます．もし，回路間に存在するインピーダンスに対して0Vリファレンスを作り出す方法がない場合は，コモン・モードEMIが発生するのを避けられません．ネットワークや通信回路では，システムの外への通信線にはツイスト・ペア・ケー

図5.27 コモン・モード除去比(*CMRR*)を説明する回路

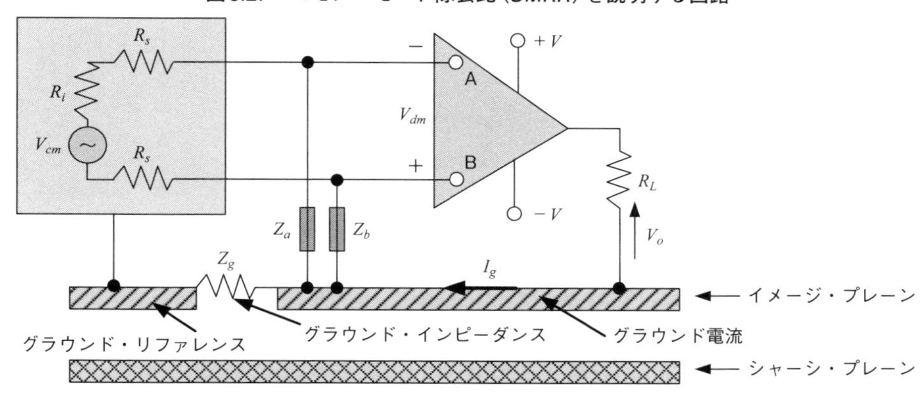

ブル(より対線)が必ず用いられます．これにはグラウンドや0Vリファレンスが不要です．例としては，イーサネットやUSBがあります．

ツイスト・ワイヤの場合，差動信号の電流はそれぞれ大きさが等しく向きが逆になっているので発生する磁束が相殺され，これを利用してコモン・モード電流が除去されます．差動モードのケーブルを利用するイーサネットでは，ケーブルの長さが極めて長くなるため，短いケーブルを用いるUSBとは違ってコモン・モードのエネルギーはほとんど存在しません．

差動モードの信号伝送には，高いコモン・モード除去能力を有する部品が必要です．伝送線路に不要なコモン・モード電流を発生させてはならず，素子の入力回路でコモン・モード・ノイズを除去し，差動モード信号だけが適切に伝送されることを保証することが望ましいのです．部品メーカの多くは，部品のデータシートでコモン・モード除去比(*CMRR*)を示しています．*CMRR*は，以下のように定義されます．

$$CMRR = \frac{\text{コモン・モード電圧}V_{cm}\text{(出力電圧}V_o\text{を得るために両方の入力に対して与えた電圧)}}{\text{差動電圧}V_{dm}\text{(出力電圧}V_o\text{を得るために2つの入力間に与えた電圧)}}$$

平衡回路による分離では，一般にアイソレーション・トランス(絶縁トランス)のセンタータップはコンデンサを通してシャーシ・グラウンドに接続されます．コンデンサを使う理由は直流的な短絡を防ぐためです．差動伝送線路に何らかの理由(位相差，損失など)で不平衡が生じた場合，これにより発生するコモン・モード電流はシャーシ・グラウンドに短絡され，2次側には純粋な差動モード信号のみを得ることが可能になります．

◇メリット

- 機能が異なる信号(信号モード感度フィルタ)にほとんど影響を与えずにコモン・モード(グラウンド・ループ)ノイズのみを除去する．
- 複数の回路で同時に使用できる．
- 多彩な周波数特性

◇デメリット

- サイズが大きく周波数が制限され(寄生容量による)，周波数が高くなると機能に問題が発生し，2本目の配線が必要になることがある．

*CMRR*は，入力へのコモン・モード・ノイズの侵入がどの程度除去されるかを示したものですが，差動線路間の平衡度が上がれば上がるほど，不要なコモン・モードRF電流が大きく除去されることを意味します(**図5.27**)．高い周波数で，大きな*CMRR*を得ることは容易ではありません．それは，寄生インピーダンスや分布インピーダンスのすべてを制御することが複雑で困難であるためです．

コモンモード除去比(*CMRR*)は式(5.15)で定義されます．

$$CMRR = 20\log\left|\frac{V_{cm}}{V_{dm}}\right| \quad [\mathrm{dB}] \quad (V_o = \text{一定}) \qquad (5.15)$$

$$CMRR = 20\log\left|\frac{R_1(Z_b - Z_a)}{(Z_a + R_1)(Z_b + R_1)}\right| \quad [\mathrm{dB}] \qquad (5.16)$$

図5.27において，イメージ・プレーンとシャーシ・プレーンのそれぞれの配置に注意してください．差動モードの伝送線路システムは，シャーシ・プレーンで

はなく，0Vイメージ・プレーンをリファレンス(基準)としています．信号源と負荷の間の電流I_{cm}は，0Vイメージ・プレーン内を流れなければいけません．終端抵抗Z_a，Z_bには許容差の小さなものを選び，伝送線路間のインピーダンス整合を高めなくてはなりません．インピーダンスに非平衡がある場合はI_{cm}が増加します．一般に，終端抵抗はディジタル素子のパッケージの入力側に組み込まれます．

式(5.16)から，終端抵抗の許容差(等級)が重要なパラメータであることがわかります．直列に入っている抵抗(R_s)は，伝送線路のインピーダンスに一致するように決められて回路の動作を保証します．このような抵抗の使い方は，一般に直列終端(シリーズ・ターミネーション)と呼ばれます．

差動モード回路でI_{cm}を最小にするためには，次のことを考慮することが大切です．

(1) 信号のインピーダンスは，イメージ・プレーン内のみで制御可能．
(2) 信号の磁束は，イメージ・プレーン内側に制限．「遠く」に配置されたシャーシ・プレーンの磁束相殺への寄与はほとんどない．
(3) イメージ・プレーン内に発生するコモン・モードの損失は，シャーシ・プレーンで短絡．

5.12 多点グラウンド接続による共振

プリント基板とシャーシの間に発生する共振を抑える

多くの設計で共通する基本構造に，金属の取り付けプレートやシャーシにプリント基板を固定するというものがありますが，電源プレーンやリターン・プレーン(イメージ・プレーン)，シャーシ間で意図しない共振に悩まされる場合があります．基板の層構造や配線の仕方などにも影響を受けますが，これは一般に寄生容量に起因するものです．図5.28に，シャーシなどに

図5.28　シャーシへの多点グラウンド構造における共振

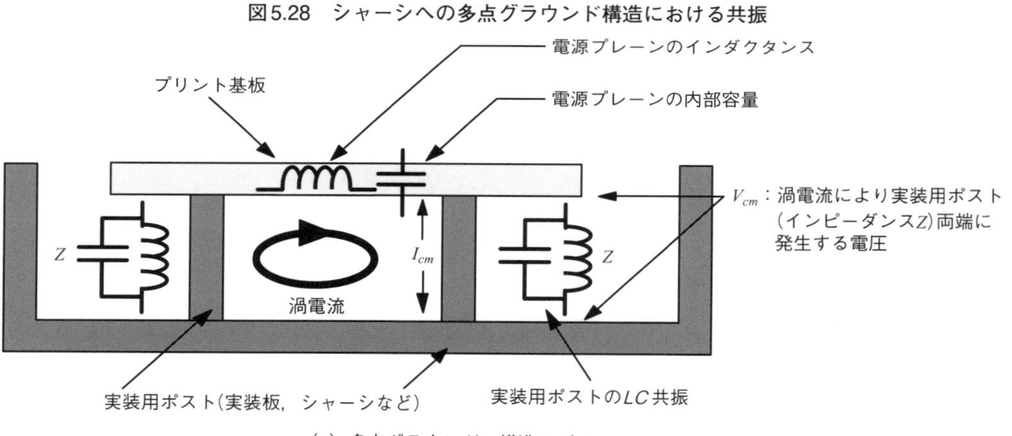

(a) 多点グラウンドの構造モデル

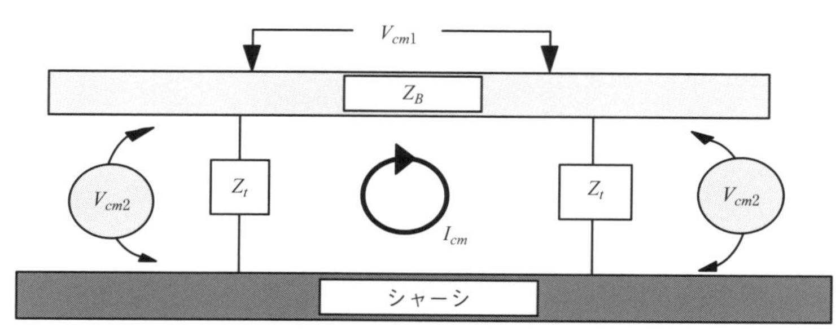

V_{cm2}は実装用ポスト(スティッチ接続箇所)により低下する．したがって，共振はRF抑制の強化とともに制御される

(b) 多点グラウンドの電磁モデル

ねじ止めされたプリント基板に存在するキャパシタンスとインダクタンスを示します．実装用ポストの間隔は，ダイポール・アンテナの1つの素子とみなすことができますが，先のインダクタンスやキャパシタンスとともに構造特有の共振を起こします．また，不要なRFループ電流が発生することも考えられます．このループ電流は渦電流と呼ばれ，金属部品の内部を伝播するものですが，放射や伝導の形で他の近接する回路などとカップリングすることがあります．筐体や内部ケーブル，ハーネス，周辺装置，I/Oなど，その影響を広く考えることが大切です．

多点グラウンド接続を用いたプリント基板では，すべてのグラウンド・スティッチ位置とシャーシ・プレーン（交流リファレンス）の間で，共振が発生することが考えられます．シャーシ・プレーン（交流リファレンス）は0V電位となることを想定していますが，この交流に対するリファレンスは，ディジタル回路やアナログ回路で必要とされる直流0Vリファレンスに対して大きな差異を示すことがあります．このリファレンス間の差異は信号の周波数が高く，高速なエッジ・レート（立ち上がり/立ち下がり時間）のときに顕著になります．

共振条件は，スティッチの間隔に依存します．また，観測される共振は，その共振構造が持っている励起条件に依存します．電源プレーンとリターン・プレーンの間に生ずる寄生容量とインダクタンスに加えて，実装したポストにより発生するキャパシタンスとインダクタンスも共振に寄与します（**図5.28**）．

図5.28に，固定されたイメージ・プレーンと付随するキャパシタンスとインダクタンスを示します．キャパシタンスは，外部金属構造に対する寄生容量に加えて，電源プレーンとリターン・プレーンの間にもあります．物理的には，金属筐体に実装した基板の上か下です．プレーン自体は，グラウンド・スティッチの位置の間に有限のインピーダンスを持っています．電源プレーンとリターン・プレーンの自己共振周波数は，シミュレーションや計測により簡単に求めることができます．

ネットワーク・アナライザを使用すれば，グラウンド・スティッチ間の実際の自己共振周波数を素早く求めることができます．プリント基板の自己共振周波数は，プレーン自体のインダクタンスに依存するので複数の測定が必要になります．

多層プリント基板において，低インピーダンスの0Vリファレンス・プレーンや0Vリファレンスと金属シャーシ間にスティッチによるグラウンド接続を行う場合，接続は可能な限り短くし，インダクティブな接続部を流れるコモン・モード電流の発生を最小にすることが大切です．金属筐体内にプリント基板を実装する際，リファレンス・プレーンとシャーシ・グラウンドを接続するには，プリント基板の底部のスルーホールのアニュラ・リングが使用されます．アニュラ・リングはスルーホールにより，内部リファレンス・プレーンへホール全周で接続されるので，プリント基板とシャーシ・グラウンドの0Vリファレンス・プレーン間を低インピーダンスでカップリング接続する最良の方法と言えます．

プリント基板の電力プレーンとリターン・プレーンはさまざまな周波数で共振するため，ボードの固定に使用される金属製の筐体にも同じ解析が適用されます．この金属製の筐体は，マザーボード用のシャーシ，バック・プレーン付きのカード・ケージ・アセンブリに使用される取り付け板，2つのボード間のシールド・パーティション，以上のリストでは特定できなかったその他のアプリケーションなどです．ここでもインダクタンスは，取り付けられたスタンドオフの間に存在します．インダクタンスは特定できましたが，寄生容量はどうでしょうか？

プリント基板と金属構造物の間に距離があるために，ある程度の伝達インピーダンスが存在します．たとえば，プリント基板はある電位にあるコンデンサの正極板になり，金属筐体は負極板，そして空気をその間の誘電体と考えることができます．

金属筐体の全インダクタンスは極めて小さいのに加えて，スタンドオフを用いてシャーシに固定するプリント基板と取り付け板（通常はpemスタッド・ネジで金属に圧着）間の寄生容量とある使用条件下におけるインダクティブな挙動が最小になります．もしインダクタンスが存在すれば，コモン・モード電流が作られて渦電流として伝播します．これにより局所的に存在するアンテナ構造を通してEMI放射が起こります．

スタンドオフがなぜインダクティブになるかについては，その物理的構造や金属としての振る舞いなどの説明は必要なく，用いたネジが「RF電流によってエネルギーを与えられている（励起されている）」かどうかが鍵になります．ネジのインダクタンスは，プリント基板に固有のインダクタンス値や構造全体（取り付けネジの寄与を除く）の総寄生インダクタンス値に比べて数

図5.29　ネジによりプリント基板をスタンドオフにグラウンド接続するときの問題
(ネジがRF電流で励起されるときのみコモン・モードRF電流が生成)

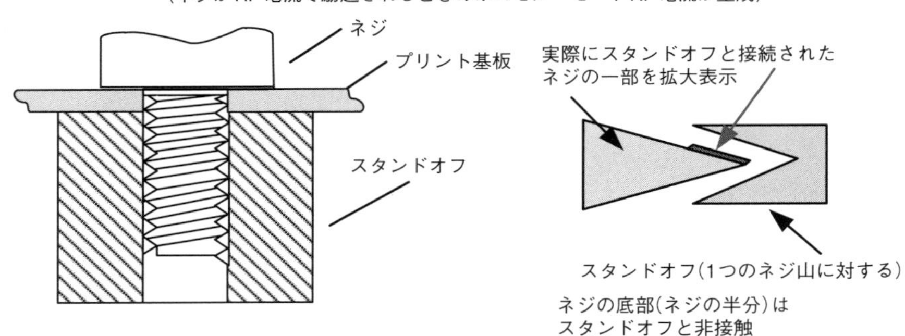

桁大きいものになります

ネジがインダクティブになる理由は，**図5.29**に詳しく示されています．ネジをSPICEや電磁界解析シミュレータなどにモデルとして取り込み，100%正しい結果を得ることは不可能です．ネジのインダクタンスを決定するには多くのパラメータが寄与しており，それらをコンピュータによる数値解析で確かめることは極めて困難です．パラメータとしては，材料成分，ネジ山の数(スタンドオフで実際に物理的に接触している数)，ネジ山の間隔，ネジ山のピッチ，ネジやスタンドオフのメッキ材料，圧着力，ネジの長さなどを考慮する必要があります．

ネジ山はらせん状に作られますが，ネジ山の頂上部のみがスタンドオフと物理的に接触しています．つまり，ネジ全体の一部ということになり，大体10～20%程度です．すべてのネジ山がスタンドオフの側壁に対して360度全周で連続して接触することは保証できません．スタンドオフやネジの製造許容誤差は，金属内のデンドライト(dendrite)の数に依存し，ねじ山の接触は偶然起こるというようなものになります．

ネジを挿入するために，スタンドオフの内径はネジの外径より物理的に大きくなければならないので，ネジの長さ全体ではなく，いくつかのネジ山の間でのみ偶発的に接触することになります．**図5.29**に，そのようすを示します．

らせん状のネジ山はRF電流で励起された場合，ヘリカル(らせん)アンテナと同等の機能を有するので，ネジの底部と上部の間に電位差が生まれます．この電位差がRF電流の生成を増幅させることになります．

ネジには保護メッキが生産過程で施されますが，せん断過程により，ネジとスタンドオフの金属と金属の接触で互いに擦れ合い，メッキの一部がはがれて周囲環境にさらされ腐食などが生じることがあります．

厳しい条件下でガルバニック腐食が起きると，ネジは絶縁体のように導電性を失うことがあります．低インピーダンスのコモン・モード・グラウンド経路を作ろうとしても，腐食がそれを阻害します．つまり，ネジはプリント基板と筐体を機械的に固定する目的のためだけに使い，RF電流をシャーシ・グラウンドに流す用途として使うべきではありません．**図5.30**に，プリント基板をネジで固定する際の正しい方法と誤った方法を示します．ループ電流と伝達インピーダンスの理解不足から，誤った方法が取られることがあります．ここで示した誤った方法では，0Vプレーンを高いインダクタンスを持つ配線パターンにビーズや0Ω抵抗を経由して上部からネジ止めすることによってシャーシ・グラウンドに接続しています．表面実装デバイスの実装パッドは，一般に0Vリファレンス・プレーンにグラウンド接続するのを試せるようになっています．このグラウンドをシャーシ・グラウンドに接続すると必ずEMIが発生します！もし，この設計で実装してEMIの問題を起こした場合，まずネジを外してみることです．放射体としてしか機能していないネジというものがあります．

RF電流をシャーシ・グラウンドに適切に，また(低いインダクタンスで)効率的に短絡させるには，0Vプレーンを底面のスルーホール・ビアのアニュラ・リングに接続し，スタンドオフの上部に重なるように配置してネジ止めします．

スタンドオフの上部底面に重なるようにプリント基板の底面に作られた大きな実装用パッドは，理想的な低インピーダンスのグラウンド接続をもたらします．

図5.30 ネジとスタンドオフによるプリント基板のシャーシへの実装

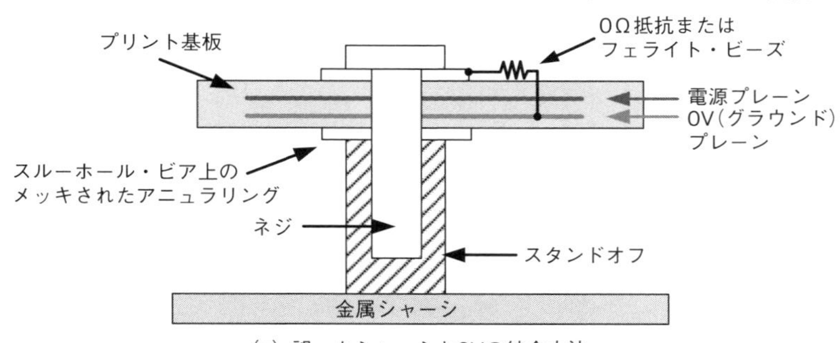

(a) 誤ったシャーシと0Vの結合方法

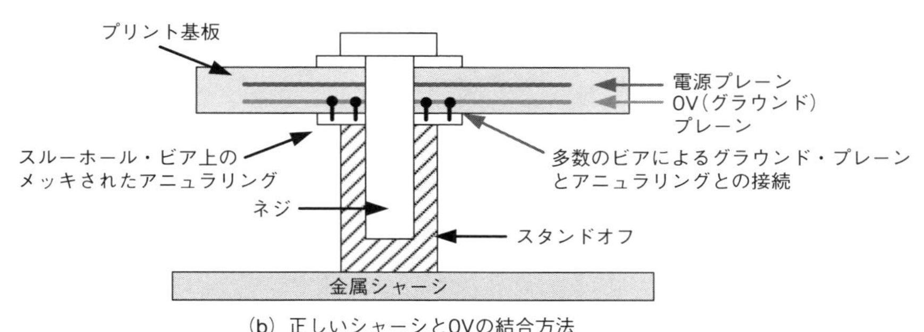

(b) 正しいシャーシと0Vの結合方法

電気的な接続をネジに頼ってはダメです．通常，スタンドオフのシャーシへの取り付けは，加工業者によって良好にしっかりと接続されています．したがって，グラウンドへの低インピーダンス経路をプリント基板が必要とする場合，スタンドオフが重要な役割を果たします．ねじ山では，ありません．

5.13 信号とグラウンド・ループ

マザーボードとドーターカード間などに発生する大きな電流ループにも注意

信号とグラウンド・ループは，不要なRFエネルギーの伝播に大きく寄与します．RF電流は，任意の経路や媒体(部品，ワイヤ・ハーネス，グラウンド・プレーン，隣接するパターン，自由空間)を通してそのRF発生源に戻ります．信号源と負荷の間に電位差があると，伝送線路のインダクタンスのために信号源と負荷の間に電流が流れます．また，経路のインダクタンスを通してRF電流の磁気結合が生じて，RF損失を増加させます．

プリント基板のEMIを抑えるためには，(不要な)信号リターン電流を意図しないループで伝播させないという考えが大切になります．プリント基板のレイアウト設計で多く見られる現象であり，設計において考慮すべき重要なポイントの1つです．プリント基板とシャーシ・グラウンド間のしっかりとした機械的な接触であるグラウンド・スティッチ接続のすべてを，ノイズ性の高い部品から発生するRF電流に関連付けて，ていねいに調べなければなりません．高速ロジック・デバイスは，いずれかのグラウンド・スティッチに可能な限り近づけ，渦電流がシャーシ・グラウンドに流れ込むような形でループを形成するのを最小にとどめ，0Vプレーン内に存在するダイポール・アンテナ構造を打ち消す必要があります．

複数のループが発生する場合を，PCIアダプタ・カードを例に説明しましょう．**図5.31**に示すように，PCIアダプタ・カードでは1点グラウンド接続，すなわち複数のグラウンドが1箇所のリファレンスに接続されます．そのため，信号とリターン・ループが作る複数の領域ができますが，ループごとに異なる電磁界スペクトルを生成することになります．つまり，各ループを流れるRF電流は，ループをループ・アンテナとして見たときのその物理的な大きさによって決まる固有の周波数で強く電磁界放射を行うからです．このRF

図5.31　プリント基板アセンブリ内のグラウンド・ループ

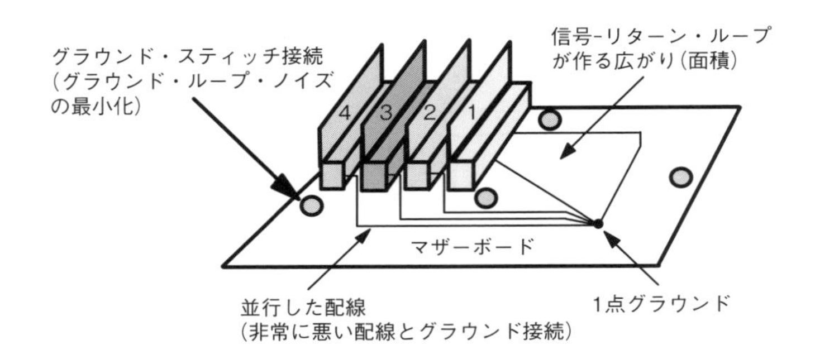

図5.32　部品間のループ領域

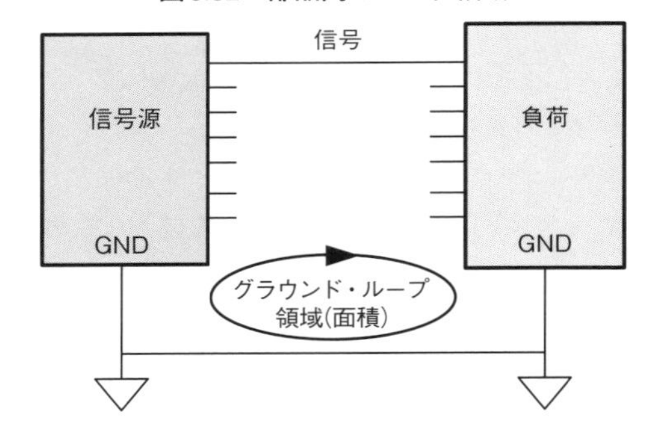

電流による他の回路や，他の機器への障害(電磁結合)を避けるには，金属筐体などによる遮蔽が必要になります．内部で発生したRF電流ループの影響は，このような形で防ぐことができます．

図5.31に示すループ面積の概念を拡張したものとして，**図5.32**に2つの部品間のループ面積の取り扱いの例を示します．回路構成によっては，動作が低周波なら問題にならない場合も考えられますが，RFで動作する部品が使われてリターン経路がインダクタンス値をもったワイヤや伝送線路で構成されている場合，コモン・モード電流が発生することが予想されます．多層基板(多層スタックアップ・アセンブリ)において，リターン経路として信号配線層の隣(上下)の層にあるプレーンを割り当てることができれば，リターン経路のインダクタンスを最小にすることができます．

◆参考文献◆

(1) Montrose, M. I.; 1999, Printed Circuit Board Design Techniques for EMC Compliance-A Handbook for Designers, Hoboken, NJ: John Wiley & Sons/IEEE Press.
(2) Montrose, M. I.; 2000, EMC and the Printed Circuit Board-Design, Theory and Layout Made Simple, Hoboken, NJ: John Wiley & Sons/IEEE Press.
(3) Joffe, E. & Lock, K. S.; 2010, Grounds for Grounding-A Circuit-to-System Handbook. Hoboken, NJ: John Wiley & Sons/IEEE Press.
(4) W. Michael; United States Patent #4,145,674.
(5) Paul, C. R.; 2006, Introduction to Electromagnetic Compatibility, 2nd ed., Hoboken, NJ: John Wiley & Sons.
(6) Ott, H.; 2009, Electromagnetic Compatibility Engineering, Hoboken, NJ: John Wiley & Sons.
(7) Bogatin, E.; 2010, Signal and Power Integrity Simplified, 2nd ed., Upper Saddle River, NJ: Prentice Hall.
(8) Coombs, C. F.; 1996, Printed Circuits Handbook, New York: McGraw-Hill.
(9) Hartal, O.; 1994, Electromagnetic Compatibility by Design. W., Conshohocken, PA: R&B Enterprises.

第6章 やさしく学ぶ シールド，ガスケット，フィルタ

6.1 シールドの有効性

概要と必要とされる理由

自由空間を伝播するRF電磁界は，伝導性や磁性をもつ材料により遮蔽される磁気シールドによりその振幅は小さくなります．シールドは主として筐体やケーブルなどに施され，電子回路，電子機器，伝送線路から不要な電磁エネルギーが外部に伝播することを遮蔽し，同時に動作の障害の原因となる不要な電磁界が外部から侵入することを防ぎます．

シールドは，2つの素子間の電磁的結合の強さや静電的結合の強さを弱めます．電磁界の浸入を防ぐために用いられる導電性の筐体をファラデー・ケージと呼ぶことがあります．低減される電磁界は，使用する材料や板厚，遮蔽される体積量，電磁界の周波数，シールド表面に入射する電磁界の空間インピーダンスとシールド・インピーダンスなどに依存します．さらに，シールドに設けられた開口の大きさ，形，向き（入射する電磁界に対して）が電磁界の低減に影響を及ぼすことになります．

シールドを施すこととフィルタを施すことは，互いに相補的な関係にあります．フィルタについては，本章において後ほど解説します．低い周波数まで対策する必要がない場合は，シールドは筐体を金属にすればよく，30MHzを超える高周波への対策には，薄い金属性材料を利用できます．スロットやケーブル開口（通信ケーブルなどのアクセスのために筐体に開口を設けること）が多くなり，シールドの完全性が保たれなくなると，シールドの効果は下がり始めます．したがって，スロットルやケーブル開口の大きさと数量，電磁界の波源との距離などに依存した形で効果が決まります．

電子機器を設計するとき，筐体にプラスチックを用いるか金属を用いるかの選択は最初の段階で行われます．多くの製品ではこの仕様は事前にわかっているので，技術者は効率的なEMCの抑制方法を実装することができます．消費者向けの低価格な製品の場合，筐体はコストと重量の点からプラスチックを採用することが一般的です．

電子機器を設計する際には，シールドに頼るのか頼らないのかの決定も必要になります．対象となる安全基準の厳しさも，その決定を左右することがあります．以下に，シールドを採用する場合の指針を示します．

- アンバランス（不平衡）によってコモン・モードへの変換が発生し，電磁界がCISPRやFCCの限度値を超えると予想される場合は，シールドは必須です．
- プリント基板のレイアウト上，入出力端子が分散されている場合は，シールドが必要になります．
- プリント基板のレイアウトでインターフェースを集中させることが可能な場合は，高周波のリターン電流経路や磁束をキャンセルさせるグラウンド・プレートが適切です．
- 通信機器の送信部と受信部が隣接する場合は，部分的なシールドでカバーし，クロストークを防ぐという対策も検討してみてください．

シールドの概念を簡単に述べると，次のようになります．

- シールドとは，システム内部の回路間やプリント基板のある領域間，また周囲環境への電磁界の伝播を制御したり最小にするものです．
- シールド効果とは，2つの空間を金属製の構造物により分割し，電磁界を低減することです．

図6.1　シールド効果の例

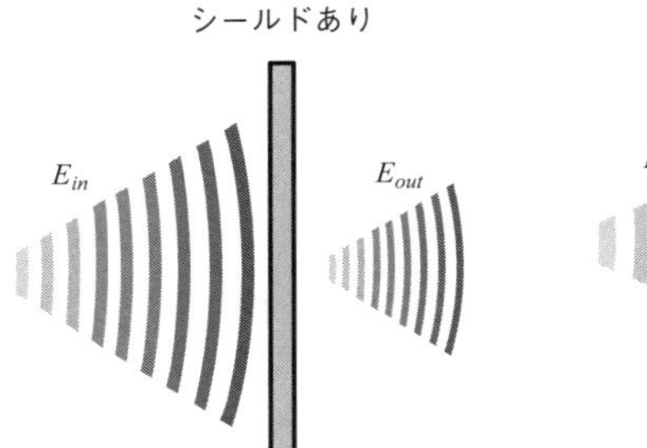

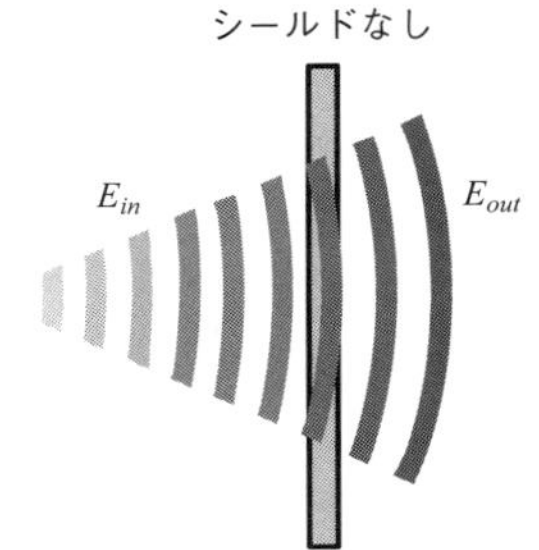

6.2　基本的なシールドの方程式

反射損失/吸収損失/多重反射に分けて理解しよう

シールド効果（SE）は，シールドに侵入したエネルギーと残留したエネルギー（または透過したエネルギー）の比として表されます．SEを記述する基本的な方程式を式（6.1）に示します．

$$SE[\mathrm{dB}] = SR[\mathrm{dB}] + SA[\mathrm{dB}] + SB[\mathrm{dB}] \quad \cdots \quad (6.1)$$

ここで，

SE[dB]：それぞれの表面における反射の総合的寄与
SR[dB]：反射損失
SA[dB]：吸収損失（周波数や材質の関数）
SB[dB]：複数回の反射による損失
（通常は無視できるほど小さい）

式（6.1）では簡単に示しましたが，式（6.2）では実際の変数を用いて詳しく示します．ここでは，単にシールドの原理を理解するということではなく，シミュレーションなどの解析を通して実際にすべての要素を計算するということを前提としています．

$$SE[\mathrm{dB}] = 20\log(e^{\gamma-\ell}) + 20\log(1-\Gamma\cdot e^{2\gamma-\ell}) + 20\log\left(\frac{1}{\tau}\right) \quad \cdots\cdots \quad (6.2)$$

ここで，

γ：伝播係数
Γ：反射係数
τ：透過係数
ℓ：シールド壁厚

シールド効果は電磁界の入出力の比をとることにより得られますが，一般に対数をとってdBを用いて表現します．電力比として表す場合には対数（log）に10を乗じ，電界（電圧）や磁界（電流）を表す場合には対数（log）に20を乗じます．

式（6.3）は電界と磁界，および電圧と電流のシールド効果について示したものです．電圧と電流を掛け合わせると電力になります（$P=VI$）．

$$SE[\mathrm{dB}] = 20\log\frac{E(\text{シールドなし})}{E(\text{シールドあり})} = \frac{E_0}{E_1} \quad (\text{電界})$$

$$SE[\mathrm{dB}] = 20\log\frac{H(\text{シールドなし})}{H(\text{シールドあり})} = \frac{H_0}{H_1} \quad (\text{磁界})$$

$$\cdots\cdots \quad (6.3)$$

シールドが信号の伝播にどのような影響を及ぼすのか，そのイメージは**図6.1**を参照してください．「シールドなし」のほうはプリント基板をプラスチックの筐体に収めた場合であり，「シールドあり」のほうは金属障壁（本章ではシールド効果を得るための構造を「障壁」と表現する）内に収めた場合です．つまり，適切な金属材料を用いて電磁界を遮蔽し，ファラデー障壁を作ることで電磁界を大きく低減することができます．

もしシールドが完全な障壁であった場合，2次側，すなわち障壁の外の電力はゼロになります．しかし多くの場合，そこには換気やケーブル，ユーザ・インターフェース用のスロットや開口が設けられ，障壁は不連続なものになるので，実際のシールドは材料の吸収特性や反射特性によって電磁界強度を減衰させるだけになります．

6.3　やさしく学ぶシールド効果の理論

外来電磁界（平面波）と近傍電磁界での考え方

シールド効果がどのように働くかを簡単に示すため

図6.2　伝送線路として描いたシールド理論

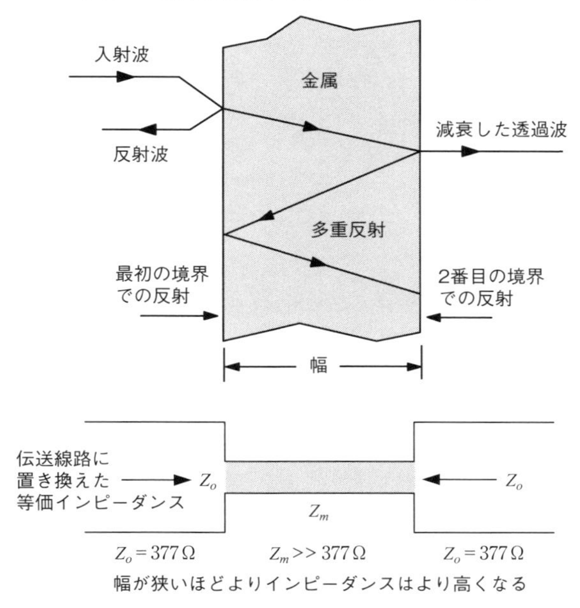

に，シールド部分をプリント基板で用いられる伝送線路モデルに変換して考えることにします．これは，プリント基板の配線パターンとその電磁界伝播のようすを対比させて考えることにより，理解を容易にします．配線パターンの幅を広くするか，配線パターンと基準面（グラウンド面）の間の誘電層を狭くすることでインピーダンスが下がります．逆に配線パターン幅を狭くし，基準面からの配線パターンの距離を広げることで，インピーダンスが増加します．このように伝送線路の特性はよく知られています．

伝送線路理論とシールド理論にはどのような関係があるのでしょうか？**図6.2**に，シールド障壁を示します．ここでは左側に入射波と反射波が示されています．反射されずに残った電磁波成分は障壁内を減衰しながら伝播（障壁の厚みがとても薄い場合）し，右側では小さな電力として現れます．この減衰した波は一般に小さな振幅なので，エミッションやイミュニティなどの対策が必要になるレベルではありません．

シールドにおいて，信号（入射波）を減衰をさせる要素として吸収と反射があります．**図6.2**では，電磁界が最初の境界に当たって反射されるようすを示しています．反射ではエネルギーの損失がほとんどないため，入射波と反射波がこの領域に同時に存在し，反射波の位相と入射波の位相が一致することがあります．その結果，シールド内部の電磁界強度は入射波の電磁界に比べて強いものになります．

図6.2の下に伝送線路を表現したものを示します．これはプリント基板の配線パターンを表現したものと同じものです．左側の伝送線路のインピーダンスは，一定の値になります（自由空間では377Ω）．伝送線路のパターン幅が小さくなると，このインピーダンスは上昇します（$Z_m >> 377\,\Omega$）．伝送線路のインピーダンスが高くなると，オームの法則に従って電磁界が減衰します．シールドの右側では，空間を表す伝送線路構造（377Ω）に戻ります．Z_mによりもたらされる損失は，吸収損失として知られているものです．

シールドを伝送線路を用いて理解することで，反射損失と吸収損失の概念はよりわかりやすくなります．

6.3.1　シールド理論の技術的な解説

シールド理論は，反射損失と吸収損失という2つの基本的なメカニズムを基礎としています．**図6.1**は，互いに直交するベクトルEとベクトルHで表される電磁波の伝播経路に金属障壁を置いたときの過程を示したものです．電界（E）と磁界（H）はマクスウェル方程式で関係付けられ，遠方界では平面波となり，数学的な関係は式(6.4)で表すことができます．

$$Z = E\,[\mathrm{V/m}]/H\,[\mathrm{A/m}] \quad \cdots\cdots (6.4)$$

自由空間では，波動インピータンスは式(6.5)で計算されます．

$$Z_o = \frac{E}{H} = \sqrt{\frac{\mu_0}{\varepsilon_0}} = \sqrt{\frac{4\pi \times 10^{-7}\ \mathrm{H/m}}{\frac{1}{36\pi} \times (10^{-9})\,\mathrm{F/m}}}$$

$$= 120\pi \text{ または } 377\,\Omega\text{（正確には}376.99\,\Omega\text{）} \quad \cdots\cdots (6.5)$$

一方，金属障壁のインピーダンスはかなり低く，式(6.6)で計算されます．

$$Z_s = \sqrt{\frac{\omega\mu}{\sigma}}\quad [\Omega] \quad \cdots\cdots (6.6)$$

ここで，

ω：$2\pi f$ [Hz]

μ：$\mu_r \mu_0$（透磁率）

σ：導電率（1/Ωm またはS/m）

式(6.6)は，境界において，反射の原因となるインピーダンスの不整合が存在することを意味します．境界で反射せず，透過した電磁界成分は金属障壁の厚さにより，内部で吸収されるか，通過するかが決まります．

図6.3　境界条件における電界の効果

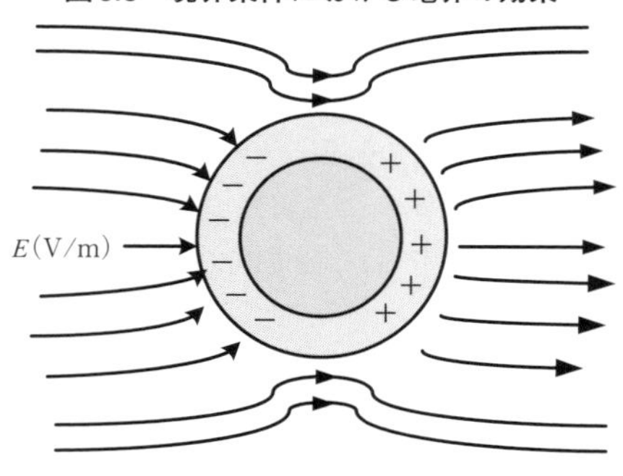

電界成分は低いインピーダンス材料でおもに反射し，磁界成分は高いインピーダンス材料で反射します．障壁における吸収損失が10dB以上ある場合，入射した電磁波は障壁内部で減衰するため，多重反射の影響は小さくなります．

図6.4　境界条件における磁界効果

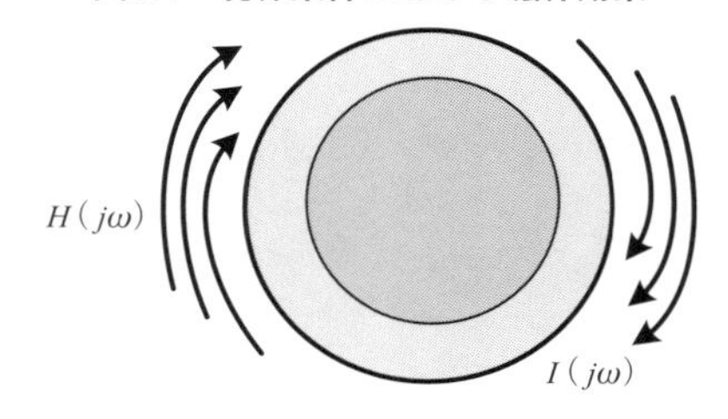

図6.5　境界条件内で渦電流を生成する磁界

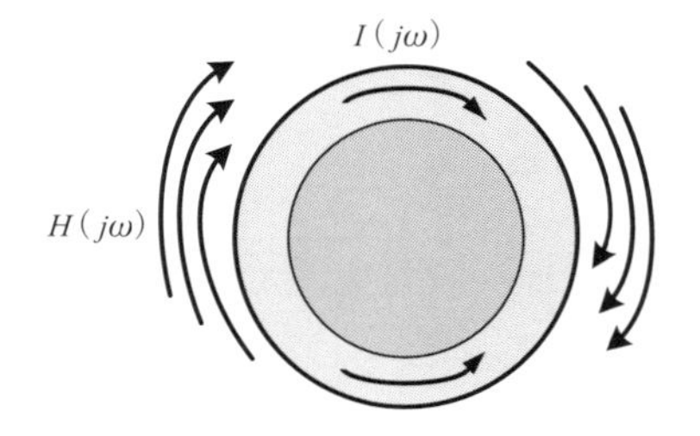

6.3.2　シールド効果

それでは，ファラデー・シールド(実際にはガウス構造)がどのように電磁界の伝播に影響を及ぼすのか，詳細な電磁界理論に頼らずに(シンプルにわかるEMCで)調べてみましょう．例として，電界中に導電性の球体が置かれている場合を考えます(**図6.3**)．ガウスの法則によれば，球体内部のいずれの場所においても電界は0になります．実際に，高い導電率を有する金属球体では，外部電界により誘起された電荷が2次的な電界を発生し，外部電界を相殺するため球体内部に電界は発生しません．

これは，球体が電界を吸収するからではなく，外部電界Eによって，異なる極性の電荷が球体表面の両側に境界に沿って生じる(ガウスの法則)ことが理由です．中空の導体内では，外部電界が与えられたとき，電気力線が表面電荷で閉じるように，表面電荷は瞬時に再分布します．この電荷によって作られる電界は，球体内部の外部電界によって作られたもともとの電界を相殺する方向に働きます．電荷は導体表面に沿って容易に移動できるため，この現象に対して境界の厚みは無関係と言えます．

導体内部に電界が存在しないのと同様に，中空内にも電界は存在しません．中空導体内部の電荷は分離して分布し，外部電界を相殺する電界を作るために，外部電界が内部の電気的状態に影響を与えることはありません．このようにして，導体内部では外部からの影響が遮蔽されることになるのです．

一方，磁界を減衰させるには，条件として高い透磁率($\mu >>1$)と十分な厚さを持つ磁性材が必要になります．この条件によって低い値のリアクタンス経路ができ，材料内の磁界が引き付けられます(**図6.4**)．また，低い透磁率の導電性材料からなる薄いシールドでも，適切な表皮の深さが得られれば，磁界に対してある程度のシールド効果を得ることができます(**図6.5**)．これは，シールド材料が適当な導電性をもっている場合，変動する磁界が渦電流を誘起するためです．

渦電流は，強さが等しく方向が反対の変動磁界を球体内に生成します．周波数の上昇とともにこの効果は増すため，結果として高い周波数ほど，高いシールド効果を示すことになります．

したがって，低い周波数の磁界をシールドしたり，伝播を防ぐことは難しくなります．吸収作用においては一般に厚い磁性材料によるシールドが必要とされますが，誘導電流の原理に基づくシールドでは電源の周波数程度で効果を得ることが可能です．したがって，アルミ製の遮蔽板でトランスで発生する50Hzや60Hzの磁界を防ぐことが可能です．

シールドに開口が設けられた場合は，シールドの効果は低減します．シールド理論では，その電流経路に開口や通風用のスロットなどの障害物がない状態でRF電流が流れることを仮定しています．したがって，電

図6.6 シールド隔壁の開口部周辺を伝播する電磁界

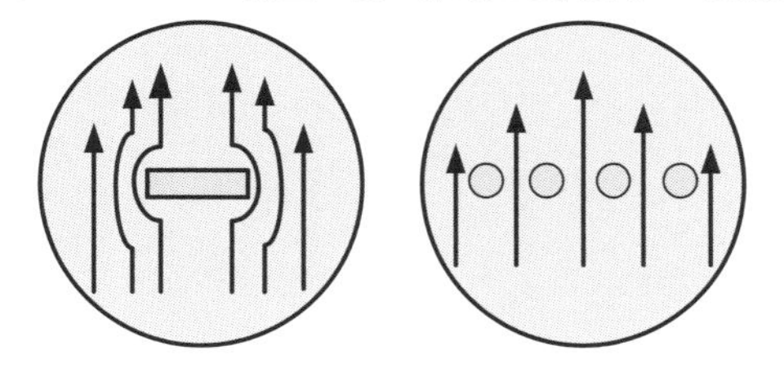

流に対する影響が最小となるようにすべての開口を配置することが大切になります(**図6.6**). 開口は高い周波数に対して共振を起こしやすく, 誘導電流がシールド上を流れると開口は送信アンテナのような働きを示します.

6.3.3 近傍界の条件

平面波は自由空間($E/H = Z_0 = 377\Omega$)に十分に拡がっている電磁界を仮定していますが, 放射源から(波長的に)十分距離があるときは平面波になっていると考えられます. この十分な距離は, 遠方界領域と呼ばれます. 遠方界領域では, 電界と磁界の振幅は$1/r$に比例して減少します. その理由は, 第1章を参照してください.

一方, 近傍界領域では電界と磁界の比(波動インピーダンス)は複素数となり, 放射源からの距離によってその値は変化します. 高インピーダンスのアンテナ(ダイポール・アンテナなど)は, おもに近傍の電界E($E/H >> Z_0$)を作り, 一方でインピーダンスが低いアンテナ(電流ループなど)はおもに近傍に磁界H($E/H << Z_0$)を作ります. 距離が$\lambda/2\pi$で, 波動インピーダンスはZ_0に近づき, $r = \lambda/2\pi$で電磁界は距離に比例した減少を始めます.

このリアクタンス性を示す近傍界領域では電界と磁界のいずれが支配的なのか不明な場合, 電界と磁界のそれぞれを対象にしてシールド効果を設計する必要があります. 一般に, シールド材の技術データは遠方界を条件としたものであり, 製品設計などで必要とされる近傍界での状態を示したものではないので, 使用に際しては注意が必要です. 通常, シールドの位置はプリント基板に物理的に極めて接近しており, ほとんどの周波数に対して, その位置では近傍界となります(動作周波数がGHzを超えて波長が極めて小さくなる場合には, 遠方界となることも考えられる).

6.4 シールド材で失われる損失

反射損失/吸収損失/多重反射の原理

シールドされた筐体内部に入ろうとする電磁界や筐体から外部へ出ていこうとする電磁界を防止するのに, 2つの基本的な領域に分けて考えることができます. 先に述べたように, 筐体は外部と電源や信号をインターフェースするために必ず開口が必要になります. したがって, 漏れを防ぐような特別な設計を施さない限り, この開口がシールド効果を低減させてしまいます.

損失は吸収損失(SA)と反射損失(SR)の2つが基本的なものですが, 3番目の損失として, 対象とする電磁界の波長に比べてシールドが十分な厚みをもつときに生じる損失があります. これは再反射損失(SB)と呼ばれるものです.

次に, これらの損失メカニズムをシールド障壁内での表皮の深さや表皮効果に注意しながら調べてみましょう.

6.4.1 反射損失

反射損失は, 入射する波動のインピーダンスと障壁のインピーダンスの比として表されます. 障壁のインピーダンスは導電率, 透磁率, 周波数(これらのパラメータは表皮の深さを表す)の関数として与えられます. 銅やアルミのような高い導電率を持つ材料は, 鋼材のような導電率の低い材料に比べて, 電界の反射損失は高くなります.

一般に, 反射損失は周波数が高いほど大きくなります. 材料の導電率に反射損失が依存する電界では, このような傾向を示します. 波源とアンテナの距離が$\lambda/2\pi$以下になる近傍界において, この距離の大きさが反射損失に影響します. 電界のインピーダンスは近傍界で高くなりますが, これは反射損失が高くなることを意味します. 反対に磁界インピーダンスは近傍界では低くなりますが, これは反射損失が低くなるということを意味しています. シールドが波源から十分離れていれば, 入射電磁界のインピーダンスは波源とシールドの距離には無関係に一定の値となります.

どのような伝送線路においても反射損失は生じますが, これは伝送エネルギーの一部が波源に戻されることを意味しています. このような反射は, 以下の条件で起こります.

(1) 伝送線路(シールドは伝送線路としてモデル化さ

れている）が不連続，またはインピーダンスが不整合である場合，反射損失は入力電力と反射電力の比としてdBで表されます．

(2) 光ファイバ配線の場合，不連続点で生じる反射損失は屈折率（refractive index）により表されます（特に，空気とファイバの界面で不連続が発生する）．この界面において，光信号の一部がインピーダンスの不整合のために光源側に反射されます．この反射現象をフレネル反射損失，あるいは簡単にフレネル損失と呼ぶことがあります．

反射損失に関係する式を，式(6.7)に示します．電磁界インピーダンスがここではもっとも大事な要素になります．**図6.7**に，シールドにぶつかった後の反射波のようすを示します．

図6.7　シールドからの反射（反射が生じると信号の振幅は低減する）

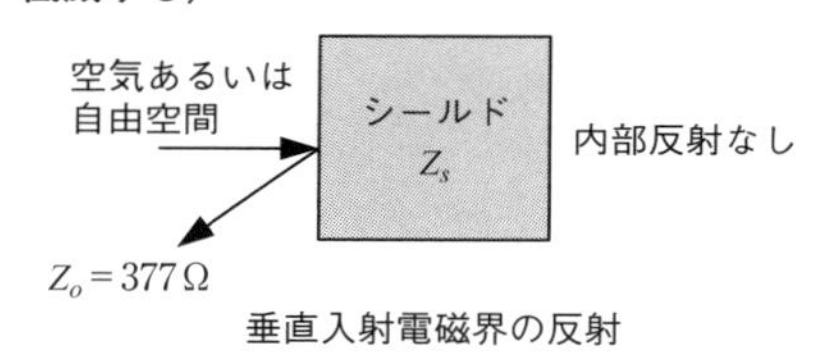

$$Z_o=\sqrt{\frac{\mu_0}{\varepsilon_0}} \qquad \mu=\mu_0=4\pi\times10^{-7}[\mathrm{H/m}]$$
$$\varepsilon_0=8.85\times10^{-12}[\mathrm{F/m}]$$
$$Z_s=\sqrt{2\pi f\mu_r\mu_0/\sigma} \qquad \sigma=5.8\times10^{7}[\mathrm{S/m}]$$
$$R[\mathrm{dB}]=20\log\left(\frac{Z_o}{4Z_s}\right)$$

自由空間では$Z_o=377\Omega$，したがって，

$$R[\mathrm{dB}]=20\log\frac{94.25}{|Z_s|} \qquad \cdots\cdots (6.7)$$

ここで，

Z_0：シールドに入射する前の波動インピーダンス

Z_s：シールドのインピーダンス

f：周波数

まとめると，反射損失は次のようになります．

- 電界に対しては大きい
- 高い周波数の磁界に対しては大きい
- 低い周波数の磁界に対しては小さい
- 周波数とともに低下する

◇シールド障壁の反射損失

シールド障壁では，反射損失により電磁界の伝播が最小になります．材料の成分や材料の厚さにより，反射による信号の減衰量は周波数や波源からの距離，波動の種類（電界，磁界，平面波）により変化します．

図6.8に，波動（電界，磁界，平面波）の違いによる

図6.8　銅のシールドにおける反射損失の周波数特性
（出典：Electromagnetic Compatibility Engineering, H.Otto）

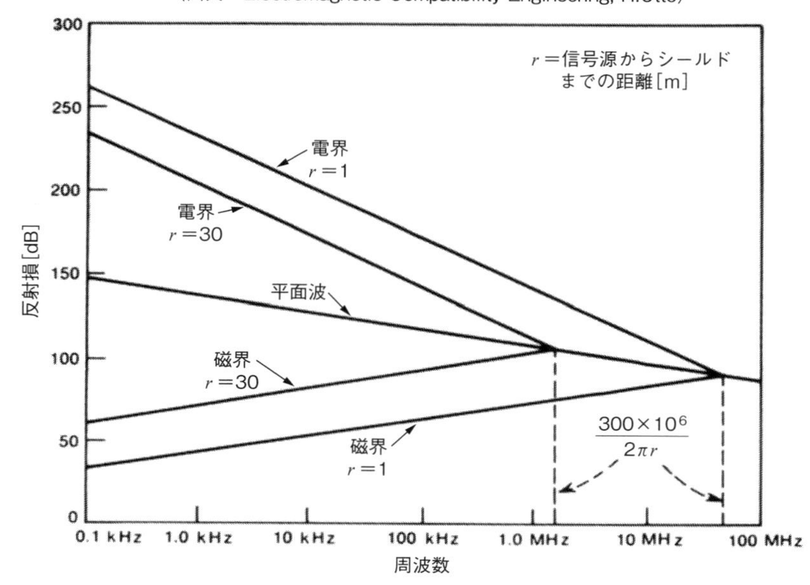

反射損失の周波数変化を示します．点の波源からは電界と磁界が生じます．実際の波源に対する反射損失は電界と磁界の特性が組み合わさったものとなります．電界の反射損失は周波数の上昇とともに減少し，波源との距離と周波数の関係が$\lambda/2\pi$を超えると平面波の反射損失と等しくなります．一方，磁界の反射損失は，平面波の反射損失と等しい周波数まで，周波数が上昇とともに増加します．**図6.8**において，波源とシールドの距離が30 mの場合は，電界および，磁界の反射損失が1.6MHzで平面波と同じになることを示し，1mの距離では48MHzになります．

6.4.2 吸収損失

吸収損失は，シールド内部での損失です．この損失は，電磁界エネルギーが材料の媒質と相互作用して他のエネルギーに変化する散逸を原因とするもので，一般には熱の形で現れます．吸収損失は，電磁波の周波数やシールドの厚さ，透磁率，導電率が高くなると増加します．吸収損失は電磁界の性質には無関係で，電磁界の種類とシールドの厚みに依存します．

吸収損失は，主として表皮の厚さに沿ったシールドの厚さに依存します．表皮の厚さについては後で詳しく議論しますが，表皮の厚さは材料の特性（比導電率や対象とする周波数での比透磁率）に依存します．例えば，鋼は銅に比べると，同じ厚さでもより高い吸収損失を与えます．吸収損失は周波数の平方根に比例し，高い周波数で吸収損失のおもな原因になります．

電磁界が媒質を通り抜けるとき，そのエネルギーは抵抗損失による材料の加熱などのために式(6.8)に示すように指数関数的に減少します．

$$E_1 = E_0 e^{-t/\delta},\quad H_1 = H_0 e^{-t/\delta} \quad \cdots\cdots\cdots\cdots\cdots\cdots \ (6.8)$$

ここで，

$E_1(H_1)$：媒質中での距離tにおける電界（磁界）強度

δ（表皮の深さ）：電磁界や表面電流がシールド表面における値からe^{-1}（37%または約9dB）まで減衰する深さ

図6.9に，吸収損失を解説するための図を示します．ここで，電磁界がシールドに入射しているとします．シールド内部の特定の距離（入射端からの距離）において，電磁界は吸収により大きく減衰し，電磁界エネルギーは急速に減少します（右図）．表皮の深さに等しい材料厚で，電磁界は初期値から約37%減衰します．デシベルでは，これは9dB（厳密には8.78 dB）になります．式(6.9)で計算されるこの数字は，材料の表皮効果による損失です．

$$A = 20\left(\frac{t}{\delta}\right)\log(e) \quad [\mathrm{dB}]$$

$$A = 8.69\left(\frac{t}{\delta}\right) \quad [\mathrm{dB}] \quad \cdots\cdots\cdots\cdots\cdots\cdots \ (6.9)$$

もし障壁の厚さを2倍にすれば，損失も2倍になります．このとき，電磁界は周波数の増加とともに大きく減衰します．30M～100MHzの帯域では，上記の理由により吸収損失が支配的になります．

吸収損失は，シールドに用いられる金属材料の成分などによって異なります．**図6.10**に，銅と鋼についてそれぞれ異なる厚さでの吸収損失を示します．鋼は酸化鉄を多く含む磁性材料であるため，銅に比べて磁界をより多く吸収します．表皮効果の影響により，周波数が高いほど，同等の吸収損失を薄い材料で得られることがわかります．

6.4.3 表皮効果と表皮の深さ

これまで述べてきたように，表皮の深さは金属シールド内の吸収損失を決める大きな要因ですが，実際の表皮の深さや，最適な効果を得るためのシールド厚さ

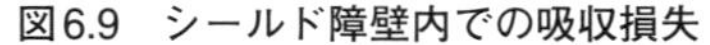
図6.9 シールド障壁内での吸収損失

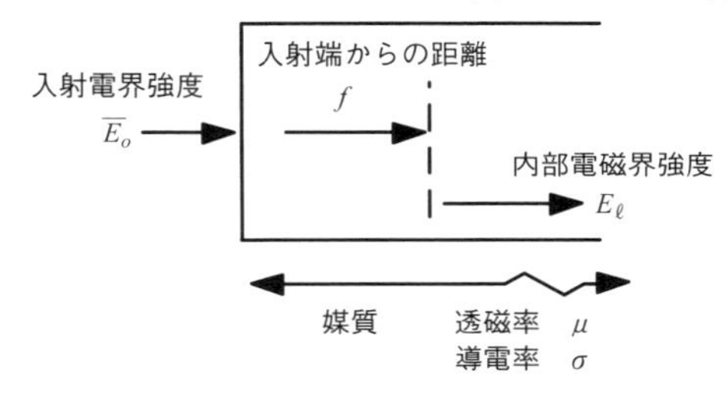

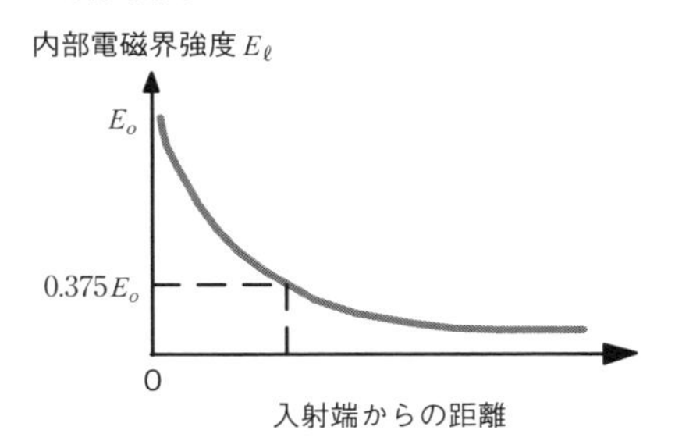

図6.10 材料の違いや厚さの違いによる吸収損失
（出典：Electromagnetic Compatibility Engineering, H. Ott）

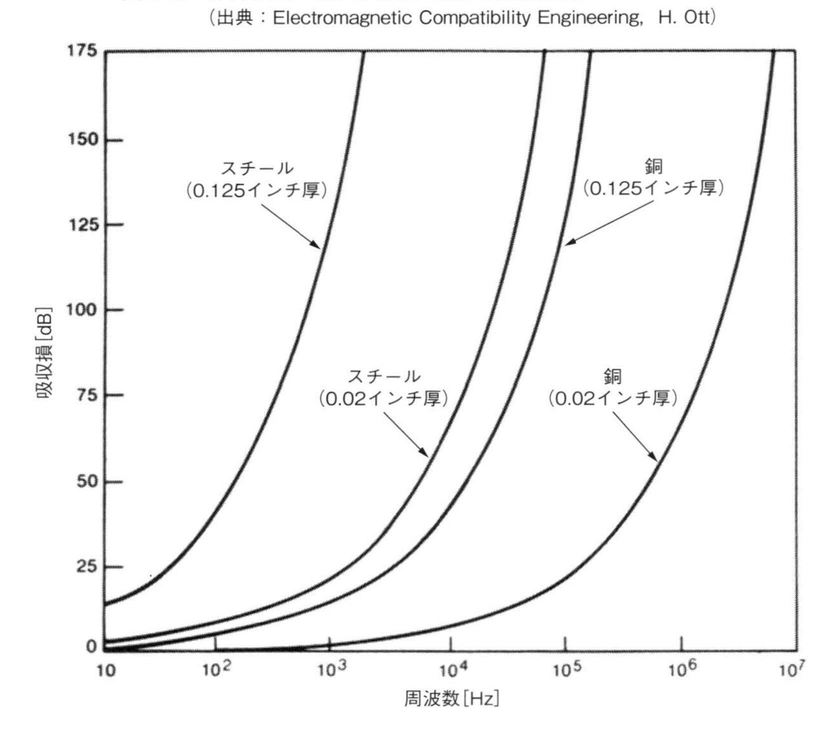

はどの程度になるのでしょうか？

表皮効果とは，交流や高周波電磁界が与えられたとき，金属線路の表面近くで電流密度が最大となることを言います．これにより，磁界がもたらす電流密度は，導体内において表面から距離が離れるにつれて小さくなります．

よって，高周波電流は，主として導体の"表皮"を流れます．この表皮とは，電流が集中している導体表面を示し，電流分布が37%となる層を表皮の厚さと言います．表皮効果のために，表皮の深さが浅くなる高い周波数域では導体内のインピーダンスが上昇します．また，表皮効果は導体の実効的な断面積を減少させます．これは導体内に加えられた変動磁界によって誘起される反対向きの渦電流によるものと考えられます．

導体内部を伝播する内部磁界は，信号経路とリターン経路の間に存在する磁界とは別なものとして存在します．内部磁界は導体内に誘導電流ループを作り出し，この誘導電流がまた磁界を生成します．波源から来る初期の磁界と新しく作り出された磁界が反対の向きであることから，電子の流れである電流は導体表面へ容易に押しやられることになります．

直流に近い低周波では，通常の導体では電流密度や抵抗は材料の断面において一様になりますが，電界や磁界の周波数が上がると，電流密度の分布は変化します．電流密度は，伝送線路の境界に集中することになります．この効果は，導体の厚さが表皮の深さの1～5倍程度の中間周波数でよく見られます．この中間周波数は，遷移周波数として知られています．導体の厚さが表皮の深さの5倍以上になる中間周波数以上の高い周波数では，電流密度は導体表面に集中していると考えることができます．

60Hzのとき，銅の表皮の深さは8.5mm程度になります．周波数が上がると，この表皮の深さはもっと小さくなります．大きな導体の内部にはほとんど電流が流れないので，その内部を中空とし，重量やコストを低減した金属パイプのような構造が可能になります．これは，伝送線路の構造内部に金属部分がない導波管が，なぜ高い周波数において動作するかを示す理由でもあります．

波動の減衰がその初期値の$1/e$あるいは37%になる距離は表皮の深さとして定義され，式(6.10)で表されます．

表6.1 各種金属の表皮の深さ

周波数	銅 インチ(mm)	アルミ インチ(mm)	スチール インチ(mm)	ミューメタル インチ(mm)
60 Hz	0.335 (8 45)	0.429 (I 0.89)	0.034 (0.86)	0.014 (0.36)
100 Hz	0.260 (6 60)	0.333 (8.4)	0.026 (0.66)	0.011 (0 28)
1,000 Hz	0.092 (2.34)	0.105 (2.66)	0.008 (0.20)	0.003 (0.08)
10,000 Hz	0.026 (0.66)	0.033 (0 083)	0.003 (0.07)	–
100,000 Hz	0.008 (0.20)	0.011 (0.27)	0.0008 (0.020)	–
1 MHz	0.0026 (0.066)	0.003 (0.07)	0.0003 (0.007)	–
10 MHz	0.0008 (0 020)	0.001 (0.03)	0.0001 (0.0025)	–
100 MHz	0.00026 (0 0066)	0.0003 (0.007)	0.00008 (0.002)	–
1000 MHz	00.0008 (0.0020)	0.0001 (0.003)	0.00004 (0.001)	–

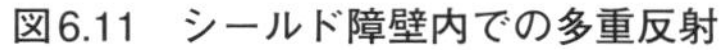
図6.11 シールド障壁内での多重反射

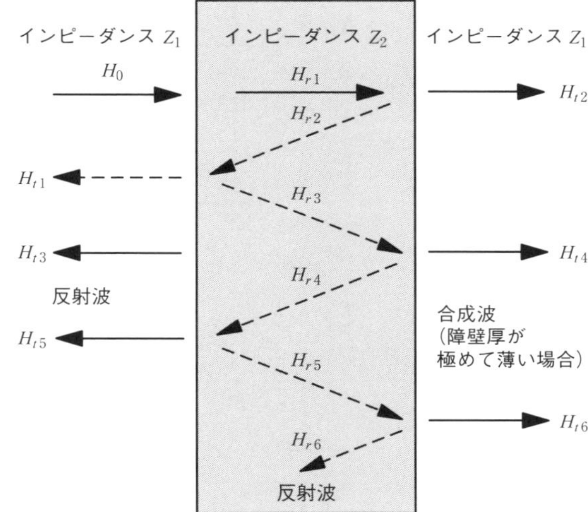

$$\delta = \sqrt{\frac{2}{\omega\mu\sigma}}\,[\mathrm{m}] = \frac{2.6}{\sqrt{f\mu\sigma}}\,[\text{インチ}]$$

$$= \frac{6.6}{\sqrt{f\mu\sigma}}\,[\mathrm{cm}] \quad \cdots\cdots\cdots\cdots\cdots\cdots (6.10)$$

ここで,

ω : $2\pi f$ [Hz]

μ : $\mu_0 = 4\pi \times 10^{-7}$ [H/m]

σ : 導電率, 例えば銅であれば, 5.8×10^7 [S/m]

式(6.10)から, 表皮の深さでどの程度の吸収損失になるかを計算してみます.

$$A\,[\mathrm{dB}] = 20\,\log\left(\frac{E_0}{Z(x)}\right)$$

$$x = \delta,\ E(\delta) = \frac{E_0}{e}\ \text{において}$$

$$A\,[\mathrm{dB}] = 20\,\log(e)$$

$$A\,[\mathrm{dB}] = 8.7\mathrm{dB}/\text{表皮の深さ}$$

もし壁の厚さが0.3mmであれば,

表皮の深さ = $6.6\,\mu$m

$$A\,[\mathrm{dB}] = \frac{\text{厚さ}}{\text{表皮の深さ}}$$

$$A\,[\mathrm{dB}] = 395\mathrm{dB}$$

表6.1に, 種々の材料における周波数に対する表皮の深さを示します. 周波数が上昇すると, 電磁界の減衰を37%(または9dB)にするには金属に厚みが不要であることがわかります.

6.4.4 薄いシールド内における反射

再反射損失係数(SB)は, 吸収損失が10dBを超えるような場合にはその大きさを無視することができます. しかしながら, 低周波数においてはこの再反射係数を無視することはできません. 再反射損失は, どのような金属も吸収損失の大きさに強く依存します. 波源側の空気層とシールド側の金属面で反射が生じるように, 反対側の金属面とシールド外側の空気層との間にも同様な反射が発生します. 吸収損失が9dBを超える(すなわち, 厚さが表皮の深さを超える)とき, 式(6.1)で示されるシールド効果において再反射の項は無視することができます.

多重反射が発生するかどうかは, シールド内の表面や境界の状態に依存します. たとえば, 小さな表面積をもつ金属シールドとしては, 多孔質の材料や気泡を含む材料などが考えられます. また, 大きな境界面積を持つシールドとしては, 導電性フィラーを含む複合材料や固体金属が考えられます.

与えられた周波数においてシールドの厚さが物理的に小さいとき, 2つ目の境界から反射された波は1つ目の境界で再び反射され, また2つ目の境界に戻り, そ

図6.12　薄いシールド／磁界の再反射損失補正係数(SB)
(出典：Electromagnetic Compatibility Engineering, H. Ott)

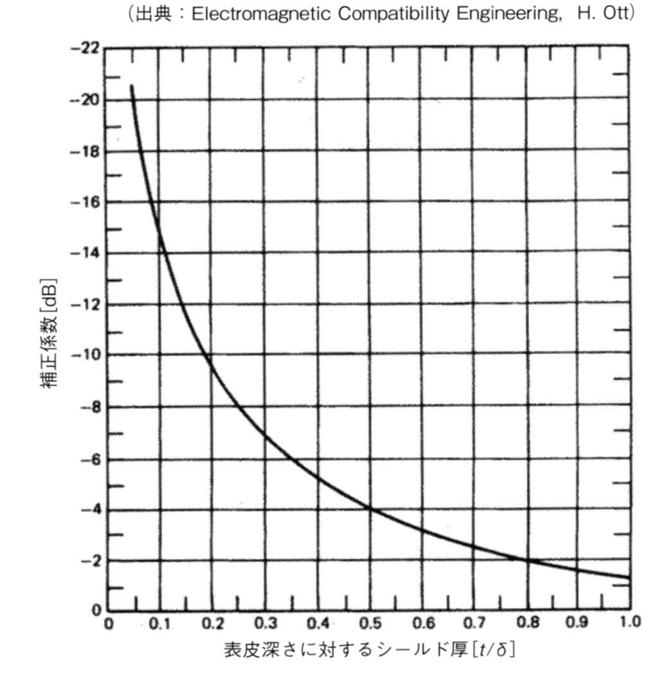

こでさらに反射することになります．この効果は，シールドの厚さが厚い場合は高い吸収損失(SA)が得られるため，式(6.1)のシールドの方程式では無視することができます．**図6.11**に，上で述べた多重反射のようすを示します．

薄いシールドでの再反射係数(SB)は，磁界のみに適用されます．そのようすを**図6.12**に示します．ここでは，表皮の深さで規格化したシールド厚を用いて，再反射係数を補正係数として与えてあります．シールドの厚さが表皮の深さに比べて小さいとき，多重反射による再反射成分がシールドを通過するため，この分がシールド効果を低減することになります．

確認のために，シールド効果の式(6.1)を以下に示します．

$$SE[\mathrm{dB}] = SR[\mathrm{dB}] + SA[\mathrm{dB}] + SB[\mathrm{dB}]$$

ここで，

SE：全シールド効果

SA：吸収損失

SR：反射損失

SB：再反射損失

6.4.5　吸収損失と反射損失の合成

次に，あるシールドにおける吸収と反射の効果を同時に分析してみます．ここでは，シールドの厚さが対象とする周波数全域で表皮の深さの数倍以上あるとして，再反射損失を無視することにします．

30M～100MHzの範囲では吸収損失は反射損失より大きくなるので，厚みのある確かなシールドを用いれば，一般的なディジタル機器からの放射は十分にシールドされることになります．

- 低い周波数では，反射損失が主としてシールド効果をもたらします．
- 高い周波数では，吸収損失が主としてシールド効果をもたらします．

図6.13に，10Hzから10MHzまでの低周波における吸収損失と反射損失の変化のようすを示します．縦軸は，全体のシールド効果をdBで表したものです．周波数が上昇するにつれ，シールドで反射される電磁界エネルギーは直線的に減少することがわかります．また，吸収損失は100kHzを超えると急激に増加し，5MHz程度でシールド効果はほぼ吸収による減衰により得られることがわかります．

図6.14は波源から0.46m離れた位置に置かれた厚さ0.51mm(0.02インチ)のアルミ板に電界，磁界，平面電磁界(平面波)を与えた場合のシールド効果を示します．周波数が高くなると，電界に対するシールド効果

図6.13 0.02インチ(0.51mm)厚の銅シールドの遠方界におけるシールド効果
(出典:Electromagnetic Compatibility Engineering, H. Ott)

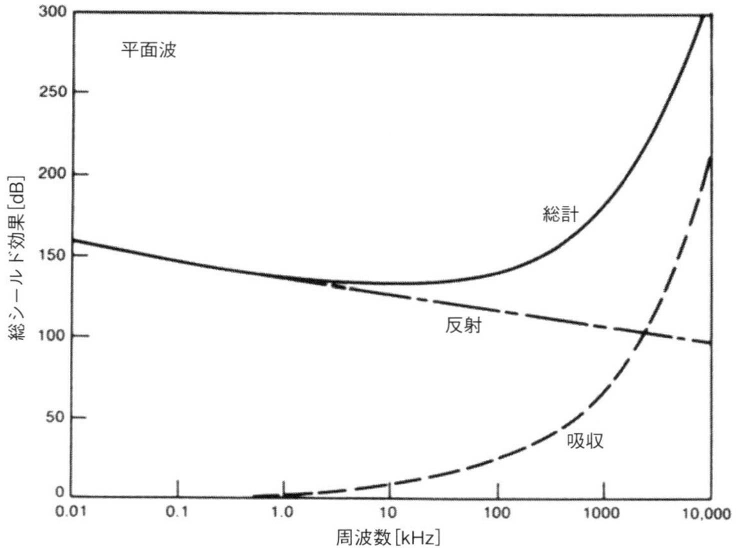

図6.14 電界, 平面波, 磁界に対するシールド効果
(出典:Electromagnetic Compatibility Engineering, H. Ott)

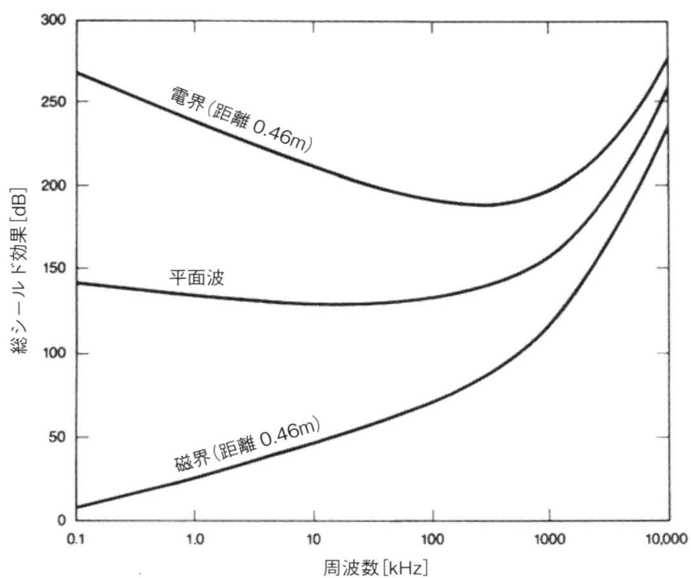

や磁界に対するシールド効果は平面波のシールド効果に近づきます. これは, 周波数が上昇することにより信号源とシールドの距離0.46mに対して電界, 磁界, 平面電磁界の波長が短くなった結果, 波動の振る舞いが近傍界から遠方界に移ることが理由です.

6.5 シールド障壁の開口部

放熱や換気用開口の遮蔽率の計算方法

ケーブルの引き出し口や通気口を確保するために, シールド面に開口を設けることは避けられません. 電磁界放射の問題やイミュニティの問題は, この開口を

図6.15 シールド障壁内の種々のスロットと誘起電流への影響

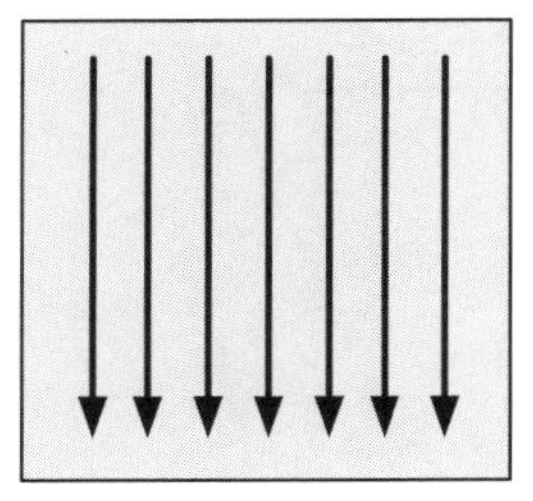

(a) スロットなし

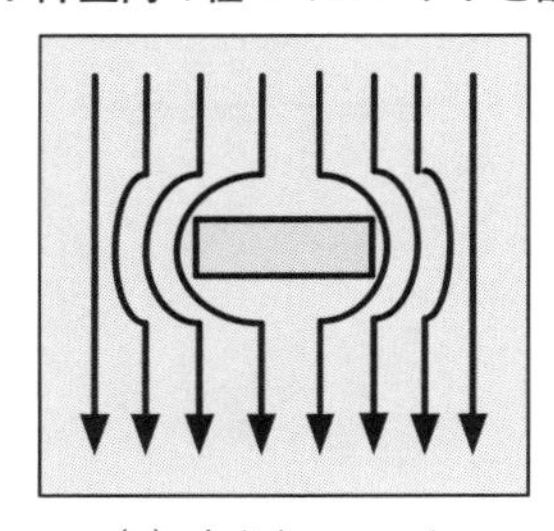

(b) 大きなスロット

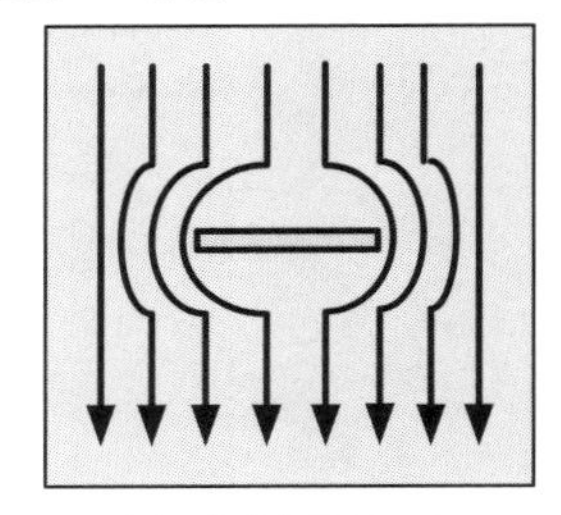

(c) 小さなスロット

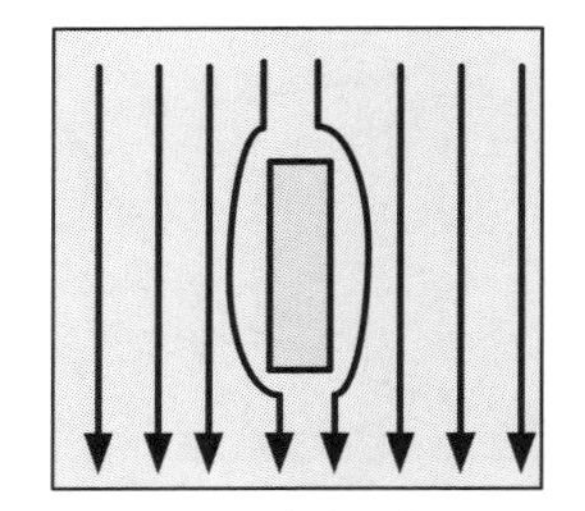

(d) 電流の流れ方向に設けられたスロット

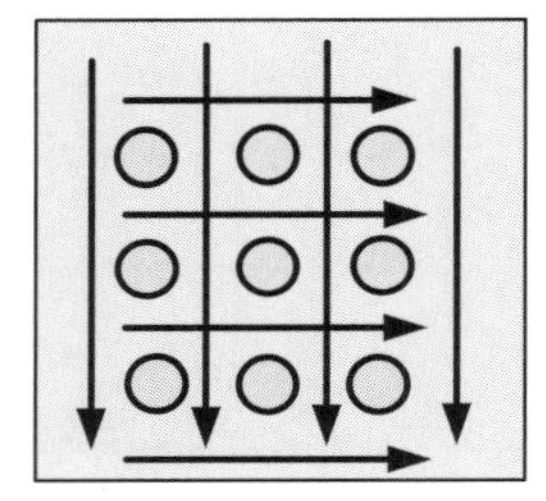

(e) 多数の小さな円形開口

通して伝播する電磁界が引き起こします．換気や外部機器との接続のために開口を設け，さらに装置内部の熱い空気を外部に排出するためにファンを用いることも行われます．設けられる開口は大きな孔が1つであったり，多数の小さな孔であったりします．

図6.15に，シールドに設けられたさまざまな形状の開口とシールド表面を流れる電流のようすを示します．シールド表面に電流が誘起されると，これらの電流や関連する電界によって散乱する場が発生し，反射することによって入射電磁界の影響を相殺または低減します．反射された電磁界はシールドに接する全体の電界に関連する境界条件を満たすため，入射された電磁界を打ち消す傾向があるような極性を持ちます．完全導体では，電流の流れが中断されなければ，全体の電界は0になります．

シールドにスロットがあると電流の流れが妨げられ，シールド効果が減少します．そこで，スロットを誘起電流と平行に設けることができれば，この開口によるシールド効果への影響をかなり小さなものにすることができます．しかし，実際には誘起電流の向きを求めることは一般に困難なので，開口として小さな孔を数多く設ける方法が採用されます．これにより，一箇所に設けた長いスロットと同程度の開口面積を確保しつつ，誘起電流の流れの妨げを小さくすることが可能になります．

図6.15(a)では，開口がない場合の電流はその流れに何の影響を受けないので，最大のシールド効果を得ています．**図6.15**(b)，(c)に示すように電流の流れに対して，直交する向きに設けられたスロットの電流は，スロットの短辺の大きさにはあまり影響を受けません．同様に，**図6.15**(d)のように電流の流れと平行な方向に開けられたスロットでも同じことが言えますが，電流経路の妨げの程度は**図6.15**(b)，(c)のスロットに比べるとかなり小さなものになります．しかしながら，実際には事前に誘起電流の方向を知ることは困難なので，スロットをどの向きに設けても電流の流れを大きく妨げる可能性があると考えることが大切です．

図6.15(e)に示すように，小さな多数の孔は電流の経路を妨げにくく，結果として開口面積を稼ぎながらシールド効果を高めることができます．このとき，小さな多数のスロットでも開口面積は同じです．

スロットの物理的なサイズ(幅，長さ)により，高周波において共振を起こすことがあります．スロットの長さがノイズ源の半波長の整数倍になると開口は効率の良いアンテナとして働き，放射が大きくなります．

放射の大きさは，金属の厚みよりもスロットの長さで決まります．円形の開口の場合，大切なのはその直径であり，放射は寸法に依存します．長方形の開口の

図6.16　波長に比較して大きな開口を通過する電磁界の伝播

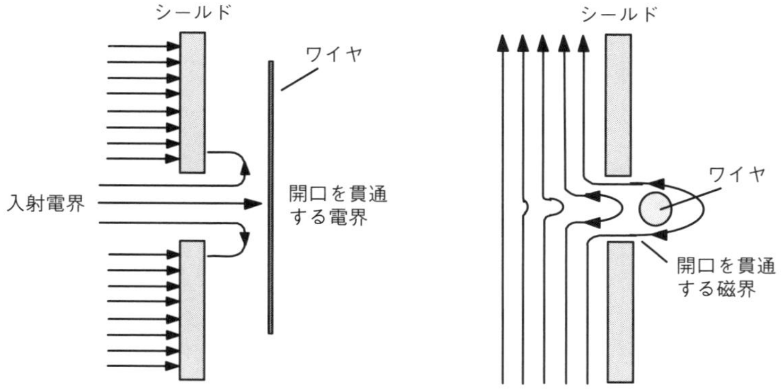

シールド
ワイヤ
入射電界
開口を貫通する電界
(a) 電界

シールド
ワイヤ
開口を貫通する磁界
(b) 磁界

場合は，横方向と縦方向のいずれかの長さでアンテナ効率が決まります．とても小さな円形開口は，そこで生ずる共振がGHz帯を超えるため，EMC規制に適合させるために利用できます．また同時に，国際的な製品安全規格で要求される耐火シールドとして働き，火災のリスクを最小にすることにも寄与します．

開口は，電界よりも磁界の漏洩に対してその影響が大きくなります．これは，磁界が輪状に伝播するためです．**図6.15**中に示す電流の流れは，磁界によるものです．したがって，磁界の漏洩を最小にすることに重点を置くことが大切です．多くのアプリケーションにおいて，周波数が30MHzを超えると，吸収損失によって磁界は十分に減衰します．磁界の減衰を最大にするには，障壁の厚さは表皮の深さの数倍程度あれば十分です．

開口の大きさが電磁界の波長に比べて小さい($\lambda/2\pi$以下)とき，電磁界は開口を通り抜けることはできません．大きさが波長の1/2以下のスロットのシールド効果は式(6.11)で定義されます．

$$SE = 20 \log\left(\frac{\lambda}{2\ell}\right) \quad \cdots\cdots (6.11)$$

ここで，

λ：信号の波長

ℓ：開口の最大長

開口からの漏洩の最大量は，

(1) ノイズ源の波長で開口の長辺(開口の面積ではない)を規格化した値
(2) ノイズ源の電磁界と波動インピーダンス
(3) 開口の自己共振周波数に対するノイズ源周波数の大きさ

などに依存します．

6.5.1　開口が1つの場合

シールドに設けられた開口に対して，どのように電磁界の漏れや侵入が起こるかを**図6.16**に示します．ここでは，電界と磁界が図示されていますが，平面波ではありません．これは，ノイズ源となる回路とシールドの距離が近いため，近傍界での振る舞いとなるからです[(1)]．

電界の伝播にはダイポール・アンテナ・モデルが用いられ，磁界にはループ・アンテナ・モデルが使われます．シールドを通り抜けた電磁界は，十分離れた位置からは平面波として観測されます．**図6.16(b)**は，金属製ワイヤがシールド外部に置かれた状態を示しています．外部に置かれる金属としては，プリント基板やケーブル，他のシールドなども考えられます．シールド外部の金属製部品は，シールド開口部を通過した電界と結合する可能性があります．

入射電界に対応する反射波が存在しますが，**図6.16(a)**には描かれていません．ここでは入射する電界のみが図示されています(右に向かう矢印)．吸収損失は，外部に有害なエネルギーを内部に保持することになります．磁界は筐体の表皮部分を渦電流として伝播するため，磁界では吸収損失が重要な要素になります．材料の厚さによっては磁界は減衰しながら伝播し，磁界が漏れ出る可能性がある開口部では，**図6.16(b)**に示すようにシールド外部に存在する金属製のワイヤに結合し，また元の経路に戻ります．

図6.17　薄い障壁の開口部における電磁界の通過

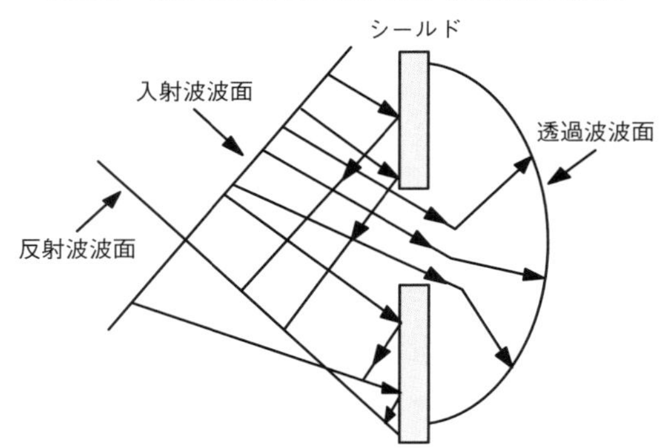

電磁界が開口を伝播するメカニズムと，遠方界における振る舞いを正しく理解するために，**図6.17**と**図6.18**に電磁界伝播の原理を示します．**図6.17**は入射した波がシールドに衝突したときの振る舞いを簡単な例で示したものです．実際の製品では，ノイズ源の電磁界がどのような角度で入射するかわからないので，同時に無数の入射があると考えます．反射された電磁界の波面は内部に戻され，開口の長さに応じて，電界の一部は開口を通って伝播することになります．この図では，簡単のために磁界は示していないことに注意してください．

波源近傍では，磁界のインピーダンスは低く，電界のインピーダンスは高くなります．

波源から遠くなるに従い，電界および磁界のインピーダンスは一定値になり，平面波として観測されますが，これは遠方界に限られます．実際にはダイポールやループ・アンテナといった放射源のアンテナには関係なく，電界と磁界が分離して伝播することはありません．自由空間では，ホイヘンス（Christiaan Huygens）の原理によりシールドの開口によって作られる平面波を説明することができます．

ホイヘンスの原理は1678年に光波の解析から得られたものですが，1816年にフレネル（Augustin-Jean Fresnel）により電磁界にも適用可能なことが発見され，波動の伝播と回折の効果について説明がなされました．この原理は解析手法として，遠方界限界，近傍界回折における波動問題に適用することができます．

(1) 第1次波面の各点は第2次波面の波源となり，最初の波源と同様な形で擾乱（波動）をあらゆる方向に送り出します．

図6.18　ホイヘンスの原理　障壁の開口で生じる平面波の回折
（Wikipedia. Huygen's Principle, Illustrations in the public domainの厚意による）

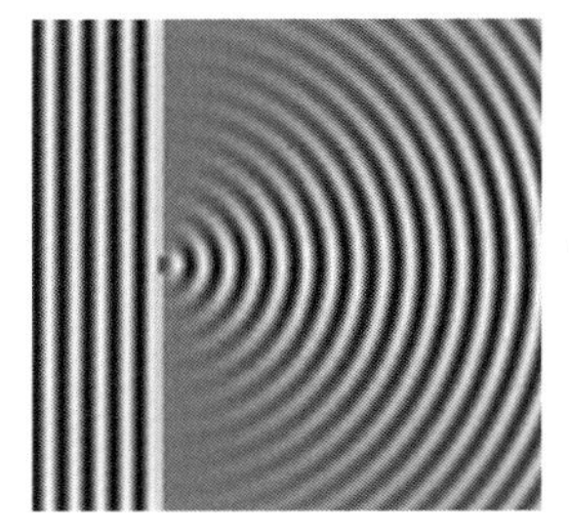

(a) 波長とスリット長が等しいときの平面波の回折のようす

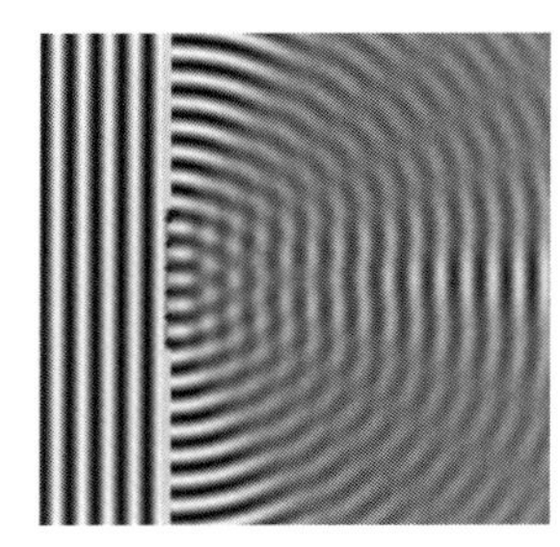

(b) スリット長が波長の数倍のときの平面波の回折のようす

(2) ある瞬間の新しい波面は，それ以前の進行波の2次波を重ね合わせた包絡線により与えられます．

これらは**図6.18**にまとめられています．**図6.18(a)**は，電界または磁界の波長とスリット長が等しい場合を示します．**図6.18(a)**では，1次波面（平面波）がスリットにより乱され，スリット部が2次波源となり，円形状にあらゆる方向に広がっていることがわかります．

一方，**図6.18(b)**はスリット長が入射波の整数倍であるため，2次波源が複数存在し，これらが重ね合わさり直線的な波になります．

ホイヘンスの原理によれば，$\lambda/30$を超える大きさの開口を設けるべきではなく，1GHzまでの電磁界を効果的に遮蔽するには1cmを超える開口を用いるべきではありません．経験則によれば，動作周波数の10倍の高調波までを考慮すると，$\lambda/50$から$\lambda/20$を超える大きさの開口の使用は避けるべきです．しかしながら，近距離で複数の開口を設けるとシールド効果は低下するため，開口の配置は慎重に決めなければなりません．これは，次節で議論します．

シールド開口長と周波数に対するシールド効果を**表6.2**に示します．開口長は，スロットの場合はスロットの幅あるいは長さ，円形の場合はその直径を表します．小さな開口は低い周波数において高いシールド効果を示しますが，周波数の上昇とともにその効果は減少し

表6.2 開口長と周波数に対するシールド効果

f [MHz]	開口の長さ				
	0.5" (1.2cm)	1" (2.54cm)	3" (7.62cm)	6" (15.24cm)	12" (30.48cm)
30	52 dB	46 dB	36 dB	30 dB	24 dB
50	47 dB	41 dB	32 dB	26 dB	20 dB
100	41 dB	35 dB	26 dB	20 dB	14 dB
300	32 dB	26 dB	16 dB	10 dB	4 dB
500	27 dB	21 dB	12 dB	6 dB	<1 dB
1000	21 dB	15 dB	6 dB	<1 dB	<1 dB

図6.19 開口長と周波数に対するシールド効果
(出典：Electromagnetic Compatibility Engineering, H. Ott)

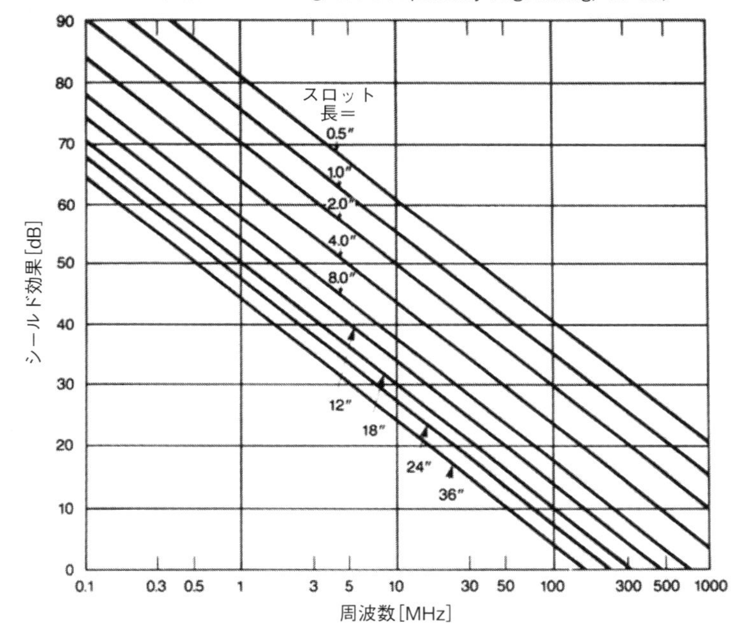

ていきます．これは，波長に対して開口長が大きくなり，その結果，シールド表面に流れる電流が開口によって大きく妨げられるためです．もし開口がなければ，シールド効果による減衰は容易に300dBに達します．**図6.19**は，**表6.2**をグラフで表したものです．開口長をパラメータにして，シールド効果と周波数の関係が示されています．式(6.12)は，**表6.2**のデータを数式で示したものです．

ただし，式(6.12)を使用する際は，開口部の縦または横のどちらかの最大寸法を使います．

$$S = 20\log\frac{150}{f[\mathrm{MHz}]\times L[\mathrm{m}]} \quad \cdots\cdots (6.12)$$

6.5.2 開口が複数の場合

開口を電子機器からの熱を放出するために用いる場合，開口は複数になります．この場合，開口の数やノイズ源の周波数，開口(円形)間の距離，シールドの厚さによりシールド効果は変化します[1]．式(6.13)にその関係を，**図6.20**にそのようすを示します．

$$SE(\mathrm{dB}) = 20\log\left(\frac{s}{2d}\right) \quad (d>t\text{のとき}) \quad \cdots (6.13)$$

ここで，

SE：全シールド効果

図6.20 シールドに配置された開口

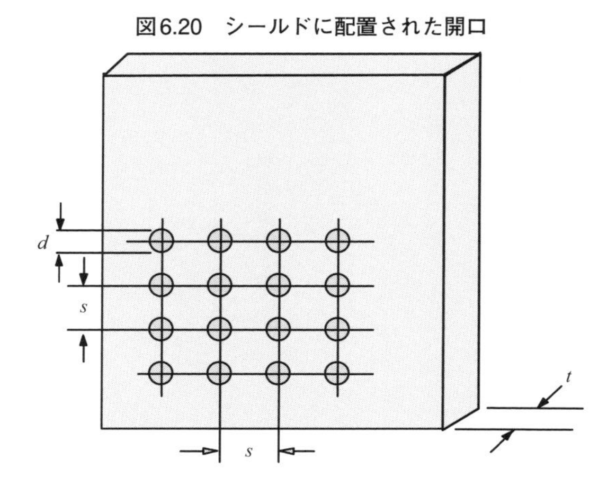

s：開口（円形）の間隔

d：開口の直径

t：障壁の厚さ

開口が近接して配列された例を**図6.20**に示します．式(6.14)で計算されるように開口の数nに対応してシールド効果は減少します．開口の数の平方根の対数をとって－20を乗じるか，あるいは開口の数の対数をとって－10を乗じるとシールド効果の低減を表すことができます．ここで，負符号はシールド効果が低減することを意味します．この式により，さまざまな事例におけるシールド効果の減少を，開口を設ける前に見積もることが可能になります．

$$SE = -20\log\sqrt{n} \quad \text{または} \quad SE = -10\log n \qquad (6.14)$$

n	2	4	6	8	10	15	20	25	30	40	50	100
SE[dB]	−3	−6	−8	−9	−10	−12	−13	−14	−15	−16	−17	−20

例

ある製品で100MHzにおいて20dBのシールド効果が必要になったとします．ここに同じ長さのスロットを全部で30個作るとすると，1つのスロットはどのくらいの長さにすればよいでしょうか？

- スロット数が30の場合，シールドの有効性は－15dB低下します．
- したがって，各スロットは35dBのシールド効果を出さなければなりません．
- 100MHzで35dBのシールド効果を出すためには，**表6.2**より各スロットは1インチ(2.54cm)の長さにすればよいことがわかります．

一直線に配列された円形開口があるとき，全体の正味のシールド効果は，円形開口1つのシールド効果に複数の開口によるシールド効果の低減分を足し合わせたものとして，式(6.15)で求めることができます．

$$SE\,[\mathrm{dB}] = 20\log\left(\frac{150}{f\ell\sqrt{n}}\right) \qquad (6.15)$$

ここで，

SE：正味のシールド効果

f：対象信号の周波数［MHz］

ℓ：スロットの長さ［m］

n：スロットの数

式(6.14)は直線的な配列の開口に対して与えられたものであり，**図6.20**に示すような2次元的配列に対して与えられたものではないことに注意が必要です．この配列では，一番上の列のみがシールド効果に影響（低減）します．つまり，2列目，3列目，4列目の開口は，シールド効果の低減に寄与しません．これは，電流が1列目の開口で迂回するので，2列目以降の開口は，電流の迂回に関与しないと説明されています．波長に比べて開口の間隔が小さい場合，1列目で迂回させられた電流は最後の列の開口を通過するまで迂回したまま流れるためです．

式(6.14)を用いる場合には，配列の第1列のみが有効であるということに注意が必要です．この列は横方向でも縦方向でも，あるいは対角方向でも同様に扱うことができます．式(6.14)のnは，これらが示す数ということになります．非対称に配列された開口の場合，最大の数になる列を取り上げればよく，例えば2×10の配列で開けられた開口の場合は$n = 10$とすれば良いでしょう．

6.5.3 スロット・アンテナの偏向

これまでの議論により，スロットがアンテナとして高周波エネルギーを放射することがわかりました．ホイヘンスの原理は，シールド内のスロットの幅と入射波の波長の関係で，スロット通過後の回折パターンが決まります．このことは，**図6.18**に明瞭に示されています．スロットの長辺方向に対して垂直に電流が流れると，**図6.18(b)**のような電界が発生します．これは，何が原因で発生しているのでしょうか？

スロット・アンテナは，偏波が90°シフトするのを除くと，**図6.21**に示すそのダイポール・アンテナと同じ放射パターンを生成します．

これらの知識を活用すれば，製品のEMC適合試験などで，遠方界に（近傍の測定ではなく）置かれたアンテナで観測された電界が，どの部分から放射されたものか推測することができます．このように，アンテナの向きからノイズ源を推測することにより，製品のノイズ対策にかかる時間を大きく削減することができます．

6.5.4 カットオフ以下の導波管

シールドに開口を設ける必要があるとき，その開口の大きさを導波管のカットオフに合わせて設計することで所望の減衰を得ることができます．開口の長辺がノイズ源の波長以下であり，ある程度の厚さがあれば，電磁波の伝搬を阻止します．この周波数をカットオフ周波数あるいは遮断周波数と呼びます．導波管では，カットオフ周波数以下の信号は減衰し，その減衰量はシールドの厚さdの関数になります(8)．カットオフ周波数を超えると，電磁波は減衰しません．

カットオフ周波数以下で導波管を使えば，シールドや筐体の外側に取り付けるスイッチやツマミから漏洩する電磁波を防ぐことができます．

図6.21 スロット・アンテナとダイポール・アンテナ

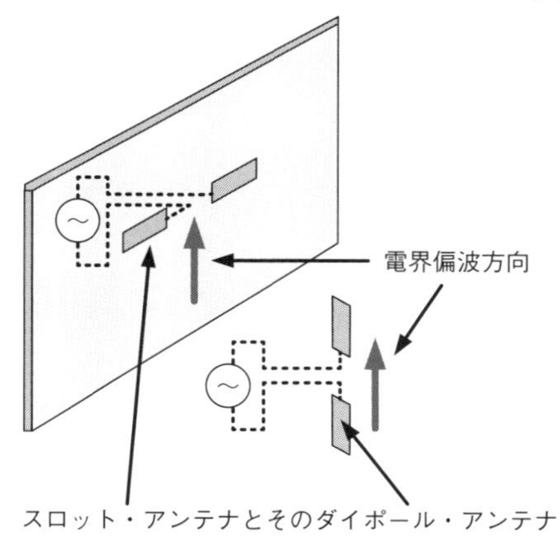

複数の導波管（例えば，ハニカム構造）からなる開口は電磁波の伝播を防ぐことが可能であり，電波暗室の換気口などへの応用が考えられます．ハニカム構造の開口部の直径が電磁界の波長に比べて小さければ，導波管を通過することはできません．開口の直径D[m]，長さd[m]の構造において，波長が$\lambda >> D$のとき，シールド効果は近似的に次のように計算されます．

$d/D \approx 1$のとき20dB

$d/D \approx 2$のとき40dB

$d/D \approx 5$のとき60dB

シールド・ルームの換気のために開けられた開口部を導波管構造にすることにより，カットオフ周波数以下の電磁波の伝播を阻止します．このときの導波管の形状として，円形，ハニカム，長方形などが考えられます（**図6.22**）．電磁波は，周波数が低くなるに従い減衰し，最終的にカットオフ周波数で0になります．カットオフ周波数を決める式を式(6.16)に示します．

円形導波管におけるカットオフ周波数

$$f_c = \frac{6.9 \times 10^9}{d\,[\mathrm{inch}]}\,[\mathrm{Hz}]$$

$$f_c = \frac{17.5 \times 10^9}{d\,[\mathrm{inch}]}\,[\mathrm{Hz}]$$

長方形導波管におけるカットオフ周波数

$$f_c = \frac{5.9 \times 10^9}{\ell\,[\mathrm{inch}]}\,[\mathrm{Hz}]\ (\ell：長辺方向) \quad \cdots\cdots (6.16)$$

円形導波管における磁界シールド

$$S = 32\,\frac{t\,[\mathrm{inch}]}{d\,[\mathrm{inch}]}\,[\mathrm{dB}]$$

長方形導波管における磁界シールド

$$S = 27.2\,\frac{t\,[\mathrm{inch}]}{d\,[\mathrm{inch}]}\,[\mathrm{dB}]$$

長さが直径の3倍になる導波管は，シールド効果は100dBを超えるものになります．

図6.22 カットオフ周波数を決定する寸法

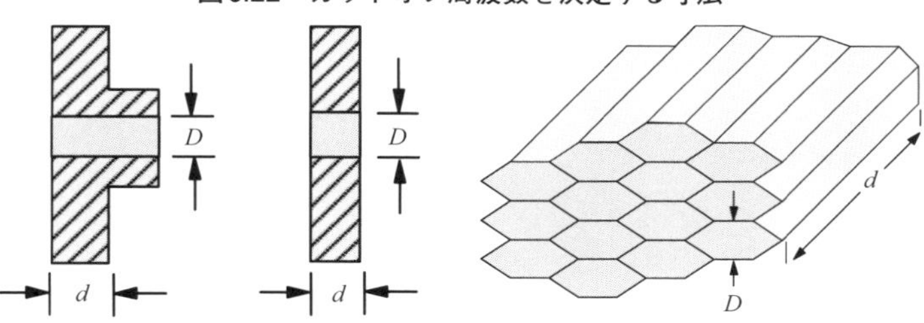

図6.23　通気用のハニカム導波管の例
（写真提供：Tech-Etch）

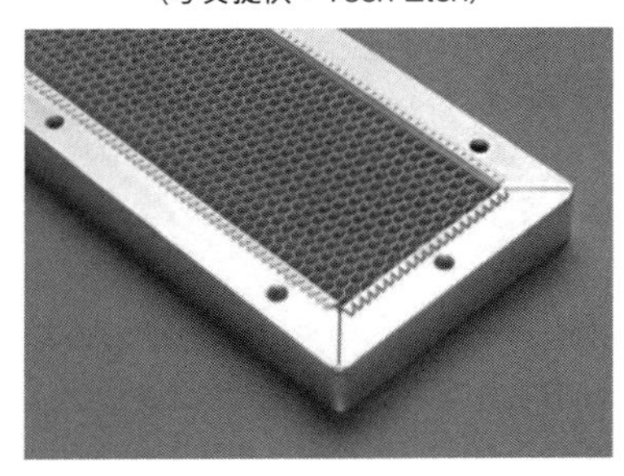

カットオフ周波数以下での導波管の応用例を次に示します．

(1) ハニカム・パネルによる冷却通気口
(2) 金属製パネルに制御シャフトを通す場合
(3) 光ファイバ・ケーブルを筐体やシールド・ルームに通過させる場合

図6.23に，換気に用いられる一般的なハニカム・シールドを示します．

6.5.5　筐体とシステム間の導波管と伝送線路

シールド・ルームで換気などを行うために，開口部には導波管構造がよく用いられます．金属構造物を持たない光ファイバ・ケーブルなどを敷設するためにも導波管構造は利用されます．導波管に金属導体やケーブルを通すと，シールド効果に大きな影響を及ぼすことに注意しなければなりません．フィルタを付けずに伝送線路（信号線）を通すと導波管の特性は乱され，シールドの効果は失われてしまいます．

外部から電波暗室（あるいはシールド・ルーム）内に引き込まれるケーブルには，AC/DC電源，リモート制御，監視用ビデオ・モニタ，イーサネット，ルータ，シミュレータなどがあります．これらが導波管構造の開口部を通して内部に接続されると，外部の電磁界がシールド・ルーム内部に侵入し，シールド効果が低下します．その結果，周辺のノイズがシールドルーム内部に侵入します．

もしくは，シールド・ルーム外部に置かれた試験機を制御する装置に悪影響が出る可能性もあります．例えば，放射イミュニティ試験でシールド・ルーム外部の制御システムが誤動作を起こすこともあり得ます．

そこで，シールド・ルームの内外への電磁界の漏洩を防ぐために，一般に同軸コネクタが取り付けられた隔壁パネルが用いられます．シールド・ルームや電波暗室には，多くの場合，被試験機器の制御や試験状況の観測のために作業室が併設され，この部屋も外部からは遮蔽される構造になっています．作業室の扉を閉めることで電磁界に対する全体のシールド効果を高く保っています．

もし，ケーブルなどで試験室間をつなぐ場合はどうすれば良いのでしょうか．これは，試験室間の距離に依存します．作業室と試験室のように物理的に隣り合わせの場合には，前述したように隔壁パネルを通した接続が可能ですが，距離がある場合は導波管構造やその他のシールド構造が必要になります．

一般的な取り付け方は，金属管をケーブル・コネクタと同様な方法で壁に溶接することです．このとき，金属管の長さと直径がノイズ源の電磁波より高い周波数でカットオフになるように設計されていれば，その取り付け方にはあまり影響を受けることはありません．シールド・ケーブルを導波管構造の開口部，もしくはパイプに通す際は，ケーブルのシールドを低インピーダンスで開口部の両端に接合する必要があります．これにより，シールド・ケーブル内の信号の周りにファラデー・シールドが形成されることになります．

6.6　シールド（囲み）内への浸み込み

表面処理の問題点とその対応

これまで，シールドには反射，吸収，再反射という考察すべき3つの主たる領域が含まれることを示し，換気やケーブルなどの配線に必要なスロットや開口について調べてきました．そして，開口が複数ある場合や，導波管構造の開口部にケーブルを通す場合についても述べました．

次に，シールドに不完全性があるときに何が起きるかを調べたいと思います．図6.24に，問題となる可能性のある部分を示します．EMIの問題が起こるとき，放射とイミュニティのどちらに対処すれば良いかを知ることは，EMC（電磁的整合）を達成するためには極めて大切です．

6.6.1　適切なシールドと不適切なシールド

不完全なシールドにより，電磁界がシールドや障壁を貫通しないことを目指します．高周波エネルギーの

図6.24　筐体や部品のシールドを劣化させる原因

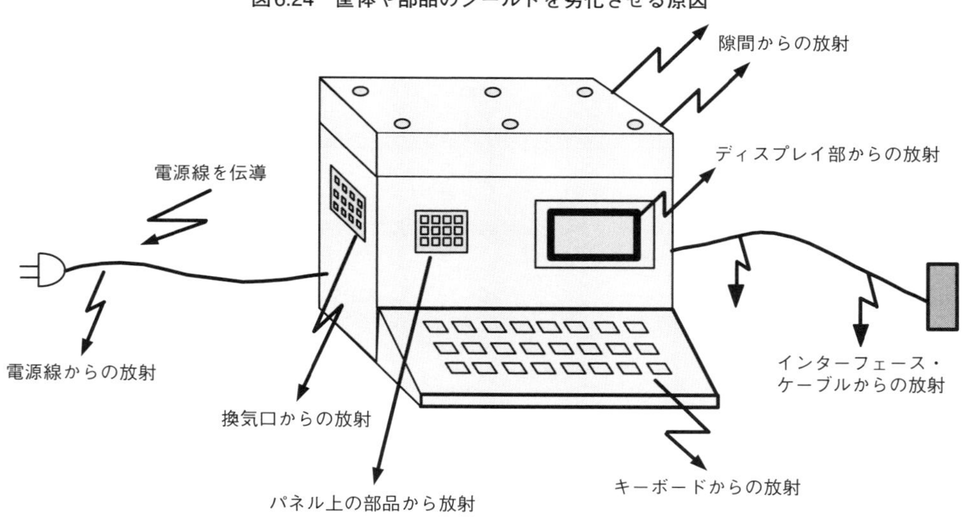

漏れの原因となるコネクタやシーム溶接によるインピーダンスに対して対策を加えることは，現実的でない場合があります．

第5章で議論したように，基準となる0Vへの高周波電流の経路を確実にすることが大切です[5]．どのような電子機器においても，真の意味での「グラウンド」というものは存在しません．我々がグラウンドと呼んでいるものは，実際はある1点の電位を基準にしています．シールドにおいてグラウンドという言葉が用いられるときは，それはアース・グラウンドであることを意味しています．この場合，電子機器は，AC電源ケーブルの中にある3番目のワイヤ・グラウンド（グリーン/イエロー）に接続されることになります．ケーブルに3番目のワイヤがない2極のACプラグやバッテリで動作するシステムには，アース・グラウンドが存在しないことになります．

金属筐体に電磁波が入射すると，渦電流が流れます．6.5.1節で議論したように，渦電流がスロットに対して垂直に流れると，スロット部に電磁界が発生します．

スロット長が，電磁界の波長の整数倍であれば，ホイヘンスの原理に従い平面波になります．この平面波は放射となって伝播していきます．この放射を防ぐには，シールドは可能な限り一体化されたものでなくてはなりません．放熱やその他の目的で必要とされる開口は，電子機器で用いられる信号周波数の高調波において共振を起こさないように設計しなければなりません．

コネクタについても，それが金属製かプラスチック製かに関係なく注意が必要です．シールドとコネクタの適切な接続方法と不適切な接続方法を**図6.25**に示します．シールド・ケーブルやフィルタ（例えば，貫通コンデンサ）を利用する場合，低インピーダンスで金属筐体に接続しなければなりません．

また，電子機器筐体の外部に置かれるスイッチや表示機器，ボリュームやそのシャフトは，設計段階から，ノイズが外部に漏れないように適切に実装しなければなりません．

イーサーネット（RJ-45）やHDMI，USBコネクタは，金属でシールドされており，さらに，金属筐体とコネクタを接続するためのスプリング状の突起，もしくは，筐体と共締めするためのフランジがあります．この突起を金属筐体に接続することにより，電子機器内部の電磁波の漏洩を防ぎます．

コネクタをスプリング・フィンガで金属筐体に接続する際，フィンガ表面には油や塗装，酸化皮膜，ワニスといった伝導を妨げる物質が付着し，金属筐体へ低インピーダンスで接続できないことがあります．もしくは，実装ズレや設計ミスでスプリング・フィンガの接触圧が弱く低インピーダンスに接続できないこともあります．低インピーダンスの接合ができていなければ，コモン・モード電流が発生してしまいます．

コネクタをシールドや金属筐体に固定する最適な方法は，コネクタの周囲360°をシールド開口部に接触させるだけでなく，低インピーダンスで接続する必要が

図6.25　シールドに対するコネクタなどの適切な取り付け方
（出典：Elya Joffeの好意による）

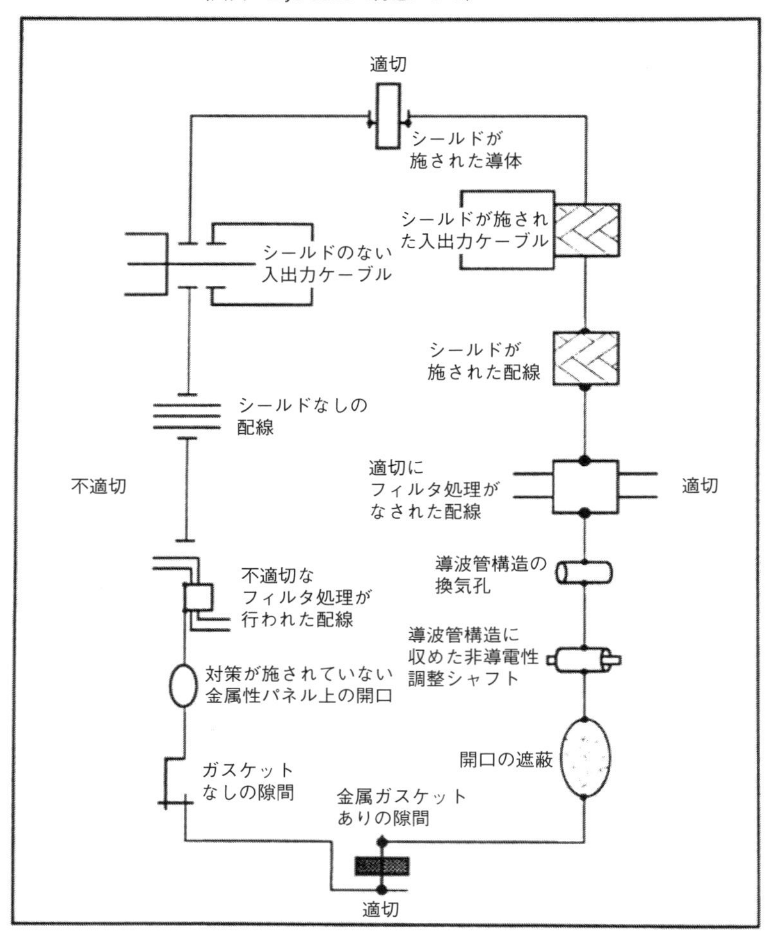

あります．そのためには，導電性のないシールドや金属筐体上の塗装やメッキを剥がせる鋸歯の付いたワッシャーを使って接続する必要があります．その他の接続方法としては，導電性ガスケットがありますが，これは6.9節で述べます．

低コストで，見た目もくすんだものや光沢のない表面処理は，導電性が悪いことを認識してください．中には，まったく「導電性を示さない！」表面処理のされた金属もあります．爪やナイフなどのとがったもので，金属の表面を傷つけてみてください．他の部分と異なる色の表面が見えたら，この金属のメッキは導電性という観点では良好ではないと言えます．このような導電性のない部分にガスケットなどを追加しても，ノイズ問題は解決しません．

このことを確認するために，テスタ（ブザー付き）を使い，プローブを金属表面に接触させたときのブザー音を聞いてみます．テスタの指示値はこの場合は無視し，導通があるかどうかをみます．ブザーが故障していないことを確認して，2本のプローブで金属の表面に軽く触れます．このとき，プローブに絶対に圧力を加えてはいけません．プローブの先端から手を10cm程度離し，被測定物に対してほぼ水平に置きます．つまり，横置きです．金属表面には側面で触れるようにし，プローブの先端で触れてはいけません．プローブが金属表面に触れているにもかかわらず，ブザー音がしない場合，この金属表面に導電性がないことを意味します．さらに，リードを円を描くように動かし，確実に接触していることを確かめておきます．

次に，プローブの先端を垂直方向に立てて圧力を加え，非導電性のメッキを貫通させます．ここでブザーが鳴れば，導電性を確認できたことになります．ここでも同様に，プローブを円を描くように動かし，垂直方向に圧力をかけて押します．この方法で，金属表面のメッキが導電性か非導電性かを簡単に確かめることができます．酸化アルミのメッキは強いので，導電性を確認するにはさらに強く押す必要があります．これは可鍛性を強く示す酸化銅とは異なります．酸化銅の塗装がなされた筐体の上部や下部の接合や，スプリングを用いるような接合では容易に低インピーダンスを得ることができます．

メッキが非導電性となる理由は，メッキの上にワニスを塗布しているためです．

ワニスは安価で塗布する工程も短時間で済むので，板金業者によっては5μmのメッキを施す代わりにメッキ厚を半分にして，残りをワニスの塗布で代用し，全体の膜厚を5μmにします．

ワニスは透明な樹脂なので，金属の光沢が見え，一見，導電性があるように思えます．

しかし，ワニスが塗布された板金は，実際の金属光沢より鈍い色になるので，注意して見ればわかります．

ワニスが塗布されたシールドや筐体とコネクタやケーブルを平ワッシャ（鋸歯のない）やフランジ（コネクタと筐体を接触させる部品）で接続した場合，低インピーダンスにすることができず，高周波電磁界の漏洩やコモンモード電流の発生をもたらすことになります．

実際，塗布されたワニスが原因だった場合，EMCの問題解決に多くの時間を費やすことになります．

6.7　シールド・ケーブルの接地と終端処理

種類と筐体への接続方法

ケーブルのシールドには，内部導体を囲むように，編組線やスパイラル状に巻いたアルミホイルが使われます（図6.26）．内部導体には，単線やより線などがあり，ケーブルの誘電体（芯線とシールドの間にある媒質）中を伝播する電磁界がケーブルの外へ漏洩することをシールドにより防ぎます．加えて，シールドは外部の電磁界が内部に侵入し，ケーブル内を伝送している信号に妨害を与えることも防ぎます．特殊な用途のケーブルでは，複数のシールドが施されることがあります．同じシールド構造を用いることもありますし，2つ目のシールドに編組線やアルミ・ホイルを用いることもあります．電磁界が強い環境で使用したり，硬い保護カバーを必要とするような状況で用いられます．ケーブル・シールドに関する広範な議論は，文献(10)で見ることができます．

コモン・モード放射を抑え，外部電磁界が内部導体に与える妨害を防ぐ最適なシールド・ケーブルを得るためには，種々のシールド構造を理解し，それらの接地についても理解を深める必要があります．

6.7.1　シールド・ケーブルの種類と用途

ケーブルのシールド構造には，その用途と使用環境に合わせてさまざまなタイプがあります．シールド・ケーブルの使用環境は，屋内外で極端な高温や低温に置かれたり，水や油に曝（さら）されたりします．

また，放射電磁界の防止や電流による発熱，ケーブルの硬さ等，考慮すべきことが他にも多々あります．

シールドの被覆は一般に用途やコストによって選択されますが，ケーブル内を流れる信号周波数や外部のノイズに対する耐性によってその必要度が決まります．また，シールドの端末処理は極めて重要になります．適切な端末処理が行われていない場合，システムの他の部分と比較してコネクタの接続部でより多くのEMC問題が発生します．

シールド効果を保つには，シールドの損傷にも気をつけなければなりません．損傷には，ケーブルに圧力が加わることよる，より線の崩れやアルミホイルや編組線の剥がれ等が考えられます．さらに，ケーブルのシールド材とコネクタのシェル・ハウジングへの接続方法も，シールド性を保つには重要です．

次に，市販品に見られるもっとも一般的なシールド

図6.26　ケーブルにおけるシールド

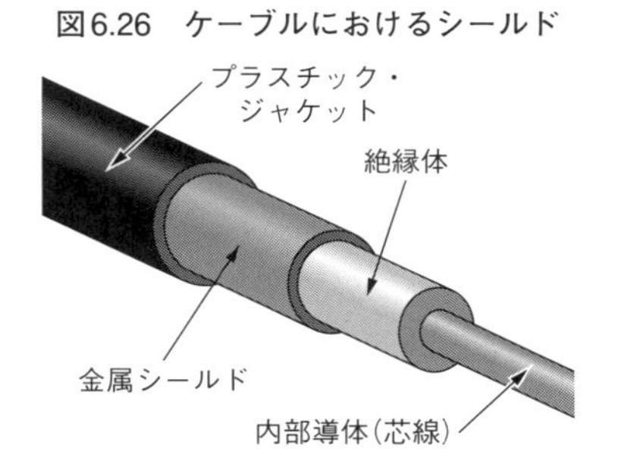

構造について述べます．ここでは，特別な用途に用いられる3重や4重のシールドなどは省きます．この一般的なシールドを**図6.27**に示します．また，**図6.28**にシールドの種類と利点を示します．

▶横巻きシールド

細い複数の銅線をスパイラル状に緩く包んだものです．解れやすく，終端も簡単ですが，ケーブルの周囲がコイル状になるため，比較的インダクタンスが高くなる傾向があります．このため，高い周波数での用途には不向きとなることがあります．このタイプのシールド・ケーブルはもっとも柔軟性があり，オーディオなどでよく用いられます．横巻きシールドは，通常ラグにはんだ付けや圧着が行われます．低周波の用途に適しています．

▶編組同軸シールド

通常，圧着やクランプなどにより終端され，場合によってはピッグ・テールを避けるために熱収縮シールド・チューブ（熱収縮チューブの内側に導電布が貼り付けてある）に直接はんだ付けされることがあります．飛行機の配線ハーネスに一般的に見られます．同軸構造ではない編組シールドで，編組線をシールドの外に出す場合は，はんだ付けするかピッグ・テールになることを抑えた熱収縮シールド・チューブで終端されます．

▶金属薄膜ホイル・シールド

金属薄膜ホイル・シールドとは，弾力のある樹脂（マイラ，ポイミド）に金属を蒸着させた非常に薄い（7.6 μm）フィルムで，ケーブル内のワイヤ（芯線と絶縁材）を螺旋状に巻いて固定します．メタライズド・ホイル・シールドは，ワイヤの周囲をほぼ100%覆うことができますが，他のシールドに比較して，抵抗値は大きくなります．ホイル・シールドは編組シールドと組み合わせて用いることで，シールド性能を強化できます．金属皮膜ホイルは通常アルミで作られることが多く，アルミでは圧着ができないので終端が難しいことからドレイン線（引き出し線）が用いられます．ドレイン線を使うことにより，必要な場所にはんだ付けして終端できます．しかし，このホイル・シールドから伸びたドレイン線のインダクタンスはかなり高くなります．したがって，金属のコネクタ・ハウジングに適切な終端がされていない場合，高い周波数において，放射ノイズとイミュニティの両方で大きな問題が発生する恐れがあります．

▶編組線シールド

編組線シールドは，細い銅線を円筒形に編み込んでワイヤを覆います．編組線シールドは，高い密度で編み込まれていますが，柔軟性があります．編組線シールドを低インピーダンスになっているコネクタのバックシェルや金属筐体に終端させるには，編組を解く必要がありますが，適切に接続することにより，大きなシールド効果が期待できます．編組線の被覆率は大体82～95%程度になります．

編組線シールドにはいくつかの種類があります．1つは，単線をより合わせ，細いワイヤ（ストランド）を

図6.27　ケーブル・アセンブリに用いられる種々のシールド

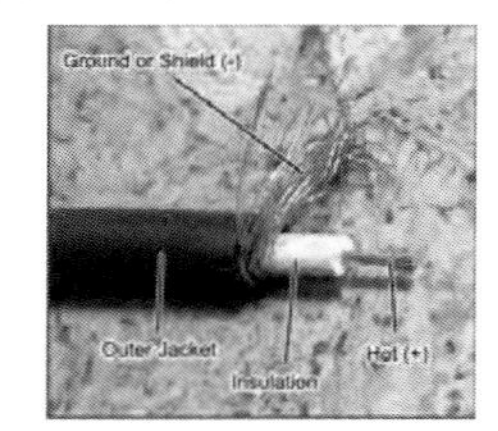

横巻きシールド

ドレイン・ワイヤ付き
ホイル・シールド

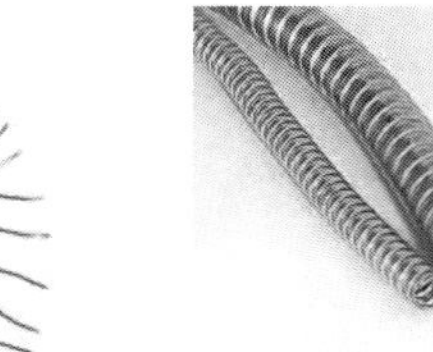

ホイル・シールド

固体シールド
（ケーブルの上から取り付け）

図6.28　シールド・ケーブルの構造と保護レベルの概要
（提供：Alpha Wire International）

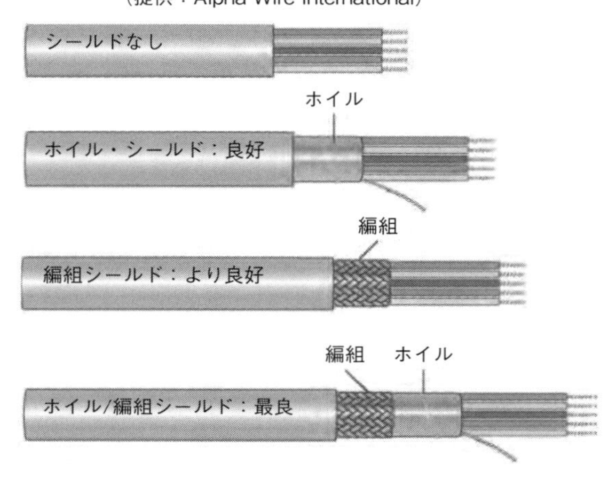

作り，さらに，そのワイヤを螺旋状により合わせてシールドを作ります．もう1つは，単線を組紐状に編み込みます．この組み紐状の編組シールドは，同軸ケーブルの外部導体として使われ，構造が均一であるため，高周波において，高いシールド効果を発揮し，その他のシールド技術と併用することで，高いノイズ抑制効果を発揮します．

▶固体シールド

固体シールドは，折り曲げが可能な金属製のパイプ構造で，同軸ケーブルの外部導体として使われ，セミリジットとも言われます．材料としては，銅やアルミが一般的です．固体シールドを使用するセミリジッド同軸ケーブルは，パイプ径が細ければ手作業で，太い場合は，工具を使って自由に折り曲げ可能です．被覆率は100%で抵抗も小さく，シールドとして最高の性能を示します．固体シールドは，高周波信号が流れる基板間やモジュール間の接続に使われる同軸コネクタの外部導体や，環境の厳しい屋外アンテナへの電力供給に使われます．固体シールドの終端処理は，はんだ付けやカシメを用いますが，アルミのはんだ付けは一般的ではありません．

6.7.2　シールド・ケーブルの接地(一端または両端)

設計者からよく聞かれる質問に，「シールド・ケーブルの接地は片側で行うべきか，それとも両端か，あるいは浮かすべきか？」というものがあります．この節では，それぞれの方法がもつ利点，欠点を「シンプルなシールド・ケーブルの接地方法」としてまとめます．

質問に答える前に，アンテナの構造について復習しましょう．基本的なアンテナには，ダイポール・アンテナとループ・アンテナの2つがあります．第1章において，これらのアンテナの働きを電界や磁界の構造から詳細に説明しています．

電界の作用が支配的なダイポール・アンテナのモデルは，駆動部分とリターン部分の2つからなり，この2つの間には，誘電体による静電容量が生じます．一般的に，誘電体としては空気やポリエステルなどのさまざまな材料が考えられます．同軸ケーブルで言えば，中心導体と外部導体間の誘電体になります．このようすを図6.29 (a) に示します．一般的な電子機器内部の配線長では，1GHz以上でないと効果的なダイポール・アンテナにはなりません．その理由は，ダイポール・アンテナが効率良く電磁界を放射する周波数は，長さによって決まり，通常の電子機器の配線長(8cm以下を想定)であれば，その周波数は1GHz以上になります．同軸ケーブルによる配線では，外部導体(シールド)が負荷側で接続されず，片端接地となることも考えられます．

磁界の作用が支配的なループ・アンテナは波源と負荷の接続によって形成されますが，例えば同軸ケーブルによる接続を考えた場合，中心導体が駆動部になり，外部導体がリターン部になります．このようすを図6.29 (b) に示します．

ロジックICに接続されたコネクタを含むケーブル(同軸線路を含む)を想像してください．このケーブルの反対側にもロジックICが接続されていますが，CMOSの入力端子(ゲート)にはほとんど電流が流れず，数pF程度のキャパシタに見えます．ここでは，シンプルに理解するために，受信端側は開放されていると仮定します．このよな状況では，ケーブルが効率の良いダイポール・アンテナになり，ケーブル長と伝搬する信号の周波数に応じた電磁界が放射されます．このように高周波電流がケーブルを流れると，放射ノイズの問題が発生します．反対に，商用の放送電波などが存在する中にこのような構造があると，信号線路に高周波の電流が誘導されて回路動作に誤動作を引き起こす可能性があります．

1MHz以下の低い周波数の波長は，空気中で300mになりますので，この波長で共振を起こして，ダイポール・アンテナとして動作するには，150mの長さが必要です．したがって，一般的な電子機器のケーブルやプリント基板は，1MHz以下ではダイポール・アンテナにはなりません．

一方，ループ・アンテナは1MHz以下の低い周波数で効率が高くなります．ここでは，ループ・アンテナの共振周波数を厳密に議論するわけではなく，ループ・アンテナとしてどのように働くのかという点に注目して考えたいと思います．

図6.29 (b) に示したように，信号源から負荷に向かってケーブル内に信号が流れます．このとき信号電流は信号源から負荷に向かって流れ，リターン部を通って信号源に戻り，ループ構造(磁界アンテナ)が形成されます．このような信号伝達をディファレンシャル・モードの信号伝達と呼びます．ループは，常に閉回路によって生じるものであり，浮遊容量を介するものではありません．

図6.29　ケーブルと相互接続に関連する基本的なアンテナ構造

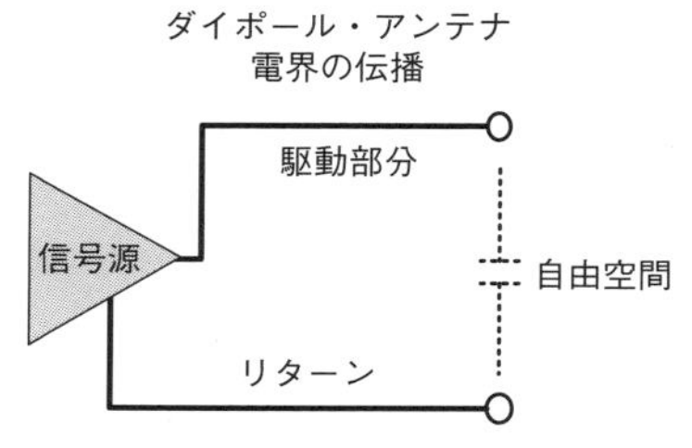

(a) 負荷に接続していないケーブル
(例えば，コネクタから浮いた状態)

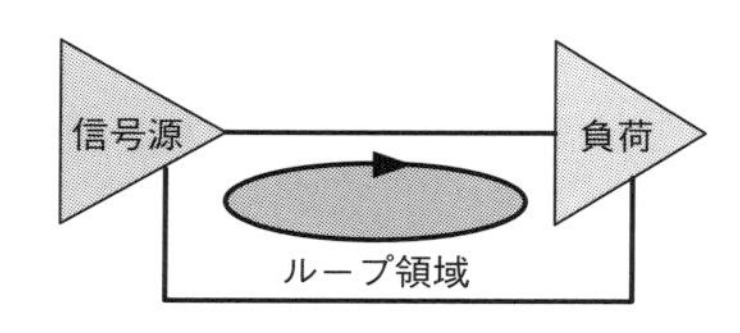

(b) 負荷に接続されたケーブル
(例えば，コネクタに差し込まれた状態)

ここで，ダイポール・アンテナやループ・アンテナの例として，シールドのある伝送線路を考えてみましょう．シンプルに理解するために，ケーブルは中心導体とシールドからなる同軸ケーブルを考えます．この場合，シールドは片端接地とするべきでしょうか？両端接地とするべきでしょうか？その答えは，状況により異なります．

それは，ケーブル内を流れる信号の周波数や環境，機械的な構造(フレキシブルかリジッドか)，信号のリターン経路などの数多くの要因に左右されます．状況の理解を進めるために，同軸ケーブルを1つの伝送線路ではなく，信号が伝達する中心導体と，その信号のリターン経路になる外部導体，つまりシールド部を分けて考えます．

リターン経路の接続方法は，2つあります．1つは，信号のリターンをケーブルのシールドおよびシャーシに接続します．

もう1つは，リターン用のワイヤを別に準備して，シールドとリターンは絶縁します．この場合も，シールドとシャーシは接続します．

(1) 信号のリターン線がケーブル・シールドから絶縁される場合

信号のリターン用のワイヤが個別に準備されており，ケーブルのシールドとは，電気的な接続がない場合です．この接続方法は，信号線のリターンがシャーシやシールド・グラウンドに接続できない場合(例えば，ビデオの差動信号，音声信号，RS-232など)の信号に用いられます．もし誤って信号のリターン線がケーブルのシールド(シャーシ・グラウンドにも接続される)に接続されると，信号の基準電位とシャーシ・グラウンド間で大きな電位差になり，機能的な障害が引き起こされる可能性が生じます．

第5章で述べたように，この電位差によりコモンモード電流が発生し，大きな放射ノイズを発生します．

(2) 信号のリターン線がケーブル・シールドに接続される場合

信号のリターン線がケーブル・シールドに接続されると，リターン電流はシールドの内側を伝播し，外部からの不要な高周波エネルギーはシールドの外側部分を通って伝播します．これは表皮効果によるもので，伝播する電磁界の周波数に依存しますが，通常，編組線の厚さは，表皮深さの数倍以上あるため，同一の導体で2系統の信号伝達経路ができることになります．

シールド外部を流れる外来ノイズによる電流と内部を流れる信号電流は，お互いに無関係になるので，注意する必要はありません．ケーブルのシールドは，シャーシやアースに接続されるため，ディジタル信号のローレベルの電位はシャーシのグラウンド電位と同じになります．ディジタル回路のリターン経路とシャーシ・グラウンドのインピーダンスの差が少ないことが，シグナル・インティグリティを保つ条件になります．このような接続方法は，伝送される信号周波数が低い場合に有効です．

次に，シールド・ケーブルの片側接地と両側接地について調べることにしましょう．注意すべき点は，次のとおりです．

(1) 対象とする周波数
(2) ケーブルが効率的なアンテナとして動作する長さ
(3) ケーブルはダイポール・アンテナとして動作するのか？ それとも，ループ・アンテナとして動作するのか？

▶片側シールド接地

図6.30に示すケーブル・シールドは，信号源側での

図6.30 片側でのシールド接続(低い周波数の信号に最適)
ダイポール・アンテナ・モデルの放射は，低い周波数では非効率になる．

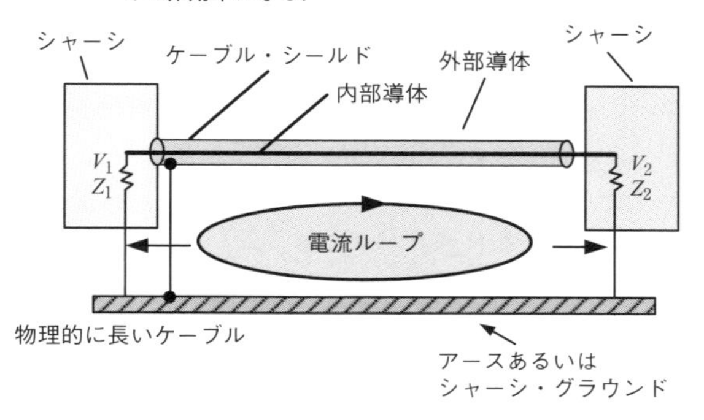

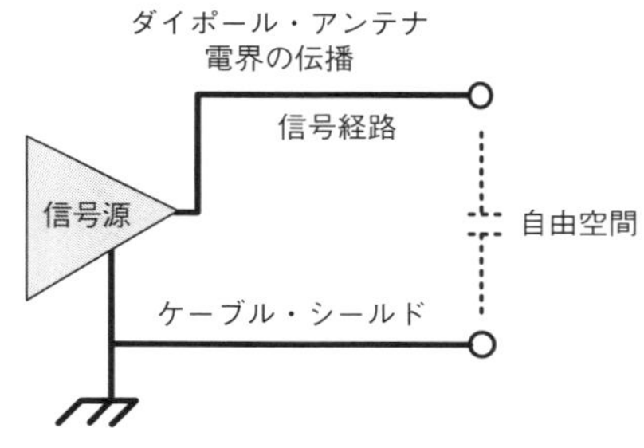

みシャーシ・グラウンドに接続されています．ここでは，信号のリターン電流は図示されていません．信号線とケーブルのシールドのみが示されています．

一般にダイポール・アンテナは，ケーブル長が信号波長の半波長となったときに共振を起こし，効率の良いアンテナになる点に注意が必要です．**図6.30**に示す信号源に接続されたシールド・ケーブルは，効率が低い例です．これは，波長に対してケーブルが短いためです．片端接地のシールド・ケーブルでは，信号線は駆動部でありシールド部はリターンとなりますが，信号周波数が低い場合は共振に長いケーブルが必要となり，放射効率は低いものになります．信号周波数が高い場合は，一般に高い放射効率を示すようになります．したがって，適切な接地方法は，波長(周波数)に対するケーブルの長さに依存して決まります．

片端接地として，ダイポール・アンテナを形成したほうが良いのか，それとも，両端接地としてループ・アンテナを形成したほうがノイズが少ないのかは，電流のループ面積やケーブル長に依存します．両端を接地した場合，この構造は立派なループ・アンテナを形成します．ループ面積が小さい場合，低周波の信号は効率良く放射されません．したがって，適切な接地方法は，ループ面積と信号の周波数にに依存して決まります．

- ダイポール・アンテナ構造：ケーブル長が長いほど，効率良く電磁界を放射します．ケーブル長が信号の半波長以下では，極端に放射効率が下がります．
- ループ・アンテナ構造：片端接地では，ループ電流は流れないので，ループ・アンテナは形成されません．

▶両端シールド接地

シールドを両端で接地すると，**図6.31**に示すように，ケーブルのシールドとアースやシャーシ・グラウンドによりループ・アンテナが形成されます．

このループ・アンテナ構造も，ダイポール・アンテナ構造と同様に，ケーブル長と信号の波長に一定の関係があり，長いケーブルでは，低い周波数から大きな放射ノイズを発生します(信号の波長の整数倍になる長さで共振を発生)．

逆に，短いケーブルでは，周波数が高くならないと，大きな放射ノイズを発生しません．

基本的に，シールドを両側で接地すると，信号源と負荷の間にファラデー・ケージのような構造が形成され(**図6.31**)，電界を遮りますが，ケーブルのシールドを流れる電流がシャーシを通してアースに流れ，信号源まで戻るループを形成して，磁界を発生します．

まとめると，

▶ケーブルのシールドをシャーシに接続する利点

- 両端接地では，シールドとシャーシによりファラデー・ケージを作り，電界の放射を抑制します．一方で，ケーブルのシールドとアースによりループ・アンテナが作られるので，ケーブル長が長い場合，低い周波数で大きな放射ノイズを発生する可能性があります．
- シャーシ上にループ電流が流れると，磁界の放射が行われる可能性がありますが，一般にこのループは小さいため，低い周波数では放射効率は高くありません．
- 両側接地を行うことで，電界成分，磁界成分ともに高周波での共振を避けることができます．

▶シールド・ケーブルをシャーシに接地した場合の問題点

- ケーブルのシールドがシャーシやアースへ接地する際，細くて長いワイヤが使われたり，接続方法が悪く，シールドとシャーシ間のインピーダンスが高くなる

図6.31　両側でのシールド接続（高い周波数の信号に最適）
ループ・アンテナ・モデルの放射は，高い周波数では非効率となる．

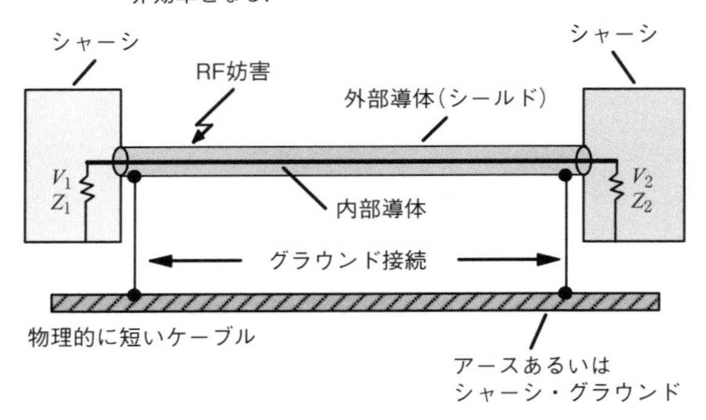

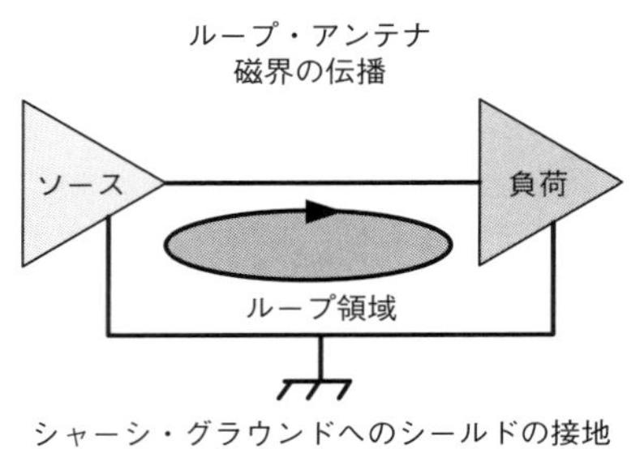

と，電位差によりグラウンド・ループが発生します．特に，信号のリータンがケーブルのシールドになっている場合は，注意が必要です．

- ケーブル長が長く，ケーブルのシールドとシャーシの接続が不十分で，シールドとシャーシ間のインピーダンスが高い場合，もはやシールドはシールドではなく，ダイポール・アンテナとして働きます．
- ケーブルのシールドがグラウンド電位の異なる電子機器間に接続されると，機器間に有害な電流が流れ，障害が発生する可能性があります．電位差による障害を避けるために，シールドのないツイスト・ペア・ケーブルが長距離伝送に使われます．

6.7.3　ケーブル・シールド終端処理の概要（システム・レベル）

一般的なシステム・レベルの接続方法を**図6.32**に示します．図(a)に示す例は，ファラデー・ケージの構成です．ここでは，信号線は完全に金属筐体とケーブルのシールドに包まれます．プリント基板と金属筐体間には，寄生容量による結合による電界が発生します．この電界に，ファラデー・ケージにより，筐体やシールドが外部に漏れることもなく，外部の電界がシールド内部に入り込むこともありません．

電子機器間を接続するケーブルに信号が流れると，そのリターン電流がケーブルのシールドを流れます．このシールドとアースには，寄生キャパシタンスや寄生インダクタンスがあるため，1つの電流経路(ループ)が作られ，放射ノイズを発生します．

このループから発生するノイズは，ケーブル長と信号周波数に依存します．

図6.32(c)は，ピッグ・テールを用いてケーブル・シールドをシャーシ・グラウンドに接続した例です．ピッグ・テールとは，ケーブルのシールド(ドレイン線や編組，金属膜を蒸着したフィルム)を直接シャーシやプリント基板にはんだ付け，もしくはネジ留めで固定する接続方法です．

ピッグ・テールによる接続方法は，インダクタンスの影響でインピーダンスが高くなります．その結果，コモン・モード電流が流れ，**図6.32**(a)より放射ノイズが40dBも大きくなることがあります．

ピッグ・テールが筐体の外側に接合される場合は，次の点に注意が必要です．

- ピッグ・テールの両端が接地されるとループ電流が流れ，低周波において磁界が発生します．
- 片端がアースに接続されずに浮いた状態のとき，ケーブルのシールドはダイポール・アンテナ構造となり，高い周波数において効率の良いアンテナとして働きます．
- コモン・モード電流は，ピッグ・テールのインピーダンスが高いことにより発生し，ノイズとなる強い電磁界を外部に放射します．また，ピッグ・テールは外部の電磁界の影響も受けやすく，ノイズ耐性が下がります．
- ピッグ・テールが使われた電子機器が電磁界の強い環境で使われると，電磁界がピッグ・テールを介して機器の内部に侵入して，誤動作することがあります．

6.7.4　シールド・ケーブルの実装方法

ケーブル・メーカから特別な説明がない場合は，以下の点に注意した実装を推奨します．

(1) 信号線とリターン線をきつく捻(ひね)ってください．これにより，2線間で作られる面積が小さくなり，効果的にコモン・モード成分を削減できます．

(2) 同軸ケーブルのシールドが信号線のリターン経路

図6.32 ケーブル・シールドの接続形態（システム・レベル）

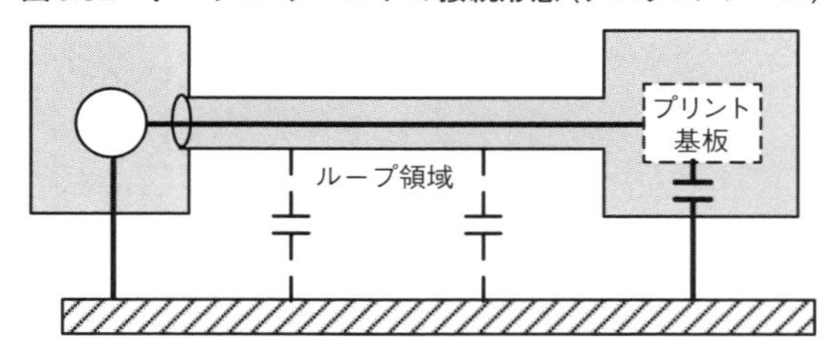

(a) 360°シールド終端（最良）

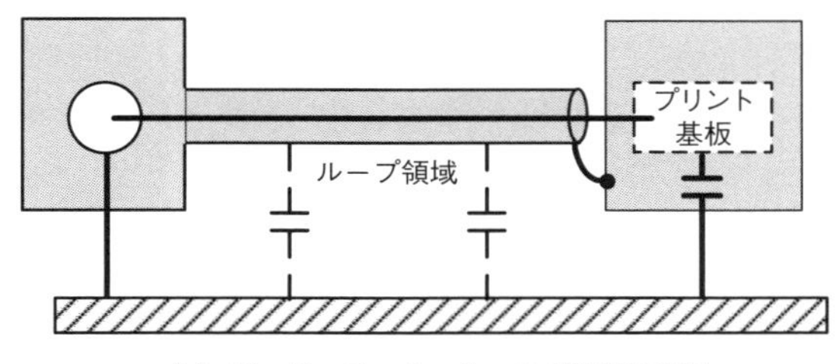

(b) ピッグ・テール・シールド終端（不良）

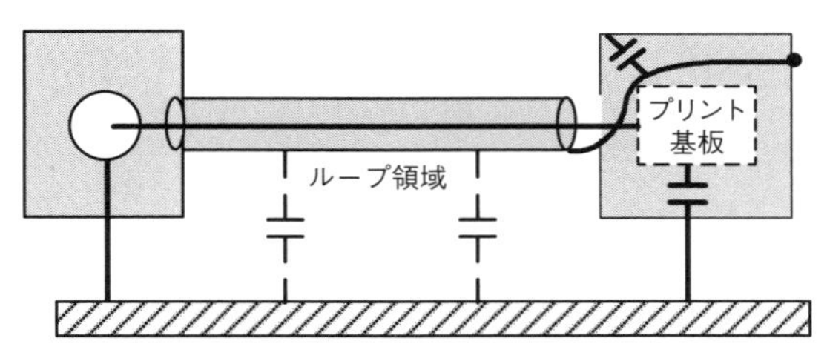

(c) ピッグ・テール・シールド終端（最悪）

になっており，なおかつ，外来電磁波による干渉電流が流れる場合，低域から中域の周波数でノイズを発生します．このような場合は，シールドはリターン用途に使わず，別のリターン用ワイヤを準備するべきです．

(3) 金属薄膜が蒸着されているホイル（アルミ・テープ）や編組でケーブルをシールドする場合，ドレイン線が設けられていることがあります．このドレイン線は，シールド材（アルミ・テープ，編組）を金属筐体やプリント基板のグラウンドに接地する目的で使われていますが，中には，シールド材とドレイン線の密着が弱かったり，インピーダンスが高い場合があるので，注意が必要です．

(4) ケーブルのホイル・シールド（アルミ・テープ等）や編組をコネクタ・ハウジングに接続する場合は，ドレイン線を使わず，シールド材をコネクタ・ハウジングを囲むように，周囲360度隙間なく接続しなければなりません．これは，ドレイン線がピッグ・テールになることを避けるためです．ホイル・シールドは樹脂が使われているので，外側は導電性がありません．したがって，ハウジングにホイル・シールドを接続する際は，導電性のある内側を接合する必要があります．ホイル・シールドとコネクタ・ハウジングの接続面が非導電面の場合は，ドレイン線を使う必要がありますが，このような場合，ドレイン線は極力短くするか，ドレイン線を包み込むシールドを追加する必要があります．

(5) 編組線は，螺旋（らせん）状に巻かれたホイル・シールドよりも優れています．これは，螺旋状に巻かれたホイル・シールドへ仕様で定められた曲げ半径を超える曲げや応力が加わった場合，ホイルの螺旋構造が崩れ，遮蔽率が下がることがあるからです．

(6) しっかり編まれた編線シールドは遮蔽率も高く，低インピーダンスとなるので，優れた信号伝達特性とノイズ抑制能力を発揮します．

(7) 編組線シールドとホイル・シールドを併用すれば，高いシールド効果と低インピーダンスにより，信号の伝達特性が良くなります．しかし，MHz以下の周波数では表皮深さが厚くなるため，シールド効果の性能向上には限界があります．

(8) 縦方向に巻かれたホイル・シールドは，螺旋状に巻かれたホイルに比べて，コスト面や柔軟性において優れています．

(9) 複数のツイスト・ペア・ケーブルを束ねて，1つのケーブルを作ることがあります．この場合，ツイスト・ケーブルは容量性結合や誘導性結合によるクロストークを抑制するため，シールドが必要になります．

(10) 一般に，信号のリターン経路がシールドになっているケーブルより，リターン経路とシールドが分離されているほうが放射ノイズに対する性能は優れています．

(11) 厚くて重いシールドは，一般に高いノイズ抑制効果を発揮しますが，外形が大きくなり，柔軟性が悪く，部材費が高くなる点を考慮する必要があります．

(12) 二重シールド・ケーブルは，コンジット・パイプ（ケーブルを敷設するときに使う金属製のパイプ）に使うには最適ですが，ケーブルの両端を低インピーダンスになるように，ケーブルのシールドの周囲360度を筐体に接続する必要があります．

(13) キャパシタンスが小さく，絶縁材の比誘電率が低い（波長短縮率が小さい）ケーブルは長距離伝送で良い特性を示します．

(14) 高速のデータ伝送において，信号線の特性インピーダンスとコネクタのインピーダンスの不整合は小さくする必要があります．これには，インピーダンスが正確に管理されたコネクタを用いる必要があり，部材費が高価になる可能性があります．

(15) 鋭角に曲げられたケーブルや繰り返し屈曲されるケーブルでは，シールドの形状が崩れ，隙間が生じる可能性があります．その結果，放射ノイズや波形品質の問題が発生します．

6.7.5　シールド・ケーブルの適切な終端処理

図6.33に，シールド・ケーブルの適切な終端処理例を示します．

図6.33(a)は，金属製ハウジングにシールド・ケーブルを接続（終端）した例です．この場合，ケーブルのシールドを露出させ，クランプ（金属製）でハウジングに固定し，ドレイン線があれば，ドレイン線も同時に固定します．

図6.33(b)は，シールドされた筐体やシールド・ルームの壁面にケーブルを通す場合を示します．**図6.33**(a)と同様に，ケーブルの被覆を剥がし，シールドを露出させ，筐体壁面もしくは筐体内部に接続します．

図6.33(c)は，DIN規格の端子台へケーブルを取り付ける例になります．信号線はシールドからむき出しになるので，信号線が露出する長さを可能な限り短くなるように端子台へ接続します．また，シールドのクランプと端子台の距離もなるべく短かくなるように接続します．

D-subコネクタやシールドされたRJ-45コネクタ，USBコネクタなどの一般的ケーブルでは，シールドはコネクタ・ハウジングに接続する必要があります．このとき，ピッグ・テール構成となるドレイン線の使用は推奨しませんが，用いる場合には「極めて」短いものにします．繰り返しになりますが，シールドの接続は低インピーダンスで行う必要があり，それははんだ付けを意味します．

6.7.6　シールド・ケーブルを指定する際に考慮すべき点

使用するシールド・ケーブルの種類に応じて，以下の事項を考慮する必要があります．

- 機械的親和性：シールド・ケーブルの外径はコネクタ・ハウジングの大きさに一致させる必要があり，圧着端子を利用する場合には寸法公差内である必要があります．
- 電気化学的親和性：シールド材は，異種金属接合で腐食を起こさない材料でなければなりません．例えば，アルミとスチールは電気的にガルバニック異種

図6.33　ケーブル・シールドの端末処理
（Elya Joffeの好意による）

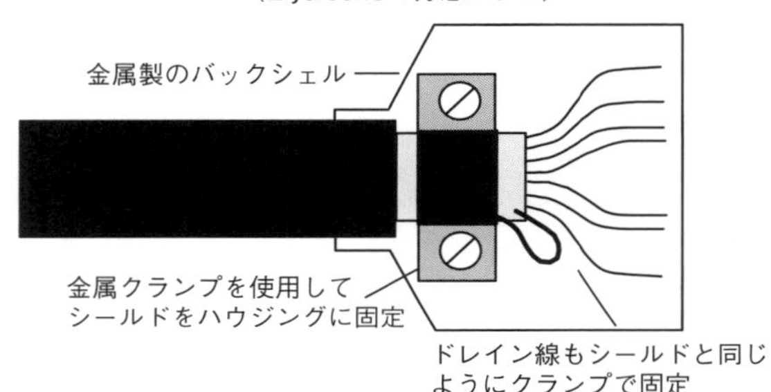

(a) 金属を用いたハウジング

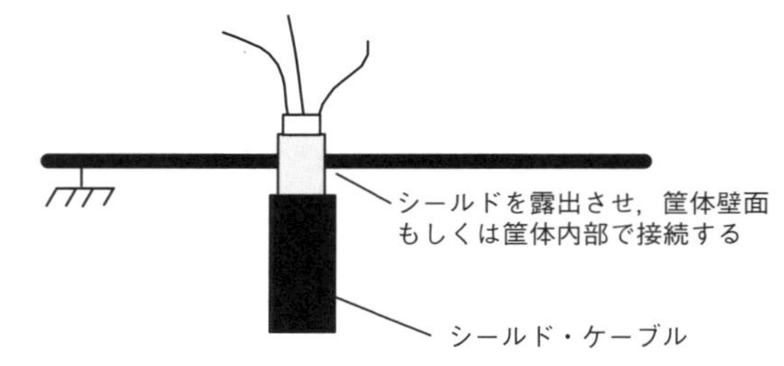

(b) シールドされた筐体や，シールドルームなどの壁面への接合

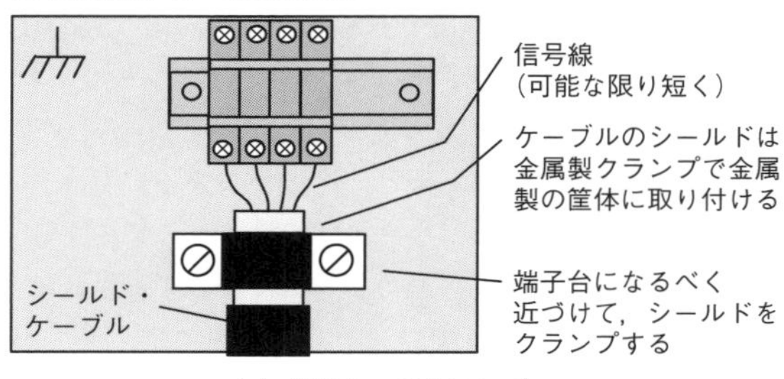

(c) 端子台へのクランプ

金属の関係にあり，腐食を起こします．

- 組み立てやすさ：高品質のケーブルを組み立てるには，高い技術が要求されます．選択したシールドの種類で容易にグラウンドが取れるのか，ケーブルのシールドにダメージを与えないで内部の信号線を結線できるか等の考慮が必要です．
- 導電性：接合部は，低インピーダンスを保たなくてはなりません．これは直接シールド効果に影響を及ぼします．
- ケーブルの取り扱い：鋭角な折り曲げや繰り返して屈曲させると，シールド性能が劣化する恐れがあります．
- 使用環境：シールドは，繰り返しの屈曲やコンジット・パイプ（金属管）への敷設，湿気や雰囲気ガスの環境下において，性能を維持しなければなりません．また，シールドを筐体へクランプを使って接続した場合，編組線等が損傷してはいけません．

6.8 隔壁によるシールド

自家中毒や回路モジュール同士の結合による誤動作を防ぐ

プリント回路基板にシールドを施すには，さまざまな方法があり，筐体や機能，電子部品レベルに分けて考えます．筐体レベルでは，効果の高い金属筐体を使うべきです．機能レベルや部品レベルでは，プリント基板や能動素子から放射される電磁界が，他の部分に干渉しないようにします．

プリント回路基板に対するシールドは，ノイズ規制に適合するためだけでなく，クロストークや自家中毒（イントラEMC）を防ぐためにも必要です．

また，このようなシールドは，外来の放射電磁界を減衰させ，回路の誤動作を防ぎます．

このように，ノイズを出さず，また，外来ノイズに対しても耐性を必要とする一例として，Wi-FiやGPS等の無線通信機器があります．Wi-FiやGPSは，電磁波を使った通信を行うため，自分自身から放射されるノイズや外来からのノイズに影響を受けないように設計しなければなりません．

これを達成するために，以下の隔壁によるシールドを設ける必要があります．

- 隔壁によるシールドを使用して，センサ回路や無線の受信回路等の「敏感な」領域をディジタル回路等の「ノイズの多い」領域から分離します（もし金属性のカバーができない場合，シールドとしてビアフェンスやプレーンを分割する手段もある）．
- アースへ確実に接地するには，
  - シャーシ（筐体）内部のプリント基板をアースに接地する．
  - プリント基板のグラウンドを基準電位（0V）に接続する．
- 金属筐体内部のケーブルを，筐体の壁に沿って配置することにより，他のプリント基板やケーブルからの電磁的な結合を防ぎます（ケーブルを筐体の金属壁に近づけることにより，高周波電流のリターン経路となって磁界をキャンセルし，結合を防ぐ）．

部品ごとや機能ごとに分けて分離する理由は，センサや無線受信回路等の感度の高い部分を，ディジタル回路やモータ等の雑音の強い回路から保護するためです．

このように，ある回路から放射される電界は，他の回路に結合して，イミュニティの問題を引き起こします．高電圧のアナログ回路と低電圧のアナログ回路の分離は，高周波の素子と低周波の素子を分離するのと同様に必要です．

高いレベルでの分離を実現するために**図6.34**に示すように筐体内部に金属製の隔壁を使い，素子や回路を分離します．

各回路やプリント基板を分離する隔壁は，筐体に対して導電性ガスケットやネジを使って低インピーダンスになるように接続します．

しかし，回路やプリント基板の入出力ケーブルがシールドされた隔壁を貫通すると，シールド効果が損なわれます．

シールド効果の低下を最小限に抑えるには，各回路が電磁的に結合しないように，隔壁を貫通するケーブル部分でフィルタとガスケットを挿入します．

金属筐体にプリント基板を接地する場合や隔壁を設ける場合は，以下のように実施してください．

- すべてのプリント基板や電子部品は，導電性のスペーサを使って基準電位（0V）に接続してください．このとき，プリント基板のグラウンドと金属筐体が確実に導通するように，スペーサ用の穴は絶縁された貫通穴でなく，グラウンドに導通しているスルーホール・ビアを利用してください．
- 可能な限り，金属製の隔壁が筐体に低インピーダンスで接続できるように，溶接やはんだ付け，ネジ留

図6.34 筐体内のシールド保護付きバリア・パーティション

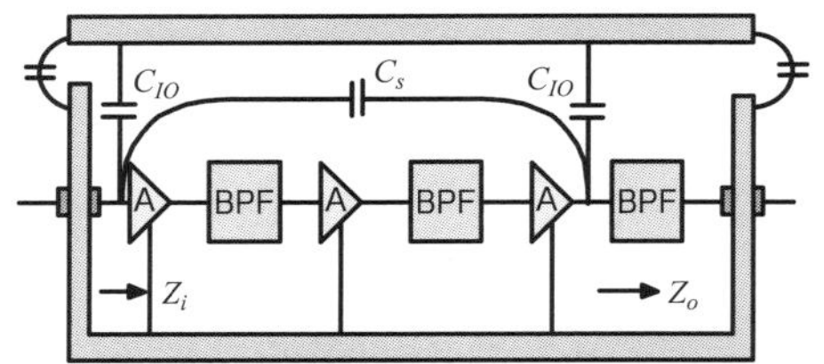

2つのI/Oフィードバック経路を示す高利得アンプ用の
ローカライズされたシールド・ボックス

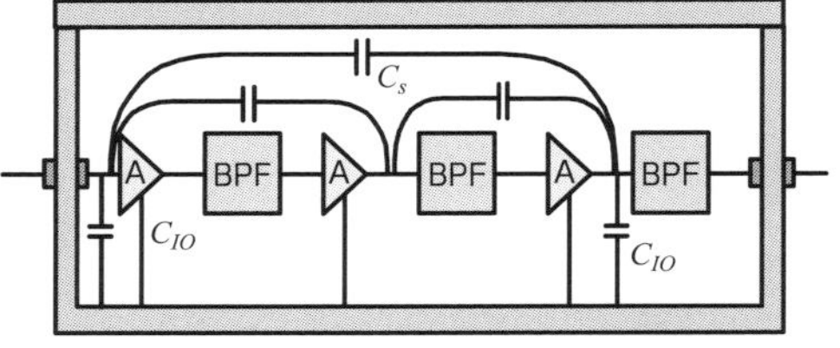

ローカライズされたシールド・ボックスは
フィードバック経路を排除するように配置される

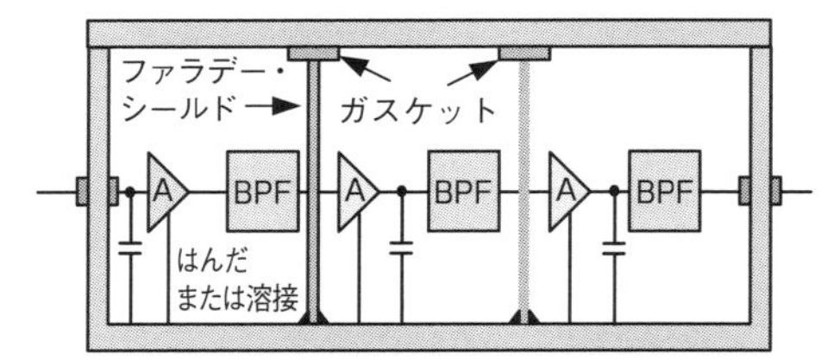

ステージ間のフィードバックを防ぐために区画間を
シールドしたローカライズされたシールド・ボックス

A＝アンプ
BPF＝バンドパス・フィルタ

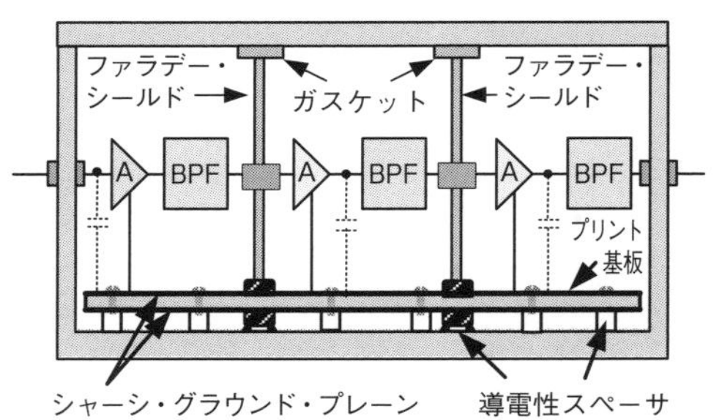

障壁としてのガスケットはRFの気密性を確保する

めなどの接続方法を使ってください．

- 金属板による隔壁で回路をシールドできない場合は，シャーシのグラウンドやアース等の基準電位（0V）に一点接地してください．

導電性のないプラスチック製筐体を使用する場合は，以下の点を留意してください．

- プラスチック筐体の場合，“グラウンド・ツリー手法”（Grounding Tree）（第5章）により，マザーボードのグラウンドに一点接地されるべきです．このグラウンドは，常にシステムの基準電位（0V）となります．
- 回路やシステムの接地方法は，グラウンド手法/グランディング・ツリーに従って選択する必要があります．プリント基板を筐体に組み込む前に，グラウンド・ループの確認をします．

6.8.1 部品やモジュール単位のシールド

最近の製品は，高度な技術を利用しており，GHz帯で動作するLSIはシステム・オン・チップ（System on Chip；SoC）となっています．

プリント基板上に複数の機能がある場合やいくつかのモジュールで構成される場合，機能やモジュールごとにシールドの必要性があるかもしれません．

シールドが必要なモジュールの例として，外部と信号のやりとりを行うインターフェース部やプロセッサ，メモリ・アレイ，無線モジュール（GPS，Wi-Fi，Bluetooth），高精細ビデオIC，高性能オーディオ・プロセッサ等があります．

また，外来の電磁界の影響を受け，誤動作しやすいモジュールや部品も含まれます．

シールド性能が低いプラスチック筐体を使ってノイズ規制を満たすには，ディジタルICのスイッチング動作によるコモン・モード電流による放射ノイズを減らす必要があります．

この放射ノイズを削減できない場合は，プリント基板を部分的にシールドすることにより，十分な効果を安価に得られます．この対策は，導電塗装した筐体やアルミのシールドを使用した場合よりも良いシールド特性を得られる可能性があります．

プリント基板上に使われる素子のシールドの例を図6.35に示します．これらのシールドは1～2個の部品で作られ，基板にははんだ付けで固定します．シールドが2つ構成の場合は，シールド上部の蓋の部分とシールド本体（枠）はスナップフィットで固定するので，製造後も分解可能です．

したがって，シールド内部の部品交換やモジュールのアップグレード等の取り扱いが，1部品から構成されたシールドより容易になります．

通常の無線システムは，送受信部分が1つの筐体に

図6.35 プリント基板のシールド部品の例

（Tech-Etchの好意による）

収められます．受信部は，弱い電波を高感度で受信する必要があるため，送信部やスイッチング動作するディジタル回路（CPU，クロック発生回路，ビデオ表示器，ネットワーク・インターフェース等）からの不要な電磁界の影響を受けやすくなります．一方，送信部は，他の電子機器に有害な干渉を引き起こす可能性があるので，アンテナを除いてシールドする必要があります．

上記で説明した事柄は，不要な電磁波を出さない，不要な電磁波を受けて誤動作しない，つまり電磁的両立性になります．このように，部品やモジュール単位のシールドは，モジュール（ここでは，無線の送受信機能）の動作を保証し，ノイズ耐性と放射ノイズの規制も満たします．

6.9 ガスケットの用途と使用方法

環境に応じた素材と締め付けトルク

導電性ガスケットは，導体間を面で接続し低いインピーダンスにすることで，筐体やモジュール単位のシールドの隙間を埋め，電磁界の流入や流出を防ぎます．

理想的なモジュール単位のシールドは，シールド部品の合わせ目を隙間なく接合します．このようなシールドを一般的にファラデー・ケージやファラデー・シールドと呼びます．図6.35にモジュール単位のシールド例を示します．

ガスケットは，金属筐体と換気用のシールドを半永久的に接続したり，シールド・ルームの扉のように一時的な接続を目的にも利用されます．

以下に，一時的接続と半永久的な接続を目的としたガスケット例を示します．

▶一時的な用途のガスケット

- シールド・ルームの扉等を電気的に接続するため．
- 電子機器の調整や保守目的のカバーやハッチを電気的に接続するため．

▶半永久的な用途のガスケット

- 試験装置内に置かれた被測定物の観測用覗き窓（導電性ガラスやパンチング・メタル）を固定するため．
- ハニカム構造のシールドや，格子状に穴の開いた換気カバーを電子機器に取り付けるため．
- 回路間やモジュール間の電磁的結合を防ぐために隔壁状のシールド板を筐体に固定するときに，ネジ留めとともに利用．

金属筐体は，プリント基板や電源，その他のデバイスを中に入れるために，2つ以上の部品で構成されます．

筐体本体とそのカバーを機械的に固定するためにネジ等が利用されますが，このネジは等間隔ではなく，不等間隔にするべきです．

ネジの間隔は，電子機器で使われるもっとも高い周波数の10倍（10次高調波）を基本として，この周波数に対する波長（λ）の1/20以下にしなければなりません（周波数fと波長λの関係は，光速をCとすれば$\lambda = C/f$）．

筐体の蓋（カバー）を固定するネジ間隔が上記のルールに従わない場合は，不要な電磁界が筐体外部へ放射されるか，外部の電磁界が筐体内部に侵入して誤動作を引き起こします．

また，筐体内部の電磁界が外に漏れると，筐体表面に電流が流れます．その電流と直交する向きにスロットがあると，スロット・アンテナとして働くので，大きな電磁界が放射されます．

電磁界の放射や侵入を防ぐためのネジ間隔を前述しましたが，ネジ留めだけではスロット状の隙間があるので，完全に電磁界の出入りを防ぐことができません．

さらに，この隙間は，電流の流れ方によってはスロット・アンテナとしても動作します．

ネジ間隔が広ければ，低い周波数からアンテナになり，狭ければ高い周波数で効率の良いアンテナになります．例えば，ネジ間隔が1.3cm以下であっても，GHz帯のスロット・アンテナとなります．

したがって，ネジとネジの間はガスケットを使って，隙間なく接続するのが最良のシールドになります．

もし，ガスケットを使わなかった場合，どの程度，ネジとネジの隙間から電磁界が漏れるのか，アンテナ理論を使い，ノイズの漏洩量をシールド効果に置き換えて考えます．

ノイズの漏洩量が多いということは，ノイズのシールド効果が少ないということで，その逆にノイズの漏れが少なければ，シールド効果が高いことを示します．

周波数と放射効率は比例しており，20dB/decの割り合いで増加します．つまり，周波数が1/2になれば放射効率も1/2になり，周波数が2倍になれば放射効率も2倍になり，ネジ間隔寸法が半波長($\lambda/2$)になる周波数まで増加します．

このとき，ノイズ抑制効果はゼロとなるので，シールド効果を0dBとします．

ネジ間隔が半波長以下の場合，シールド効果は式(6.17)で計算できます．

$$S = k \log\left(\frac{\lambda}{2\ell}\right) \quad \cdots\cdots (6.17)$$

ここで，

S：シールド効果［dB］

k：係数．スリットでは20，円形の穴では40

λ：波長［m］

ℓ：もっとも長い開口部の直線距離

ネジ間隔をℓ_mとすれば，式(6.17)は式(6.18)のように書き換えることができます．

$$S = 20 \log\left(\frac{150}{f_{MHz}\,\ell_m}\right) \quad \cdots\cdots (6.18)$$

ネジ間隔ℓ_mとシールド効果（ノイズの漏洩量）は式(6.19)となり，周波数が高くなればネジ間隔を狭くする必要があります．

また，シールド効果（漏洩電磁界を減らす）を2倍にするには，ネジ間隔を1/2にすれば良いこともわかります．

$$\ell_m = \left(\frac{150}{10^{S/20} f_{MHz}}\right) \quad \cdots\cdots (6.19)$$

6.9.1　材料の成分と性能
——筐体の表面処理とガスケットの相性／導電性フィラーを使ったガスケットの特徴——

用途に応じて導電性ガスケットを選択する場合は，材料の性能，使用環境を考慮して選択する必要があります．

このとき，筐体の厚みや材料の種類は，シールド性能に大きく影響します．例えば，筐体を保護するための表面処理（クロム酸アルマイト）は，筐体とアースや筐体本体とカバーを低インピーダンスで接続するのを妨げ，放射ノイズの原因を作ります．

このような場合，筐体表面の非導電性の皮膜を突き破るガスケットが必要になります．

ガスケットが使われる筐体の機械的強度も，EMI性能に影響します．

例えば，たわみやすいプラスチックに導電性塗装やメッキを施した筐体では，ガスケットが潰れず，筐体側がひずみます．このひずみはガスケットとは異なり，元には戻らないので，一度，筐体カバーを外して再度付け直しても隙間が発生します．その結果，スロット・アンテナとなり放射ノイズが発生します．

ノイズ対策用のガスケットには，導電性フィラーを樹脂やゴム，発砲材に添加したタイプがあります．フィラーとは充填材のことであり，プラスチックやゴム等の材料に添加することにより，材料の特性（強度，加工性，耐熱性，導電性等）を変えます．

ガスケットに樹脂材料を使う場合は，導電性のフィラーを加えて導電性を出します．一般的に，粒子の小さいフィラーを使ったほうが導電性は良くなりますが，高価になります．

ガスケット用途の導電性フィラーでは，粒子の大きさが表皮の厚さ以下でないとシールド効果が出せないので，高い周波数でガスケットの効果を出すには粒子サイズがμmオーダーの寸法になり，必然的に高価になります．

したがって，コスト面から，ポリマ粒子に導電材をコーティングした安価な導電性フィラーが使われますが，ポリマ粒子が樹脂内部で接触していないと，導電性が低く，シールド効果が弱くなる欠点があります．

ゴムをガスケットとして利用する場合は，押し出し成型後，表面に導電材をコーティングしますが，耐摩耗性能は低くなります．

また，高いシールド性能を求めてゴムに厚く導電材をコーティングすると柔軟性が失われ，ガスケットとして，変形して隙間を埋める作用が弱くなります．したがって，柔軟性とシールド性の両方を考慮して，コーティングの厚さを決める必要があります．

6.9.2　一般的なガスケット材料
——種類とその特徴——

シールド・ガスケットは，さまざまな形状や素材があり，以下の4つに分類できます．

(1) ワイヤ・メッシュの編み込んだ(編組)チューブ
(2) ベリリウム銅や他の金属で作られるバネ性のあるシールド・フィンガ
(3) 導電フィラーを充填したゴム
(4) 不織布か発泡体を導電性布で覆ったもの

それぞれに，用途に応じて利点と欠点があります．材料の種類に関係なく考慮すべき重要な項目は，インピーダンス($R + jX$, Rは抵抗，jXは誘導性リアクタンス)やシールド効果，バネ性(圧縮率や圧縮力等)，そして気密性になります．

ガスケットを選択する際に考慮すべき他の項目を以下に示します．

- 遮蔽したい周波数
- 電気的要求事項
- 動作環境
- 配置や重さへの考慮
- 素材への負荷と力
- 素材の厚みと使用する合金
- 腐食への考慮
- リサイクルの可能性
- 電磁界の減衰特性
- 製品の安全性を考慮した難燃性の規格への対応
- 保管環境
- 締め付け / 実装方法
- 寿命
- 価格
- シールド材料に使われる化学物質の有害性と生物への影響

以下は，EMIシールドに使用される一般的な材料です．それぞれの材料は，用途，使用環境，設計上の制約と，**表6.3**，**表6.4**に示すような項目に依存します．代表的なガスケットの例を**図6.36**に示しますが，多くの形状には意匠出願があり，特別仕様になっているので，すべての種類をここには示していません．

▶アルミ・ホイル

電界に対しては優れているが，磁界へのシールド効果は低い．

▶ワイヤ・メッシュ状の編組チューブ

銅線やスチール線(ニッケルと銅の合金，アルミニウム)を編み込んでチューブ状にしたもので，使用状況により，さまざまな形状と編み込み方がある．

編組チューブは，曲げや圧縮の頻度が少ない部分に利用するには，安価であり，筐体の継ぎ目やケーブルのシールドに使われる．

編組チューブは，筐体の酸化膜や非導電性の保護膜を削り取り，筐体の継ぎ目を低インピーダンスに接続し，広い周波数で効果を発揮する．

▶ワイヤ・メッシュ

メッシュ状に編まれたモネル合金(ニッケルと銅の合金)やアルミニウム製のワイヤをシリコン・スポンジに埋め込み，導電性と気密性を保ち，水滴やほこりの侵入を防ぎます．

使用頻度が高いシールド・ルームのドアや，強い力で固定する必要があるシールド・パネル部分に利用されます．

このメッシュ・ワイヤも編組チューブと同様に，筐体やシールド表面の皮膜を取り除いて，低インピーダンスで接続することにより，シールド効果を向上させます．

表6.3 シールド・ガスケットとフィンガの一般的なタイプの特長

種　類	特　徴
発泡材を使ったガスケット	発泡体を導電性の布で覆ったもの．非常に収縮性が高く，さまざまな形状がある(四角，P型，ヒンジ，接着材の有無など)．ゴムにメッキをしたガスケットもある．広い接触面積が，ガルバニック腐食の発生を遅らせる．
導電性ゴムを使ったガスケット	非常に高い性能を持つ．もともと軍事用に開発され，広い接触面積を持ち，気密性もある．形状の追従性は限定的で高価であり，摩擦により特性が劣化する．押し出し整形や切断が可能なため，多種多様な形状を作ることができる．
メッシュ状のガスケット	メッシュ状のワイヤ，または発泡体にワイヤを巻いた形状．現在，民生品としては普及していない．
バネ形状のガスケット(ベリリウム銅)	比較的イオン化傾向の小さいスプリング材料は(例えば，ベリリウム銅やニッケル，錫メッキの材料と接触すると)，異種金属と長時間接触するとガルバニック腐食が発生する欠点がある．通常，フィンガの向きに沿って擦りながら接触するので，金属表面の皮膜を取り除き，低いインピーダンスで接続できる． 接触状態は線や複数の点であり，比較的小さな面積でもバネ性があるので低インピーダンスになる．多種多様な形状がある．せん断応力によって破損するので，圧縮状態で利用する．
スプリング・コイル	バネ性(スプリング)と導電性を持ったコイルを溝にはめ込み利用する．さまざまの形状のスプリング・フィンガがある．

表6.4　一般的なガスケット材料の特性

素　材	利　点	欠　点
芯材入りワイヤ・メッシュ	金属ガスケット中，もっとも弾力性があり，さまざまな厚みがある．芯材には，ネオプレーンやシリコンが使われる．	シート状では利用できず棒状となる．1mmより厚い場合が多く，圧縮して接地する．
真鍮	表面に酸化皮膜ができるため，耐腐食性が良い．	まったく弾力性がなく，一般的に再利用できない．容易に破損する．
シリコン・ゴムに金属ワイヤを充填	電磁波と液体の両方の漏れを防ぐ働きがある．ワイヤ先端がとがっていれば，筐体表面の酸化膜の除去に対して効果的．	使用中に機械的な劣化がある．したがって，継続的に効果を得るためには，幅がより広いか厚みがより厚いガスケットが必要になる．
アルミニウム・メッシュにネオプレーン，またはシリコンを含浸	電磁波と液体の両方の漏れを防ぐ働きがある．もっとも薄いガスケットを作成可能．	弾力性が非常に低く，強く締め付ける必要がある．
柔らかい金属	小さいサイズで使うのであれば安価．	クリープの発生（一定の加重下で時間とともに変形すること）．弾力性が低い．
ゴムを金属膜または金属メッシュで覆う	ゴムの弾力性を利用している．	金属膜やメッシュに亀裂，位置ずれが発生することがある．一般的に高周波特性は悪い．
導電性ゴム（カーボン含有）	電磁波と液体の両方を気密できる．	抵抗値が少なくない．
導電性ゴム（銀含有）	電磁波と液体の両方を気密できる．耐塑性変形に優れ，反発力も強い．任意の形状に加工でき，再利用が可能．	磁界に対するシールド効果は金属ほど有効ではない．塩水噴霧の環境下では腐食する可能性があるため，対策が必要．

図6.36　異なるガスケット材料の例

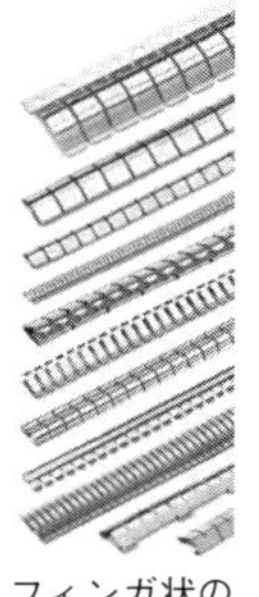
フィンガ状の
ガスケット

芯材入り
ワイヤ・メッシュ

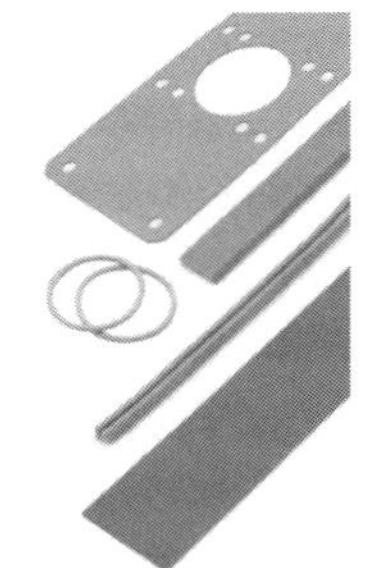
導電性エラストマー

導電性発泡体/繊維

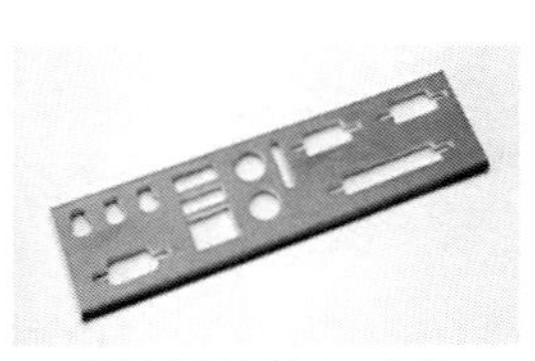
繊維布に金属メッキを
施したガスケット

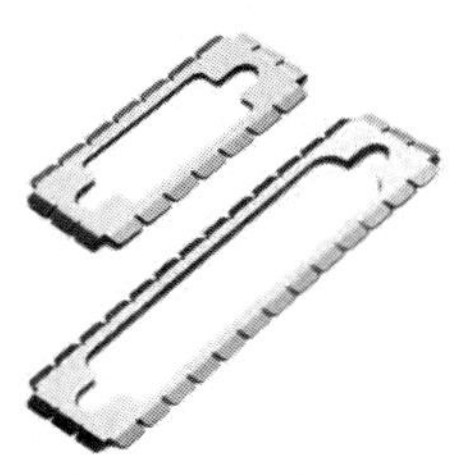
D-Sub コネクタ用
ガスケット

▶導電性ゴム

シリコン・ベースのゴムは，液体やほこり，湿気と電磁波の両方の侵入を防ぎ，高いシールド効果を提供します．導電性ゴムは10GHzで最大120dBの遮蔽効果があり，さまざまな形状に加工でき，広範囲な電子機器に利用されます．導電性フィラーとしては，カーボンや錆処理されたアルミニウム，銀メッキされたアルミニウム/銅/ガラス/ニッケル，カーボンのニッケル・メッキ，シリコン/フロロシリコン・ゴムの銀メッキ等がありますが，これらの材料に限定されません．

▶金属フィンガ

フィンガ状に加工されたベリリウム銅（錫メッキ）は，2つの平坦な面同士を電気的に接続して，シールド効果を高めるために使われます．具体的な用途は，金属筐体とそのカバーや電波暗室のドアのガスケットになります．

ベリリウム銅は高い導電率を持ち，耐腐食性の高いバネ材です．錫メッキは，接触抵抗を下げるために使用されますが，アルミニウムと同様に水分や塩分に弱く，腐食しやすいのが難点です．

注意：ベリリウムは，とても毒性が強いですが，処理または，加工すれば安全に取り扱うことができます．

▶導電性メッキ/塗装

非導電性の筐体（プラスチック等）のシールド効果を上げるため，表面に銀やニッケル，銅メッキやカーボン，金属酸化物が含まれる塗料で塗装を施す．

▶発泡物を金属布で覆うガスケット（ソフト・ガスケット）

ソフト・ガスケットは発泡材を導電布で覆ったもので，非常に柔軟で薄いガスケットを低価格で作ることができ，I/Oコネクタと筐体の隙間を埋めてシールド効果を上げるには最適な材料です．

欠点としては，十分なシールド効果を出すために，ガスケットに大きな圧力をかけて固定する点です．

導電布は，繊維布に導電性の金属メッキを施したもので，滑らかで柔らかくシールド材として非常に効果的です．発泡材に剛性があれば，ソフト・シールドごと打ち抜いて，穴を開けることができます．

発泡材を使わず低い圧力で固定できるガスケットです．

▶導電性シリコン・ゴムを使った流し込みガスケット

このタイプのガスケットは，流動性のある導電性ゴムを筐体の隙間等に塗布してシールドするため，微細な部分や狭い場所へ適応できます．

複雑な形状の筐体にも隙間なくシールドできるため，電磁波だけでなく，水分やほこりの浸入も防ぐことができます．

6.9.3　ガスケットを使用する環境
── 気密性／防塵性／防水性がある素材 ──

製品の使用場所によっては，ガスケットに気密性が求められます．これは，塵，湿気，ガス，塩水噴霧からの保護が目的です．シールド・ガスケットの気密性を保つシリコン・ゴム（ガスケットに使われる）の選定は，ガスケットの導電性を考慮するのと同様に重要です．

ほこりや湿気に対してのみ気密性が必要な場合は，平らな金属製ガスケットまたは，金属フィンガに発泡材やシリコン・ゴムを追加すれば十分です．圧縮性に優れた発泡材は一般的に0.3気圧（338hPa）から1気圧（1013hPa）の低い圧力で変形するので，反りや凸凹な接合面のある筐体のシールドに適しています．

発泡材やシリコン・ゴムを使ったガスケットは，過圧縮すると塑性変形し，元の形状に戻らなくなります．その結果，組み立て直したときに十分なシールドができないので，ガスケットが潰れ過ぎないような設計上の配慮が必要です．

次に，一般的に使用されるエラストマーとその特徴を示します．

▶ネオプレン

工業製品に良く使われる合成ゴムで，54～100℃までの温度に耐えられます．

ネオプレインは合成ゴム材料の中で，もっとも安価で，酸，油，水分に対して耐性があります．

▶シリコン

シリコンは非常に良い物理特性を持っており，固体であれば－62～260℃，スポンジ（発泡状態）であれば－75～205℃の温度で使用できます．高温でも低温でも柔軟性を保ち，水分や油，アルコール等に耐性があり，膨潤しません．

▶ブナN

耐油性があり，油に浸しても膨潤せず，適度な強度と耐熱性を有します．一般的に低い温度下での用途には向いていません．

▶天然ゴム

天然ゴムは，特別な処理を施せば酸やアルカリに強い耐性を持ち，160℃まで使用できます．水分に影響されず弾性がありますが，酸化力の高い環境下（オゾン）では亀裂が発生します．耐油性が低く膨潤する傾向があります．

▶フルオロシリコン

フルオロシリコンはシリコンと同じ特性があり，石油，燃料，シリコン系オイルに対して耐油性があります．EMIまたは導電性ガスケットとして使用する場合，伸縮性のある特性を有しているので，製品へ組み込む際には寸法公差への考慮が必要となります．

6.9.4　ガスケットを使用する場合の機械的問題
── 腐食／締め付けトルク／取り付け方法 ──

どのようなガスケットを使用する場合でも，初期設計段階で組み込むほうが，あらゆる面で効率的です．EMC試験に不合格後，ガスケットの組み込みを前提にしていない製品に後からガスケットを組み込むことは難しく，無理に組み込んでも適切に動作しないこともあります．

マネージメント層はEMCの問題が発生した場合，プリント基板を再設計するより，筐体の穴や隙間を埋めるほうが安価な解決策だと考えています．しかし，筐体は，信号の入出力部（ディスプレイ，電源ケーブル，I/Oケーブルなど）となる開口部が存在するので，ガスケットを使って間を埋めても，コモン・モード電流による電磁界エネルギーの放射を止めることはできません．

ガスケットを選択する際に発生する機械的な問題は，隙間のない接続，ガスケットにかかる圧力，腐食，接合面の不均一，ガルバニック腐食等です．機構設計者は，部品ベンダのアプリケーション・ノートから組み込み方法や使用条件を注意深く検討することが重要です！

●ガスケットの連続性と接続性

▶換気用の開口部は，プリント基板で使われる信号の波長に対して十分に小さくしなければなりません．このような開口部は，空気の流れとEMIシールドの両方を考慮したメッシュ・タイプのガスケットで遮蔽する必要があります．

▶筐体やパネルの製造上の誤差や表面の粗さにより，接合面がピッタリ合わないことがあります．

この隙間はスロット・アンテナになり，大きな放射ノイズを発生します．

▶ガスケットは圧縮して使うので，使用の前後では寸法が異なる可能性があります．これは，ほとんどのガスケットにおいて使用後の寸法規定がないことが原因です．

▶ガスケットと筐体を確実に密着させるには十分な圧力が必要です．しかし，取り付け時の過度な圧力はガスケットを痛めてシールド性能の低下を招きます．

▶保守や点検，修理のために筐体のカバーを外したとき，“ガスケットの固着”が発生していることがあります．これは塑性変形しており，ガスケットは初期状態（初期の厚み）に戻らず弾力性が損なわれているので，シールド効果が低下しています．

この状態で，再度，筐体カバーを閉めても当初のシールド効果が得られません．

▶取り付けや取り扱い中にガスケットに損傷が発生していませんか？汚れていたり油を含んだ手でガスケットに触れ，表面コーティングを汚染させていませんか？

▶ガスケットを固定するための両面テープには，高価な導電性テープと安価な非導電性のものがあります．

ガスケットが小さく，両面テープと同程度の大きさであれば導電性が必要です．しかし，ガスケットが両面テープより十分に大きく，ガスケットに圧力を加えることにより金属筐体がガスケットに接触して導通するのであれば，非導電性テープを使うことができます．

▶ドア（例えば，電波暗室）に金属性バネのフィンガ（ベリリウム銅）を使用する場合，ほこりや油を除去する溶剤を使って定期的に清掃すれば導電性を保つことができて劣化しません．アセトンは幅広く使用される溶剤ですが，有害なので取り扱いには十分な注意が必要です．

▶筐体表面を保護する塗装やニスを不用意に施すと低インピーダンスな接続が妨げられ，ガスケットが役に立たなくなります．このため，金属表面からは，ほこり，油，塵，塗装（塗料，アルマイト，ワニスなど）を取り除かなければなりません．

▶非導電性の腐食防止処理（鋼材やアルミニウムに使用されるメッキ）は，ガスケットによる電気的な接続を妨げる可能性があります．

▶ガスケット周囲の環境は，ガスケットの電気的，機械的特性に影響を与えます．

▶酸化は金属材料を使うガスケットに共通する問題であり，湿気や高温，硫化水素の雰囲気中，塩水噴霧の環境下に電子機器が設置されると金属筐体表面に絶縁酸化膜を形成します．

▶金属筐体とガスケットの材料が異なると，接触面でガルバニック腐食が発生します．特にアルミニウムや亜鉛メッキ鋼はイオン化傾向が大きく，異種金属と長時間接触していると腐食するので注意が必要です．

●ガスケットの圧縮について
（塑性（そせい）変形：ガスケットのへたり）

ガスケットの過度な圧縮は，筐体にガスケットを取り付ける際に頻発します．ほとんどのガスケットは非圧縮状態になると元の形状に戻るように設計されています．過度の圧縮は，ガスケットが初期状態に戻らない変形を与え，これを塑性変形と呼びます．

このような変形は，発泡材を素材にしたガスケットで起こります．塑性変形すると元の形状には戻らないので，分解して再度組み立て直した場合は，隙間が空き，電磁界のシールド能力が著しく低下します．過圧縮によるガスケットの塑性変形を防ぐには，伸縮性のあるゴム素材を利用するべきです．

頻繁に開閉する電波暗室の扉や筐体のパネルは，ガスケットの弾性特性によって決まります．弾性のあるガスケット材料は，締め付けにより金属筐体とパネルを密着させ電気的に接続し，締め付けを開放した後は元の厚みに戻ります．

これにより，繰り返し開閉されるドア用のシールド・ガスケットとして利用しても電磁波の漏洩が防げます．

合成ゴム(エラストマー)をガスケット材として使う場合は，化学物質の浸透性も考慮しなければなりません．化学物質の浸透性は$1cm^3$当たりの試料が1秒間に吸収するガスの体積(cm^3)として定義されます．

腐食性の高い環境下(塩水噴霧，湿気，硫化水素雰囲気)でガスケットを使う場合は，導電性グリースの利用により電磁波の漏れを低減できます．ただし，合成ゴムと導電性グリースの親和性(耐油性)を事前に確認する必要があります．

●腐食

腐食はわずかでもガスケットのシールド性能を極端に低下させるので，筐体とシールド材の違い(異種金属接合によるガルバニック腐食)や仕上げ方法は慎重に検討する必要があります．軍事用途(軍艦，戦闘機，戦場)や医療機器，交通システム，工業地帯のような厳しい環境下で使用する電子機器は，高い耐腐食性能が要求されます．使用する場所が屋内やオフィス環境と決められている市販品では，腐食の問題はほとんどありません．腐食の原因には，塩分(海水)，大気汚染物質(スモッグ)，紫外線，高温や0℃以下の低温，工場内で空気中に浮遊する金属削りカスや化学物質等の環境からの暴露があります．

このような環境からガスケットの腐食を防ぐには，合成ゴムを使ったシールド・ガスケットを使って水分の浸入を防ぎ，さらに導電部(メタルメッシュやモネル線)が錆びないように，ガスケットの外側から樹脂等で封止することです．

●接合部の凹凸

電子機器を設計する際，機構設計者と電気設計者は，お互いに協力しなければなりません．

機構設計者は，筐体とパネルの隙間からのほこりや水分の侵入に関心があり，電気設計者は，筐体とパネルの隙間から漏れるノイズに関心があります．

つまり，両設計者の共通の関心事項は，金属筐体とパネルが接触する部分がどうなっているかです．

筐体やパネルの表面は，一見，滑らかに見えても，顕微鏡レベルで見れば表面は荒れており，**図6.37**のようになっています．

図6.37のような金属表面では均一に接触できないので，電気的には，インピーダンスが高くなりシールド効果が低下します．機械的には，隙間から水やほこりが侵入します．

図6.37 ガスケットを必要とする金属筐体の表面

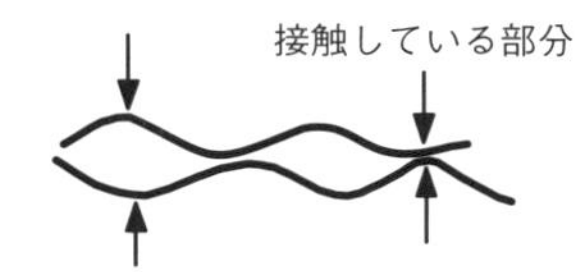

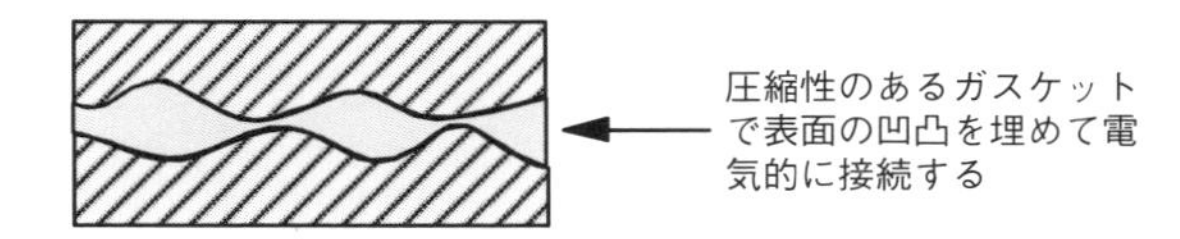

この凹凸は筐体に使われる板金を製造する段階で発生するので設計上での対応は困難で，圧縮性のガスケットを使って接合するしか手はありません．

凹凸以外で，筐体とパネルが均一に接触できない原因を以下に示します．

- 使用環境や条件に合わない金属を使用した．
- 重量が偏ったカバー・プレートの重みでカバー・プレートが傾き，片持ちになる．
- パネルを固定するネジやボルトが少な過ぎるか，ネジ留め位置に偏りがある．
- ガスケットの大きさが不適切．
- 熱で変形しやすい金属を使用した．
- 筐体やカバー・プレートが最初からひずんでおり，圧力を加えて固定しても平らにならない．

理想的なガスケットは，金属同士を均一に接触させ，隙間を完全に塞ぎ，電気的に導通させなければなりません．ガスケットと接続させたい金属表面には，塗装やワニス，腐食防止の表面処理等の皮膜があってはいけません．

前述した接合面の不均一な接触は，ガスケットを用いてもシールド特性に悪影響を与えます．

シールド・ガスケットの重要な機能は，継ぎ目や接続部を電気的に接続し，効果的なシールドを得ることです．そのためには，継ぎ目や接続部は以下のように設計します．

- 利用する金属によりますが，筐体の継ぎ目やカバーやパネルとの接合面は可能な限り平坦にするべきです．
- 筐体接合部の幅(または継ぎ目)は，使われる金属材料表面の凹凸により非接触部分ができない大きさにします．

表6.5 ガルバニック腐食を防止するための電気化学的分類

グループ I	グループ II	グループ III	グループ IV
マグネシウム	アルミニウムと合金	カドミウム・メッキ	真鍮
マグネシウム合金	アルミニウム合金	炭素鋼	ステンレス鋼
アルミニウム	ベリリウム	鉄	銅，銅合金
アルミニウム合金	亜鉛，亜鉛・メッキ	ニッケル，ニッケル・メッキ	ニッケル/銅合金
ベリリウム	クロム・メッキ	スズ，スズ・メッキ，はんだ	モネル
亜鉛，亜鉛・メッキ	カドミウム・メッキ	スズ/鉛はんだ	銀
クロム・メッキ	炭素鋼	鉛	グラファイト
鉄ロジウム・メッキ			
	ニッケル，ニッケル・メッキ	ステンレス	パラジウム
	スズとスズ・メッキ	銅と銅メッキ	チタン
	スズ/鉛はんだ	ニッケル/銅合金	プラチナ
	鉛	モネル	金

- 筐体やパネル，ネジ，ボルトの材料が異なると，ガルバニック腐食が発生します．**表6.5**にガルバニック腐食を起こしにくい金属材料の組み合わせを4つに分けて示します．同じグループの金属同士ならガルバニック腐食の心配はありません．

グループⅠの金属とグループⅣの金属の組み合わせは，イオン化傾向が大きく違い激しく腐食するので，この組み合わせでは利用しないでください．

- 接合面や継ぎ目は，ガスケットを組み込む直前に表面の汚染物質（汚れや酸化膜）を除去する必要があります．
- 筐体の表面保護の塗装や表面処理は，ガスケットを取り付ける前に取り除き，クロムや錫，ニッケル，亜鉛等でメッキ処理を行うべきです．
- ネジを使って筐体のパネルやカバーを固定するときは，パネルの長辺中央部からネジ留めを行い，徐々に端に向かって締め付けることにより，パネルのひずみや浮き，隙間の防止になります．

●合成ゴムを使ったガスケット設計の間違い

合成ゴムが使われたシールド・ガスケットを組み込む場合に起こる問題点と改善案を**図6.38**に示します．

また，ゴムが使われたシールド・ガスケットを使う場合は，次の点に留意してください．

- ガスケットの最小幅は，厚さの半分以上でなければなりません．
- ガスケット端面から固定用のネジ穴までの距離は，ガスケットの厚み以上必要です．
  ネジ穴がガスケットの端面に近い場合は，U字状にネジ穴を切り欠きます．
- ネジ穴の直径は，ガスケットの厚みより大きくする必要があります．
- 寸法公差は，可能な限り小さくする必要があります．

●ガルバニック腐食しない金属の組み合わせ

ガスケットのおもな機能は，2つ接合面を確実に接続させることです．接合面の表面処理は，接続を保証するため，ガスケット材に適していなければなりません．低いインピーダンスで筐体とカバーを接続することで，高周波電流が妨げられず（高周波電流が妨げられるとスロット・アンテナになる），シールド性能が強固になります．

筐体とガスケットの材料が異なる（正確には，イオン化傾向が異なる）ことで発生するガルバニック腐食は大きな懸案事項であり，筐体とガスケットの接合部に腐食を引き起こし，導電性を阻害した結果，シールド性が低下します．

ガルバニック腐食は，異種金属を酸や塩などが溶けた水溶液（電解液）中で接触させると発生します．腐食の速度は，2つの異種金属のイオン化傾向の差と接触条件によります．そのため，筐体とガスケット材料は，長時間接触してもガルバニック腐食し難い材料を選択する必要があります．ガルバニック腐食は，電解液がないと発生しませんが，実際は空気中の湿気により腐食が進行します．

ガルバニック腐食を最小限に抑えるには，筐体とガスケットが接触する面に水分や汚れがないことが重要です．そのため，屋外や湿気の多い環境下で使用するシールド・ガスケットは，水分等が侵入しないように防水処理する必要があります．シールド・ガスケット

図6.38 合成ゴムを使用したときのガスケット設計上の問題
(出典：Technit, Parker Hannifin Corp.の一部門)

詳 細	問題点	改善方法
 ネジ穴が端面に近い	取り外しや組み立て時に，破損しやすい.	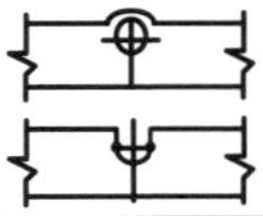 突き出しや"耳"を作る. ネジ穴を切り欠く.
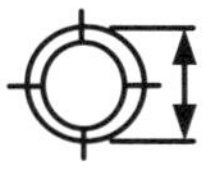 金属加工精度の厳しい寸法公差がガスケットに適用される.	本来，使用可能なガスケットが金属加工レベルの厳しい寸法公差が適用され，受け入れ検査で不合格になる．出荷遅延や余計なコストが発生する.	多くのガスケットは，湿度や圧縮による影響を受けている．高精度の寸法管理が必要かどうか，コスト面や性能をよく考え，判断する.
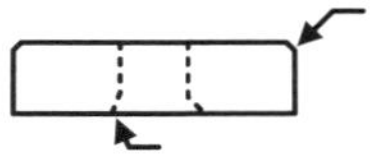 ゴムガスケットが破損しないように，嵌合する金属筐体や部品に合わせて，面取りやフィレットを施す.	ガスケット成型後，後処理で面取りやフィレットを追加するとコスト増になる.	大半のガスケットは，追加加工なしに，嵌合できる. 面取りやR加工する場合は，嵌合相手の部品形状に合わせるだけでなく，作業性や耐久性を考慮したほうが良い.
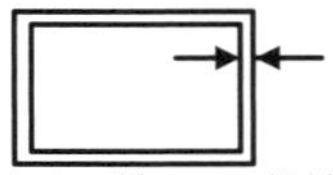 筐体の大きさに対して，相対的に薄い壁，強度の弱い壁.	強度不足による破損：輸送や使用中に，強度不足でひずみや破損が発生する．強度不足を補うために，高価な高張力材料を使う必要がある.	筐体がひずんでもシールド性を保てるように，ガスケットの使用を設計初期段階から念頭に置く.
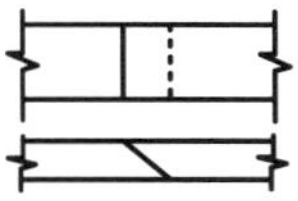 そぎ継ぎを使ったガスケット同士の接続.	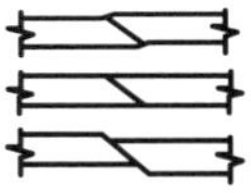 ガスケットは厚み方向に削ぐ加工や接着処理が必要. ガスケットの厚さ方向や幅方に段差なく接続することは難しい.	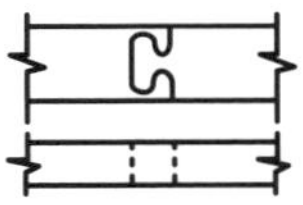 蟻継ぎではめる.

と筐体には，**表6.5**に示す同じグループの金属材料を使うことです．これが実行できない場合，腐食を遅らせる保護用の表面処理が必要となります.

または，なるべくイオン化傾向が異ならない金属を使ってください．隣接するグループ，例えば，グループⅠとグループⅡやグループⅡとグループⅢ，もしくはグループⅢとグループⅣです．隣接していないグループⅠとグループⅢは，イオン化傾向が大きく異なるので，組み合わせは控えてください．グループⅠとグループⅣの組み合わせは激しく腐食するので，絶対に使わないでください.

錫，ニッケル，ステンレスは，**表6.5**のグループⅢに属し，接合部や継ぎ目で接触してもガルバニック腐食の問題はありません．これらの材料は，大きな圧力や圧縮を長い間加えても，元の導電性を保持しています．筐体を軽量化するために使われるアルミニウムは，多くの種類の金属に対してガルバニック腐食を起こさない材料です.

アルミニウムの表面処理には，透明か黄色のクロムメッキか，もしくはニッケル・メッキが使えますが，クロム・メッキの場合，インピーダンスが高いため，ガスケットと筐体を低インピーダンスで接続できず，シールド性能が低下する可能性があります．銀は，一般的に導電性布を使ったガスケット（導電布で発泡材を包んだガスケット）または，シリコン・ゴムに導電性フィラーとして含有されますが，アルミニウムとはイオン化傾向が大きく異なるので，この組み合わせでは使えません．ガルバニック腐食は，湿気や水分，塩分や酸を含む水溶液に長期間さらされると，さらに広がります．電解液によって進行した，ガルバニック腐食の写真を**図6.39**に示します.

●締め付けトルク

ガスケットの効果と締め付けトルクは密接な関係があります．適切な締め付けトルクはガスケットによるシールド効果を向上させ，ガスケットや筐体表面の凹凸による隙間を埋め，過剰な締め付けによる筐体のたわみやガスケットの塑性変形を防ぎます．ガスケットの最大締め付けトルクは以下の2つの基準から成り立っています.

- ガスケット厚みが10％になる締め付けトルク（圧力）
- 上記に推奨トルクを超えてガスケットに圧力を加え

図6.39　ガルバニック腐食の例

図6.40　ガスケットの正しい取り付け方法
（出典：電磁適合性エンジニアリング，H.Ott）

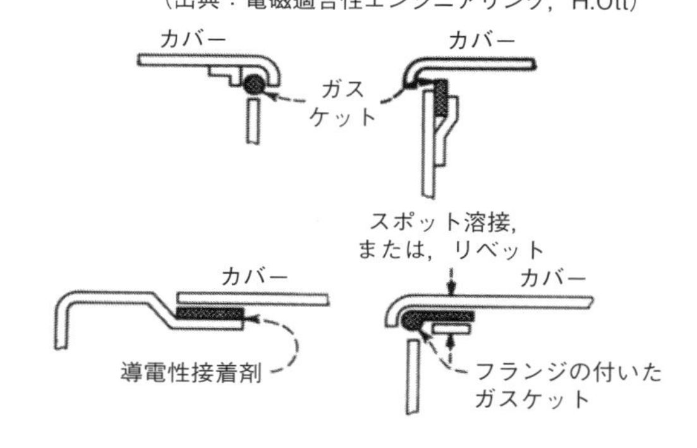

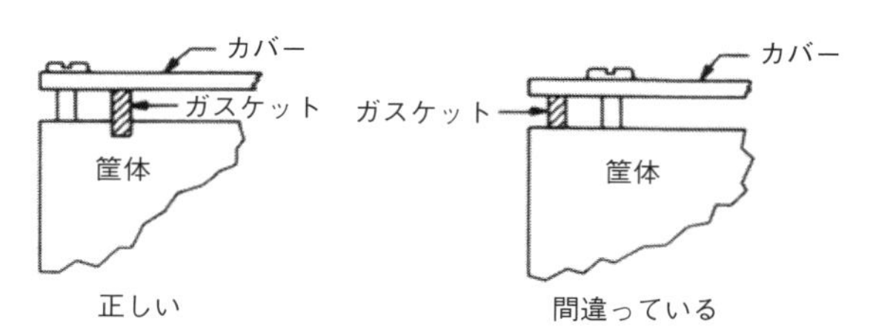

ても塑性変形を起こさない．

編組線シールドやメッシュ・ワイヤは強い締め付けトルク（圧力）に耐えられますが，推奨トルクを超えて締め付けた後に分解が必要な場合，ガスケットも交換しなければなりません．

●ガスケットの取り付け方法

ガスケットの取り付け方が全体的なシールド効果を決めます．ガスケットの望ましい取り付け方は，ガスケット・メーカのアプリケーション・ノートに記載されている方法か，電波暗室で実測しながら試行錯誤されます．シールド・ガスケットを選択する際は，用途に応じて下記の項目を検討してください．

- どの程度のシールド性能が必要とされているか?
- どのくらいの圧縮を必要とし，最適な値で実現できるか?
- シールド・ガスケットはどのくらいの力（圧力）で固定するのか？ その圧力は実現できるのか？
- どのような環境（多湿，乾燥，塩水噴霧，その他）で使用するか?
- 電子機器の点検時にプレートやカバーを筐体から外した際，ガスケットに機械的ストレスがかからないか？ または，ガスケット切断時に機械的ストレスがかからないか？
- ガスケットを固定するネジやボルトの間隔は適切か？ また，ネジの数は十分か？
- ガスケットを固定する最適な方法は何か？

図6.40に，筐体と筐体カバー間にシールド・ガスケットを挟み込みネジで固定する方法を示します[1]．ネジ留めによる固定方法を用いる場合は，ガスケットが接触する面に塗装やワニス等の腐食防止用皮膜があってはいけません．

筐体に表面処理や塗装がある場合，導電性ゴムや発泡材を導電布で覆ったガスケットでは塗装膜を貫通できないため使用できません．

多くの設計者は，金属筐体の表面処理により導電性が低くなる場合があることを知りません．筐体表面の電気抵抗は，テスタの“ブザー・モード”を使って簡単に確認できます．テスタ・プローブの鋭利な先端部は使わず，斜めに傾けます．このとき，指で強く抑え付けないでプローブが触れる程度にして動かし，ブザー音の有無で導電性を確認します．

このように，テスタをうまく使うことにより，非常に薄い酸化膜や透明なコーティングの存在がわかります．

実際に，低価格な金属材料ではメッキの厚みを半分にして，残り半分を透明なワニス等で代用するので導電性がありません．このような金属を筐体に使うと，ガスケットの種類によっては非導電性の皮膜を突き破れないため，シールド性が著しく低下します．

ガスケットのユニークな組み付け例を**図6.41**に示します．パネルにはメータを取り付ける開口部があります．通常，このままではパネルの内側（筐体内部）から放射されるノイズがこの開口部を通して外部に漏れます．**図6.41**では，このメータを覆うようにシールド・

図6.41 パネル・メータの穴を遮蔽する方法
（出典：電磁適合性エンジニアリング，H.Ott）

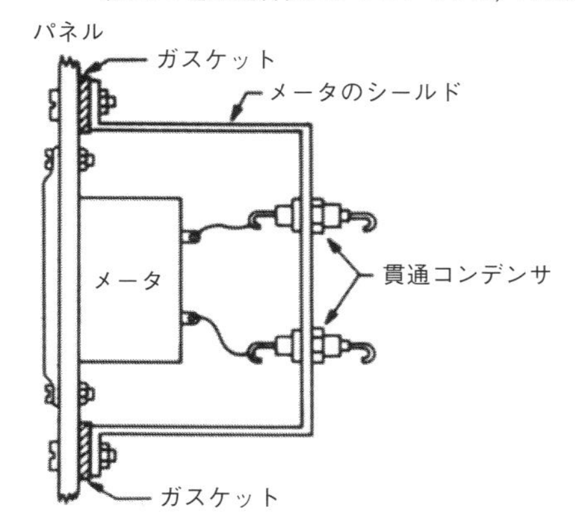

ケースを追加してガスケットを用いてパネル側に固定します．メータへの電源線や信号線には貫通コンデンサを使い，ケーブルを伝導するノイズも取り除く構造になっています．

このような構造は，一度組み込んだら半永久的に（修理の目的以外には）分解しないシールド・ケースの例です．

6.10 導電性塗料

プラスチック筐体のシールド方法とその特徴

市販されている製品には，重量およびコストの関係からプラスチックや非導電性の複合材料を筐体に使うことがあります．これらの筐体では，電磁界に対するシールドの性能を持たせ，EMC規格を満足しなければなりません．シールド方法としては，導電塗装とメッキがあります．

導電塗装とは，塗料に導電性フィラーや金属粒子を混合し，塗装膜に導電性を持たせます．導電材としては，銀，ニッケル，銅，カーボン等の導電性微粒子が使われます．これらの材料では，50mΩ/□と低い表面抵抗率が容易に実現できます（1cm^{2}当たりの抵抗率になる）．導電塗装の厚みは25μmありますが，シールド効果は表皮深さで制限されるので，約100MHz以下では損なわれます．導電塗料の低い表面抵抗は，シールド効果を高めます．導電塗装により，60～100dBのシールドが可能ですが，継ぎ目や細長い隙間がないことが条件です．シールド効果を少しでも出したいなら，導電塗装の表面抵抗は数Ω/□以下にするべきです．また，シールド性能を上げたい場合は，銀，銅，亜鉛，ニッケル，アルミニウムのような高導電性材を使用する必要があります．

導電性塗装は，高い導電率でシールド効果を上げるのが目的ですが，別の側面も考慮する必要があります．電子機器が，有害な電磁界を放射せず，導電性塗装が不要でも，プリント基板や電子部品は静電気に弱い可能性があります．この場合，静電気によるエネルギーを逃がす塗料が必要です．つまり，表面抵抗率が比較的高い数百Ω/□の導電塗料を筐体内部に施必要があります．この表面抵抗率を実現するには，カーボンやグラファイトがベースとした塗装が適しています．

高い表面抵抗率を持つ導電性塗装の問題点は，筐体内で静電気の“スパーク”が伝播した際，回路素子やプリント基板近傍で電磁界の再放射があることです．電磁界の影響を受けやすい部品があれば，動作が不安定になる可能性があります．

通常，導電性塗料の厚みは非常に薄いため，吸収損失は高周波にならないと顕著に現れません．したがって，塗料に使用される導電性フィラーは，価格だけはなく，ノイズの周波数帯域を考慮して選ぶ必要があります．

以下にプラスチック筐体への導電性塗料法を挙げます．**表6.6**にと**表6.7**に電性塗装とメッキ処理の特徴と比較を詳細に示します．

- 導電性塗料
- 無電解メッキ
- 導電性テープ/シート
- フレーム溶射/アーク溶射
- 真空蒸着
- 導電性フィラーを含有したプラスチック成形

▶導電性塗料

導電性塗料は，20%の顔料（通常は，ウレタンかアクリル）と80%の導電性微粒子（銀，銅，ニッケル，グラファイト）で構成されます．この塗料は，安価で良好な導電性を示します．一方，均一な塗装をすることは極めて困難です．

▶無電解メッキ（化学析出）

無電解メッキは，化学反応によりメッキしたい材料表面に金属（通常はニッケル）を析出させます．無電解メッキは手頃な価格で良好な導電性があり，均一な膜

表6.6　導電性塗装とメッキ処理の特徴

コーティング方法	表面抵抗率	コメント
ニッケル塗装	～1Ω/□	導電性は高く，効果的なシールドが可能
銅，銅合金塗装	～1/4-1/2Ω/□	導電塗装された筐体が幾つかに分割されていも，適切に接触していれば，良好なシールド特性が得られる．
無電解メッキ	大変低い	非常に高い導電性を持つので，シールド性は極めて良い．
亜鉛アーク放電	大変低い	高い導電率を持つが，加工前に表面粗化が必要．接触する金属の種類によっては，ガルバニック腐食をするので注意が必要．
真空蒸着	大きく変化する	膜厚が薄い場合，電気的な接続が期待できない．

表6.7　導電性塗装とメッキ処理の比較

コーティング方法	長　所	短　所
銀塗装	導電性が大変良い	高価．
銅塗装	導電性が良い	表面保護しないと酸化して導電性が低下する．
ニッケル塗装	導電性が良い 剥離しにくい	複数回の塗装が必要．
亜鉛アーク溶射	導電性が大変良い 傷が付きにくい 密着性が良い	技能が必要で，失敗すると凹みができる． プラスチック材は変形する可能性がある． 特殊な設備が必要．高価．
陰極スパッタリング	導電性と密着性が良い	技能と特殊な設備が必要．高価．
真空金属蒸着	導電性と密着性が良い 複雑な形状にも対応可能	膜厚は薄い． 高価な蒸着装置が必要． 蒸着前の表面処理が重要であり，必要．
無電解メッキ	膜厚が均一 導電性が良い 非金属にも適用でき，複雑形状でもメッキ可能	材料によっては，前処理が必要． 処理時間が長い．
金属ホイル	導電性が良い 試作や実験に便利	人手を必要とする．複雑な部品や大量生産には向かない．
導電性プラスチック	プラスチック材料自体に導電性があるため，メッキや導電塗装などの後処理が不要	導電フィラーがプラスチック材料に含有さるため，特性が変化する可能性あり．接続面は導電材を露出させるため，削る必要がある．シールド性は疑わしい．

厚を作れます．

▶導電性テープ/シート

導電性テープ/シート(銅，アルミニウム等の金属が蒸着された粘着テープ/シート)をプラスチック筐体内側に貼り付けます．導電性テープは良好な導電性を持ちますが，貼り付け作業に大きな労力を使うので量産用途ではなく試作や実験に使われます．

▶フレーム溶射/アーク溶射

亜鉛のワイヤや粉末を加熱して溶解させ，プラスチック表面に吹き付けて導電膜を形成します．溶射は高価ですが非常に良好な導電性が得られるため，多くの製造現場で使われます．

▶真空蒸着

アルミニウム等の金属と導電膜を蒸着させたい筐体を真空チャンバに入れ，金属を加熱し蒸発させ，導電膜を蒸着します．蒸着された導電膜は密着性が高く導電性も非常に良好になりますが，真空チャンバ装置が必要で製造コストは高くなります．

▶導電性プラスチック

導電性プラスチックは，プラスチック材料に導電性フィラーを含有させ，射出成形するので，さまざまな形状に加工できます．よく使われる導電性フェラーは，カーボン繊維，アルミニウム粉末，ニッケルで覆われたカーボンかステンレス粉末です．導電性プラスチックの表面に導電性がないため(部品の内側は導電性)，導電性ガスケットとの接合面では導電性が確保するために，表面を削り内部の導電性材料を露出させる必要があります．

6.10.1　塗料を使う場合の懸念事項
――導電性塗装が施された
プラスチック筐体の問題点と注意事項――

導電性塗料には導電性ガスケットの場合とは異なる懸念事項があります．塗料メーカのデータシートやアプリケーション・ノートには，適切なシールド性を得るためのノウハウが記載されています．

(1) 導電塗料や導電性プラスチックがはがれ破片化してショートの原因となる

導電性塗装や導電性プラスチックを筐体に使った場合，これらが組み立て作業中に接触や擦れによりはがれ，破片化することがあります．この破片が製造後，筐体内部を移動し，プリント基板や電子部品上に落下してショートの原因となることがあります．

導電材の破片は筐体内部を移動するので，出荷検査で破片によるショートや不良を検出できず，市場に出荷後，ユーザが使用中にショートが発生する可能性があります．

(2) シールド性能は部品ごとに異なる

工業製品には，必ず寸法公差が存在します．無電解メッキやフレーム/アーク溶射，導電塗装であれば，同時期に製造しても，皮膜の厚さ（メッキ厚や塗装膜）はまったく同じではありません．したがって，シールド性能も部品ごとに異なります．

(3) ガスケットによるシールド効果は製品寿命にわたり維持できない

製品は，さまざまな環境下で使用されます．ガスケットによっては分解や再組み立てに適していないものや過剰な圧力で組み付けられた結果，塑性変更を起こし元の形状に戻らないものもあります．

携帯電話やパソコンなどは，ユーザによってバッテリ交換やユニット変更するためにカバーが取り外されることがあります．一度カバーが取り外されると，組み込まれているガスケット（塑性変形や再組み立てに適さない）によっては，再度カバーを組み付けても，工場出荷レベルのシールド性能を得られません．

この場合，放射ノイズとノイズ耐性の両方に問題が発生します．

(4) プラスチック筐体の導電性塗装は難燃性グレードに影響を与える

製品の安全規格は，難燃性の対応が求めてられています．例えば，プリント基板上でショートにより発火すれば，筐体内の他部品にも炎が広がり火災の原因となります．すべてのプリント基板（コア材やプリプレグ）は，UL94V-1グレード以上の難燃性規格を満足する材料を用いなければなりません．プラスチック筐体はUL94V-2グレード以上の難燃性グレードでなければなりません（難燃性グレードはUL94 V-2よりV-1のほうが高い．さらにV-0の難燃性グレードは高くなる）．

導電性塗装を行った樹脂製のシールド・ケースは，UL94 HBグレード（V-1やV-2グレードのように自己消化性はなく，燃焼速度によって規定がある）以上が必要です．

このように電子機器は，発火による火災を防止するために部品レベルで難燃性グレードが義務付けられています．

これらの難燃性に関する安全規格は，IEC/EN 60950，UL1950，CSA1950等に記載されています．難燃性の評価や試験方法は，UL規格94（機器および家電部品用プラスチック材料の燃焼試験）を参照してください．

(5) 導電性塗装は絶縁距離を短くし漏電による感電の危険性がある

第5章第7節で述べた製品の安全性規格では絶縁破壊を起こし回路がショートしないように，基板上の部品間距離や電子部品と筐体の距離（絶縁距離）を一定以上に保つことが定められています．

導電性塗装にシールド効果はありますが，電子部品と筐体の絶縁距離を短くし，絶縁破壊によりショートする可能性があります．

さらに，電源回路等の異常動作や漏電により，回路から筐体の導電性塗装へ電流が流れた場合，感電の危険性があるので，導電塗装は絶縁距離や感電の危険性を考慮して実施しなければなりません（42.4 VACまたは，60VDC以上の電圧で感電した場合，生命の危険性がある）．

(6) 筐体の導電性塗装は，直接触れられるようになっていると感電の危険性がある

導電性塗装によって筐体までの絶縁距離が短くなります．この導電性塗装が筐体外部まで施されるか，人が直接触れるところにあると，絶縁破壊の発生により感電する危険性があります．

6.11 フィルタ

種類と特徴，用途と実装上の注意点

フィルタは，電子機器システムの電源ライン・ノイズ，および伝送線路の不要なEMIを抑制するために利用されます．

この節では，フィルタの動作について解説します．フィルタはシールドとともに，放射ノイズとノイズ耐性に対するEMC規制を満足するために利用されます．

6.11.1　EMIフィルタとは？
――コモン・モードとディファレンシャル・モードを抑制．過大電圧抑制やサージ保護も可能――

EMIフィルタは受動素子で構成され，電源や信号線に対する電磁的干渉を防ぎます．フィルタは，機器本体から発生する電磁的干渉を防止するだけでなく，他の機器からの電磁的干渉も防ぎます．つまり，ノイズ環境においてシステム全体のノイズ耐性を向上させます．

多くのフィルタは，コモン・モードとディファレンシャル・モードの両方を抑制する能力があります．さらに部品を追加することにより，過大電圧（過渡電圧）抑制やサージ保護の機能を付け加えることもできます．

フィルタは，集中定数回路と分布定数回路が組み合わされており，EMIを抑制し，必要な信号は通過させるために阻止帯域と通過帯域を持っています．

フィルタを選択するとき，以下の点を注意してください．

- 挿入損失
- インピーダンス
- 許容電力
- 信号ひずみ
- チューニング性能（同調性）
- 価格
- 重さ
- 寸法（大きさ）

6.11.2　挿入損失
――伝送線路は50Ωとは限らない――

フィルタは，伝送線路のインピーダンスと比較すると高いリアクタンスを持っています．これは，周波数の低い信号に対してフィルタは一般的に高抵抗に見え，高い周波数とその高調波成分に対してはインダクタに見えることを意味します．

高いインピーダンスは，伝送線路内の不要な電磁界を特定の周波数に対して減衰させます．

信号経路中の不要なノイズを取り除くことは，他の素子や回路からの結合を減らし，放射ノイズの規制を満足します．

式(6.20)および**図6.42**に示すように，フィルタは2ポート伝達関数$H(f)$で簡単に書き表せます．

$$H(f)=\frac{V_L(f)}{V_s(f)} \quad \cdots\cdots (6.20)$$

図6.42　一般的なフィルタの伝達関数

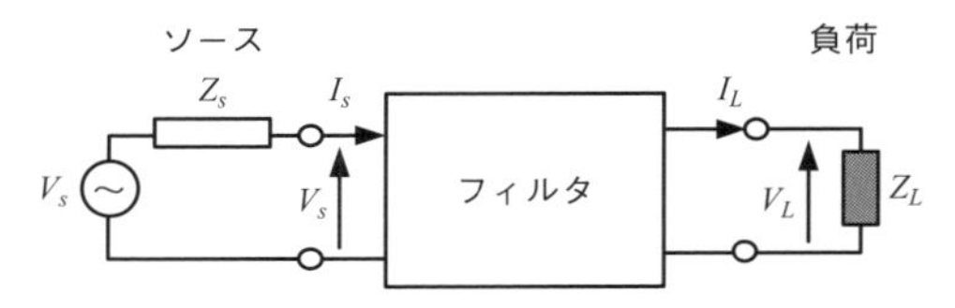

挿入損失（IL : Insertion Loss）は，伝送線路中にフィルタを挿入したときの電力の減衰量やフィルタ性能をデシベル［dB］で表したものです．

波源から伝わる電力，つまりフィルタで損失する前の電力をP_t，負荷が受け取った電力をP_rとすれば，挿入損失はdBで表すと式(6.21)になります．

$$IL=10\log_{10}\left(\frac{P_t}{P_r}\right)\ \text{[dB]} \quad \cdots\cdots (6.21)$$

この式は電圧を基準にすれば，式(6.22)のように書き表すこともできます．

通常，フィルタでは，P_rはP_tに比較して小さいため挿入損失は正となり，フィルタ通過後の信号の振幅は減衰します．

$$IL(f)=20\log_{10}\left(\frac{E_t}{E_r}\right)=20\log_{10}\frac{\text{フィルタ挿入前の電圧}}{\text{フィルタ挿入後の電圧}} \quad \cdots\cdots (6.22)$$

フィルタの性能は入力インピーダンスと出力インピーダンスの両方に依存し，フィルタの性能を示す挿入損失のデータは50Ωを基準インピーダンスとしてメーカが公開しています．

しかし，実際の電子機器にフィルタを組み込む場合，この50Ωを基準にした挿入損失を使って判断するのは問題があり，本当のフィルタ性能を表しません．

ほとんどのメーカが50Ωを基準にしてフィルタの挿入損失を表しています．しかし，実際には周波数帯域で大きく異なり，伝送線路は数Ω～数百Ωのインピーダンスを持ち，一般的にリアクタンス性です．

波源と負荷のインピーダンスを測定する方法はいくつかありますが，実際に測定するまではインピーダンスの値はわかりません．

したがって，コンピュータ・シミュレーションを使ったフィルタの選定は，伝送線路のパラメータが不足しているので非常に難しく，実践的ではありません．

6.11.3 基本的な受動素子フィルタの要素
—— 種類と使用上の注意点 ——

キャパシタとインダクタの基本的な2つの部品を使ってフィルタを作ることができます.

AC電源ラインのフィルタには，Xコンデンサを放電するために抵抗が含まれることがあります.

Xコンデンサは AC電源ライン間に接続され，製品安全認証機関によって分類されており，ショートしても絶対に火災やアークが発生しないことが保障されています.

このXコンデンサに並列に接続された1MΩ抵抗は，溜まったエネルギーを素早く放電します.

これは，大電力を扱う機器のAC電源コンセント端子に手を触れて感電する危険性を最小限にします.

AC電源フィルタ用途のキャパシタとして，Yコンデンサもあります．Yコンデンサは電圧源と筐体グラウンド間に接続します.

したがって，単相交流用には，2個のYコンデンサが，三相交流用には，3つのYコンデンサが使われます.

YコンデンサもXコンデンサのように安全を認定する機関で承認を受ける必要があります．なぜなら，Yコンデンサがショートすると，電源ラインから金属筐体に大きな電流が流れ，感電する危険性があるためです.

もっとも簡単な1次のフィルタは誘導性，または容量性のリアクタンス成分を含んでいます．リアクタンス X_C，X_L は式(6.23)に示すように簡単に計算でき，インピーダンスの式($Z = R + jX$)の虚数部を表しています.

$$X_C = \frac{1}{2\pi fC}, \quad X_L = 2\pi fL \quad \cdots\cdots (6.23)$$

▶注意事項

- 実際のキャパシタのリアクタンスは，周波数が高くなるに従い減少しますが，自己共振周波数を超えると，わずかに含まれるインダクタンスにより，誘導性(インダクタティブ)になります.
- 実際のインダクタのリアクタンスは，周波数が高くなるに従い増加しますが，自己共振周波数を超えるとわずかに含まれるキャパシタンスにより，容量性(キャパシティブ)になります.

構成部品が1つしかないフィルタは，減衰率が6 dB/oct(周波数が2倍になると，6 dB減衰)もしくは，20 dB/dec(周波数が10倍になると，20 dB減衰．6 dB/octと同じ減衰率)なので，あまり役立ちません．さらに減衰をさせるためには，多くのリアクタンス(キャパシタやインダクタ)を含んでいる2次以上の高次フィルタが必要になります．そのため，2段のフィルタでは12 dB/oct(40 dB/decと同じ意味)の減衰を提供できます.

▶多数のキャパシタンス(静電容量)を含むフィルタは以下の問題があります.

- AC電源フィルタに適用した場合，電源回路から漏洩した電流が筐体やアースに流れて感電の危険性があるので，安全規格に適合しないかもしれません.
- キャパシタンス(静電容量)は，信号の立ち上がり時間や立ち下がり時間を鈍らせ，信号の帯域を制限するので高周波信号(高精細ビデオやGHzのデータ通信ネットワーク)に甚大なシグナル・インティグリティ(波形品質)の問題を引き起こします.
- キャパシタンスは信号を鈍らせるだけなく，伝送線路中の電磁界の伝搬速度を遅くします(第2章参照).
- 伝送線路のキャパシタンス成分は，特性インピーダンスを下げて信号の伝搬に影響を与えるので，伝送線路を駆動するのに大きな電流を必要とします．これは，シグナル・インティグリティの別の問題を引き起こします(第2章参照).

▶大きな値のインダクタは以下の理由により注意して使わなければなりません.

- 大きな直流電流が流れると，電源フィルタのインダクタンスの磁気コアを飽和させフィルタの能力を低下させます．さらに，大きな交流および直流バイアスによってインダクタが高温になり火災を起こす可能性があります.
- 高周波数に対して効果のあるインダクタンスは信号周波数より低い帯域では低インピーダンスになり，ノイズ抑制効果が少なくなります．また，フィルタのインピーダンスはコア材の透磁率と巻き線間の分布容量に依存します.
- 大きなインダクタンスは電圧降下の原因となり，端子間に電位差を作ります．この電位差はコモン・モード電流を発生させます.

キャパシタによるバイパス・フィルタは，高周波電流を基準電位(0V)や筐体グラウンドに短絡するために使われます．インダクタによるフィルタは回路に対して直列に挿入され，不要な高周波エネルギーを抑制してケーブルやプリント基板上の配線や他の回路ブロックから発生した高周波ノイズを防ぐために使われます.

回路に対して直列に挿入されるフィルタは抵抗かフェライト材（フェライト・ビーズ，フェライト・コア）が使われます．抵抗を伝送線路中に挿入しても電圧降下が小さければ抵抗をフィルタとして使えます．

この抵抗は，伝送線路のインピーダンス整合に使われる直列終端抵抗に似ていますが，この場合は伝送線路を特性インピーダンスで終端する目的には利用しておらず，高周波エネルギーを減衰させるために使われています．

回路の動作上，低電圧振幅が必要で電圧降下の影響が無視できない場合は，電圧降下が非常に低いフェライト材料を使う必要があります．

10M～30MHzの低周波数帯でインダクタを使う場合は，次の事柄に注意しなければなりません．

周波数が高くなるに従って，誘導性リアクタンスは$X_L = 2\pi fL$で増加するので，周波数に対する電圧降下は純粋な抵抗のように一定でありません．その結果，波形がひずんで伝送上の問題が発生します．

このように周波数依存性の電圧降下は，周波数領域でのインピーダンス変化に関係しています．フェライトは30MHz以上の周波数では信号伝送に影響を与えないで高いインピーダンスを持ち，直流信号を通すのでフィルタとして好まれます．

キャパシタとインダクタはどちらも高いQ値を持つため，ある周波数で共振が発生します．共振回路のQ値は，$Q = \omega L / R$から計算できます．非常に小さい抵抗をキャパシタに直列接続するかインダクタに並列接続すればQ値は低くなり，広帯域の信号に対してフィルタとして機能します．

通常，このQ値を下げる抵抗は信号伝送に影響を与えませんが，同じように電源回路網でデカップリング・キャパシタの帯域を増やすために使われることがあります．

不要な電磁界の伝達を抑制するためにフィルタを使って波源（ソース）インピーダンスと負荷（ロード）インピーダンスをあえて整合させない手法があります．

信号源（LSI）の出力インピーダンスが高ければ，フィルタの入力インピーダンスを低くすれば良いので，信号とグラウンド間に並列にキャパシタを入れます．

一方，信号源（LSI）の出力インピーダンスが低い場合はフィルタの入力インピーダンスを高くすれば良いので，インダクタのようなリアクタンスを直列に接続します．

負荷の入力側とフィルタの出力側にも同様にインピーダンスの不整合を利用して不要な電磁界の伝播を抑制します．

事例によっては，伝送線路のインピーダンスに応じて波源側か負荷側，もしくはその両方に適切な受動素子を選定する必要があります．

10MHz以下の低い帯域で動作する回路でのフィルタの利用は効果的ですが，フィルタの実装位置に大きな影響を受けるので，ケーブルや配線等の負荷側に近接していないと効果がありません．

●容量性フィルタ

第4章の電源回路網では，キャパシタの動作を周波数スペクトラムを使って議論しました．

また，電源とその帰路（グラウンド）からスイッチング・ノイズを分離するために，どのようにキャパシタが使われ，回路動作にどのような影響を与えるかについても議論しました．

キャパシタをフィルタ素子として利用する場合，アプリケーション（応用事例）が異なっても同じ動作をします．

キャパシタは自己共振周波数まではインピーダンスが下がりますが，自己共振周波数を超えるとインダクタンスとして振る舞うため周波数の増加にともなってインピーダンスが増えます．

性能向上のために多段化したフィルタの一部が高いインピーダンスを持つ場合や，電源回路網（電源回路網では，電源－グラウンド間に並列キャパシタを実装して，コモン・モード・エネルギーをグラウンドに流す）のインピーダンスを低くしたい場合は，キャパシタの選定は重要です．

キャパシタは，プリント基板のレイアウトによるループ・インダクタンスとキャパシタ自身のリード・インダクタンスがあるために誘導性の特性を持ちます．

図6.43が示すインピーダンスのV字カーブは，一般的なキャパシタンスの特性です．もし，このキャパシタンスにリード線あるいはループ・インダクタンスがなければ，インピーダンスは周波数の増加とともに低下して，やがて0Ωになり増加することはありません．

図6.43右図は，1つのキャパシタを信号－グラウンド間（基準電位，0V）に並列に接続することにより，ある特定の周波数における不要な高周波ノイズを配線からグラウンドへ逃がせることを示しています．

図6.43　キャパシタの動作と並列フィルタ特性

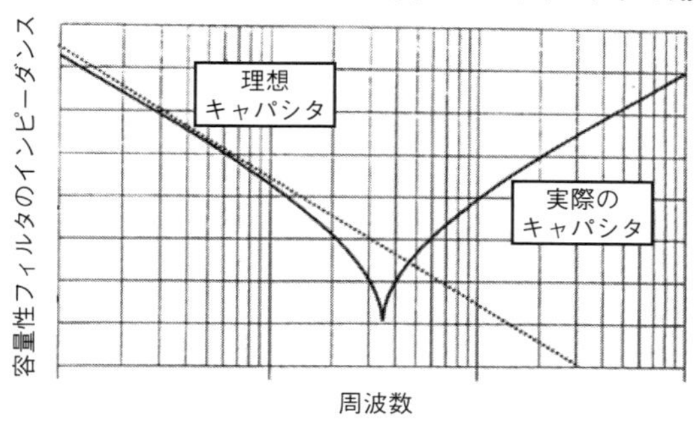

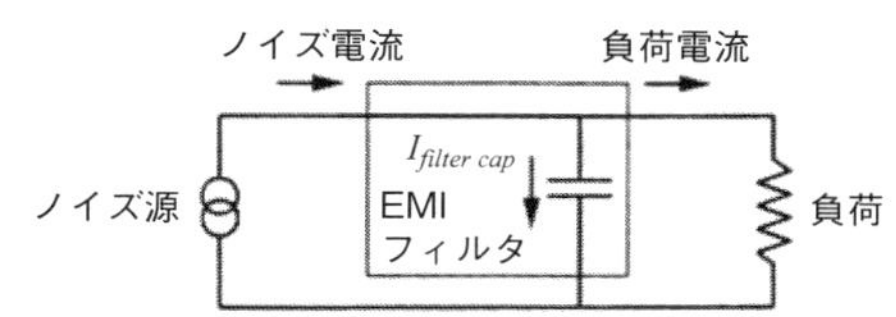

目的：キャパシタ電流を大きくして，負荷電流を減少させる

$$\frac{\text{キャパシタ電流}}{\text{負荷電流}} = \frac{\text{負荷インピーダンス}}{\text{キャパシタ・インピーダンス}}$$

考え方：キャパシタ・インピーダンス<<負荷インピーダンスにする．
負荷インピーダンスが非常に低い場合は困難
負荷インピーダンスが非常に高い場合は容易

- ○ 実際のキャパシタは，インダクタンスと抵抗を持っている
- ○ 非常に低い周波数では，理想的なキャパシタとして振る舞う
- ○ 共振周波数では抵抗として振る舞う
- ○ 共振周波数以上ではインダクタとして振る舞う

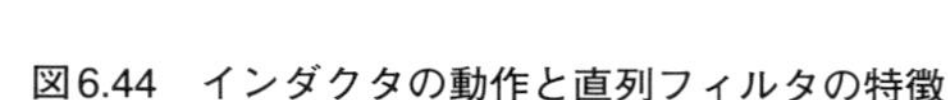

図6.44　インダクタの動作と直列フィルタの特徴

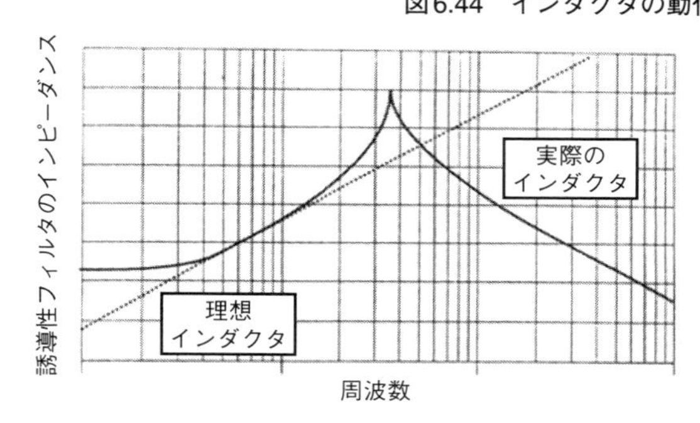

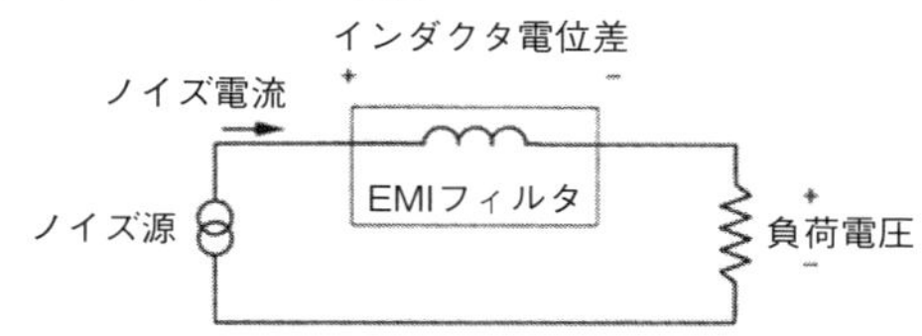

目的：インダクタ電位差を大きくして，負荷電圧を減少させる

$$\frac{\text{インダクタ電位差}}{\text{負荷電圧}} = \frac{\text{インダクタ・インピーダンス}}{\text{負荷インピーダンス}}$$

考え方：インダクタ・インピーダンス>>負荷インピーダンスにする
負荷インピーダンスが非常に高い場合は困難
負荷インピーダンスが非常に低い場合は容易

- ○ 実際のインダクタはキャパシタンスと抵抗を持っている
- ○ 非常に低い周波数では抵抗のように見える
- ○ 共振周波数以下では理想的なインダクタとして振る舞う
- ○ 共振周波数以上ではキャパシタとして振る舞う

●誘導性フィルタ

図6.44に示すように，インダクタはキャパシタとインピーダンス特性が正反対なことを除けば，容量性フィルタとまったく同じように機能します．キャパシタは自己共振周波数では低インピーダンスを示しますが，インダクタでは高インピーダンスになります．共振周波数を超えると，インダクタはキャパシタとして振る舞い，フィルタとして機能しなくなります．キャパシタと同様に低い値の抵抗を並列接続することにより，共振周波数におけるQ値を下げることができます．

6.11.4　フィルタ部品に関する寄生成分について ── 要因とその影響 ──

キャパシタは自己共振周波数以上ではインダクタとして振る舞い，インダクタはキャパシタとして振る舞いますが，意図しない寄生成分によってインピーダンス特性が変化する場合もあります．

図6.45は直列素子（シリーズ）と並列素子（シャント）

図6.45　寄生成分がフィルタ性能に与える影響

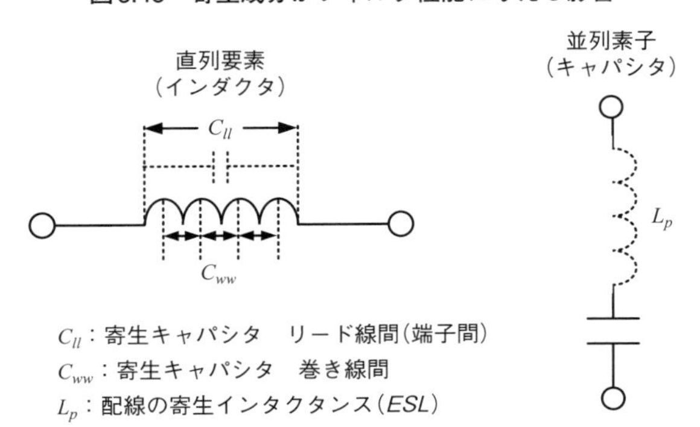

の製造過程やプリント基板上に素子を実装するときに発生する寄生成分を示しています.

キャパシタは，プリント基板を接続するためのリード線による*ESL*（Equivalent Series Inductance：等価直列インダクタンス）と呼ばれるインダクタンスを持っています.

キャパシタの*ESL*の原因には，キャパシタの端子（リード線）とプリント基板の接続部分で素子が実装されるフットプリントや内層プレーンに接続するためのスルーホール・ビアが含まれます.

キャパシタのリード線によるインダクタンスは重要で，素子のパッケージ（コンデンサ本体とリード線をパッケージ内で接続するワイヤによるインダクタンス）内部の*ESL*より大きくなります.

製造上と実装上の制約により，キャパシタから寄生インダクタンスを完全に取り除くことはできません.

キャパシタの実装とプリント基板の配線レイアウトは大変重要です．実装や配線レイアウトに問題があるとインダクタンスによって想定より低い周波数で動作し，高い周波数では誘導性になり，特定の周波数帯域をフィルタできなくなります.

インダクタはコイルの巻き線間に非常に小さい寄生容量が存在します（例えば，1000回巻きのインダクタでは，各巻き線間に直列にキャパシタが999個存在する）.

また，インダクタの両端子間の空間は誘電体として働き，第2の寄生容量になります.

したがって，**図6.45**に示すように非常に小さい浮遊容量がコイルの巻き線間に直列に多数（この例では999個）あり，さらにこれらの容量と並列にインダクタの端子間に大きな浮遊容量が存在します.

インダクタの寄生容量による影響をコンピュータ・シミュレーションに反映させたければ，テブナンの定理を使って寄生容量を見積る必要があります.

寄生成分による自己共振周波数は，式(6.24)により記述されますが，製品設計中にどの程度の寄生成分があるのか見積もることは不可能です.

また，ある特定の周波数範囲で動作するフィルタの設計も難しいです.

$$f = \left(\frac{1}{\sqrt{2\pi (ESL) C}} \right) \quad \cdots\cdots (6.24)$$

実際には，インダクタのような低域通過フィルタは自己共振周波数以上ではインピーダンスの低下により高域の信号が通過してしまい，キャパシタのような高域通過フィルタは自己共振周波数以上ではインピーダンスが増加するので，高域の信号が通過しません.

つまり，低域通過フィルタとして設計したつもりが自己共振周波数以上では高域通過フィルタとして振る舞い，高域通過フィルタとして設計したものが自己共振周波数以上では低域通過フィルタとして振る舞います.

このように寄生成分の影響により，当初考えていたフィルタ特性と異なるため，波形がひずんで伝送上の問題が発生します．これを解決（トラブルシュート）することは不可能ではありませんが，非常に大変です.

また，1つの素子で構成されたフィルタは寄生成分により自己共振周波数で位相を変化させるため，通常は使われません.

直列素子と並列素子の両方を使って寄生成分を制御し適切なフィルタ特性を得たい場合は，とても重要なので留意してください.

6.11.5　基本的なフィルタの構成
──特徴と使い方──

通常，フィルタはリアクタンス素子で構成されていますが，不要な信号をさらに減衰させたい場合や帯域を広げたいときは複数の素子を使います.

以下におもなフィルタ構成を示します.

- 個別部品：対称型フィルタ（双方向）
- 直列インダクタ：*T*型フィルタ
- 並列キャパシタ：π型フィルタ
- 非対称型：*L*型フィルタ

個別部品や1つの素子で構成されたフィルタを使う利点は，1つの部品しか利用しないことです．複数の素子を使ったフィルタの利点は，単一素子フィルタで

表6.8 基本的なフィルタ構成

貫通型フィルタ		低インダクタンス素子とバイパス・キャパシタを組み合わせており，波源と負荷が高インピーダンスのときに最適です.
L型フィルタ		波源が低インピーダンスで負荷が高インピーダンスの場合は，負荷側がキャパシタとなるLCフィルタになり，波源が高インピーダンスで負荷が低インピーダンスのときは，波源側がキャパシタとなるCLフィルタが適切になります．つまり，キャパシタは高いインピーダンスを持つ回路側に置けばよいことになります.
π型フィルタ		フィルタの波源側と負荷側の両方が低インピーダンスになっており，貫通型やL型フィルタより急峻なロールオフ（減衰率）を持ちます．波源と負荷が，高いインピーダンスを持つ回路に最適です.
T型フィルタ		π型フィルタと同様に，L型フィルタより急峻なロールオフを持っています．波源と負荷が低いインピーダンスを持つ回路に使われます.

は扱えない広帯域な周波数や大きな減衰を得られることです.

回路間の直流電流の絶縁や電圧レベル変換用のフィード・スルー・キャパシタ（貫通コンデンサ，3端子コンデンサ）を除き，直列素子としてはインダクタが使われます.

インダクタのような直列接続して使うフィルタは，波源（ソース）や負荷（ロード）を直列接続したインピーダンスより大きな値を持たなければなりません．したがって，インダクタを使ったフィルタは低インピーダンス回路に用いたほうが性能が発揮できます.

回路に対して並列に挿入して使うキャパシタは，不要なコモン・モード・ノイズを伝送線路からフレーム・グラウンドや他の零電位に流すため，高インピーダンス回路に最適です.

回路に対して並列挿入して使うフィルタのインピーダンスは，フィルタから見た回路の波源と負荷の合成インピーダンス，つまり波源と負荷を並列接続したときの合成インピーダンスより低くなければなりません.

フィルタの性能を発揮させるために，意図的にノイズを反射させるためにインピーダンスを不整合にすることがあります.

その3つの基本的な構成要素を**表6.8**に示します.

- 波源と負荷インピーダンスが低い場合：直列素子を利用（インダクタ）
- 波源と負荷インピーダンスが高い場合：並列素子を利用（キャパシタ）
- 波源，負荷インピーダンスいずれが低いか高い場合：キャパシタかインダクタを利用

6.11.6 コモン・モード・フィルタとディファレンシャル・モード・フィルタ
──動作原理と使用上の注意点──

フィルタを使う理由は，AC電源線や各回路ユニット間の信号線（伝送線路），システム間を接続する入出力ケーブルの不要な高周波ノイズ，高周波エネルギーを取り除くためです.

しかし，ケーブルのシールドや終端が適切に実施されていない場合はシールド性能が低下します.

フィルタの性能はノイズのモードに密接に関係しており，適切なモードを減衰させないと効果がありません．したがって，コモン・モードかディファレンシャル・モードのどちらか一方で機能するように設計しなければなりません.

●コモン・モード・フィルタ

伝送線路中に存在する不平衡の影響で不要な高周波エネルギーが発生し，これがコモン・モード・ノイズになります．コモン・モード・ノイズを取り除くには，回路に対して，並列に挿入する素子であるキャパシタ等が必要です.

したがって，ノイズを減らしたい帯域に応じたキャ

パシタの値を選定し，信号線はキャパシタを介してリターン・パス（信号の帰路となるゼロ電位）かフレーム・グラウンドの一方に接続しなければなりません．つまり，信号線とリターン・パスに対してキャパシタを並列に実装します．

ディファレンシャル・モード・フィルタは，コモン・モード・ノイズに対して効果はありません．ディファレンシャル・モード・フィルタは，2つの導体間にキャパシタが並列接続され，これらの2導体間に向きの異なるノイズ電流，つまりディファレンシャル・モード電流が流れればキャパシタの端子間に電位差が生じます．その結果，ディファレンシャル・モード電流がこのキャパシタによりバイパスされて他の回路にノイズが伝わることを防ぎます．

コモン・モード・ノイズは，2導体に対して同方向のノイズ電流が流れるのでキャパシタの両端は同電位となって電流が流れず，コモン・モード・ノイズは素通りして他の回路に伝わるため，抑制できません．

*L*型構成のコモン・モード・フィルタを作る場合，フィルタしたいすべての信号線に対してインピーダンス素子を実装しなければなりません．

例えば，キャパシタは各信号線とグラウンド（0V基準電位，アース）間にそれぞれ実装します．インダクタや抵抗を使って*L*型フィルタを設計する手法は，以下のように2通りあります．

第一の方法は，インダクタや抵抗をすべての信号線毎に実装します．しかし，この方法では部品点数が増えます．

第二の方法は，コモン・モード・ノイズを除去したい信号線をそれぞれ反対向きに磁気コア材に巻き付けてコモン・モード電流のみ減衰させます．この方法は次の2つの利点があります．

- ディファレンシャル・モード電流による磁束は，フェライト・コアの中で相殺されるので，インダクタとしては働きません．一方，コモン・モード電流による磁束は増加するので大きなインダクタとして働き，コモン・モード電流を抑制します．このコア材を使った構成では単体のインダクタのみを使った場合より多くの電流を磁気飽和させず流すことができます．
- 巻き線とフェライト・コアを使ったフィルタは，波形品質やディファレンシャル・モードの伝送には影響を与えないため，広帯域の信号に対して非常に有効です．

キャパシタを信号線とグラウンド間に実装して使うことは波形品質に対してはよくありません．キャパシタは信号の立ち上がり，立ち下がり波形を鈍らせたり，信号の伝播速度を遅くさせるなど広帯域な周波数を扱う回路の伝送波形に対して悪影響を与えます．

高周波ノイズを信号線から基準面（0V）やフレーム・グラウンドに流すためにキャパシタを使う場合は，一般的にキャパシタの値は非常に小さくなければならず，おおむね数pF程度です．

しかし，低周波数や低インピーダンス回路や電源回路では，回路に対して並列に挿入されるキャパシタの値は大きいほうがコモン・モード・ノイズを取り除けます．

- 電源回路のコモン・モード・ノイズ防止のためにキャパシタを利用する場合は，キャパシタをアース・グラウンドに接続するとうまくいきます（例えば，Yコンデンサ）．もし，バッテリ駆動の場合や電源ケーブルが2端子（アース用の端子がないケーブル）構成でアース・グラウンドがない場合は，チョーク・コイルや抵抗をノイズ除去したい回路に対して直列に実装しなければなりません．
- フィルタは非常に低いインピーダンスでアース・グラウンドへ接続できるように実装する必要があります．

例えば，プリント基板のスルーホールから金属スペーサを介して金属筐体に接続するか，平らな編組チューブをフレーム・グラウンドに接続します．一般的なワイヤはインダクタンスが高いため，キャパシタやフィルタ素子をアース・グラウンドに接続する目的に絶対に使用してはいけません．

図6.46に示すように，単一素子を複数使って大きな減衰を発生させるコモン・モード・フィルタがあります．各素子には寄生成分があり，机上の設計検討だけでは適切な素子の選定ができません．π型フィルタや*T*型フィルタを設計する前にフィルタについてよく理解することが重要です．

●ディファレンシャル・モード・フィルタ

ディファレンシャル・モード・フィルタは，アース・グラウンドとは接続をせず，信号線とその帰路（リターン・パス）間に実装します．信号線とその帰路配線は，伝送波形を劣化させないために，バランスさせ

図6.46 複数の素子を使ったコモン・モード・フィルタ構造

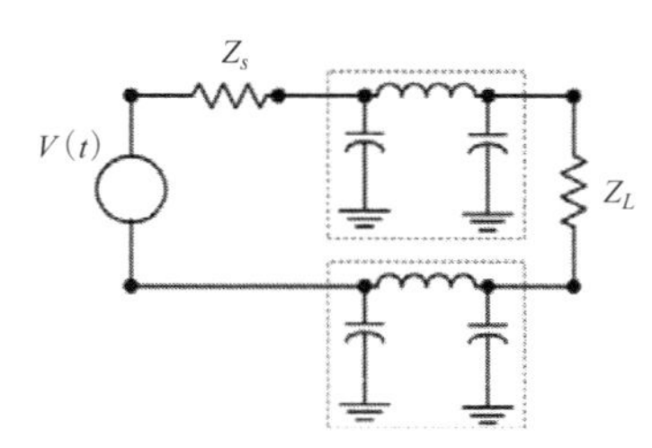

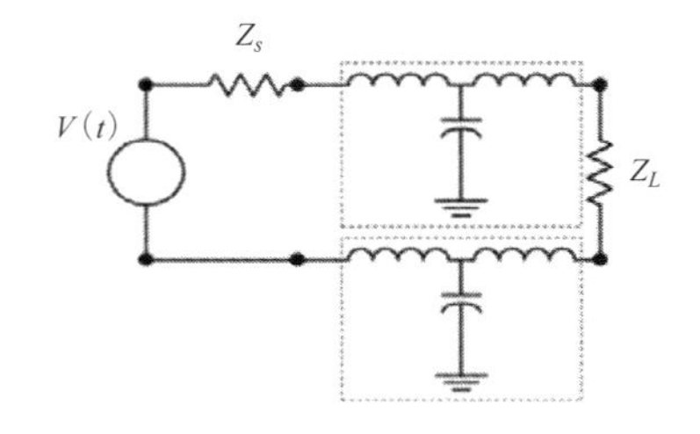

図6.47 複数の素子を使ったディファレンシャル・モード・フィルタの構造

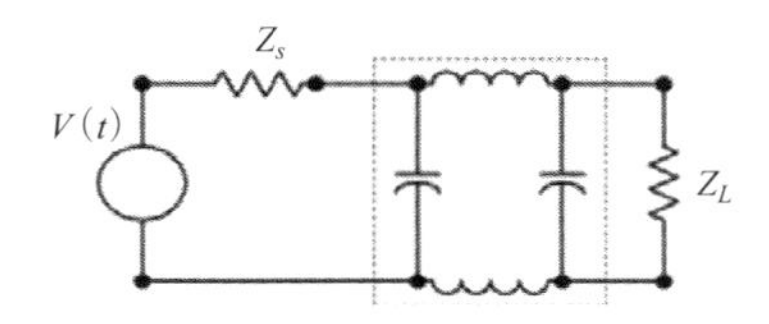

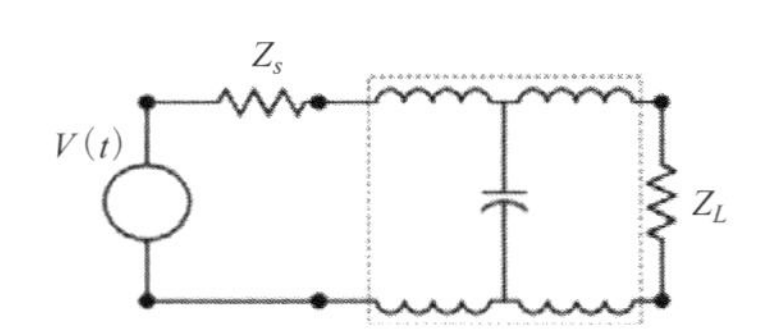

る必要があります．ディファレンシャル・モード電流はそれぞれ逆向きの磁界を発生するため，一方の線路からの磁束はもう一方の磁束に打ち消されるのでEMIを発生させずに線路に最適な信号を伝送できます．

ディファレンシャル・モード・ノイズを防止したい場合，**図6.47**に示すように，線間に並列に挿入するキャパシタ（Xコンデンサ）と直列に挿入するインダクタが使われます．すべてのフィルタは低周波のディファレンシャル・モード・ノイズ（例えば，スイッチング電源や位相制御電源，モータ・ドライバなど）を高いレベルで抑制する必要があり，Xコンデンサ単体ではディファレンシャル・モード・ノイズを大きく減衰させることができません．

1つの解決策としては，ディファレンシャル・モード・チョークを使います．このチョークは同一コア材にそれぞれ2つのコイルが同じ向きに巻かれています（コモン・モード・チョークの構成と似ている）．

現実的なディファレンシャル・モードのインダクタンスを小さいパッケージで得るのはコアの磁気飽和が存在するために難しく，実用的なインダクタンスを得るにはパッケージが大型化してしまうので高価になります．

単純な一段式フィルタにフィルタを加えれば性能を向上できて費用対効果も高くなります．寄生成分はフィルタのノイズ抑制能力に制限しますが，多段フィルタでは寄生成分によるフィルタ性能の低下を最小限に押さえます．

それに加えて，多段フィルタは波源インピーダンスや負荷インピーダンスの影響をあまり受けません．

6.11.7 信号線フィルタ構成
―― カットオフ周波数の考え方／挿入損失／コモン・モード・チョークの動作原理 ――

一般的に信号線にフィルタを適用する場合は帯域により分類され，カットオフ周波数より高い帯域や低い帯域で機能するもの，または，その両方の帯域で機能するものがあります．このカットオフ周波数とは，フィルタが適切に動作する特定周波数のことを言います．

カットオフ周波数を定義する場合，通常フィルタの通過帯域の値より3dB減衰した周波数で定められます．

カットオフ周波数における3dBの減衰は，伝送線路を伝播する電力の約半分に相当します．電圧比で表せば，通過帯域の電圧の $\sqrt{0.5} = 0.707$ となります．

また，帯域阻止フィルタのカットオフ周波数は，通過帯域と阻止帯域の両方で表される場合もあります．つまり，3dB減衰する周波数をカットオフ周波数とするのではなく，30dBや100dBなどのように，通過帯域と阻止帯域の差を使って表現します．**図6.48**に4種類の基本的な信号線用のフィルタ構成を示します．

- 低域通過フィルタ：希望する周波数以上で不要な高周波エネルギーを取り除き，その周波数以下ではわずかに減衰するか，または，まったく減衰しません．一

図6.48　基本フィルタの構成と挿入損失曲線

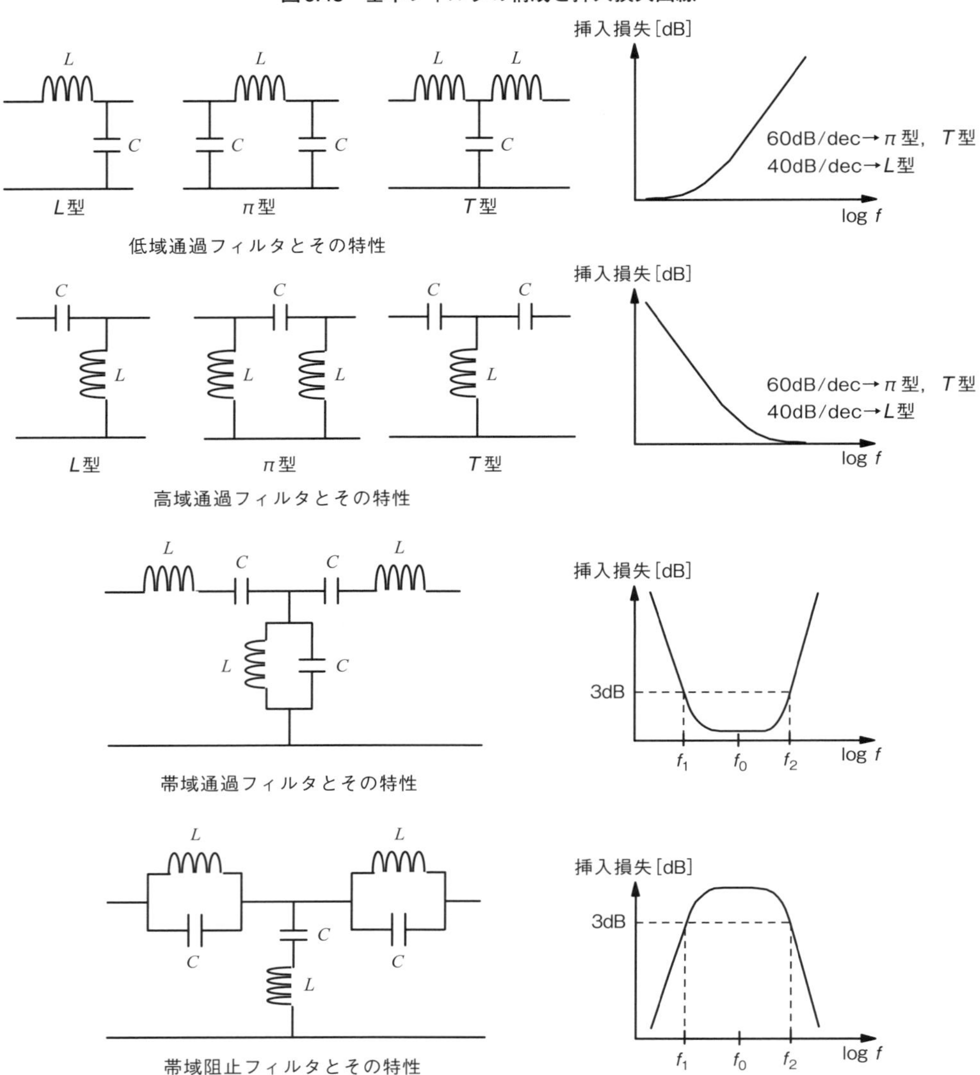

般的にAC電源系や低周波数の信号系に使われます．

- 高域通過フィルタ：希望する周波数以下で不要な高周波エネルギーを取り除き，その周波数以上ではわずかに減衰するか，またはまったく減衰しません．
- 帯域通過フィルタ：希望する周波数帯域では，わずかに減衰するか，またはまったく減衰せず，その通過帯域の外側の周波数を取り除きます．
- 帯域阻止フィルタ：利用している特定の周波数帯域の一部の帯域を取り除き，それ以外の周波数は通過します．

帯域通過フィルタと帯域阻止フィルタが，3dB減衰する周波数を**図6.48**の挿入損失のグラフに示します．この3dBの値は，伝送線路の電力が減衰して2分の1になることに相当します．

フィルタ設計では3dB減衰する周波数を決めますが，一部のフィルタは通過（または阻止）帯域の始まりと終わりの周波数で急峻な減衰曲線を持つように設計されます．通常のフィルタは3dB減衰した周波数がカットオフ周波数となりますが，この場合は6dB減衰した周波数が適用されます．

これはフィルタが高いQ値を持ち，通過帯域と阻止帯域が急激に切り替わることを意味しています．

●コモン・モード除去

平衡回路は2本の伝送線路と差動信号を使い，それぞれお互いの線路を基準電位（グラウンド）とします．その2本の線路を駆動する電流は同じ値で完全にバランスしていなければなりません．もしアンバランスが存在すれば，このアンバランスな電流の大きさに比例したコモン・モード・ノイズが発生します．このアンバランスは，2本の伝送線路の配線長の違いやインピーダンスの不連続が原因です．

一般的なOPアンプに見られる典型的な差動線路の構成を図6.49に示します．

すべての差動信号は同等な2本の伝送線路を持ち，一方の線路はもう一方の線路とバランスする必要があります．バランスが取れていないことによる影響を示すために一方の線路か，または両方の線路の基準（0V）となる帰路（グラウンド・プレーン）にコモン・モード・ノイズが存在すると仮定します．

ディファレンシャル・モード信号は，それぞれ一方の線路がもう一方の線路を基準（0V）とします．2本の線路が完全にバランスしているなら，レシーバの入力端にはディファレンシャル・モード・ノイズによる電圧V_{dm}は発生しません．

もし，配線のどこかに本来あってはならないインピーダンスがあれば，アンバランスが発生します．電圧の大きさに関係なく，このアンバランスが線路中に存在すればレシーバの入力端には少量のディファレンシャル・モード電圧V_{dm}が発生します．その結果，コモン・モードによる電圧V_{cm}が発生し，EMIの主要因となるコモン・モード・ノイズが発生します．

OPアンプにおけるディファレンシャル・モードの成分は，同相信号除去比（CMRR：Common-Mode Rejection Ratio）として，ICメーカから提供されます．この*CMRR*はバランス度（平衡度）を定量化するために使われます．

または，回路にコモン・モード電圧が印加された場合，どのくらいコモン・モード信号を除去する効果があるかを示します．つまり，波形ひずみなしに伝送したいディファレンシャル・モード信号をどのくらい通せるかを表しています．

$$CMRR = 20 \log\left(\frac{V_{dm}}{V_{cm}}\right) \quad [\mathrm{dB}] \quad \cdots\cdots\cdots\cdots\cdots (6.25)$$

*CMRR*は式（6.25）が示すようにコモン・モードとディファレンシャル・モード・ノイズの電圧比で定義されます．

図6.49 *CMRR*の定義に対する差動信号

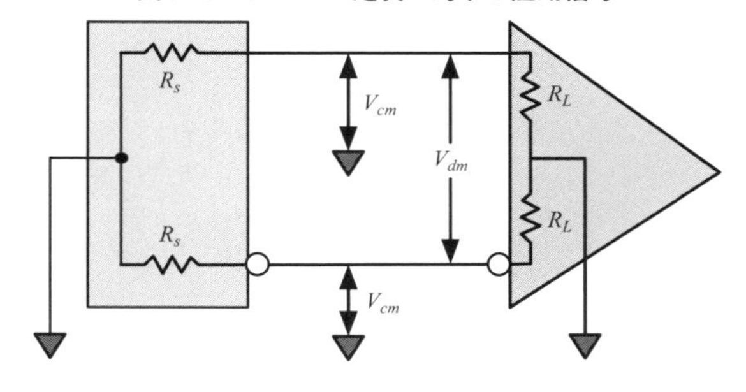

*CMRR*は周波数依存性を持つため，高周波では*CMRR*を大きくすることは一般的に難しく，うまく設計された機器でも*CMRR*は40～80dB程度です．

バランスの良い差動信号ペア間ではより多くのコモン・モード・ノイズの除去できますが，さらに素子を追加することによりコモン・モード・ノイズの除去性能を向上できます．

コモン・モード・チョークは，機器間や回路間を接続するケーブルに使われます．その理由は，機器や回路間を接続するケーブルとプリント基板のトレースのインピーダンスが異なるためです．

さらに，機器間を接続するコネクタもピン配置や構成によってはトレースやケーブル・インピーダンスと異なり，アンバランスを引き起こします．

●コモン・モードとディファレンシャル・モードのフィルタとチョーク

コモン・モード・フィルタは，ディファレンシャル・モードで動作する回路から，コモン・モード・ノイズを取り除くために使われます．例えば，差動線路やAC電源回路（伝導性ノイズを防ぐため）で使われます．コモン・モード・チョークは差動線路ではない単線の伝送線路等では動作しません．

プリント基板上の多くの配線には，差動線路（例えば，イーサネットやUSB，IEEE1394など）が使われます．

これらの差動線路にコモン・モード・フィルタとチョークを使えば非常に大きな効果がありますが，次の2つの理由によりコモン・モード・フィルタはディファレンシャル・モード・フィルタより設計が難しいです．

- 一般的に，差動線路のディファレンシャル・モード信号の特性やコモン・モード電流の量は，広範囲な数値シミュレーションを行わない限り事前にわかりません.

- フィルタが使われる回路の波源と負荷インピーダンスがわからないにもかかわらず，メーカは波源や負荷インピーダンスを50Ωと仮定して試験したデータシートを提供しています.

コモン・モード・フィルタの効果は，波源と負荷インピーダンスが既知かどうかによります．ディファレンシャル・モードやシングルエンド信号は，ドライバICの出力インピーダンスと負荷インピーダンスがわかっているため，フェライト素子を使うことにより容易に除去できます.

コモン・モード・ノイズは，回路レイアウト中の寄生成分が原因で発生します．また，入出力部にケーブルが接続されていると，負荷インピーダンスはわからない可能性があります．さらに，インピーダンスは周波数に依存します.

回路間や機器間を接続する媒体（インターコネクト），つまり配線やケーブルに存在するコモン・モード・ノイズは，配線やケーブル自身を効率的なアンテナとして動作させます．ディファレンシャル・モード・フィルタは，伝送線路を伝播する不要な高周波電流を防ぐために，なるべく波源となるIC（ソース・ドライバ）の近くに実装する必要があります.

値の小さい直列抵抗でも，ディファレンシャル・モード・フィルタとして機能することもありますが，さらにフィルタ性能を向上させるために，抵抗に対して直列にフェライト・ビーズを実装します.

一方，コモン・モード・フィルタは負荷の近くに実装しなければなりません．または外部入出力用ケーブルが効率的なアンテナになるのを防ぐために，ケーブルと回路の間に実装します．コモン・モード・フィルタは，通常，低域通過フィルタ構成になっています.

コモン・モード・フィルタは単一素子（直列に実装するインダクタまたは，並列に実装するキャパシタ）もしくは，複数の素子（L型，T型，π型フィルタ構成）から構成されます.

単一素子で作られたフィルタを利用するのは容易ですが，単一素子のフィルタがノイズを十分に減衰できない場合は，複数素子のフィルタの利用が効果的です.

1つの素子を使ってコモン・モード・ノイズを除去する特別なフィルタがあります．この特別なフィルタは，トロイダル・コアと2本のワイヤを使います．それぞれのワイヤは差動伝送線路の正，負の信号線に対応します.

トロイダル・コイルのワイヤは，ディファレンシャル・モード電流による磁束は打ち消して，インピーダンスを低くし，コモン・モード電流に対しては磁束が合成されインピーダンスが高くなるように，それぞれ逆向きに巻かれています．その結果，ディファレンシャル・モードの電流は，トロイダル・コイルを通過して，波源から負荷に伝送されますが，コモン・モード電流，つまりコモン・モード・ノイズは通過しません.

専門家は，電界［V/m］や磁界［A/m］，電磁波の電力［P/m^2］を扱っていますが，設計者は電圧と電流を使って設計や回路理論を時間領域で考えます.

ファラデーの法則や右手の法則は時間変化する電流が伝送線路中にある場合，電流の流れる方向に応じて時間変化する磁界が作られ，その磁界が電界を誘導することを述べています.

差動信号が流れる2本の線路が反対向きにコアに巻かれていれば，差動線路上のコモン・モード・ノイズは阻止され，純粋なディファレンシャル・モード信号

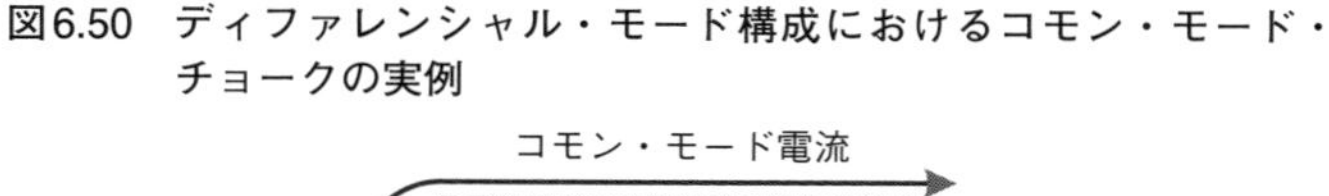
図6.50　ディファレンシャル・モード構成におけるコモン・モード・チョークの実例

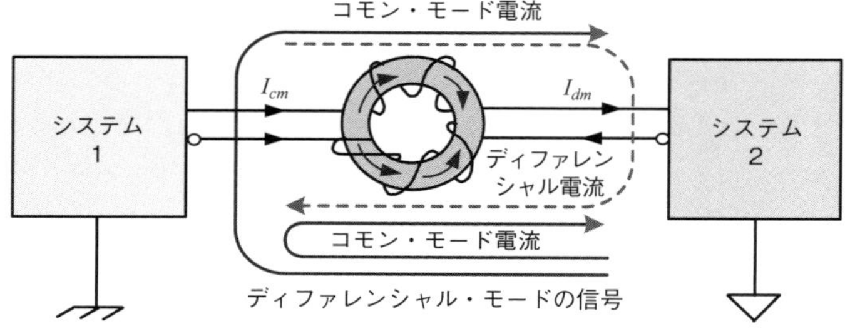

のみ流れます．コモン・モード・チョークを図6.50に示します．コアを包んでいる破線は，逆向きに流れるディファレンシャル・モード電流です．

AC電源ライン上で多重巻きのコモン・モード・チョークと小さいキャパシタを使う場合は，ディファレンシャル・モード電流の影響を無視して設計することができます．アース・グラウンドに並列に接続された大きなキャパシタは，ディファレンシャル・モード・ノイズの減衰に寄与します．コモン・モード・チョークの漏れインダクタンスは，ディファレンシャル・モード回路に対して直列に接続されたインダクタとして働きますが，注意深く設計すればこれを最小限にでき，単体素子を使ったフィルタ設計を行う場合は非常に重要です．

コモン・モード・フィルタを差動線路に使う場合は，コモン・モード・チョークの飽和や必要なディファレンシャル・モード電流を減らすことなく，コモン・モード・ノイズのみを減衰させなければなりません．

6.11.8 AC電源ラインに対するEMIフィルタの選定基準
—— 使用上の注意点や取り扱い方法 ——

EMIフィルタの選び方は，電気特性や機器の構成に影響を及ぼすだけでなく利用法にも影響します．例えば，市販のAC電源ライン・フィルタはプリント配線板上かAC電源コネクタに取り付けられます．

フィルタのフットプリントと実装方法は，フィルタのノイズ除去効果に影響を与える可能性があります．考慮する点は，漏洩電流や挿入損失，定格電圧，許容電流に加えて認証機関による認定もあります．安全規格はライン・フィルタのAC電源電圧や，雷サージ等の高電圧による感電や火災を防ぐために適用されます．

電気・電子機器の既製AC電源ライン・フィルタに対する懸念事項を以下に示します．

- 適適切な挿入損失を持つフィルタをどのように選択しますか？
- 定常電圧や定格電流とはどのような意味でしょうか？ また，フィルタは負荷が大きくても小さくても，同じ性能を発揮できますか？
- フロントエンド（最前段）部のXコンデンサの定格電圧とはどういう意味でしょうか？
  また，カタログにこの定格電圧が記載されていますが，そのまま使いますか？
- フィルタは，サージやファスト・トランジェント，ESDによる過渡的なエネルギーを，どの程度扱えますか？
- どれくらい非線形にひずんだ電流がAC電源からコモン・モード・チョークに流れると，磁気飽和しま

図6.51 AC電源ライン・フィルタの構成

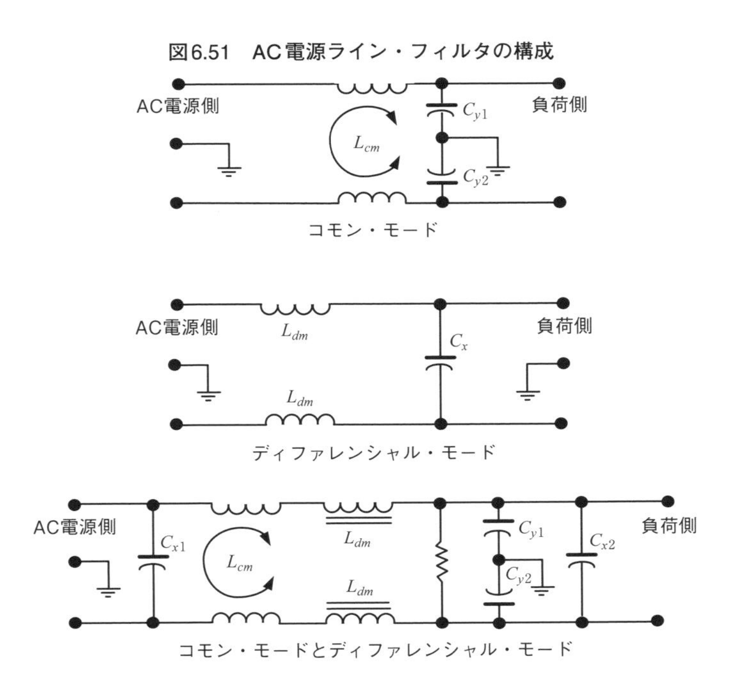

すか？
- どれくらい非線形にひずんだ電流がシステムから流れるとフィルタ性能に影響を与えますか？
- フィルタの動作モードと異なったノイズが発生した場合，フィルタは機能しますか？
- 機器によって入出力インピーダンスが異なりますが，市販されている電源フィルタ・モジュールの性能は問題ないでしょうか？

実際，既製品の電源フィルタは，ディファレンシャル・モードとコモン・モード・ノイズのどちらか，もしくは，その両方に対応できるように設計されています．

しかし，システムが受けるノイズ・モードや，AC電源ケーブルのインピーダンスをあらかじめ知ることは難しく，システムが設計されるまで必要とされるフィルタの種類を決められません．

図6.51にコモン・モードのAC電源ライン・フィルタを示します．

医療機器で使われるフィルタは，患者が故意に接触をして感電しないように分離が必要です．

一般家庭にあるAC電源端子（アース用のプラグがなく端子が2本）は，本来アース・グラウンドが必要なのでフィルタは筐体グラウンドから分離しなければなりません．

通常，金属ケースを持つ電源フィルタはアース用にラグ端子を持っていますが，このラグ端子と電子機器の金属筐体をワイヤで接続するのを忘れることがあります．なぜなら，フィルタのラグ端子と筐体をワイヤで接続してもしなくても動作上はまったく影響がなく，逆にワイヤで接続するにはワイヤの材料費や接続の手間がかかるためです．

しかし，フィルタがプラスチック・ケース製の電子機器で使われる場合は，このラグ端子が必要となります．

> 電源フィルタの金属ケースが機器側の金属筐体または，金属製の取り付けパネルに直接接続されているにもかかわらず，さらに，グラウンド・ワイヤをつなげる理由は信頼性を上げるためです．

AC電源フィルタのコモン・モード・チョーク（L_{cm}）は，透磁率の高いコアに，ディファレンシャル・モード電流による磁束を打ち消し合うように，コイルが巻き付けられています．このコモン・モード・チョークは一般的に1～10mHの高いインダクタンスを持ち，AC電源から大きな電流が流れても磁気飽和はしません．

コアに巻かれたコイルのインダクタンスは，アース・グラウンドに対するコモン・モード電流を減衰させるように動作します．

さらにコモン・モード・チョークには若干の磁束の漏れがあり，この磁束によるインダクタンスはディファレンシャル・モード・ノイズの減衰にも，わずかですが寄与します．

ディファレンシャル・モード・チョーク（L_{dm}）は，1つの電源ラインに対して1つのチョーク・コイルを使うので，コモン・モード・ノイズに対しては効果がありませんが，ディファレンシャル・モード・ノイズを取り除くことができます．つまり，回路に対して直列に挿入されるインダクタになります．

Yコンデンサ（C_{y1}，C_{y2}）はコモン・モード・ノイズを抑制します．Yコンデンサ（C_y）の効果はノイズ源のコモン・モード・インピーダンスに大きく依存します．この2つのYコンデンサによる減衰は，通常15～20dB程度です．

さらに，コモン・モード・チョークを追加することにより効果が上がります．

Yコンデンサ（C_y）の容量が大きいと，感電の危険性があり製品の安全性を損なうので注意が必要です．このようなケースではコモン・モード・チョークによって性能を高めることが重要です．

Xコンデンサ（C_x）は，ディファレンシャル・モード・ノイズを一方のAC電源ラインから他方のAC電源ラインへバイパスすることにより減衰させます．一般的にこのXコンデンサは大きな容量を持ち，0.1μ～0.47μFくらいになります．

要求されるフィルタ性能によりますが，ノイズ源と負荷のインピーダンスが非常に低い場合，このキャパシタはノイズ低減に効果がないので取り除かることがあります．

例として，0.1μFの容量を持つXコンデンサを取り上げます．このコンデンサは伝導性ノイズ試験の下限周波数である150kHzで10.6Ωのインピーダンスを持ちますが，これは数百ワット・クラスのAC電源の出力源インピーダンスと比較しても大きな値です[インピーダンスは式$Z=1/(2\pi fC)$で計算される]．

したがって，もっとも減衰が必要とされる低周波領域では，このXコンデンサは効果がありません．

Yコンデンサを使う場合は漏洩電流によって重大な

製品安全性の問題が発生することがあります．アース・グラウンドに流れる漏洩電流を最小限にするために，キャパシタC_y，C_{y2}にあまり大きな値は使えません．

アース・グラウンドは，設計者にとっては利用しやすいのですが，もし，多くの漏洩電流が金属筐体を流れた場合は感電の危険性があります．

製品の安全上，漏洩電流は0.25mA以下にする必要がありますが，特定の状況では漏洩電流を5mA以下にすることができます．

医療機器における漏洩電流は最大で0.1mA以下となっています．これはサージ吸収（Transient Voltage Suppressor：TVS）ダイオードによって，バイパスされるサージ電流も含まれ，システム全体の漏洩電流に適用されます．XコンデンサとYコンデンサは安全な動作が認定機関で保障されなければなりません．したがって，電源フィルタの外部でショート等の事故が発生しコンデンサが故障した場合は，短絡ではなく，必ず開放状態になる必要があります．これは，コンデンサが短絡すると大電流が流れ，火災や感電の危険性があるためです．

6.11.9 フェライト材を使ったフィルタリング ── 素材の物理特性とノイズ除去の原理と考え方 ──

伝送線路の中では，時間変化する電流が電磁界を作ります．

不要な電磁界を防ぐ手法を議論するために，伝送線路（ワイヤ，ケーブル，プリント基板の配線）に焦点を当てますが，自由空間に放射されたEMIを抑制する手法については議論しません．

フィルタは伝送線路で使われますが，自由空間でEMIを防ぐにはシールドを使います．

空気やプラスチック等の非磁性体中に磁界がある場合，比透磁率が“1”になるので，磁界の強さと磁束密度は同じになります．一方，磁性体の中では比透磁率に応じて磁束密度は増加します．

非磁性体中の直線状のワイヤは一般的に51nH/cm（20nH/inch）のインダクタンスを持ち，伝送線路と同様にインダクタンスと抵抗損失を持っています．

フェライトは大きな透磁率（μ）を持つため，磁束密度も大きくなります．フェライト材の透磁率は，ニッケルや亜鉛，マンガンなどの合成される酸化物に依存します．これらの材料の性質が，磁界の伝搬や周波数依存性に影響を与えます．それゆえに酸化物の組成や配合する割合により，どの帯域（低周波もしくは，高周波）で動作するか決まります．

$$Z(f) = R + j\omega L(f) \quad \cdots\cdots (6.26)$$

ここで，

$Z(f)$：周波数fにおけるインピーダンス

R：フェライト材固有の抵抗

ω：$2\pi f$

$L(f)$：周波数依存性のフェライト材のインダクタンス

フェライト材の透磁率は実部と虚部を持つ複素数で，式(6.26)に示すように，抵抗とインダクタンス性の成分に置き換えられます．これらの2つのパラメータがフェライト材のインピーダンスを決めます．

フェライト材の組成によって周波数特性は異なりますが，低い周波数ではインダクタンス成分が抵抗成分より支配的で，不要な高周波エネルギーを反射させ，高い周波数領域ではインダクタンスより抵抗成分が支配的になり熱に変換します．つまり，フェライトはインダクタンスにより不要な高周波エネルギーを反射させるか熱として消費することによりノイズの伝搬を防ぎます．

したがって，ディジタル信号をひずませることなく高い周波数成分を持つノイズのみを選択的に減らすことができます．

また，フェライトも寄生容量による自己共振を持ちますが，共振周波数以上の帯域では抵抗として動作するので，通常のインダクタより高い周波数までノイズ抑制効果があります．

これは，インダクタを信号用のフィルタとして使う場合，大きな利点となります．

フェライトは，材料として使われた酸化物の透磁率（μ）によって異なるインピーダンスを示すので，遮断したいノイズに応じて適切に選定しなければなりません．

フェライト材のインピーダンスは，誘導性リアクタンス（$j\omega L$）と損失抵抗（R）を直列に組ませたものですが，この関係は透磁率にも適用することができ，透磁率の実数部はリアクタンス成分を示し，虚数部は損失成分を示します．

これは，不要なエネルギーが反射されるより，むしろ吸収されることを意味しています．

低周波用フィルタや電源用インダクタは，抵抗によ

図6.52　フェライト・デバイスが使われる回路の模式図j

波源のコモン・モード・インピーダンス
R　$j\omega L$
負荷のコモン・モード・インピーダンス（～150Ω）
フェライト・デバイス
ノイズ源

図6.53　フェライト・デバイスの標準的なインピーダンス曲線
（図版提供：Fair-Rite Products Corp.）

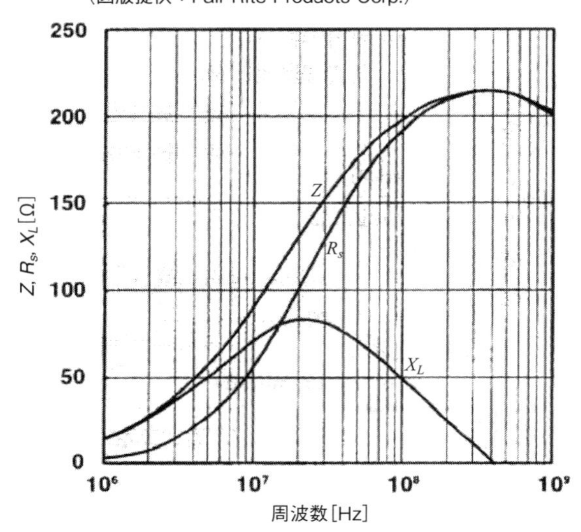

る損失が少ないことが重要ですが，フェライトを使ったフィルタは，これとは対照的に高い抵抗損失を持つように設計されます．

フェライト・チョークは抵抗損失のあるインダクタと同じように動作するので，入出力インピーダンスが低い回路間で有効になります．

多くの回路とケーブルは10～150Ωの範囲のインピーダンスを持ちますが，フェライトは，これより高いインピーダンスがないと効果的にノイズを減衰させることができません．

ノイズを減衰させたい周波数において高いインピーダンスになるようにフェライトをうまく選定すれば，フェライト素子のみでもノイズを大きく減衰できます．

フェライト・デバイスの一般的な使い方を等価回路を用いて**図6.52**に示します．

図6.53は横軸を周波数としたときの一般的なフェライト・ビーズの減衰特性例です．通常，メーカが公開するデータシートでは100MHzのインピーダンス値で定義するので，**図6.53**の例では200Ωとなりますが，まれに25MHzのインピーダンスの値が使われることもあります．

図6.53の減衰曲線から500MHzの信号に対しては，インピーダンスは約220Ωになり，50MHzでは175Ωになります．フェライトは一般的に10～2000Ωのインピーダンスを持ちますが，フェライトによって減衰曲線や動作周波数が異なります．

ノイズを低減したい周波数帯域においてインピーダンスが最大になるように，フェライト・ビーズを選定することは大変重要です．

図6.53では，全体のインピーダンス以外に，抵抗成分と誘導性リアクタンス成分も表示されています．これは，シグナル・インテグリティを考慮する場合は非常に有効で，ディジタル波形が必要以上に減衰して動作マージンがなくなることや，電圧降下を確認することができます．

図6.53の全インピーダンス値であるZは，式(6.26)

表6.9 フェライト材の透磁率とノイズ・フィルタとして動作する周波数の関係

透磁率	対応周波数
2500	30MHz以下
850	25～250MHz
125	200MHz以上

を基礎にしています．

透磁率とは材料を磁界中にさらしたときに，磁化される量を示します．つまり，磁性材料が磁界を保持する能力や磁化される度合いを示します．

透磁率はギリシャ文字の“μ”で表され，1885年の9月にオリバー・ヘビサイド(Oliver Heaviside)によって提唱されました．大きな透磁率を持つ酸化物材料を使うことにより，フェライト・デバイスを低い周波数帯域で動作させることができます．

表6.9に透磁率とフェライトが，ノイズ・フィルタとして動作する周波数の関係を示します．

6.11.10 ケーブルでのフェライト材の使用 ――ディファレンシャル・モード電流とコモン・モード電流の要因とその対策――

ケーブル・アッセンブリにフェライトを使う場合は，スナップ式のクランプ，もしくは鋳造された切れ目のないコアをモールドで保護したものを使います．

これらのフェライト・コアは同じ性能ですが，コモン・モード電流を効果的に取り除くためには，適切に使う必要があります．

●ケーブルのディファレンシャル・モード電流

差動信号は2本の伝送線路を使って波源と負荷の間に信号を伝送するので，リファレンス・グラウンドやシャーシ・グラウンドがなくても高周波信号を伝送できます．データ通信ネットワークで用いられるツイスト・ペア・ケーブルは互いをグラウンドにするため，コモン・モード・ノイズを生成するグラウンド・ループ電流は流れません．

差動信号のように伝送線路が互いに隣り合って配線され近接していれば結合するので，磁束が打ち消し合います．しかし，波源や負荷インピーダンスの変化，配線の不平衡や配線方法により，コモン・モード電流が流れる可能性があります．

ケーブル・アッセンブリ上にフェライト・コアやフェライト・クランプを実装すれば，コモン・モード電流(磁束)のみを除去できるので，ディファレンシャル・モード信号には影響を与えません．

その理由は，ディファレンシャル・モード電流による磁束は打ち消し合うためフェライト・コアによる影響はほとんどありませんが，コモン・モード電流による磁束は強め合うので，フェライト・コアによりインダクタンスが大きくなり，抵抗として働くためです．

そのため，多数のケーブルにフェライト・コアを通しても，適切にコモン・モード電流のみを抑制できます．

一方，ディファレンシャル・モード電流は，伝送線路上に直列に挿入された素子によって取り除くことができます．

差動線路上のP(Positive)チャネルおよびN(Negative)チャネルに，オーバーシュートによるリンギングが存在した場合，ディファレンシャル・モード・ノイズとして考えることができます．

この差動線路に対して直列挿入したフェライト素子は，ディファレンシャル・モード・ノイズに対してインピーダンスが高くなります．その結果，信号の直流電圧レベルに影響を与えることなく，ノイズであるオーバーシュートを減少させることができます．

●ケーブルのコモン・モード電流

差動信号間の結合による磁束の打ち消しがまったくないか，もしくは極めて少ない場合，ケーブルにコモン・モード電流が流れます．コモン・モード電流は，それぞれの差動配線を同じ方向に流れ，ケーブルのさまざまな部分で発生したコモン・モード電流が合成されます．この原因を以下に示します．

- 伝送線路が基準とするシステム・グラウンドやアース・グラウンドと容量結合した結果，発生するアース・ノイズ
- 伝送線路のインピーダンスやアース・グラウンド，ゼロ電位等の不平衡が原因で，アース・グラウンド等に流れる電流の一部が自由空間を伝播して波源に戻ります．これは，ケーブル配線とアース・グラウンドが電磁結合によって発生したものではありません．

シールドが適正に終端されていない場合は，シールド・ケーブルもコモン・モード・ノイズを運びます．これは第5章で議論しました．その電流の量が少なく

ても，高周波電流の帰路は基本的に制御できないので，非常に大きな放射ノイズを発生する可能性があります．

さらに，過渡ノイズや高周波エネルギーの結合（例えば，クロストーク）は，一般的にコモン・モード電流を引き起こします．これはモード変換と呼ばれています．

したがって，コモン・モード電流はケーブル・アッセンブリのシールド上にも存在します．このコモン・モード電流はケーブルのシールド上に磁界を作りますが，ケーブルにフェライト・コアを実装しコモン・モード電流に対してインピーダンスを増加させることにより，コモン・モード電流を抑制できます．

この不要なコモン・モード電流は，回路や装置に問題を引き起こす可能性があります．さらに，わずかなコモン・モード電流により放射されるノイズは，簡単に限度値を超えます．

6.11.11 プリント基板上で利用するフェライト・デバイスの選択方法
── 使用方法/取り扱い/注意点 ──

フェライト素子の選定を適切に行うには，フェライトの酸化物の混合比や物理サイズ，構成を選定する前に，抑制したいノイズの周波数帯域を事前に知る必要があります．設計の初期段階ではノイズの帯域については正確に把握する必要はなく，概略がわかれば問題ありません．

ノイズ低減をするために，フェライト・デバイス選択の実験を行うのであれば，プリント基板上に測定用のテスト・パッドを置く必要があります．

フェライト・デバイスの選定では，温度等の環境条件についても事前検討が必要です．この環境条件はこの節で後述します．

フェライト素子のノイズ減衰効果は，伝送線路の波源と負荷の両方のインピーダンスに依存します．

ノイズを抑制したい帯域において，フェライト素子のインピーダンスは波源インピーダンスに負荷インピーダンスを加えた値より大きくないとノイズ抑制効果が発揮できません．

フェライトのインピーダンスが数百Ω以上の場合，低いインピーダンスを持つ波源や負荷に対しては，効果的にノイズを低減できます．

フェライト1つでは高周波ノイズを十分に減衰できない場合，もう1つのフェライト素子を直列接続して効果を高めることができます．

ビーズ・インダクタの場合，ワイヤ巻き付け回数を増やすことにより高いインピーダンスを作れますが，ワイヤ間の浮遊容量の影響でノイズ抑制に使える帯域が狭くなるデメリットがあります．

フェライト素子を選択する場合，伝送線路の波形品質に影響を与えないように式(6.27)を使ってノイズの減衰量を決めてください．

$$\text{減衰} = 20 \log \frac{|Z_s + Z_L + Z_{sc}|}{|Z_s + Z_L|} \ \text{[dB]} \cdots\cdots\cdots (6.27)$$

ここで，

Z_s：波源インピーダンス

Z_L：負荷インピーダンス

Z_{sc}：フェライト等のコア材インピーダンス

フェライト材が使われる事例を，以下に3つ示します．

(1) 予期しない電磁界や低周波高電力伝送システムから，施設や伝送線路，電気部品，回路を保護するためのシールド例

つまり，フェライト材は高周波エネルギーから電子機器を保護するシールド・ケースとしての役割があります．

例えば，病院で使われるMRI（magnetic resonant imaging；核磁気共鳴画像法）を格納するための部屋やノイズ試験で用いられる電波暗室等があります．

MRIが発生する磁界は非常に強く，かなり遠くに置いた電気製品も故障することがあります．

電磁界の放射を防ぐために，MRIの置かれた部屋の壁は磁界を抑制するフェライト材と電界を低減する導電性金属の両方から構成されます．

MRIからの強力な磁界を防ぐフェライト製のシールドがないと，MRI内部で使われている比較的周波数の低い通信機器や画像を撮影するスキャナ部だけでなく，近くにある別の電子機器に対しても妨害を与えて正常な動作ができなくなります．

(2) 低域通過フィルタや高域通過フィルタ例

フェライト素子にキャパシタや抵抗，インダクタ等の単体素子を追加することにより，低域通過フィルタ，もしくは高域通過フィルタを形成することができます．

このようなフィルタは，通常，システムに入るノイズ（イミュニティ保護）やシステムから出るノイズ（放射ノイズ）の原因となるコモン・モードの高周波エネルギーを防ぐ用途として回路間や装置間の接続に使われます．ケーブル・アッセンブリ上に実装されたフェラ

イト・コアは，コモン・モード・チョークとして動作し，回路間やシステム間の伝導性の高周波ノイズを防ぎます．

(3) 誘導性，もしくは容量性の寄生成分による発振防止または部品のリード線に結合して発生するノイズを減衰させために接続用ワイヤや伝送線路（プリント基板の配線），ケーブルへの使用例

スイッチングによるコモン・モード・ノイズを減衰させるために，フェライト・ビーズはプリント基板上で使われます．

その他の適用事例としては，クロック発生回路からのスイッチング・ノイズを減衰させるために，プロセッサの上部に高周波吸収体としてフェライト材を貼り付けます．他には伝送線路のノイズを抑制するために使われます．

フェライト・ビーズは，スイッチング回路や伝送線路の寄生成分によって発生する共振を減衰させる効果もあります．

フェライト材を，発振防止や他の配線からの結合によるノイズを減衰させるために使用する場合，以下のような電気的特性と環境の制限があります．

▶インピーダンスは，フェライト・コアのサイズや形状によって決まる

例えば，フェライト・ビーズを使用するタイプ（表面実装タイプやリード線を１回から複数巻き付けるタイプのビーズ・インダクタ）や吸収シート，クランプ・コアなどのフェライト素子のインピーダンスは，素子の物理寸法に直接関係します．

言い換えれば，フェライト材はさまざまな使用条件に応じて，インピーダンスを変更できます．

大きなインピーダンスを得るためには，幅か厚みの大きいコア（円形や平板，またはトロイダル状）を選択します．加えて，フェライト材の透磁率により動作周波数範囲が決まります．

フェライト・コアのインピーダンスは，材料固有の性質が影響しますが，大部分は透磁率が支配的になります．

前に議論しましたが，透磁率には実数部と虚数部があります．実数成分はリアクタンスを，虚数成分は損失を表します．

これらの2つのパラメータは，直列成分（μ_s'とμ_s''），または並列成分（μ_p'とμ_p''）で記述されます．低周波数においてはμ_s'が高いのですが，周波数が高くなるに従いμ_s''が支配的になり，誘導性の材料から損失性の材料になります．

高周波では，μ_s''が支配的になるため，インピーダンスは大きな抵抗成分を持ち，不要な電磁界を吸収します．

したがって，フェライトは抵抗とインダクタの並列接続で表されます（**図6.54**）．

低周波領域では，フェライトはインダクタ成分によりほぼ短絡となりますが，高周波領域では，インダクタ成分のインピーダンスが非常に高くなるので，抵抗成分に多くの電流が流れます．

このように，フェライトは“熱損失性デバイス”で，高周波エネルギーを熱に変換して消費します．これは抵抗成分による効果で，インダクタ成分による影響ではありません．

フェライト材のインピーダンスは周波数特性を持ちますが，使用環境によりこの周波数特性は変化します．

図6.54 フェライト材の特性（抵抗性と誘導性）

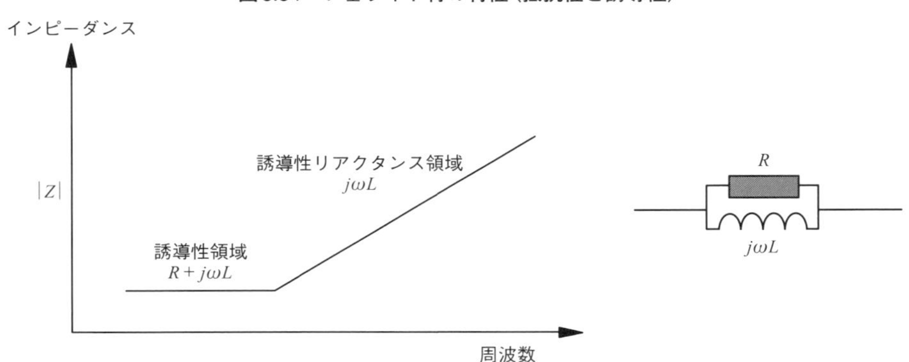

フェライトの周波数特性に影響を与える条件は以下の4つです.

▶周囲温度

温度環境は，物理的構造とは無関係に材料の透磁率に影響を与えます．インピーダンスは温度の関数として増加するので，フェライト・メーカは温度に対するインピーダンス曲線を公開しています.

▶直流バイアス

直流バイアスは，フェイラト・コアを流れる電流の総量に関係しています．フェライト・コアは高周波エネルギーを減衰するように設計されているので，直流電流は重要ではありません.

しかし，フェライト・コアに流れる直流電流が増加すると磁気飽和が発生し，インダクタンスが急激に減少するためにインピーダンスが減少し，ノイズ抑制効果も低下します.

多くの表面実装タイプのフェライト・ビーズは，通常のプリント基板上の線路を流れる100～200mA程度の電流を扱えます.

電流が200mAを超える場合，フェライト・ビーズはフィルタとして動作せず，内部で発生する熱により破損します．破損を防ぐために，フェライト・ビーズに定格の50%を超える電流を流してはいけません.

▶抵抗成分とキュリー温度

抵抗成分とキュリー温度は，フェライト材に流れる直流電流により変化します．キュリー温度とはフェライト材料が磁性を失う温度，あるいは転移温度を言います．一度，このキュリー温度に到達すると，フェライト材は磁性体としての能力を失いますが，温度が下がれば通常の磁性体に戻ります．抵抗成分が元々高いフェライト材がキュリー温度に達すると，電圧降下が発生し，信号の波形品質に影響を与えます.

▶巻き線型ビーズ

巻き線型ビーズは，巻き数の2乗に比例してインピーダンスが増加します．しかし，動作周波数範囲だけでなく，インピーダンスが最大になる周波数も下がります.

400MHzを超える周波数でインピーダンスが最大になるフェライト・ビーズを例に挙げます.

このフェライト・ビーズへ余分にワイヤを巻けば，動作周波数は300MHz以下になり，さらに6回ワイヤを巻くと50MHzまで動作周波数が下がりますが，インピーダンスは，100Ωから1000Ωに増加します.

このような手法は，小さいパッケージのフェライト素子を使って，直流電流を流しながら高周波ノイズを大きく減衰したい場合は大変優れていますが，ノイズを阻止できる周波数帯域は非常に狭くなります.

高周波ノイズの減衰能力を向上させるために，フェライト・コアやフェライト・ビーズのインダクタを増加させる方法が2つあります.

第一の手法は，フェライトによって狭い領域に磁界を集中させることによりインダクタンスを増やし，高周波ノイズを抑制します.

第二の手法は，適正なフェライト材を選定することにより，フェライト材が持つ抵抗成分により損失を発生させ高周波ノイズを防ぎます.

つまり，高い周波数においては抵抗成分を持ち，この抵抗成分により高周波ノイズを熱（発熱量は極めてわずか）に変換して減衰させますが，信号伝送に必要なエネルギーは吸収しないので，波形品質には影響がありません.

フェライトの抵抗成分が高周波ノイズに対して，効果がない場合もあります．これは，アプリケーションに依存するので注意が必要です.

フェライト・ビーズをノイズ・フィルタの性能向上に使う場合，波形がひずまないように回路特性と動作周波数範囲を考慮しなければなりません.

フェライト・チョークは，ケーブル・アッセンブリに誘導された静電気（ESD : electrostatic discharge）によるノイズの立ち上がり時間を遅くし，静電気ノイズの伝搬を防ぐ効果的があります.

フェライト材は，この過渡エネルギーを回路に伝搬や反射をさせずに吸収して素子を破壊から防ぎます.

6.11.12 貫通コンデンサ・フィルタ
―― 低*ESL*な理由と応用例 ――

貫通コンデンサは，システム内の高周波回路ブロック間や電波暗室と制御室の間など，2つの領域をまたぐDC電源線用に設計されています.

貫通コンデンサは，コンデンサ自身を貫通する1本のリード線を誘電体で囲み，さらにその外側を導体で覆います．外部導体は筐体やグラウンドに接続され，リード線は回路ブロック間をまたぐように接続されます．このように，コンデンサを貫通するリード線と外部導体の間にキャパシタを形成します．この構造により貫通コンデンサは直流電流や低周波信号を通しますが，高周波電流はキャパシタの効果により，金属筐体

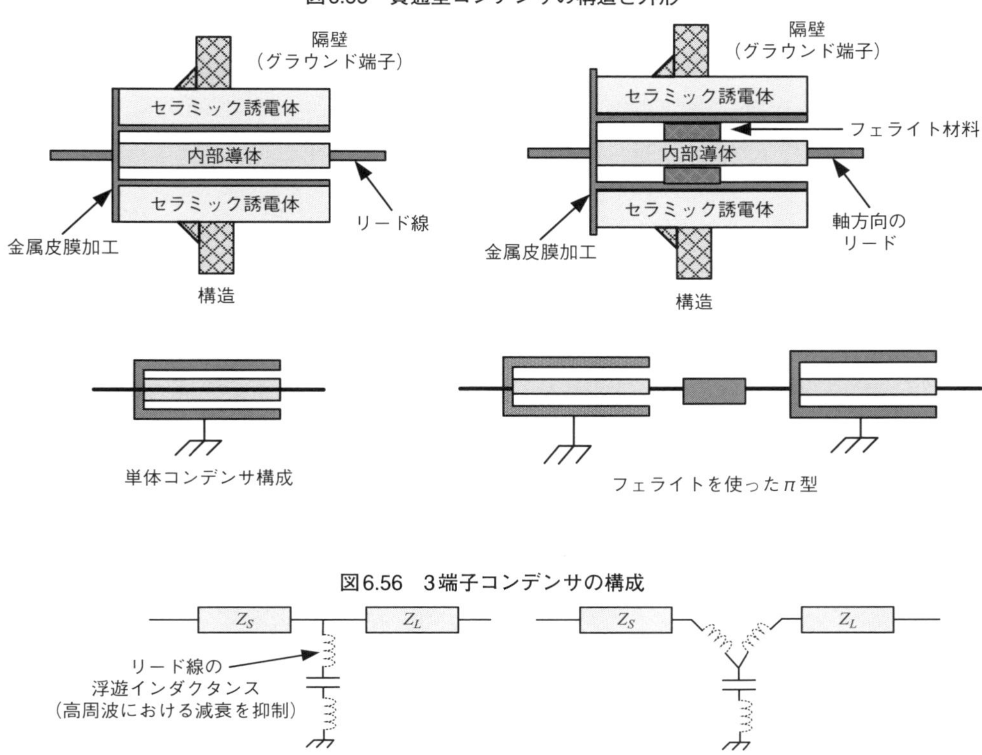

図6.55 貫通型コンデンサの構造と外形

図6.56 3端子コンデンサの構成

やグラウンドにバイパスさせ，隣の回路ブロックへ流れないようにします．

貫通コンデンサは，基板に実装するためのリード線のインダクタンス(*ESL*)が原因で，性能が低下します．

UHF以上の周波数で金属筐体内部へのノイズ侵入を防止したい場合は貫通コンデンサが使われます．このような事例では直接コンデンサ本体の外側を金属筐体にネジ留め，または，はんだ付けをしてグラウンドへ接続します．

その理由は，寄生インダクタンス(*ESL*)が非常に小さくなり，高周波電流を効果的に金属筐体にバイパスできるためです．この効果はGHz帯にまで及びます．しかし，貫通コンデンサの外部導体全周(360°)を金属筐体に完全に接続できない場合や，筐体がメッキや塗装によって高いインピーダンスを持つ場合は，この効果は失われます．

貫通型コンデンサを中央で2つに分割して，そこにフェライト・ビーズを挿入することにより，π型フィルタを構成することもできます．

貫通型コンデンサはコストをかけてさまざまな構成を使えば，広範囲な電圧や容量に対応できます．

貫通型コンデンサの例と構成を**図6.55**に示します．

6.11.13 3端子コンデンサ・フィルタ
── 応用例と使用上の注意点 ──

インダクタを単体で使ったフィルタを除けば，一般的なフィルタはキャパシタを組み合わせて構成します．

理想的なキャパシタは，周波数が増加するに従い20dB/decで減衰しますが，実際は，キャパシタ内に浮遊インダクタンスが存在するため，自己共振周波数を超えるとインピーダンスが増加します．

その理由は**図6.43**で示したとおり，共振周波数以下ではキャパシタンスが支配的であるために，周波数が増えるに従いインピーダンスが減少しますが，共振周波数以上では浮遊インダクタンスの影響が支配的になり，周波数の増加にともないインピーダンスが増えるためです．

この浮遊インダクタンスは，誘電体の両側にある導電性のプレートと実装パッドを接続するワイヤやリード線により発生します．

キャパシタのリード線が持つインダクタンスをフィルタ設計に利用して，2端子のT型フィルタを作り高周波特性の改善に役立てることもできます．

これは，T型や3端子フィルタが，鋭いQを持つビーズ・インダクタから構成されていることから理解できます．

このように，比較的低いインピーダンス回路では，キャパシタのリード・インダクタンスを利用して性能を向上させることができます．

3端子コンデンサは動作する周波数帯域を広げることができ，VHF帯域のノイズに対して効果的です．適切な性能を得るために，パッケージ中央に位置するグラウンド端子や，グラウンド・ワイヤは，低インダクタンスになるようにグラウンドやゼロ電位に接続しなければなりません．

この接続が適切な場合は，3端子コンデンサの寄生インダクタンスが大きくなり，キャパシタとしての性能が低下します．

6.11.14　フィルタの取り付けガイドライン
── AC電源ライン用や信号線用の実装方法と注意点 ──

電子機器の放射ノイズと伝導ノイズをEMC限度値以下にするために，フィルタを使った対策を最初に行います．このとき，さまざまな状況に対応するために異なる特性を持つフィルタを数多く準備する必要があります．

図6.57　AC電源を保護するためのフィルタの取り付け

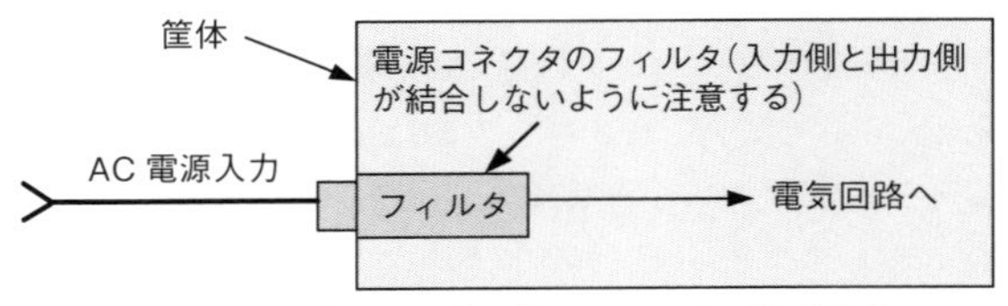

AC 電源コネクタに組み込みフィルタがある場合

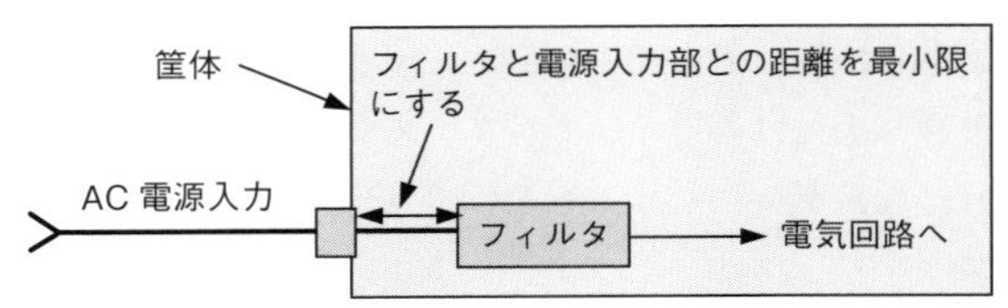

AC 電源コネクタに組み込みフィルタがない場合

多数のフィルタを試行錯誤しながら行うEMC対策は能率が悪く多くの時間がかかりますが，最終的には一番確実にEMC対策ができます．

非常に難しいのですが費用対効果が高く最小限のリスクでEMC対策を行うには，多くの回路パラメータや伝送線路周辺の寄生成分をコンピュータ解析して，コモン・モード電流を計算することです．

ここで計算された結果はフィルタを実装する際，適切な性能を発揮させるために大変重要になります．

また，伝送線路に対する余分なインダクタンスの低減や，アース・グラウンド（ゼロ電位）へ低インピーダンスで接続することにも利用できます．

●AC電源フィルタリング

AC電源フィルタのケースは，使用帯域内で低インピーダンスになるようにフレーム・グラウンドへ接続しなければなりなりません．なお，電源フィルタの入力側配線と出力側配線は，なるべく間隔を空けて結合しないように注意してください．

また，電源ノイズを除去するために，電源フィルタをできる限り筐体入口近くに設置してください（**図6.57**を参照）．

●信号線フィルタリング

伝送線路上で，フェライト・ビーズを使う場合の基本的なルールを次に示します．

- 波源部に近い所でノイズを除去し，不要な高周波エネルギーを伝送線路に伝搬させないことが重要です．
- 高調波を含むスプリアス（相互変調ひずみ等で発生する，本来存在しない信号）を抑制する広帯域フィルタを利用すれば，不要な信号を確実に除去できます．
- 放射ノイズと伝導ノイズのどちらをフィルタで対策したいのか明確にします．その理由は，これらのノイズは大きく異なり，対策に使うフィルタもまったく違うためです．
- 一般的なシステム設計手法やレイアウト設計手法を使っても，放射ノイズや伝導ノイズの影響を受けやすい回路を設計する場合は，文献(7)や前章で説明した設計技術を使ってください．
- フィルタは金属筐体やグラウンドと確実に接続してください．例えば，金属筐体やグラウンドに適切に実装されたフィルタはノイズを除去し，必要な信号のみ通過させるので波形ひずみが発生しません．

- データシートに記載された挿入損失や減衰の値を基にフィルタを選定してはいけません．これらの値は，50Ωのシステムを基準にしていますが，実際の製品は50Ωではありません．
- 除去したいノイズがコモン・モードであるか，ディファレンシャル・モードであるか，または，その両方であるかを確認してください．場合によっては，2つのフィルタを直列接続することや，複数の素子を使う必要があります．

▶ *T*型，*L*型，*π*型フィルタは反射素子

- 信号の損失は，波源の出力インピーダンスとフィルタの入力インピーダンスの不整合によって生じます．フィルタが伝送線路に対して適正なインピーダンスを持っていないと，性能は発揮できません．
- ノイズはコンデンサによってグラウンドに流れ，直列インダクタ，または，フェライトにより反射してノイズ源に戻るので，信号伝送に対する影響は最小限となります．しかし，キャパシタは信号を伝播させるためのエネルギーをグラウンドに流すため，波形の立ち上がりや立ち下がりを鈍らせ，信号伝搬時間を遅くするため，機能や波形ひずみの問題を引き起こす可能性があります．
- ループ・インダクタンスが最小になるように，キャパシタのリード線をできる限り短く取り付けてください．
- 浮遊容量性による結合が最小限になるように，抵抗とインダクタのリード線はできる限り離して取り付けてください．
- フィルタは可能な限り筐体や回路の出入り口の近くに実装しなければなりません．
- インダクタは，寄生または浮遊容量による影響を減らすために，できる限り金属パネルやプリント基板のリターン面から離して実装してください．磁界結合による電源線の放射ノイズを減らすために，トロイダル・コアではなく，ポット・コア・フェライトを使ってください．

◆参考文献◆

(1) Ott, H.; 2009, Electromagnetic Compatibility Engineering, Hoboken, NJ: John Wiley & Sons.

(2) Paul, C. R.; 2006, Introduction to Electromagnetic Compatibility, 2nd ed., Hoboken, NJ: John Wiley & Sons.

(3) Chomerics; 2000, EMI Shielding Engineering Handbook, Wobun, MA.

(4) Fair-Rite Corp.; Product Catalog, 17th edition.

(5) Joffe, E. & Lock, K. S.; 2010, Grounds for Grounding-A Circuit-to-System Handbook, Hoboken, NJ: John Wiley & Sons/IEEE Press.

(6) Kraus, J. D. and Marhefka, R. J.; 2002, Antennas, 3rd ed., New York, NY: McGraw-Hill.

(7) Montrose, M. I.; 2000, Printed Circuit Board Techniques for EMC Compliance-A Handbook for Designers, Hoboken, NJ: John Wiley & Sons.

(8) Quine, J. P.; 1957, “Theoretical Formulas for Calculation of the Shielding Effectiveness of Perforated Sheets and Wire Mesh Screens, ” Proceedings of the Third Conference on Radio Interference Reduction, Armour Research Foundation, Vol. (2) , pp.315-329.

(9) Schelkunoff, S. A.; 1943, Electromagnetic Waves, New York, NY: Van Nostrand Reinhold.

(10) Tsaliovich, A.; 1995, Cable Shielding for Electromagnetic Compatibility, New York, NY: Van Nostrand Rheinhold.

(11) Williams, T.; 2007, EMC for Product Designer, 4th ed., Oxford, UK: Newnes.

(12) Williams, T. & Armstrong, K.; 2000, EMC for Systems and Installation, Oxford, UK: Newnes.

図リスト

表リスト

索引

■数字・記号

■C

■E

■I

■L

■M

■N

■Q

■R

■S

■T

■U

■X

■Y

■あ

■い

■う

■え

■お

■そ

■た

■ち

■つ

■て

■と

■な

■ね

■の

■は

■ひ

■ふ

■へ

■ほ

■ま

■み

■む

■め

■も

■ゆ

■ら

■り

■る

■れ

■ろ

筆者・翻訳者略歴

■ 筆者略歴

Mark I. Montrose

現在，米Montroseコンプライアンス・サービス社（https://montrosecompliance.com/）の主幹コンサルタント．EMC分野においてEMC設計，解析，試験，対策など約40年の経験を持つ．コンサルタントとしてPCBおよびシステムのEMC設計において独特の手法の開発に注力している．これまでに出版した5冊の著書は多くの言語に翻訳されており，本書の原書『EMC Made Simple-Printed Circuit Board and System Design』も多くの国々の読者に支持されている．

■ 翻訳者略歴

櫻井 秋久（さくらい・あきひさ）

1982年九大院卒．同年日本アイ・ビー・エム（株）入社．長年，数値シミュレーションのEMC製品設計への応用研究，技術開発に従事．現在，基礎研究部門にて高精度の長期気象予測の研究，事業化に従事．IBMディスティングイッシュト・エンジニア（技術理事）．

福本 幸弘（ふくもと・ゆきひろ）

1988年京工繊大院卒．同年松下電器産業（株）（現パナソニック）入社．ディジタルAV機器や携帯電話等，数多くのディジタル家電機器のSI/PI/EMC設計開発に従事．2017年より九州工業大学特任教授．博士（工学），経営学修士．

原田 高志（はらだ・たかし）

1983年都立大大学院修士了．同年NEC入社．電波吸収・シールド技術，プリント回路基板のEMC設計技術，高速高周波回路実装技術などの研究開発に従事，現在，（株）トーキンEMCエンジニアリング，技師長．電子情報通信学会フェロー，博士（工学）．

藤尾 昇平（ふじお・しょうへい）

1987年3月，東工大院卒．同年日本IBM（株）大和研究所入社．以来PC等電子機器のEMC設計開発への電磁界シミュレーション応用技術開発に従事．現在はJIEPモデリング研究会，EMC標準，気象データ応用技術開発にも携わる．

大森 寛康（おおもり・ひろやす）

1999年日本大学大学院卒．同年凸版印刷（株）入社．次世代ICパッケージのSI/PI設計やRFID用小型アンテナの設計に従事．その後，住友電気工業（株）に入社し，光トランシバーにおけるSI/PI/EMC設計開発に従事．

池田 浩昭（いけだ・ひろあき）

1994年東京農工大卒，同年に日本航空電子工業に入社．基板設計，SIシミュレーション業務を8年経験後，マーケティング部門に異動し，USBやHDMI，DisplayPortのコネクタ規格化活動やEMC対策業務に従事．EMCシミュレーション設計技術マニュアル（科学技術出版），アナログウェアNo.2（CQ出版）を執筆．

伊神 眞一（いがみ・しんいち）

1982年東工大院卒．同年日本アイ・ビー・エム（株）入社．製品開発グループでLSI設計，製品試験などを経てEMI技術支援部門へ．電磁界シミュレーションの応用を中心にノートパソコンなどの製品設計に関わる．

大谷 秀樹（おおたに・ひでき）

1988年電気通信大学大学院卒．同年大手電機会社入社．半導体，電気，メカ，の各種シミュレーションの研究開発と普及に従事．サーバからアプリまで広範囲にIT技術を担当し，デジタル放送の研究を経て，現在，データベースや検索の開発と運用をリーディング．

あとがき

EMCは「ノイズ」という非意図的に発生する現象を扱います．「EMC設計」技術の発展過程では，起きてしまった困った事象をMaxwellの方程式で示される物理的な法則を用いて正しく説明できるようにすること，言い換えると，目の前の電圧，電流，そして電界，磁界の振る舞いを合理的に説明するためのモデルの構築とその体系化に多くの労力が払われてきたように思います．この点が同じ電磁気，電気回路を扱いながら，理論から出発して新しいアイデアを実現に導く「アンテナ・電波伝搬」や「マイクロ波回路」などの技術分野での取り組み方と大きく異なる点ではないでしょうか．

本書「EMC Made Simple」はMark I. Montrose氏によって構築され，体系化されたEMCモデルのライブラリです．Montrose氏は長年のEMCコンサルタントとしての活動の中で，我々EMCエンジニアの理解を助けるための独自のモデル（考え方）を構築し，これらモデルに基づく対策手法（ルール）を提案しています．先に話題となった「20Hルール」はその代表的なものです．

EMCに関わる現象は決して単純な理屈で説明できるものではありません．本書はこうした現象をときには具体例を出しながら，また，ときには概念的な表現で説明しています．もし読者が製品のEMC設計や対策に関わるエンジニアであれば，ご自身が携わっている製品のEMIやEMSの特性を本書の内容に照らし合わせて考えてみてください．新しい気付きや問題解決のヒントを得られることでしょう．また，読者が学生であれば，関連する電磁気や電気回路の教科書の内容を思いだしながら読んでみてください．モノクロの無機質な世界から色のついたリアルな世界に引き込まれ，苦手だったMaxwellの方程式を好きになるかもしれません．

Montrose氏の英語表現は独特のものがあり，翻訳は大変な作業でした．その意味では訳者にとっては決して「Simple（やさしい）」なものではありませんでした．しかし，何度も読み返しているうちに，「実はこのことを主張したかったんだ，確かにそうだ！」と気付かされることが多々あり，タイトルである「Made Simple」の意味を改めて認識させられたように思います．読みこんでいくことによって味が出てくる本書ですが，翻訳によってその価値が損なわれないか甚だ心配です．

なお，原書には直訳すると不適切と思われる比喩がいくつかありました．例え自体は直感的な理解を助けるものですが，ここは不愉快な思いをされることがないよう，差し障りのない表現に書き換えさせて頂きました．興味のある方は原書と比較してみてください．

翻訳者：原田 高志（トーキンEMCエンジニアリング）

ノイズ解決の早道六法

2018年10月20日 初版発行
2023年6月1日 第3版発行

著 者 Mark I. Montrose
訳 者 櫻井 秋久/福本 幸弘/原田 高志/藤尾 昇平/大森 寛康/池田 浩昭/伊神 眞一/大谷 秀樹
発行人 櫻田洋一
発行所 CQ出版株式会社
〒112-8619 東京都文京区千石4-29-14
電話 編集 03-5395-2123
販売 03-5395-2141

ISBN978-4-7898-4282-2

定価はカバーに表示してあります
無断転載を禁じます
乱丁，落丁本はお取り替えします
Printed in Japan

編集担当 今 一義
印刷・製本 三晃印刷株式会社
表紙デザイン クニメディア株式会社
DTP 西澤 賢一郎